Python 数据分析

曹洁　崔霄等　编著

清華大學出版社
北京

内容简介

Python作为一种程序设计语言，凭借其简洁、易读及可扩展性日渐成为程序设计领域备受推崇的语言。同时，Python语言的数据分析功能也逐渐为大众认可。本书基于Python 3.6构建Python开发平台，全面涵盖Python基础编程知识；详解数据分析的数据特征、数据清洗、数据集成、数据规范化、数据归约、数据降维、数据分析建模、数据可视化和评估等流程，涵盖了Python常用的数据分析模块和数据分析算法。本书以13章的篇幅介绍Python数据分析，包括Python语言基础、程序控制结构、函数、正则表达式、文件与文件夹操作、用matplotlib实现数据可视化、numpy库、pandas库、数据质量分析、数据预处理、数据分析方法等内容。

本书可作为高等院校各专业的数据分析课程教材，也可作为数据分析人员、想从事数据工作的初学者的参考书。

图书在版编目(CIP)数据

Python数据分析/曹洁等编著. —北京：清华大学出版社，2020.5(2023.1重印)
ISBN 978-7-302-54285-8

Ⅰ. ①P… Ⅱ. ①曹… Ⅲ. ①软件工具—程序设计—高等学校—教材 Ⅳ. ①TP311.561

中国版本图书馆CIP数据核字(2019)第271699号

责任编辑：白立军
封面设计：杨玉兰
责任校对：李建庄
责任印制：沈 露

出版发行：清华大学出版社
网 址：http://www.tup.com.cn，http://www.wqbook.com
地 址：北京清华大学学研大厦A座 **邮 编**：100084
社 总 机：010-83470000 **邮 购**：010-62786544
投稿与读者服务：010-62776969，c-service@tup.tsinghua.edu.cn
质量反馈：010-62772015，zhiliang@tup.tsinghua.edu.cn
课件下载：http://www.tup.com.cn，010-83470236
印 装 者：涿州市般润文化传播有限公司
经 销：全国新华书店
开 本：185mm×260mm **印 张**：30.25 **字 数**：697千字
版 次：2020年6月第1版 **印 次**：2023年1月第2次印刷
定 价：99.00元

产品编号：081916-01

FOREWORD

前言

当今世界对信息技术的依赖程度日渐加深，每天都会产生和存储海量的数据。面对海量数据，谁能更好地处理、分析数据，谁就能真正抢得大数据时代的先机。对数据的分析已经成为企业、政府非常重要且迫切的需求。

数据分析是指用适当的数学方法对收集来的大量数据进行分析，以求最大化地开发数据的功能，发挥数据的作用。数据分析是为了提取有用信息和形成结论而对数据加以详细研究及概括总结的过程。数据分析的目的在于把隐藏在一大批看来杂乱无章的数据中的信息集中、萃取和提炼出来。

Python 具有开源、简洁、易读、快速上手、多场景应用以及完善的生态和服务体系等优点，使其在数据分析与挖掘领域中的地位显得尤为突出，Python 已经当仁不让地成为数据分析人员的一把“利器”。此外，Python 也广泛用于系统运维、图形处理、数学处理、数据库编程、网络编程、多媒体应用、机器学习和人工智能等方面。

第 1 章　Python 语言基础。首先介绍 Python 语言的特点，Python 的安装方法，编写 Python 代码的方式，重点介绍 Python 的基本数据类型的操作命令，并给出相应的实例；其次介绍人机交互的输入和输出，给出 Python 的多样化格式输出；然后简单介绍 Python 如何读写文件；最后介绍 Python 库的导入以及 Python 扩展库的安装。

第 2 章　程序控制结构。讲解布尔表达式、关系运算符、逻辑运算符，选择结构中的单向 if 语句、双向 if-else 语句、嵌套 if-elif-else 语句，条件表达式。讲解 while 循环及循环控制策略，for 循环、for 循环与 range 函数的结合使用，break、continue 和 else 控制循环的方式。

第 3 章　函数。讲解怎样定义函数，函数的调用方式，参数传递，函数的参数类型，函数模块化，lambda 表达式，变量的作用域，函数的递归调用，常用内置函数。

第 4 章　正则表达式。讲解正则表达式的构成，正则表达式的边界匹配，正则表达式的分组、选择和引用匹配，正则表达式的贪婪匹配与懒惰匹配，正则表达式模块 re，正则表达式对象和 Match 对象。

第 5 章　文件与文件夹操作。讲解文本文件的打开、读写以及文件指针的定位，二进制文件的打开与读写，os、os. path、shutil 对文件与文件夹的操作,csv 文件的读取和写入。

第 6 章　用 matplotlib 实现数据可视化。讲解 matplotlib 架构的后端层、表现层、脚本层,使用 matplotlib 的 pyplot 子库绘制线形图、直方图、条形图、饼图以及散点图。

第 7 章　numpy 库。讲解 ndarray 数组的创建,特殊的 ndarray 数组的创建,ndarray 数组的索引、切片和选择,ndarray 数组的统计计算。讲解随机数数组、数组的基本运算和数组数据文件的读写。

第 8 章　pandas 库。讲解 Series 对象的创建,Series 对象的基本运算,DataFrame 对象的创建、DataFrame 对象的元素的查看和修改,DataFrame 对象的基本运算,pandas 数据可视化,pandas 读写数据。

第 9 章　数据质量分析。讲解缺失值分析、异常值分析、一致性分析和数据特征分析。

第 10 章　数据预处理。讲解数据清洗、数据集成、数据规范化、数据离散化、数据归约和数据降维。

第 11 章　数据分析方法。讲解相似性和相异性的度量、分类分析方法、回归分析方法和聚类分析方法。

第 12 章　基于信用卡消费行为的银行信用风险分析。讲解信用卡消费数据获取与数据探索分析,信用卡消费数据预处理,信用卡消费数据特征分析和客户信用分析。

第 13 章　文本情感分析。讲解中文分词方法,文本的关键词提取,文本情感分析和运用 LDA 模型对电商手机评论进行主题分析。

本书由曹洁、崔霄、张志锋、孙玉胜和王博编写,参与本书编写的还有张王卫、桑永宣和陈明。

在本书的编写和出版过程中得到了郑州轻工业大学、清华大学出版社的大力支持和帮助,在此表示感谢。

在本书的编写过程中,参考了大量专业书籍和网络资料,在此向这些作者表示感谢。

由于编写时间仓促,编者水平有限,书中可能会有缺点和不足,热切期望得到专家和读者的批评指正,在此表示感谢。您如果遇到任何问题,或有更多的宝贵意见,欢迎发送邮件至作者的邮箱 42675492@qq.com,期待能够收到您的真挚反馈。

配套课件

编　者

2020 年 4 月于郑州轻工业大学数据融合与知识工程实验室

CONTENTS

目录

第1章

Python 语言基础

本章主要介绍 Python 的基础知识，为后续章节学习相关内容做铺垫。

1.1 Python 语言的特点

Python 是从 ABC 语言发展而来的，是一种解释型、面向对象、动态数据类型的高级程序设计语言，具有丰富和强大的库。Python 常被称为“胶水语言”，能够把用其他语言(尤其是 C/C++)制作的各种模块很轻松地连接在一起。Python 语法简洁清晰，强制用空白符作为语句缩进。Python 目前存在两种版本：Python2 和 Python3。Python3 是比较新的版本，但是它不向后兼容 Python2。本书讲述如何使用 Python3 来进行程序设计。

Python 语言的特点如下。

(1) 简单。阅读一个良好的 Python 程序，感觉就像是在读英语一样，Python 的这种伪代码本质能够使人们专注于解决问题而不是去搞明白语言本身。

(2) 开源。Python 是 FLOSS(自由/开放源码软件)之一。每一个模块和库都是开源的，它们的代码可以从网络上找到。每个月，庞大的开发者社区都会为 Python 带来很多改进。

(3) 解释性。Python 可以直接从源代码运行。在计算机内部，Python 解释器把源代码转换为字节码的中间形式，然后再把它翻译成计算机使用的机器语言并运行。

(4) 面向对象。Python 既支持面向过程的编程，也支持面向对象的编程，Python 中的数据都是由类创建的对象。在面向过程的语言中，程序是由过程或仅仅是可重用代码的函数构建起来的。在面向对象的语言中，程序是由数据和功能组合而成的对象构建起来的。

(5) 可移植性。Python 具有很高的可移植性。用解释器作为接口读取和运行代码的最大优势就是可移植性。事实上，任何现有系统(Linux、Windows 和 Mac)安装相应版本的解释器后，Python 代码无须修改就能在其上运行。

(6) 可扩展性。部分程序可以使用其他语言编写，如 C/C++，然后在 Python 程序中使用它们。

(7) 可嵌入性。可以把 Python 嵌入到 C/C++ 程序中，从而提供脚本功能。

(8) 丰富的库。Python 拥有许多功能丰富的库，可用来处理正则表达式、线程、数据库、网页浏览器、FTP、电子邮件、XML、HTML、WAV 文件、GUI（图形用户界面）和其他与系统有关的操作。

1.2 Python 的安装方法

打开 Python 官网，选中 Downloads 下拉菜单中的 Windows 选项，如图 1-1 所示，单击 Windows 打开 Python 软件下载页面，如图 1-2 所示，根据自己系统选择 32 位还是 64 位以及相应的版本号，下载扩展文件名为 exe 的可执行文件。

图 1-1 Windows 版本的 Python 下载

图 1-2 Python 软件下载页面

32 位和 64 位的版本安装起来没有区别，本书下载的是 Python 3.6 版本，双击打开后，进入 Python 安装界面，如图 1-3 所示，勾选 Add Python 3.6 to PATH 复选框，意思是把 Python 的安装路径添加到系统环境变量的 PATH 变量中。

安装时不要选择默认，单击 Customize installation（自定义安装），进入下一个安装界面，在该界面选择所有选项，如图 1-4 所示。

单击 Next 按钮，进入图 1-5，勾选第一项 Install for all users，单击 Browse 按钮选择安装软件的目录，本书选择的是 D:\Python。

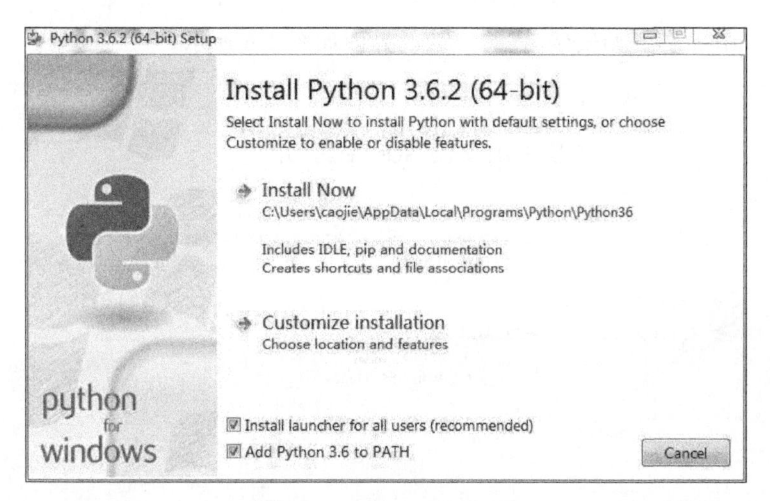

图 1-3　Python 安装界面

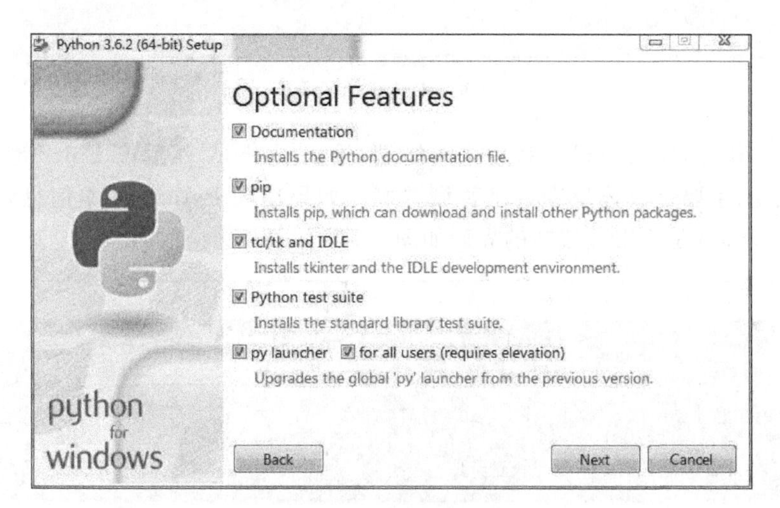

图 1-4　选择所有选项界面

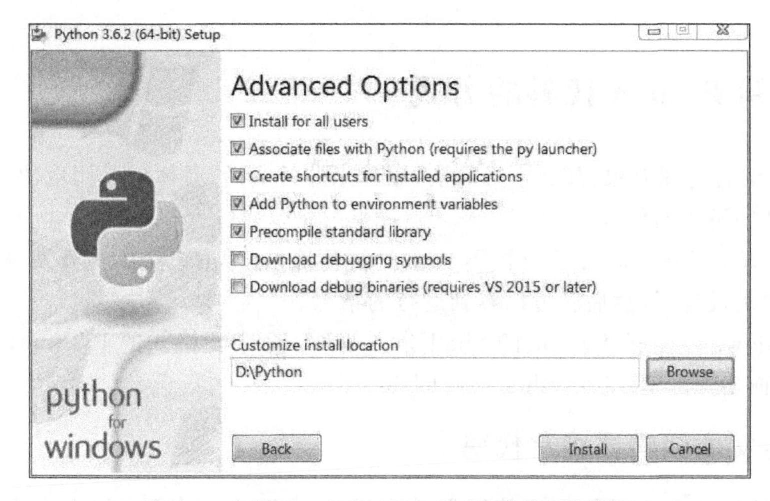

图 1-5　勾选 Install for all users 选项的安装界面

单击 Install 按钮开始安装，安装成功的界面如图 1-6 所示。

图 1-6 安装成功的界面

按 Win+R 键，输入 cmd 确认后进入终端，输入 python，然后按 Enter 键，验证一下安装是否成功，主要是看环境变量是否设置好。如果出现 Python 版本信息则说明安装成功，验证 Python 是否安装成功的界面如图 1-7 所示。

```
管理员: C:\Windows\system32\cmd.exe - python
C:\Users\caojie\Desktop>python
Python 3.6.2 (v3.6.2:5fd33b5, Jul  8 2017, 04:57:36) [MSC v.1900 64 bit (AMD64)] on win32
Type "help", "copyright", "credits" or "license" for more information.
>>>
```

图 1-7 验证 Python 是否安装成功的界面

1.3 编写 Python 代码的方式

Python 语言包罗万象，却又不失简洁，用起来非常灵活，具体怎么用取决于开发者的喜好、能力和要解决的任务。

Python 有个 Shell，提供了一个 Python 运行环境，方便用户交互式开发，即写一行代码，就可以立刻被运行，然后就可以看到运行的结果。

在 Windows 环境下，Python 的 Shell 分为两种：命令行格式的 Python 3.6(64-bit)和带图形界面格式的 IDLE(Python 3.6 64-bit)。

1.3.1 用文本编辑器编写代码

只需要选择一个合适的文本编辑器就可以编写 Python 代码，如记事本、Notepad、

Notepad++ 等。Notepad 的功能比较弱，推荐使用 Notepad ++ 。下面给出如何使用 Notepad++ 编写 Python 代码并在 cmd 中运行。

使用 Notepad++ 编写 Python 代码的过程如下。

(1) 打开 Notepad++，新建一个文件，界面如图 1-8 所示。

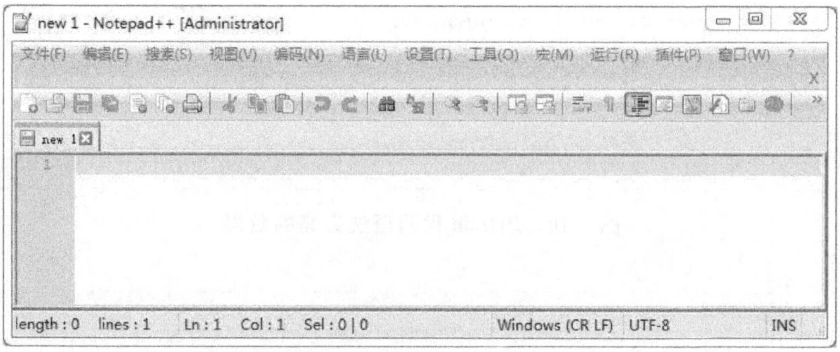

图 1-8 新建文件的界面

(2) 在如图 1-8 所示的界面中写入如下 Python 代码：

```
import platform
print(platform.python_version())
```

写入代码后的界面如图 1-9 所示。

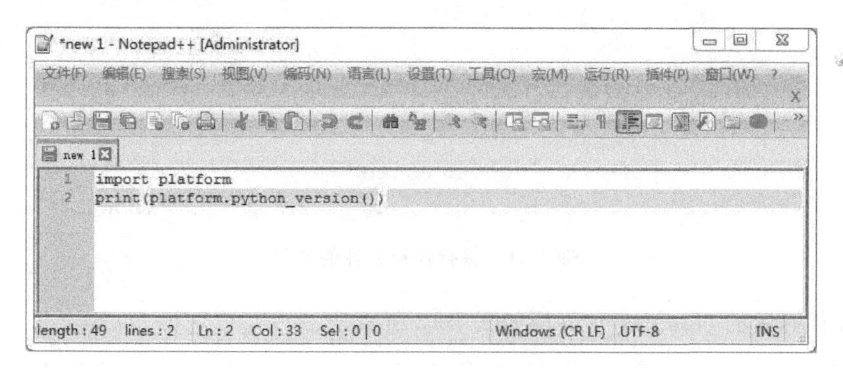

图 1-9 写入代码后的界面

(3) 设置语言为 Python。

此处由于是新建的文件，Notepad++ 并不知道所编写的代码是 Python 代码，没法帮助自动实现语法高亮，需要手动设置：选择“语言”→P→Python 命令。Python 代码语法高亮的效果如图 1-10 所示。

(4) 保存编写的 Python 代码文件。

将文件保存到某个位置：选择“文件”→“另存为”命令，在弹出的“另存为”对话框中，输入要保存的文件的文件名，这里所起的文件名为 PythonVersion，可以看到 Notepad++ 自动帮助写好了扩展名 py，那是因为之前设置了 Python 语法高亮。保存代码文件的界面如图 1-11 所示。

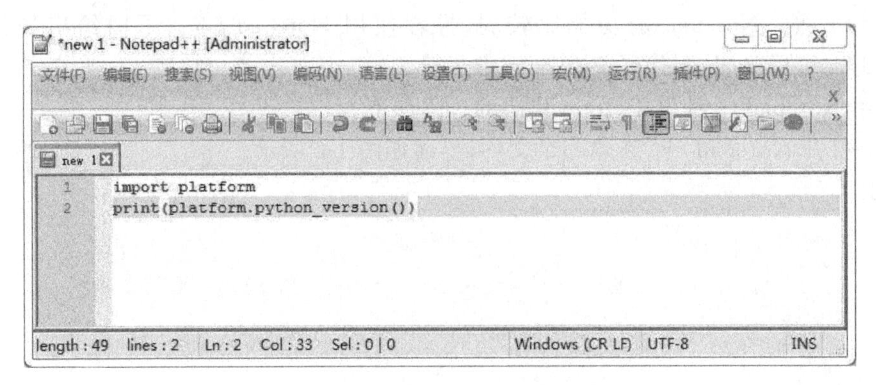

图 1-10 Python 代码语法高亮的效果

图 1-11 保存代码文件的界面

保存代码后的 Notepad++ 界面如图 1-12 所示。

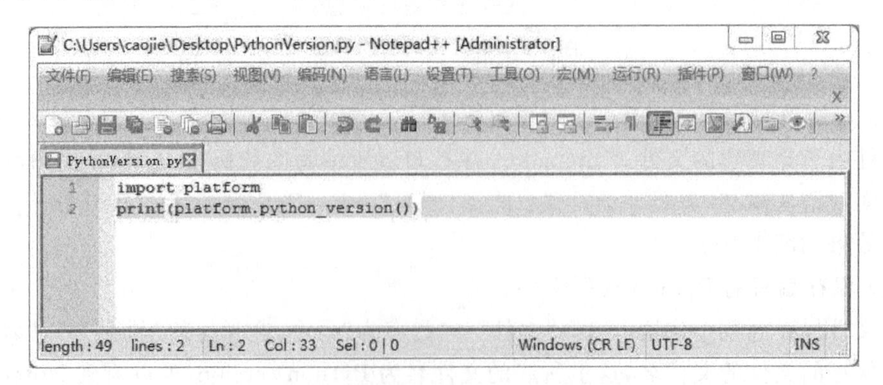

图 1-12 保存代码后的 Notepad++ 界面

(5) 运行 Python 代码文件。

打开 Windows 的 cmd，切换到步骤(4)所生成的 Python 代码文件所在的目录。也可以在 Python 代码文件所在的文件夹下，按住 Shift 键再右击空白处，选择"在此处打开命令窗口"直接进入 Python 代码文件所在目录，命令提示符界面如图 1-13 所示。

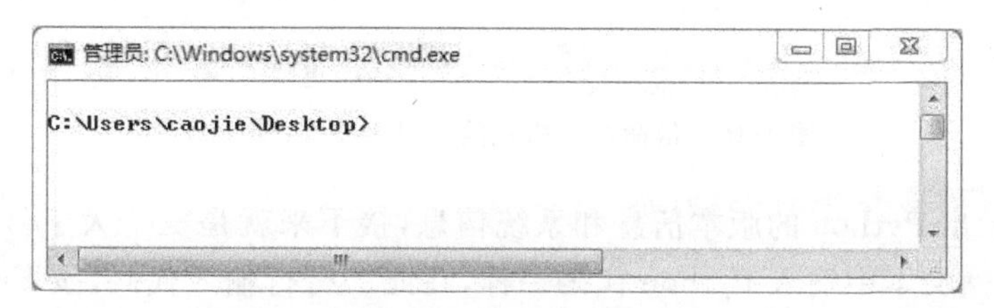

图 1-13　命令提示符界面

在 cmd 中，输入 Python 代码文件完整的文件名来运行 Python 代码文件，此处是 PythonVersion. py。然后按 Enter 键，即可运行对应的 Python 代码，接着在 cmd 中即可看到输出的结果，PythonVersion. py 运行界面如图 1-14 所示。

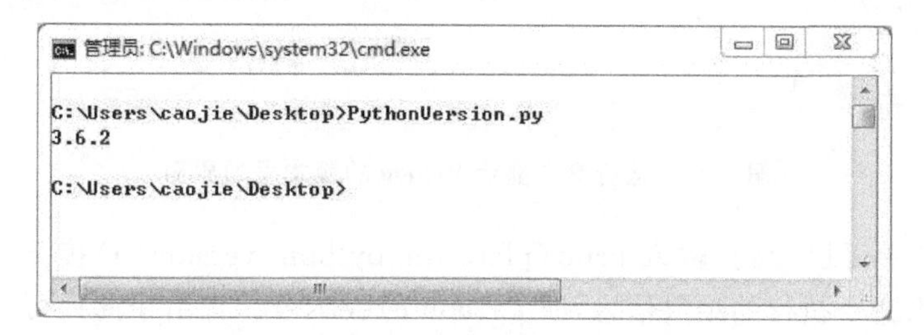

图 1-14　PythonVersion. py 运行界面

上面就是一个完整的在 Windows 的 cmd 中运行 Python 代码的整个流程。

1.3.2　用命令行格式的 Python Shell 编写代码

在 Windows 下，安装好 Python 后，可以在"开始"菜单中，找到对应的命令行格式的 Python 3. 6(64-bit)，如图 1-15 所示。

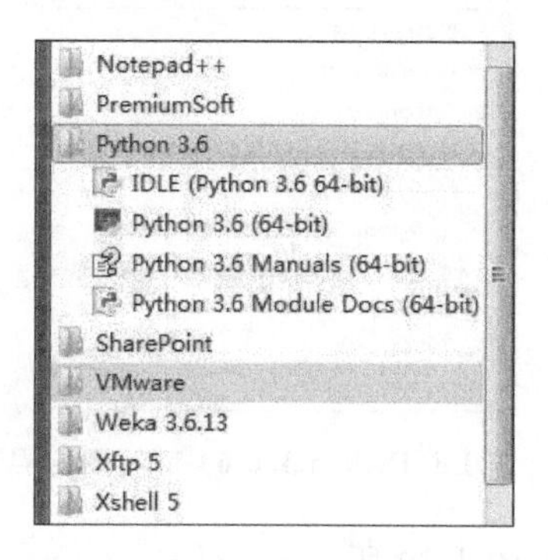

图 1-15　开始菜单中的 Python 3. 6(64-bit)

打开后，带命令行格式的 Python 3. 6(64-bit)如图 1-16 所示。

```
Python 3.6 (64-bit)
Python 3.6.2 (v3.6.2:5fd33b5, Jul  8 2017, 04:57:36) [MSC v.1900 64 bit (AMD64)]
 on win32
Type "help", "copyright", "credits" or "license" for more information.
>>>
```

图 1-16 带命令行格式的 Python 3.6(64-bit)

其中,显示出 Python 的版本信息和系统信息,接下来就是三个大于号>>>,然后就可以像在普通文本中输入 Python 代码一样,在此一行行输入代码,按 Enter 键执行后就可以显示对应的运行结果。运行命令显示 Python 的版本号的界面,如图 1-17 所示。

```
Python 3.6 (64-bit)
 on win32
Type "help", "copyright", "credits" or "license" for more information.
>>> import platform
>>> print(platform.python_version())
3.6.2
>>>
        半:
```

图 1-17 运行命令显示 Python 的版本号的界面

从图 1-17 中可以看到,输入 print(platform. python_version())按 Enter 键执行之后,立即显示出命令执行的结果信息,即 Python 的版本号。正由于此处可以直接、动态、交互式地显示出对应的执行结果信息,其才被叫作 Python 交互式的 Shell,简称 Python Shell。

1.3.3 用带图形界面的 Python Shell 编写交互式代码

图形界面格式的 Shell 的打开方式和命令行格式的 Shell 的打开方式类似,找到对应的图形界面格式的 IDLE(Python 3. 6 64-bit),如图 1-18 所示。

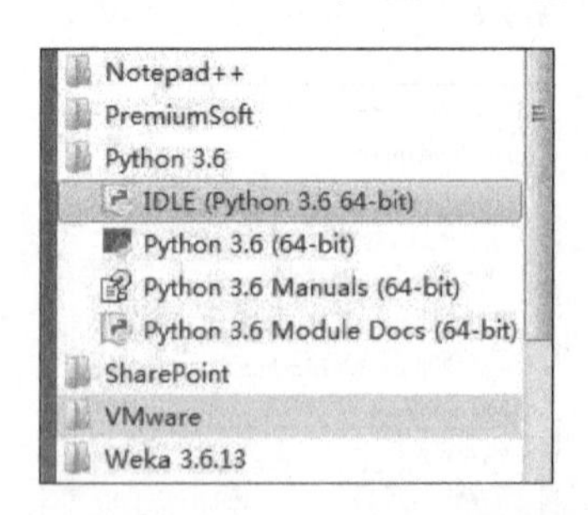

图 1-18 IDLE(Python 3. 6 64-bit) 图形界面格式

打开后,IDLE 运行界面如图 1-19 所示。

对应地,一行一行地输入前面输入的代码,运行的结果也与前面类似,如图 1-20 所示。

```
Python 3.6.2 Shell
File Edit Shell Debug Options Window Help
Python 3.6.2 (v3.6.2:5fd33b5, Jul  8 2017, 04:57:36) [MSC v.1900 64 bit (AMD64)]
 on win32
Type "copyright", "credits" or "license()" for more information.
>>> |
Ln: 3 Col: 4
```

图 1-19　IDLE 运行界面

```
Python 3.6.2 Shell
File Edit Shell Debug Options Window Help
Python 3.6.2 (v3.6.2:5fd33b5, Jul  8 2017, 04:57:36) [MSC v.1900 64 bit (AMD64)]
 on win32
Type "copyright", "credits" or "license()" for more information.
>>> import platform
>>> print(platform.python_version())
3.6.2
>>>
Ln: 6 Col: 4
```

图 1-20　IDLE 中运行结果

1.3.4　用带图形界面的 Python Shell 编写程序代码

交互式模式一般用来实现一些简单的业务逻辑，编写的通常都是单行 Python 语句，并通过交互式命令行运行它们。这对于学习 Python 命令以及使用内置函数虽然很有用，但当需要编写大量 Python 代码行时，就很烦琐了。因此，这就需要通过编写程序(也称为脚本)文件来避免烦琐。运行(或执行)Python 程序文件时，Python 依次执行文件中的每条语句。

在 IDLE 中编写、运行程序的步骤如下。

(1) 启动 IDLE。

(2) 选择 File→New File 命令创建一个程序文件，输入代码并保存为扩展名为 py 的文件 1.py，如图 1-21 所示。

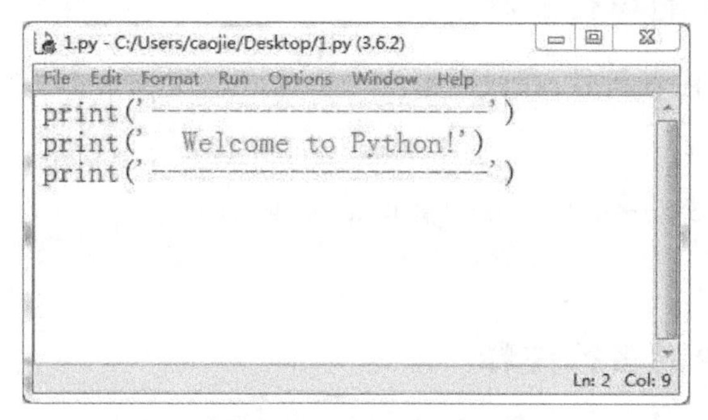

图 1-21　保存为扩展名为 py 的文件 1.py

(3) 选择 Run→Run Module F5 运行程序,1.py 运行结果如图 1-22 所示。

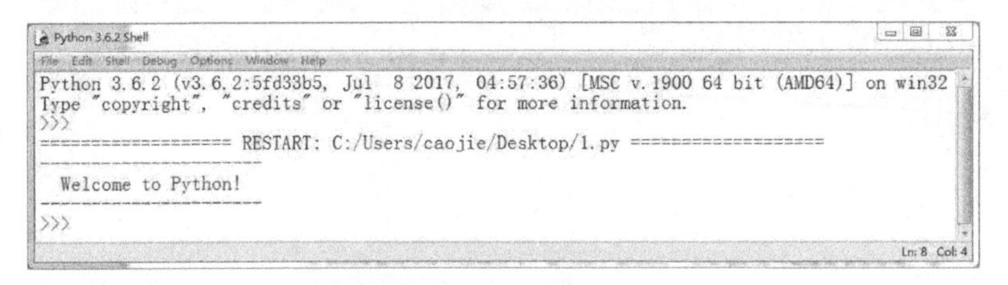

图 1-22 1.py 运行结果

如果能够熟练使用开发环境提供的一些快捷键,将会大幅度提高开发效率,在 IDLE 中一些比较常用的快捷键如表 1-1 所示。

表 1-1 IDLE 常用的快捷键

含 义	快 捷 键
增加代码块缩进	Ctrl+]
减少代码块缩进	Ctrl+[
注释代码块	Alt+3
取消代码块注释	Alt+4
浏览上一条输入的命令	Alt+P
浏览下一条输入的命令	Alt+N
补全单词,列出全部可选单词供选择	Tab

1.4 Python 中的注释

团队合作时,个人编写的代码经常会被多人调用,为了让别人能更容易理解代码的用途,使用注释是非常有效的。Python 中的注释有单行注释和多行注释两种。

1.4.1 Python 中的单行注释

#常被用作单行注释符号,在代码中使用#时,它右边的任何数据在程序执行时都会被忽略,被当作注释。

```
>>>print('Hello World.')        #输出 Hello World.
Hello World.
```

1.4.2 Python 中的多行注释

在 Python 中,当注释有多行时,需用多行注释符来对多行进行注释。多行注释用三个单引号'''或者三个双引号"""将注释括起来,例如:

```
'''
这是多行注释,用三个单引号
这是多行注释,用三个单引号
这是多行注释,用三个单引号
'''
print("Hello, World!")
```

1.5　Python 中的对象

Python 中的对象

Python 程序用于处理各种类型的数据(即对象),不同的数据属于不同的数据类型,支持不同的运算操作。对象其实就是编程中把数据和功能包装后形成的一个对外具有特定交互接口的内存块。每个对象都有三个属性,分别是身份(identity)、类型(type)和值(value)。身份就是对象在内存中的地址,类型用于表示对象所属的数据类型(类),值就是对象所表示的数据。

1.5.1　对象的身份

对象的身份用于唯一标识一个对象,通常对应于对象在内存中的存储位置。任何对象的身份都可以使用内置函数 id()来得到。

```
>>>a=123                #123 创建了一个 int(整型)对象,并用 a 来代表
>>>id(a)                #获取对象的身份
492688880               #身份用这样一串数字表示
```

1.5.2　对象的类型

对象的类型决定了对象可以存储什么类型的值,有哪些属性和方法,可以进行哪些操作。可以使用内置函数 type()来查看对象的类型。

```
>>>type(a)              #查看 a 的类型
<class 'int'>           #类型为 int 类型
>>>type(type)
<class 'type'>          #在 Python 中一切皆对象,type 也是一种特殊的类型对象
```

1.5.3　对象的值

对象所表示的数据,可使用内置函数 print()返回。

```
>>>print(a)
123
```

对象的三个特性(身份、类型和值)是在创建对象时设定的。如果对象支持更新操作,则它的值是可变的,否则为只读(数字、字符串、元组对象等均不可变)。只要对象还存在,这三个特性就一直存在。

1.5.4 对象的引用

```
>>>b=6
```

简单来看,上面的代码执行了以下操作:

(1) 如果变量 b 不存在,创建变量 b 来代表对象 6。一个 Python 对象就是位于计算机内存中的一个内存块,为了使用对象,必须通过赋值操作"="把对象赋值给一个变量(也称为把对象绑定到变量、变量成为对象的引用),这样便可通过该变量来操作内存块中的数据。

(2) 如果变量 b 存在,将变量 b 和数字 6 进行连接,变量 b 成为对象 6 的一个引用,变量可看作是指向对象的内存空间的一个指针。

注意:变量总是连接到对象,而不会连接到其他变量,Python 这样做涉及对象的一种优化方法,Python 缓存了某些不变的对象以便对其进行复用,而不是每次创建新的对象。

```
>>>6              #字面量 6 创建了一个 int 类型的对象
6
>>>id(6)          #获取对象 6 在内存中的地址
502843216
>>>a=6            #a 成为对象 6 的一个引用
>>>b=6            #b 成为对象 6 的一个引用
>>>id(a)
502843216
>>>id(b)
502843216         #a 和 b 都指向了同一对象
```

1.5.5 对象的共享引用

当多个变量都引用了相同的对象,称为共享引用。

```
>>>a=1
>>>b=a
>>>a=2            #a 成为对象 2 的一个引用
>>>print(b)
1                 #由于变量仅是对对象的一个引用,因此改变 a 的引用并不会导致 b 的变化
```

但对于像列表这种可变对象来说则不同,列表是写在方括号[ ]之间、用逗号分隔开的元素序列,列表是可变的,创建后允许修改、插入或删除其中的元素:

```
>>>a=[1, 2, 3]    #a 成为列表[1, 2, 3]对象的一个引用
>>>b=a
>>>a[0]=0         #将列表中第一个元素的值改为 0
>>>a
[0, 2, 3]         #这里并没有改变 a 对列表的引用,而是改变了 a 引用的列表的某个元素
```

```
>>>b
[0, 2, 3]          #由于引用对象发生了变化,因此b的值也发生了改变
```

1.5.6　对象是否相等的判断

==操作符用于测试两个被引用的对象的值是否相等,is用于比较两个引用所指向的对象是否是同一个对象。

```
>>>a=[1,2,3]
>>>b=a
>>>a is b
True               #a和b指向相同的对象
>>>c=[1,2,3]
>>>a is c
False              #a和c指向不同的对象
>>>a==c
True               #两个被引用的对象的值是相等的
>>>d=[1,2,4]
>>>a==d
False
```

当对象为一个较小的数字或较短的字符串时,是另外一种情况:

```
>>>a=8
>>>b=8
>>>a is b
True
```

这是由于Python的缓存机制造成的,小的数字和短字符串被缓存并复用,所以a和b指向同一个对象。

1.6　Python中的变量

在Python中,每个变量在使用前都必须被赋值,变量被赋值以后该变量才会被创建。在Python中,变量是用一个变量名表示,变量名的命名规则如下。

(1) 变量名只能是字母、数字或下画线的任意组合。

(2) 变量名的第一个字符不能是数字。

(3) 以下Python关键字不能声明为变量名:

```
'and', 'as', 'assert', 'break', 'class', 'continue', 'def', 'del', 'elif', 'else',
'except', 'exec', 'finally', 'for', 'from', 'global', 'if', 'import', 'in', 'is',
'lambda', 'not', 'or', 'pass', 'print', 'raise', 'return', 'try', 'while', 'with',
'yield'
>>>x='Python'
```

上述代码创建了一个变量 x，x 是字符串对象'Python'的引用，即变量 x 指向的对象的值为'Python'。

注意：类型属于对象，变量是没有类型的，变量只是对象的引用。变量的类型指的是变量所引用的对象的类型。变量的类型随着所赋值的类型的变化而改变。

1.7 Python 中的基本数据类型

Python 中，每个对象都有一个数据类型，数据类型定义为一个值的集合以及定义在这个值集上的一组运算操作。一个对象上可执行且只允许执行其对应数据类型所定义的操作。Python 中有 6 个标准的数据类型：number(数值)、string(字符串)、list(列表)、tuple(元组)、dictionary(字典)和 set(集合)。

1.7.1 number(数值)

Python 包括 4 种内置的数值数据类型。

(1) int(整型)。用于表示整数，如 12、1024、－10。

(2) float(浮点型)。用于表示实数，如 3.14、1.2、2.5e2($=2.5\times10^2=250$)、(－3e－3($=-3\times10^{-3}=-0.001$)。

(3) bool(布尔型)。bool 有两个布尔值：True 和 False，分别对应 1 和 0。

```
>>>True+1
2
>>>False+1
1
```

(4) complex(复数型)。在 Python 中，复数有两种表示方式：一种是 a＋bj(a、b 为实数)，另一种是 complex(a,b)。例如 3＋4j、1.5＋0.5j、complex(2,3)都表示复数。

对于整数数据类型 int，其值的集合为所有的整数，支持的运算操作有＋(加法)、－(减法)、*(乘法)、/(除法)、//(整除)、**(幂操作)、%(取余)等，举例如下：

```
>>>18/4
4.5
>>>18//4            #整数除法返回向下取整后的结果
4
>>>2**3             #返回 2³的计算结果
8
>>>7//-3            #向下取整
-3
>>>17 % 3           #取余
2
```

除了上述运算操作之外，还有一些常用的数学函数，如表 1-2 所示。

表 1-2　常用的数学函数

数学函数	描　述
abs(x)	返回 x 的绝对值，如 abs(-10)返回 10
math. ceil(x)	返回数值 x 的上入整数，ceil()是不能直接访问的，需要导入 math 模块，即执行 import math，然后 math. ceil(4.2)返回 5
exp(x)	返回 e 的 x 次幂，即 e^x，如 math. exp(1)返回 2.718281828459045
math. floor(x)	返回数字 x 的下舍整数，math. floor(5.8)返回 5
math. log(x)	返回 x 的自然对数，math. log(8)返回 2.0794415416798357
math. log10(x)	返回以 10 为底的 x 的对数，math. log10(100)返回 2.0
max(x,y,z,…)	返回给定参数序列的最大值
min(x,y,z,…)	返回给定参数序列的最小值
math. modf(x)	返回 x 的小数部分与整数部分组成的元组，它们的数值符号与 x 相同，整数部分以浮点型表示，如 math. modf(3.25)返回(0.25,3.0)
pow(x,y)	返回 x**y 运算后的值，pow(2,3)返回 8
math. sqrt(x)	返回数字 x 的平方根，math. sqrt(4)返回 2.0
round(x[,n])	返回浮点数 x 的四舍五入值，如给出 n 值，则代表舍入到小数点后的位数，round(3.8267,2)返回 3.83

此外还可以用 isinstance 来判断一个变量的类型：

```
>>>a=123
>>>isinstance(a, int)
True
```

可以使用 del 语句删除一个或多个对象引用。

```
>>>del a
>>>a                              #显示 a 的值时出现 a 未被定义
Traceback(most recent call last):
  File "<pyshell#6>", line 1, in <module>
    a
NameError: name 'a' is not defined
```

注意：

(1) Python 可以同时为多个变量赋值，如 a=b=c=1。

(2) Python 可以同时为多个对象指定变量，如下面代码所示：

```
>>>a, b, c= 1, 2, 3
>>>print(a,b,c)
1 2 3
```

(3) 一个变量可以通过赋值指向不同类型的对象。

(4) 在混合计算时，Python会把整型数转换成为浮点数。

1.7.2 string(字符串)

string(字符串)

Python中的字符串属于不可变序列，是用单引号(')、双引号(")、三单引号(''')或三双引号(""")等界定符括起来的字符序列，在字符序列中可使用反斜杠"\"转义特殊字符。Python没有单独的字符类型，一个字符就是长度为1的字符串。下面是几个合法的字符串举例：'Hello World! '、"""nihao"""、"Python"。

1. 创建字符串

只要为变量分配一个用字符串界定符括起来的字符序列即可创建一个字符串。例如：

```
var1='Hello World!'
var2="Python is a general purpose programming language."
```

三引号允许一个字符串跨多行，字符串中可以包含换行符、制表符以及其他特殊字符。

```
>>>str_more_quotes="""                        #三引号"""显示多行
Time
is
money
"""
>>>print(str_more_quotes)
Time
is
money
```

2. 转义字符

如果要在字符串中包含" "，例如，learn "python" online，需要字符串外面用' '括起来。

```
>>>str1='learn "python" online '
>>>print(str1)
learn "python" online
```

如果要在字符串中既包含'又包含"，例如，he said "I'm hungry. "，可在 '和"前面各插入一个转义字符\。

注意：转义字符\不计入字符串的内容。

```
>>>str2='He said \" I\'m hungry.\"'
>>>print(str2)
He said " I'm hungry."
```

在字符串中需要使用特殊字符时，Python 用反斜杠“\”转义特殊字符，如表 1-3 所示。

表 1-3 反斜杠“\”转义特殊字符

转义特殊字符	描 述	转义特殊字符	描 述
\在行尾时	续行符	\000	空
\\	反斜杠符号	\n	换行
\'	单引号	\v	纵向制表符
\"	双引号	\t	横向制表符
\a	响铃	\r	回车
\b	退格(Backspace)	\f	换页

```
>>>str_multi_line="One swallow does \        #\在行尾时,起续行符的作用
not make a summer."
>>>print(str_multi_line)
One swallow does not make a summer.
>>>str_n="hello\nworld"                     #用\n换行显示
>>>print(str_n)
hello
world
>>>str_r="First catch your \"hare\"."       #保留双引号
>>>print(str_r)
First catch your "hare".
```

有时人们并不想让转义字符生效，只想显示字符串原来的意思，这就要用 r 和 R 来定义原始字符串。例如：

```
>>>str3=r'hello\nworld'
>>>print(str3)
hello\nworld                                #没有换行,显示的是原来的字符串
```

3. Python3 的字符编码

字符编码最一开始是 ASCII，使用 8 位二进制表示，当初英文就是编码的全部。后来其他国家的语言加入进来，ASCII 就不够用了，所以一种万国码就出现了，它的名字就叫 Unicode。Unicode 编码对所有语言使用两字节，部分汉字使用三字节。但是这就导致一个问题，Unicode 不仅不兼容 ASCII 编码，而且会造成空间的浪费，于是 UTF-8 编码应运而生，UTF-8 编码对英文使用一字节的编码，由于这样的特点，很快得到全面的使用。

可以通过以下代码查看 Python3 的字符默认编码。

```
>>>import sys
>>>sys.getdefaultencoding()
'utf-8'
```

Python3 中字节码 bytes 用 b'xxx'表示，其中的 x 可以用字符，也可以用 ASCII 表示。Python3 中的二进制文件(如文本文件)统一采用字节码读写。将表示二进制的 bytes 进行适当编码就可以变为字符了，例如 UTF-8。要将字符串类型转化为 bytes 类型，使用字符串对象的 encode()方法(函数)；反过来，使用 decode()方法(函数)。

```
>>>str4='中国'
>>>type(str4)
<class 'str'>
>>>str4=str4.encode('utf-8')
>>>type(str4)
<class 'bytes'>
>>>str4
b'\xe4\xb8\xad\xe5\x9b\xbd'
>>>str4=str4.decode()
>>>str4
'中国'
```

此外，Python 提供了内置的 ord()函数获取字符的整数表示，内置的 chr()函数把编码转换为对应的字符：

```
>>>ord('A')
65
>>>ord('中')
20013
>>>chr(65)
'A'
>>>chr(20013)
'中'
```

4. 字符串运算符

对字符串进行操作的常用操作符如表 1-4 所示。

表 1-4 对字符串进行操作的常用操作符

操作符	描 述
+	连接字符串
*	重复输出字符串
[]	通过索引获取字符串中字符
[:]	截取字符串中的一部分
in	成员运算符，如果字符串中包含给定的字符串返回 True
not in	成员运算符，如果字符串中不包含给定的字符串返回 True
r/R	原始字符串，在字符串的第一个引号前加上字母 r 或 R，字符串中的所有的字符直接按照字面的意思来使用，不再转义特殊或不能打印的字符
%	格式化字符串

```
>>>str1='Python'
>>>str2=' good'
>>>str3=str1+str2           #连接字符串
>>>print(str3)
Python good
>>>print(str1 * 2)          #输出字符串两次
PythonPython
>>>print(2* str1)
PythonPython
Python 中的字符串有两种索引方式,从左往右以 0 开始,从右往左以-1 开始。
>>>print(str1[0])           #通过索引输出字符串第一个字符
P
>>>print(str1[2:5])         #输出从第三个字符开始到第五个字符结束的子字符串
tho
>>>print(str1[0:-1])        #输出第一个到倒数第二个的所有字符
Pytho
>>>print(str1[1:])          #输出从第二个开始的后的所有字符
ython
>>>'y' in str1              #测试一个字符串是否存在另一个字符串中
True
>>>'yt' in str1
True
>>>'ac' in 'abcd'
False
>>>'ac' not in 'abcd'
True
>>>str_r=r"First \          #使用 r 和 R 可以让字符串保持原貌,反斜杠不发生转义
catch your hare."
>>>print(str_r)
First \
catch your hare.
```

%格式化字符串的操作将在 1.10 节进行介绍。

5. 字符串对象的常用方法

一旦创建字符串对象 str,可以使用字符串对象 str 的方法来操作字符串,字符串对象的常用方法如表 1-5 所示。

表 1-5　字符串对象的常用方法

方　法	描　述
str. capitalize()	把字符串对象 str 的第一个字符大写
str. center(width)	返回一个字符串对象 str 居中,并使用空格填充至长度 width 的新字符串

续表

方法	描述
str.count(substr[,start[,end]])	在字符串 str 中统计子字符串 substr 出现的次数,如果不指定开始位置 start 和结束位置 end,表示从头统计到尾
str.decode(encoding='utf-8',errors='strict')	以 encoding 指定的编码格式解码 str,如果出错默认报一个 ValueError 的异常,除非 errors 指定的是 'ignore'或者'replace'
str.encode(encoding='utf-8',errors='strict')	以 encoding 指定的编码格式编码 str,如果出错默认报一个 ValueError 的异常,除非 errors 指定的是'ignore'或者'replace'
str.endswith(obj[,start[,end]])	检查字符串是否以 obj 结束,如果 start(开始)或者 end(结束)的范围指定,则检查指定的范围内是否以 obj 结束,如果是,返回 True,否则返回 False
str.expandtabs(tabsize=8)	把字符串 str 中的 tab 符号转为空格,tab 符号默认的空格数是 8
str.find(substr [,start [,end]])	返回 substr 在 str 中指定范围(默认是整个字符串)第一次出现的第一个字母的标号,也就是说从左边算起的第一次出现的 substr 的首字母标号,如果 str 中没有 substr 则返回-1
str.format()	格式化字符串 str
str.index(substr [,start,[end]])	在字符串 str 中查找子串 substr 第一次出现的位置,跟 find()不同的是,未找到则抛出异常
str.isalnum()	检查字符串 str 是否由字母和数字组成,如果 str 至少有一个字符并且所有字符都是字母或数字则返回 True,否则返回 False
str.isalpha()	检查字符串 str 是否只由字母组成,如果 str 至少有一个字符并且所有字符都是字母则返回 True,否则返回 False
str.isdecimal()	检查字符串 str 是否只包含十进制字符,如果 str 只包含十进制数字则返回 True,否则返回 False
str.isdigit()	如果 str 只包含数字则返回 True,否则返回 False
str.isnumeric()	检查字符串 str 是否只由数字组成,这种方法是只针对 Unicode 对象,如果 str 只包含数字则返回 True,否则返回 False。定义一个字符串为 Unicode,只需要在字符串前添加'u'前缀即可
str.islower()	检查字符串 str 是否由小写字母组成,如果 str 中包含至少一个区分大小写的字符,并且所有这些(区分大小写的)字符都是小写,则返回 True,否则返回 False
str.isspace()	检查字符串 str 是否只由空白字符组成,如果 str 中只包含空白字符,则返回 True,否则返回 False

续表

方　法	描　述
str. istitle()	检查字符串中所有的单词拼写首字母是否为大写，且其他字母为小写。如果字符串 str 中所有的单词拼写首字母为大写，且其他字母为小写则返回 True，否则返回 False
str. isupper()	检查字符串中所有的字母是否都为大写，如果 str 中包含至少一个区分大小写的字符，并且所有这些(区分大小写的)字符都是大写，则返回 True，否则返回 False
str. join(seq)	以 str 作为分隔符，将 seq 中所有的元素(以字符串表示)合并为一个新的字符串，如'-'. join(["b","o","o","k"])返回'b-o-o-k'
str. ljust(width)	返回一个原字符串左对齐，并使用空格填充至长度 width 的新字符串，'book'. ljust(8)返回'book　　'
str. lower()	将 str 中所有大写字符转换为小写
str. lstrip()	删除 str 左边的空格
str. maketrans(intab,outtab)	创建字符映射的转换表，对于接受两个参数的最简单的调用方式，第一个参数是字符串，表示需要转换的字符；第二个参数也是字符串，表示转换的目标。两个字符串的长度必须相同，为一一对应的关系
max(str)	返回字符串 str 中最大的字母
min(str)	返回字符串 str 中最小的字母
str. partition(str1)	根据指定的分隔符 str1 分隔字符串 str，从 str1 出现的第一个位置起，把字符串 str 分成一个 3 元素的元组(str1 左边的子串，str1，str1 右边的子串)。如果 str 中不包含 str1，则 str1 左边的子串为 str，str1、str1 右边的子串都为空串，如'asdfdsa'. partition('fd')，返回('asd','fd','sa')，'asdfsa'. partition('fd')返回('asdfsa','','')
str. replace(oldstr,newstr [,count])	把 str 中的 oldstr 字符串替换成 newstr 字符串，如果指定了 count 参数，表示替换最多不超过 count 次。如果未指定 count 参数，表示全部替换
str. rfind(substr [,start [,end]])	类似于 str. find()方法，不过是从右边开始查找
str. rindex(substr [,start,[end]])	类似于 str. index()，不过是从右边开始查找
str. rjust(width)	返回一个字符串 str 右对齐，并使用空格填充至长度 width 的新字符串
str. rpartition(str)	类似于 partition()函数，不过是从右边开始查找
str. rstrip()	删除 str 字符串末尾的空格

续表

方　法	描　述
str. split(str1,num)	以字符串 str1 为分隔符(默认为所有的空字符,包括空格、换行(\n)、制表符(\t)等),对字符串 str 进行切片,如果 num 有指定值,则仅分隔 num 个子字符串,如 'asdasdasd'. split('da')返回['as','s','sd']
str. splitlines([keepends])	按照换行符('\r','\r\n','\n')分隔 str,返回一个包含各行作为元素的列表,如果参数 keepends 为 False,不包含换行符,如果为 True,则包含换行符
str. startswith(obj[,start[,end]])	检查字符串是否是以 obj 开头,是则返回 True,否则返回 False。如果 start 和 end 指定值,则在指定范围内检查
str. strip([chars])	去除字符串 str 开头和结尾的空白符,空白符包括"\n"、"\t"、"\r"、" "等,带参数的 str. strip(chars)方法,表示去除字符串 str 开头和结尾指定的 chars 字符序列,只要有就删除
str. swapcase()	转换 str 中的大小写,返回大小写字母转换后生成的新字符串
str. title()	返回"标题化"的 str,就是说所有单词都是以大写开始,其余字母均为小写
str. translate(str1[,del])	根据 str1 给出的翻译表(是通过 maketrans()方法转换而来)转换 str 的字符,del 为字符串中要过滤的字符列表
str. upper()	将字符串 str 中的小写字母转为大写字母
str. zfill(width)	返回长度为 width 的字符串,字符串 str 右对齐,前面填充 0

1) 去空格、特殊符号和头尾指定字符应用实例

```
>>>b='\t\ns\tpython\n'
>>>b.strip()
's\tpython'
>>>c='16\t\ns\tpython\n16'
>>>c.strip('16')
'\t\ns\tpython\n'
>>>d='  python  '
>>>d.lstrip()
'python  '
>>>d.rstrip()
'  python'
```

注意：str. lstrip([chars])和 str. rstrip([chars])方法的工作原理跟 str. strip([chars])一样,只不过它们只针对字符序列的开头或结尾。

```
>>>'aaaaaaddffaaa'.lstrip('a')
'ddffaaa'
```

```
>>>'aaaaaaddffaaa'.rstrip('a')
'aaaaaaddff'
```

2）字符串大小写转换应用实例

```
>>>'ABba'.lower()
'abba'
>>>'ABba'.upper()
'ABBA'
>>>'ABba'.swapcase()
'abBA'
>>>'ABba'.capitalize()
'Abba'
>>>'a bB CF Abc'.capitalize()
'A bb cf abc'
```

string.capwords(str[,sep])：以 sep 作为分隔符(不带参数 sep 时，默认以空格为分隔符)，分隔字符串 str，然后将每个字段的首字母换成大写，将每个字段除首字母外的字母均置为小写，最后合并连接到一起组成一个新字符串。capwords(str)是 string 模块中的函数，使用之前需要先导入 string 模块，即 import string。

```
>>>import string
>>>string.capwords("ShaRP tools make good work.")
'Sharp Tools Make Good Work.'
>>>string.capwords("ShaRP tools make good work.",'oo')   #以 oo 作为分隔符
'Sharp tooLs make gooD work.'
```

3）字符串分隔应用实例

str.split(s,num)[n]：按 s 中指定的分隔符(默认为所有的空字符，包括空格、换行符、制表符等)，将字符串 str 分隔成 num+1 个子字符串所组成的列表。列表是写在方括号[ ]之间、用逗号分隔开的元素序列。若带有[n]，表示选取分隔后的第 n 个分片，n 表示返回的列表中元素的下标，从 0 开始。如果字符串 str 中没有给定的分隔符，则把整个字符串作为列表的一个元素返回。默认情况下，使用空格作为分隔符，分隔后，空串会自动忽略。

```
>>>str='hello     world'
>>>str.split()
['hello', 'world']
>>>s='hello \n\t\r  \t\r\n world  \n\t\r'
>>>s.split()
[' hello ', ' world ']
```

但若显式指定空格为分隔符，则不会自动忽略空串，例如：

```
>>>str='hello   world'                #包含三个空格
>>>str.split(' ')
```

```
['hello', '', '', 'world']
>>>str='www.baidu.com'
>>>str.split('.')[2]                    #选取分隔后的第 2 片作为结果返回
'com'
>>>str.split('.')                       #无参数全部切割
['www', 'baidu', 'com']
>>>str.split('.',1)                     #分隔一次
['www', 'baidu.com']
>>>s1、s2、s3=str.split('.', 2)          #s1、s2、s3 分别被赋值得到被切割的三个部分
>>>s1
'www'
>>>s='call\nme\nbaby'                   #按换行符"\n"进行分隔
>>>s.split('\n')
['call', 'me', 'baby']
>>>s="hello world! <[www.google.com]>byebye"
>>>s.split('[')[1].split(']')[0]        #分隔两次分隔出网址
'www.google.com'
>>>str="http://www.xinhuanet.com/"
>>>str.partition("://")
('http', '://', 'www.xinhuanet.com/')
```

4）字符串搜索与替换应用实例

```
>>>'He that can have patience, can have what he will. '.find('can')
8
>>>'He that can have patience, can have what he will. '.find('can',9)
27
>>>'He that can have patience, can have what he will. '.index('good')
ValueError: substring not found
>>>'aababadssdf56sdabcddaa'.replace('ab','**')
'a****adssdf56sd**cddaa'
>>>str="This is a string example.This is a really string."
>>>str.replace(" is", " was")
'This was a string example.This was a really string.'
>>>'aadgdxdfadfaadfgaa'.count('aa')
3
```

5）字符串映射应用实例

```
>>>table=str.maketrans('abcdef','123456')          #创建映射表
>>>table
{97: 49, 98: 50, 99: 51, 100: 52, 101: 53, 102: 54}
>>>s1='Python is a greate programming language.I like it.'
>>>s1.translate(table)                    #使用映射表 table 对字符串 s1 进行映射
'Python is 1 gr51t5 progr1mming l1ngu1g5.I lik5 it.'
```

通过 maketrans()和 translate()可实现凯撒加密。凯撒加密的基本思想：通过把字母移动一定的位数来实现加密和解密。例如，设定密匙是把明文字母向后移动三位，那么明文字母 B 就变成了密文的 E，以此类推，X 将变成 A，Y 变成 B，Z 变成 C。凯撒加密通过移位的方式加密消息，最多有 25 种加密方式。

当密钥 key=3 时，明文字母表和密文字母表分别是：

明文字母表：abcdefghijklmnopqrstuvwxyzABCDEFGHIJKLMNOPQRSTUVWXYZ

密文字母表：defghijklmnopqrstuvwxyzabcDEFGHIJKLMNOPQRSTUVWXYZABC

下面的代码模拟 key=3 时的凯撒加密，当然，key 也可以是其他数字。

```
>>>import string
>>>instr=string.ascii_lowercase+string.ascii_uppercase
>>>instr
'abcdefghijklmnopqrstuvwxyzABCDEFGHIJKLMNOPQRSTUVWXYZ'
>>>outstr=string.ascii_lowercase[3:]+string.ascii_lowercase[:3]+string
.ascii_uppercase[3:]+string.ascii_uppercase[:3]
>>>outstr
'defghijklmnopqrstuvwxyzabcDEFGHIJKLMNOPQRSTUVWXYZABC'
>>>str_transtr=str.maketrans(instr, outstr)    #创建转换表
>>>test_str='If you are not inside a house, you don not know about its leaking.'
>>>test_str.translate(str_transtr)             #按转换表进行加密替换
'Li brx duh qrw lqvlgh d krxvh, brx grq qrw nqrz derxw lwv ohdnlqj.'
```

6）判断字符串的开始和结束应用实例

```
>>>s='Work makes the workman.'
>>>s.startswith('Work')         #检查整个字符串是否以 Work 开头
True
>>>s.startswith('Work',1,8)     #指定检查范围的起始位置和结束位置
False
>>>s='Constant dropping wears the stone.'
>>>s.endswith('stone.')
True
>>>s.endswith('stone.',4,16)
False
```

下面的代码可以列出指定目录下扩展名为 txt 或 docx 的文件。

```
import os
items=os.listdir("C:\\Users\\caojie\\Desktop") #返回指定路径下的文件和文件夹列表
newlist=[]
for names in items:
  if names.endswith((".txt",".docx")):
    newlist.append(names)
print(newlist)
```

运行上述代码得到的输出结果如下：

```
['hello.txt', '开会总结.docx', '新建 Microsoft Word 文档.docx', '新建文本文档.txt']
```

7）连接字符串应用实例

```
>>>str="-"
>>>seq=('a', 'b', 'c','d')
>>>str.join(seq)
'a-b-c-d'
>>>seq1=['Keep','on','going','never','give','up']
>>>print(' '.join(seq1))
Keep on going never give up
>>>print(':'.join(seq1))
Keep:on:going:never:give:up
>>>seq3=('hello','good','boy','world')              #创建了一个元组类型的变量 seq3
>>>':'.join(seq3)                                   #对元组中的元素进行连接操作
'hello:good:boy:world'
>>>seq4={'hello':1,'good':2,'boy':3,'world':4}      #创建了一个字典类型的变量 seq4
>>>'*'.join(seq4)                                   #对字典中的元素的键进行连接操作
'hello*good*boy*world'
>>>''.join(('/hello/','good/boy/','world'))         #合并目录
'/hello/good/boy/world'
```

8）判断字符串是否全为数字、字符等应用实例

```
>>>'J2EE'.isalnum()
True
>>>'Nurture passes nature'.isalpha()                #含有空格
False
>>>'Nurturepassesnature'.isalpha()
True
>>>'1357efg'.isupper()
False
>>>'   '.isspace()
True
>>>'\n\t   '.isspace()
True
```

isdigit、isdecimal、isnumeric 的区别：

```
>>>num=u"1"                                         #Unicode
>>>num.isdigit()                                    #True
True
>>>num.isdecimal()                                  #True
True
>>>num.isnumeric()                                  #True
True
>>>num1=b"1"                                        #byte
```

```
>>>num1.isdigit()                                   #True
True
>>>num1.isdecimal()
Traceback(most recent call last):
  File "<pyshell#16>", line 1, in <module>
    num1.isdecimal()
AttributeError: 'bytes' object has no attribute 'isdecimal'
>>>num1.isnumeric()
Traceback(most recent call last):
  File "<pyshell#17>", line 1, in <module>
    num1.isnumeric()
AttributeError: 'bytes' object has no attribute 'isnumeric'
>>>num2="IV"                                        #罗马数字
>>>num2.isdigit()
False
>>>num2.isdecimal()
False
>>>num.isnumeric()
True
>>>num3="四"                                        #汉字
>>>num3.isdigit()
False
>>>num3.isdecimal()
False
>>>num3.isnumeric()
True
```

9）字符串对齐及填充应用实例

```
>>>'Hello world! '.center(20)
'    Hello world!     '
>>>'Hello world! '.center(20,'-')
'----Hello world! ----'
>>>'Hello world! '.ljust(20,'-')
'Hello world! --------'
>>>'Hello world! '.rjust(20,'-')
'--------Hello world! '
```

6. 字符串常量

Python 标准库 string 中定义了数字、标点符号、英文字母、大写英文字母、小写英文字母等字符串常量。

```
>>>import string
>>>string.ascii_letters              #所有英文字母
'abcdefghijklmnopqrstuvwxyzABCDEFGHIJKLMNOPQRSTUVWXYZ'
```

```
>>>string.ascii_lowercase          #所有小写英文字母
'abcdefghijklmnopqrstuvwxyz'
>>>string.ascii_uppercase          #所有大写英文字母
'ABCDEFGHIJKLMNOPQRSTUVWXYZ'
>>>string.digits                   #数字 0~ 9
'0123456789'
>>>string.hexdigits                #十六进制数字
'0123456789abcdefABCDEF'
>>>string.octdigits                #八进制数字
'01234567'
>>>string.punctuation              #标点符号
'!"#$% &\'()*+,-./:;<=>?@[\\]^_`{|}~ '
>>>string.printable                #可打印字符
'0123456789abcdefghijklmnopqrstuvwxyzABCDEFGHIJKLMNOPQRSTUVWXYZ!"#$%&\'()*
+,-./:;<=>? @[\\]^_`{|}~  \t\n\r\x0b\x0c'
>>>string.whitespace               #空白字符
' \t\n\r\x0b\x0c'
```

通过 Python 中的一些随机方法，可生成任意长度和复杂度的密码，代码如下：

```
>>>import random
>>>import string
>>>chars=string.ascii_letters+string.digits
>>>chars
'abcdefghijklmnopqrstuvwxyzABCDEFGHIJKLMNOPQRSTUVWXYZ0123456789'
#random 模块的 choice()方法返回一个列表、元组或字符串的一个随机元素
#range(a,b)返回整数序列 a,a+1,…,b-1,只有一个参数时,则表示从 0 开始
>>>''.join([random.choice(chars) for i in range(8)]) #随机选择 8 次生成 8 位随机密码
'yFWppkvB'
>>>random.choice([1,3,5,7,9])                          #从列表中随机选取一个元素返回
3
>>>random.choice(string.ascii_uppercase)               #生成一个随机大写字符
'V'
>>>random.choice((0,1,2,3,4,5,6,7,8,9))                #从元组中随机选取一个元素返回
4
```

注意：

(1) 字符串中反斜杠可以用来转义，在字符串前使用 r 可以让反斜杠不发生转义。

(2) Python 中的字符串有两种索引方式：从左往右以 0 开始，从右往左以－1 开始。

(3) Python 中的字符串不能改变，向一个索引位置赋值，比如 str1[0]＝'m'会导致错误。

1.7.3 list(列表)

list(列表)

列表是写在方括号之间、用逗号分隔开的元素序列。列表是可变

的，创建后允许修改、插入或删除其中的元素。列表中元素的数据类型可以不相同，列表中可以同时存在数字、字符串、元组、字典、集合等数据类型的对象，甚至可以包含列表（即嵌套）。下面几个都是合法的列表对象。

```
['Google', 'Baidu', 1997, 2008]
[1, 2, 3, 4, 5]
["a", "b", "c", "d"]
[123, ["das", "aaa"], 234]
```

1. 列表创建、删除

可以使用列表 list 的构造方法来创建列表，如下所示。

```
>>>list1=list()      #创建空列表
>>>list2=list('chemistry')
>>>list2
['c', 'h', 'e', 'm', 'i', 's', 't', 'r', 'y']
```

也可以使用下面更简单的方法来创建列表，即使用"＝"直接将一个列表赋值给变量来创建一个列表对象。

```
>>>lista=[]
>>>listb=['good', 123 , 2.2, 'best', 70.2 ]
>>>listc=['good', 6]
```

2. 列表截取（也称为分片、切片）

可以使用下标操作符 list[index]访问列表 list 中下标为 index 的元素。列表下标是从 0 开始的，也就是说，下标的范围为 0～len(list)－1，len(list)获取列表 list 的长度。list[index]可以像变量一样使用，例如，list[2]＝list[0]＋list[1]，将 list[0]与 list[1]中的值相加并赋值给 list[2]。

Python 允许使用负数作为下标来引用相对于列表末端的位置，将列表长度和负数下标相加就可以得到实际的位置。

```
>>>list1=[1,2,3,4,5]
>>>list1[-1]
5
>>>list1[-3]
3
```

列表截取（也称为分片、切片）操作使用 list[start:end]返回列表 list 的一个片段。这个片段是从下标 start 到下标 end－1 的元素所构成的一个子列表。

起始下标 start 以 0 为从头开始，以－1 为从末尾开始。起始下标 start 和结尾下标 end 是可以省略的，在这种情况下，起始下标为 0，结尾下标是 len(list)。如果 start≥end，list[start:end]将返回一个空表。列表被截取后返回一个包含指定元素的新列表。

```
>>>list1=['good', 123 , 2.2, 'best', 70.2]
>>>list2=['good', 6]
>>>print(list1[1:3])        #输出第二个至第三个元素
[123, 2.2]
>>>print(list1[2:])         #输出从第三个元素开始的所有元素
[2.2, 'best', 70.2]
```

3. 修改列表

有时候可能要修改列表，如添加新元素、删除元素、改变元素的值。

```
>>>x=[1,1,3,4]
>>>x[1]=2                   #将列表中第二个 1 改为 2
>>>x
[1, 2, 3, 4]
>>>y=x+[5]                  #为列表 x 添加一个元素 5,得到一个新列表
>>>y
[1, 2, 3, 4, 5]
>>>id(x)
37215944
>>>id(y)
51560584
>>>y[5:]=[6]                #在列表末尾添加一个元素 6
>>>y
[1, 2, 3, 4, 5, 6]
```

列表元素分段改变：

```
>>>name=list('Perl')
>>>name[1:]=list('ython')
>>>name
['P', 'y', 't', 'h', 'o', 'n']
>>>name[6:]=['P', 'y', 't', 'h', 'o', 'n']     #在列表末尾成段增加
>>>name
['P', 'y', 't', 'h', 'o', 'n', 'P', 'y', 't', 'h', 'o', 'n']
```

在列表中插入序列：

```
>>>number=[1,6]
>>>number[1:1]=[2,3,4,5]
>>>number
[1, 2, 3, 4, 5, 6]
```

在列表中删除元素：

```
>>>names=['one', 'two', 'three', 'four', 'five', 'six']
```

```
>>>del names[1]              #删除 names 的第二个元素
>>>names
['one', 'three', 'four', 'five', 'six']
>>>names[1:4]=[]             #删除 names 的第二至第四个元素
>>>names
['one', 'six']
>>>y=[1, 2, 3, 4, 5, 6]
>>>del y[0:3]                #删除 y 的前三个元素
>>>y
[4, 5, 6]
```

当不再使用列表时，可使用 del 命令删除整个列表：

```
>>>del names
>>>names
NameError: name 'names' is not defined
```

可见，删除列表 names 后，列表 names 就不存在了，再次访问 names 时抛出异常 NameError，提示访问的 names 不存在。

4. 列表序列操作

在 Python 中字符串、列表以及后面要讲的元组都是序列类型。序列即成员有序排列，并且可以通过偏移量访问到它的一个或者几个成员。序列中的每个元素都被分配一个数字——它的位置，也称为索引，第一个索引是 0，第二个索引是 1，以此类推。序列可以进行的操作包括索引、切片、加、乘以及检查某个元素是否属于序列的成员。此外，Python 已经内置确定序列的长度以及确定最大和最小的元素的方法。序列的常用操作如表 1-6 所示。

表 1-6　序列的常用操作

操　　作	描　　述
x in s	如果元素 x 在序列 s 中则返回 True
x not in s	如果元素 x 不在序列 s 中则返回 True
s1+s2	连接两个序列 s1 和 s2，得到一个新序列
s * n, n * s	序列 s 复制 n 次得到一个新序列
s[i]	得到序列 s 的下标为 i 的元素
s[i:j]	得到序列 s 从下标 i 到 j−1 的片段
len(s)	返回序列 s 包含的元素个数
max(s)	返回序列 s 的最大元素
min(s)	返回序列 s 的最小元素
sum(x)	返回序列 s 中所有元素之和
<、<=、>、>=、==、!=	比较两个序列

```
>>>list1=['C', 'Java', 'Python']
>>>list2=['good', 123 , 2.2, 'best', 70.2]
>>>'C' in list1
True
>>>'chemistry' not in list1
True
>>>list1+list2
['C', 'Java', 'Python', 'good', 123, 2.2, 'best', 70.2]
>>>list1 * 2
['C', 'Java', 'Python', 'C', 'Java', 'Python']
>>>2 * list1
['C', 'Java', 'Python', 'C', 'Java', 'Python']
>>>list1[0]
'C'
>>>list1[0:3]
['C', 'Java', 'Python']
>>>len(list1)
3
>>>max(list1)
'Python'
>>>min(list1)
'C'
>>>sum([1,2,3])
6
>>>list1>list2
False
>>>list1!=list2
True
```

5. 用于列表的一些常用函数

(1) reversed()函数：函数功能是反转一个序列对象，将其元素从后向前颠倒构建成一个迭代器。

```
>>>a=[9, 8, 7, 6, 5, 4, 3, 2, 1, 0]
>>>reversed(a)
<list_reverseiterator object at 0x0000000002F174E0>
>>>a
[9, 8, 7, 6, 5, 4, 3, 2, 1, 0]
>>>list(reversed(a))        #将生成的迭代器对象列表化输出
[0, 1, 2, 3, 4, 5, 6, 7, 8, 9]
```

(2) sorted()函数：sorted(iterable[,key][,reverse])返回一个排序后的新序列，不改变原始的序列。

第一个参数 iterable 是可迭代的对象：

```
>>>sorted([46, 15, -12, 9, -21,30])            #保留原列表
[-21, -12, 9, 15, 30, 46]
```

第二个参数 key 用来指定带一个参数的函数，此函数将在每个元素排序前被调用：

```
>>>sorted([46, 15, -12, 9, -21,30], key=abs)  #按绝对值大小进行排序
[9, -12, 15, -21, 30, 46]
```

key 指定的函数将作用于 list 的每一个元素上，并根据 key 指定的函数返回的结果进行排序。

第三个参数 reverse 用来指定正向还是反向排序。

要进行反向排序，可以传入第三个参数 reverse＝True：

```
>>>sorted(['bob', 'about', 'Zoo', 'Credit'])
['Credit', 'Zoo', 'about', 'bob']
>>>sorted(['bob', 'about', 'Zoo', 'Credit'], key=str.lower)     #按小写进行排序
['about', 'bob', 'Credit', 'Zoo']
>>>sorted(['bob', 'about', 'Zoo', 'Credit'], key=str.lower, reverse=True)
                                                                 #按小写反向排序
['Zoo', 'Credit', 'bob', 'about']
```

(3) zip()打包函数：zip([it0,it1…])返回一个列表，其第一个元素是 it0、it1 等这些序列元素的第一个元素组成的一个元组，其他元素以此类推。若传入参数的长度不等，则返回列表的长度与参数中长度最短的对象相同。zip()的返回值是可迭代对象，对其进行 list 可一次性显示出所有结果。

```
>>>a, b, c=[1,2,3], ['a','b','c'], [4,5,6,7,8]
>>>list(zip(a,b))
[(1, 'a'), (2, 'b'), (3, 'c')]
>>>list(zip(c,b))
[(4, 'a'), (5, 'b'), (6, 'c')]
>>>str1='abc'
>>>str2='123'
>>>list(zip(str1,str2))
[('a', '1'), ('b', '2'), ('c', '3')]
```

(4) enumerate()枚举函数：将一个可遍历的数据对象(如列表)组合为一个索引序列，序列中每个元素是由数据对象的元素下标和元素组成的元组。

```
>>>seasons=['Spring', 'Summer', 'Fall', 'Winter']
>>>list(enumerate(seasons))
[(0, 'Spring'), (1, 'Summer'), (2, 'Fall'), (3, 'Winter')]
>>>list(enumerate(seasons, start=1))          #将下标从 1 开始
[(1, 'Spring'), (2, 'Summer'), (3, 'Fall'), (4, 'Winter')]
```

(5) shuffle()函数：random 模块中的 shuffle()函数可实现随机排列列表中的元素。

```
>>>list1=[2,3,7,1,6,12]
>>>import random          #导入模块
>>>random.shuffle(list1)
>>>list1
[1, 2, 12, 3, 7, 6]
```

6. 列表对象的常用方法

一旦列表对象被创建,可以使用列表对象的方法来操作列表,列表对象的常用方法如表 1-7 所示。

表 1-7 列表对象的常用方法

方 法	描 述
list. append(x)	在列表 list 末尾添加新的对象 x
list. count(x)	返回 x 在列表 list 中出现的次数
list. extend(seq)	在列表 list 末尾一次性追加 seq 序列中的所有元素
list. index(x)	返回列表 list 中第一个值为 x 的元素的下标,若不存在抛出异常
list. insert(index,x)	在列表 list 中 index 位置处添加元素 x
list. pop([index])	删除并返回列表指定位置的元素,默认为最后一个元素
list. remove(x)	移除列表 list 中 x 的第一个匹配项
list. reverse()	反向列表 list 中的元素
list. sort(key=None, reverse=None)	对列表 list 进行排序,key 参数的值为一个函数,此函数只有一个参数且返回一个值,此函数将在每个元素排序前被调用, reserve 表示是否逆序
list. clear()	删除列表 list 中的所有元素,但保留列表对象
list. copy()	用于复制列表,返回复制后的新列表

```
>>>list1=[2, 3, 7, 1, 56, 4]
>>>list1.append(7)            #在列表 list1 末尾添加新的元素 7
>>>list1
[2, 3, 7, 1, 56, 4, 7]
>>>list1.count(7)             #返回 7 在列表 list1 中出现的次数
2
>>>list2=[66,88,99]
>>>list1.extend(list2)        #在列表 list1 末尾一次性追加 list2 列表中的所有元素
>>>list1
[2, 3, 7, 1, 56, 4, 7, 66, 88, 99]
>>>list1.index(7)             #返回列表 list1 中第一个值为 7 的元素的下标
2
>>>list1.insert(2,6)          #在列表 list1 中下标为 2 的位置处添加元素 6
>>>list1
```

```
[2, 3, 6, 7, 1, 56, 4, 7, 66, 88, 99]
>>>list1.pop(2)                    #删除并返回列表 list1 中下标为 2 处的元素
6
>>>list1
[2, 3, 7, 1, 56, 4, 7, 66, 88, 99]
>>>list1.pop()
99
>>>list1
[2, 3, 7, 1, 56, 4, 7, 66, 88]
>>>list1.remove(7)                 #移除列表 list1 中 7 的第一个匹配项
>>>list1
[2, 3, 1, 56, 4, 7, 66, 88]
>>>list1.reverse()
>>>list1
[88, 66, 7, 4, 56, 1, 3, 2]
>>>list1.sort()
>>>list1
[1, 2, 3, 4, 7, 56, 66, 88]
>>>list2=['a','Andrew', 'is','from', 'string', 'test', 'This']
>>>list2.sort(key=str.lower) #key 指定的函数将在每个元素排序前被调用
>>>print(list2)
['a', 'Andrew', 'from', 'is', 'string', 'test', 'This']
>>>list3=list1.copy()              #复制列表 list1,返回复制后的新列表
>>>list3
[1, 2, 3, 4, 7, 56, 66, 88]
>>>id(list3)
49442504
>>>id(list1)
49297160
>>>list3.clear()                   #删除列表 list3 中的所有元素,但保留列表对象 list3
>>>list3
[]
```

7. 列表推导式

列表推导式是利用其他列表创建新列表的一种方法,格式为

```
[生成列表元素的表达式 for 表达式中的变量 in 变量要遍历的序列]
[生成列表元素的表达式 for 表达式中的变量 in 变量要遍历的序列 if 过滤条件]
```

注意:

(1) 要把生成列表元素的表达式放到前面,执行时,先执行后面的 for 循环。

(2) 可以有多个 for 循环,也可以在 for 循环后面添加 if 过滤条件。

(3) 变量要遍历的序列,可以是任何方式的迭代器(元组、列表、生成器等)。

```
>>>a=[1,2,3,4,5,6,7,8,9,10]
>>>[2*x for x in a]
[2, 4, 6, 8, 10, 12, 14, 16, 18, 20]
```

如果没有给定列表，也可以用 range()方法：

```
>>>[2*x for x in range(1,11)]
[2, 4, 6, 8, 10, 12, 14, 16, 18, 20]
```

for 循环后面还可以加上 if 判断，例如，要取列表 a 中的偶数：

```
>>>[2*x for x in a if x% 2==0]
[4, 8, 12, 16, 20]
```

从一个文件名列表中获取全部 py 文件，可用列表生成式来实现：

```
>>>file_list=['a.py', 'b.txt', 'c.py', 'd.doc', 'test.py']
>>>[f for f in file_list if f.endswith('.py')]
['a.py', 'c.py', 'test.py']
```

还可以使用三层循环，生成三个数的全排列：

```
>>>[i+j+k for i in '123' for j in '123' for k in '123' if (i !=k) and (i !=j) and (j
!=k) ]
['123', '132', '213', '231', '312', '321']
```

可以使用列表生成式把一个 list 中所有的字符串变成小写：

```
>>>L=['Hello', 'World', 'IBM', 'Apple']
>>>[s.lower() for s in L]
['hello', 'world', 'ibm', 'apple']
```

一个由男人列表和女人列表组成的嵌套列表，取出姓名中带有“涛”的姓名，组成列表：

```
>>>names=[['王涛','元芳','吴言','马汉','李光地','周文涛'],
          ['李涛蕾','刘涛','王丽','李小兰','艾丽莎','贾涛慧']]
>>>[name for lst in names for name in lst if '涛' in name]  #注意遍历顺序，这是实现
                                                          #的关键
['王涛', '周文涛', '李涛蕾', '刘涛', '贾涛慧']
```

用列表推导式求出所有的“水仙花数”，“水仙花数”是指一个三位的十进制数，其各位数字立方和等于该数本身。例如 153 是一个“水仙花数”，因为 $153=1^3+5^3+3^3$。

```
>>>a=[i**3+j**3+k**3 for i in range(1, 10) for j in range(0, 10) for k in
range(0, 10) if i*100+j*10+k==i**3+j**3+k**3]
>>>print(a)
[153, 370, 371, 407]
```

1.7.4 tuple(元组)

元组类型 tuple 是 Python 中另一个非常有用的内置数据类型。元组是写在括号之间、用逗号分隔开的元素序列,元组中的元素类型可以不相同。元组和列表的区别:元组的元素是不可变的,创建之后就不能改变其元素,这点与字符串是相同的;而列表是可变的,创建后允许修改、插入或删除其中的元素。下面几个都是合法的元组对象:

```
('physics', 'chemistry', 2000, 2008)、(1, 2, 3, 4, 5)、("a", "b", "c", "d")
```

1. 访问元组

使用下标索引来访问元组中的值,如下实例:

```
>>>tuple1= ('hello', 18 , 2.23, 'world', 2+4j)    #通过赋值操作创建一个元组
>>>tuple2= ('best', 16)
>>>print(tuple1)                                  #输出完整元组
('hello', 18, 2.23, 'world', (2+4j))
>>>print(tuple1[0])                               #输出元组的第一个元素
hello
>>>print(tuple1[1:3])                             #输出从第二个元素开始到第三个元素
(18, 2.23)
>>>print(tuple1[2:])                              #输出从第三个元素开始的所有元素
(2.23, 'world', (2+4j))
>>>print (tuple2 * 3)                             #输出三次元组
('best', 16, 'best', 16, 'best', 16)
>>>tuple(range(6))                                #将迭代对象转换为元组
(0, 1, 2, 3, 4, 5)
```

注意:构造包含 0 个或 1 个元素的元组比较特殊。

```
>>>tuple3= ()                                     #空元组
>>>tuple4= (20,)                                  #一个元素,需要在元素后添加逗号
```

任意无符号的对象,以逗号隔开,默认为元组,如下实例:

```
>>>A='a', 5.2e30, 8+6j, 'xyz'
>>>A
('a', 5.2e+30, (8+6j), 'xyz')
```

2. 修改元组

元组属于不可变序列,一旦创建,元组中的元素是不允许修改的,也无法增加或删除元素。因此,元组没有提供 append()、extend()、insert()、remove()、pop()方法,也不支持对元组元素进行 del 操作,但能用 del 命令删除整个元组。

因为元组不可变,所以代码更安全。如果可能,能用元组代替列表就尽量用元组。例如,后面第 3 章中,调用函数时使用元组传递参数可以防止在函数中修改元组,而使用列表就很难做到这一点。

元组中的元素值是不允许修改的,但可以对元组进行连接组合,得到一个新元组:

```
>>>tuple3=tuple1+tuple2          #连接元组
>>>print(tuple3)
('hello', 18, 2.23, 'world', (2+4j), 'best', 16)
>>>del tuple3                    #删除元组
```

虽然 tuple 的元素不可改变,但它可以包含可变的对象,如 list 列表,可改变元组中可变对象的值。

```
>>>tuple4=('a', 'b', ['A', 'B'])
>>>tuple4[2][0]='X'
>>>tuple4[2][1]='Y'
>>>tuple4[2][2:]='Z'
>>>tuple4
('a', 'b', ['X', 'Y', 'Z'])
```

表面上看,tuple4 的元素确实变了,但其实变的不是 tuple4 的元素,而是 tuple4 中的列表的元素,tuple4 一开始指向的列表并没有改成别的列表。元组所谓的"不变"是说:元组的每个元素,指向永远不变,即指向'a',就不能改成指向'b';指向一个列表,就不能改成指向其他列表,但指向的这个列表本身是可变的。因此,要想创建一个内容也不变的元组,就必须保证元组的每一个元素本身也不能变。

3. 生成器推导式

```
>>>a=[1,2,3,4,5,6,7,8,9,10]
>>>b=(2*x for x in a)                #(2*x for x in a)被称为生成器推导式
>>>b                                 #这里 b 是一个生成器对象,并不是元组
<generator object <genexpr> at 0x0000000002F3DBA0>
```

生成器是用来创建一个 Python 序列的一个对象。使用它可以迭代庞大序列,且不需要在内存创建和存储整个序列,这是因为它的工作方式是每次处理一个对象,而不是一口气处理和构造整个数据结构。在处理大量的数据时,最好考虑生成器表达式而不是列表推导式。每次迭代生成器时,它会记录上一次调用的位置,并且返回下一个值。

从形式上看,生成器推导式与列表推导式非常相似,只是生成器推导式使用括号而列表推导式使用方括号。与列表推导式不同的是,生成器推导式的结果是一个生成器对象,而不是元组。若想使用生成器对象中的元素,可以通过 list()或 tuple()方法将其转换为列表或元组,然后使用列表或元组读取元素的方法来使用其中的元素。此外,也可以使用生成器对象的__next__ ()方法或者内置函数 next()进行遍历,或者直接将其作为迭代器对象来使用。但无论使用哪种方式遍历生成器的元素,当所有元素遍历完之后,如果需要重新访问其中的元素,必须重新创建该生成器对象。

```
>>>list(b)                       #将生成器对象转换为列表
[2, 4, 6, 8, 10, 12, 14, 16, 18, 20]
>>>list(b)                       #生成器对象已遍历结束,没有元素了
```

```
[]
>>>c=(x for x in range(11) if x% 2==1)
>>>c.__next__()                 #使用生成器对象的__next__()方法获取元素
1
>>>c.__next__()
3
>>>next(c)                      #使用内置函数 next()获取生成器对象的元素
5
>>>[x for x in c]               #使用列表推导式访问生成器对象剩余的元素
[7, 9]
```

1.7.5 dictionary(字典)

字典类型 dict 是 Python 中另一个非常有用的内置数据类型。列表是有序的对象集合,字典是无序的对象集合,字典当中的元素是通过键来存取的,而不是通过偏移存取。

字典是写在花括号之间、用逗号分隔开的“键(key):值(value)”对集合。键必须使用不可变类型,如整型、浮点型、复数型、布尔型、字符串、元组等,但不能使用诸如列表、字典、集合或其他可变类型作为字典的键。在同一个字典中,键必须是唯一的,但值是可以重复的。

1. 创建字典

使用赋值运算符将使用{ }括起来的“键:值”对赋值给一个变量即可创建一个字典变量。

```
>>>dict1={'Alice': '2341', 'Beth': '9102', 'Cecil': '3258'}
>>>dict1['Jack']='1234'     #为字典添加元素
>>>print(dict1)             #输出完整的字典
{'Alice': '2341', 'Beth': '9102', 'Cecil': '3258', 'Jack': '1234'}
>>>type(dict1)
<class 'dict'>              #显示 dict1 的类型为 dict
```

可以使用字典的构造方法 dict(),利用二元组序列构建字典,如下所示:

```
>>>items=[('one',1),('two',2),('three',3),('four',4)]
>>>dict2=dict(items)
>>>print(dict2)
{'one': 1, 'two': 2, 'three': 3, 'four': 4}
```

可以通过关键字创建字典,如下所示:

```
>>>dict3=dict(one=1,two=2,three=3)
>>>print(dict3)
{'one': 1, 'two': 2, 'three': 3}
```

使用 zip 创建字典,如下所示:

```
>>>key='abcde'
>>>value=range(1, 6)
>>>dict(zip(key, value))
{'a': 1, 'b': 2, 'c': 3, 'd': 4, 'e': 5}
```

可以用字典类型 dict 的 fromkeys(iterable[,value=None])方法创建一个新字典，并以可迭代对象 iterable(如字符串、列表、元组、字典)中的元素分别作为字典中的键，value 为字典所有键对应的值，默认为 None。

```
>>>iterable1="abcdef"                         #创建一个字符串
>>>v1=dict.fromkeys(iterable1, '字符串')
>>>v1
{'a': '字符串', 'b': '字符串', 'c': '字符串', 'd': '字符串', 'e': '字符串', 'f': '字符串'}
>>>iterable2=[1,2,3,4,5,6]                    #列表
>>>v2=dict.fromkeys(iterable2,'列表')
>>>v2
{1: '列表', 2: '列表', 3: '列表', 4: '列表', 5: '列表', 6: '列表'}
>>>iterable3={1:'one', 2:'two', 3:'three'}    #字典
>>>v3=dict.fromkeys(iterable3, '字典')
>>>v3
{1: '字典', 2: '字典', 3: '字典'}
```

2. 访问字典里的值

通过“字典变量[key]”的方法返回键 key 对应的值 value，如下所示：

```
>>>print(dict1['Beth'])                       #输出键为'Beth'的值
9102
>>>print(dict1.values())                      #输出字典的所有值
dict_values(['2341', '9102', '3258', '1234'])
>>>print(dict1.keys())                        #输出字典的所有键
dict_keys(['Alice', 'Beth', 'Cecil', 'Jack'])
>>>dict1.items()                              #返回字典的所有元素
dict_items([('Alice', '2341'), ('Beth', '9102'), ('Cecil', '3258'), ('Jack', '1234')])
```

使用字典对象的 get()方法返回键 key 对应的值 value，如下所示：

```
>>>dict1.get('Alice')
'2341'
```

3. 字典元素添加、修改与删除

向字典添加新元素的方法是增加新的“键:值”对：

```
>>>school={'class1': 60, 'class2': 56, 'class3': 68, 'class4': 48}
```

```
>>>school['class5']=70          #添加新的元素
>>>school
{'class1': 60, 'class2': 56, 'class3': 68, 'class4': 48, 'class5': 70}
>>>school['class1']=62          #更新键 class1 所对应的值
>>>school
{'class1': 62, 'class2': 56, 'class3': 68, 'class4': 48, 'class5': 70}
```

由上可知,当以指定"键"为索引为字典元素赋值时,有两种含义:若该"键"不存在,则表示为字典添加一个新元素,即一个"键:值"对;若该"键"存在,则表示修改该"键"所对应的"值"。

此外,使用字典对象的 update()方法可以将另一个字典的元素一次性全部添加到当前字典对象中,如果两个字典中存在相同的"键",则只保留另一个字典中的"键值"对,如下所示:

```
>>>school1={'class1': 62, 'class2': 56, 'class3': 68, 'class4': 48, 'class5': 70}
>>>school2={'class5': 78,'class6': 38}
>>>school1.update(school2)
>>>school1     #'class5'所对应的值取 school2 中'class5'所对应的值 78
{'class1': 62, 'class2': 56, 'class3': 68, 'class4': 48, 'class5': 78, 'class6':
38}
```

使用 del 命令可以删除字典中指定的元素,也可以删除整个字典,如下所示:

```
>>>del school2['class5']        #删除字典元素
>>>school2
{'class6': 38}
>>>del school2                  #删除整个字典
>>>school2                      #字典对象删除后不再存在
Traceback(most recent call last):
  File "<pyshell#39>", line 1, in <module>
    school2
NameError: name 'school2' is not defined
```

可以使用字典对象的 pop()方法删除指定键的字典元素并返回该键所对应的值,如下所示:

```
>>>dict2={'one': 1, 'two': 2, 'three': 3, 'four': 4}
>>>dict2.pop('four')
4
>>>dict2
{'one': 1, 'two': 2, 'three': 3}
```

可以利用字典对象的 clear()方法删除字典内所有元素,如下所示:

```
>>>school1.clear()
>>>school1
{}
```

4. 字典对象的常用方法

一旦字典对象被创建,可以使用字典对象的方法来操作字典,字典对象的常用方法如表 1-8 所示,其中 dict1 是一个字典对象。

表 1-8 字典对象的常用方法

方 法	描 述
dict1. clear()	删除字典内所有元素,没有返回值
dict1. copy()	返回一个字典的浅复制,即复制时只会复制父对象,而不会复制对象的内部的子对象,复制后对原 dict 的内部的子对象进行操作时,浅复制 dict 会受操作影响而变化
dict1. fromkeys(seq[, value]))	创建一个新字典,以序列 seq 中元素作为字典的键,value 为字典所有键对应的初始值
dict1. get(key)	返回指定键 key 对应的值
dict1. items()	返回字典的"键值"对所组成的(键, 值)元组列表
dict1. keys()	以列表返回一个字典所有的键
dict1. update(dict2)	把字典 dict2 的"键值"对更新到 dict1 里
dict1. values()	以列表形式返回字典中的所有值
dict1. pop(key)	删除键 key 所对应的字典元素,返回 key 所对应的值
dict1. popitem()	随机返回并删除字典中的一个"键值"对(一般删除末尾对)

```
>>>dict1={'Jack': 18, 'Mary': 16, 'John': 20}
>>>print("字典 dict1 的初始元素个数: %d" %  len(dict1))
字典 dict1 的初始元素个数: 3
>>>dict1.clear()
>>>print("clear()后,字典 dict1 的元素个数: %d" %  len(dict1))
clear()后,字典 dict1 的元素个数: 0
>>>dict2={'姓名':'李华','性别':['男','女']}
>>>dict2_1=dict2.copy()                    #浅复制
>>>print(' dict2_1:',dict2_1)
dict2_1: {'姓名': '李华', '性别': ['男', '女']}
>>>dict2['性别'].remove('女')
>>>print('对 dict2 执行 remove 操作后, dict2_1:',dict2_1)
对 dict2 执行 remove 操作后, dict2_1: {'姓名': '李华', '性别': ['男']}  #'女'已不存在
>>>dict5={'Spring': '春', 'Summer': '夏', 'Autumn': '秋', 'Winter': '冬'}
>>>dict5.items()
dict_items([('Spring', '春'), ('Summer', '夏'), ('Autumn', '秋'), ('Winter',
'冬')])
>>>for key,values in dict5.items():        #遍历字典
    print(key,values)
```

```
Spring 春
Summer 夏
Autumn 秋
Winter 冬
>>>for item in dict5.items():                #遍历字典列表
    print(item)

('Spring', '春')
('Summer', '夏')
('Autumn', '秋')
('Winter', '冬')
```

此外,处理字典的常用内置函数如表 1-9 所示。

表 1-9 处理字典的常用内置函数

名　称	解　释
key in dict1	如果键在字典 dict1 里返回 True,否则返回 False
len(dict)	计算字典元素个数
str(dict)	输出字典可打印的字符串表示

5. 字典推导式

字典推导和列表推导的使用方法类似,只不过是把方括号改成花括号。

```
>>>dict6={'physics': 1, 'chemistry': 2, 'biology': 3, 'history': 4}
#把 dict6 的每个元素键的首字母大写、键值为原来的 2 倍
>>>dict7={key.capitalize(): value * 2 for key,value in dict6.items()}
>>>dict7
{'Physics': 2, 'Chemistry': 4, 'Biology': 6, 'History': 8}
```

1.7.6 set(集合)

集合是无序可变序列,使用一对花括号作为界定符,元素之间使用逗号分隔,集合中的元素互不相同。集合的基本功能是进行成员关系测试和删除重复元素。集合中的元素可以是不同的类型(例如:数字、元组、字符串等)。但是,集合中不能有可变元素(如列表、集合或字典)。

1. 创建集合

使用赋值操作直接将一个集合赋值给变量来创建一个集合对象:

```
>>>student={'Tom', 'Jim', 'Mary', 'Tom', 'Jack', 'Rose'}
```

也可以使用 set()函数将列表、元组等其他可迭代对象转换为集合,如果原来的数据

中存在重复元素，则在转换为集合的时候只保留一个。

```
>>>set1=set('cheeseshop')
>>>set1
{'s', 'o', 'p', 'c', 'e', 'h'}
>>>set2=set([1, 2, 3, 1, 2, 3])
>>>set2
{1, 2, 3}
```

注意：创建一个空集合必须用 set()而不是{ }，因为{ }是用来创建一个空字典。

2. 添加集合元素

虽然集合中不能有可变元素，但是集合本身是可变的。也就是说，可以添加或删除其中的元素。可以使用集合对象的 add()方法添加单个元素，使用 update()方法添加多个元素，update() 可以使用元组、列表、字符串或其他集合作为参数。

```
>>>set3={'a', 'b'}
>>>set3.add('c')                              #添加一个元素
>>>set3
{'b', 'a', 'c'}
>>>set3.update(['d', 'e', 'f'])               #添加多个元素
>>>set3
{'a', 'f', 'b', 'd', 'c', 'e'}
>>>set3.update(['o', 'p'], {'l', 'm', 'n'})  #添加列表和集合
>>>set3
{'l', 'a', 'f', 'o', 'p', 'b', 'm', 'd', 'c', 'e', 'n'}
```

3. 删除集合中的元素

可以使用集合对象的 discard()和 remove()方法删除集合中特定的元素。两者之间唯一的区别在于：如果集合中不存在指定的元素，使用 discard()，集合保持不变；但在这种情况下，使用 remove()会引发 KeyError。集合对象的 pop()方法是删除集合中的元素并返回删除的元素。集合对象的 clear()方法用于删除集合的所有元素。

```
>>>set4={1, 2, 3, 4}
>>>set4.discard(4)
>>>set4
{1, 2, 3}
>>>set4.remove(5)      #删除元素，不存在就抛出异常
Traceback(most recent call last):
  File "<pyshell#91>", line 1, in <module>
    set4.remove(5)
KeyError: 5
>>>set4.pop()          #同一个集合，删除集合元素的顺序固定，返回的即是删除的元素
1
```

```
>>>set4
{2, 3}
>>>set4.clear()
>>>set4
set()
```

4. 集合运算

Python 集合支持交集、并集、差集、对称差集等运算，如下所示：

```
>>>A={1,2,3,4,6,7,8}
>>>B={0,3,4,5}
```

交集：两个集合 A 和 B 的交集是由所有既属于 A 又属于 B 的元素所组成的集合，使用 & 操作符执行交集操作，同样地，也可使用集合对象的方法 intersection()完成，如下所示：

```
>>>A&B                          #求集合 A 和 B 的交集
{3, 4}
>>>A.intersection(B)
{3, 4}
```

并集：两个集合 A 和 B 的并集是由这两个集合的所有元素构成的集合，使用操作符"|"执行并集操作，也可使用集合对象的方法 union()完成，如下所示：

```
>>>A | B
{0, 1, 2, 3, 4, 5, 6, 7, 8}
>>>A.union(B)
{0, 1, 2, 3, 4, 5, 6, 7, 8}
```

差集：集合 A 与集合 B 的差集是所有属于 A 且不属于 B 的元素构成的集合，使用操作符"—"执行差集操作，也可使用集合对象的方法 difference()完成，如下所示：

```
>>>A-B
{1, 2, 6, 7, 8}
>>>A.difference(B)
{1, 2, 6, 7, 8}
```

对称差集：集合 A 与集合 B 的对称差集是由只属于其中一个集合，而不属于另一个集合的元素组成的集合，使用"^"操作符执行对称差集操作，也可使用集合对象的方法 symmetric_difference()完成，如下所示：

```
>>>A ^ B
{0, 1, 2, 5, 6, 7, 8}
>>>A.symmetric_difference(B)
{0, 1, 2, 5, 6, 7, 8}
```

子集：由某个集合中一部分元素所组成的集合，使用操作符"＜"判断"＜"左边的集合是否是“<”右边的集合的子集，也可使用集合对象的方法 issubset()完成，如下所示：

```
>>>C={1,3,4}
>>>C<A                    #C 集合是 A 集合的子集，返回 True
True
>>>C.issubset(A)
True
>>>C<B
False
```

5. 集合推导式

集合推导式跟列表推导式差不多，跟列表推到式的区别在于：不使用方括号，使用花括号；结果中无重复。

```
>>>a=[1, 2, 3, 4, 5]
>>>squared={i * * 2 for i in a}
>>>print(squared)
{1, 4, 9, 16, 25}
>>>strings=['All','things','in','their','being','are','good','for',
'something']
>>>{len(s) for s in strings}          #长度相同的只留一个
{2, 3, 4, 5, 6, 9}
>>>{s.upper() for s in strings}
{'THINGS', 'ALL', 'SOMETHING', 'THEIR', 'GOOD', 'FOR', 'IN', 'BEING', 'ARE'}
```

1.7.7 Python 数据类型之间的转换

有时候，人们需要转换数据的类型，数据类型的转换是通过将新数据类型作为函数名来实现的，数据类型之间的转换如表 1-10 所示。表 1-10 中的内置的函数可以执行数据类型之间的转换，返回一个新的数据类型对象。

表 1-10 数据类型之间的转换

函　数	描　述
int(x [,base])	将 x 转换为一个整数
float(x)	将 x 转换为一个浮点数
complex(real[,imag])	创建一个复数
str(x)	将对象 x 转换为字符串
eval(str)	将字符串 str 当成有效的表达式来求值并返回计算结果
tuple(s)	将序列 s 转换为一个元组
list(s)	将序列 s 转换为一个列表
set(s)	将序列 s 转换为可变集合

续表

函 数	描 述
dict(d)	创建一个字典,d 必须是一个序列 (key,value)元组
frozenset(s)	转换为不可变集合
chr(x)	将一个整数 x 转换为一个字符
unichr(x)	将一个整数转换为 Unicode 字符
ord(x)	将一个字符转换为它的整数值
hex(x)	将一个整数转换为一个十六进制字符串
oct(x)	将一个整数转换为一个八进制字符串

数据类型之间的转换如下。

```
>>>int(1.2)
1
>>>float(12)
12.0
>>>complex(1,2)
(1+2j)
>>>str(123)
'123'
>>>tuple([1,2,3])
(1, 2, 3)
>>>list(('a','b','c'))
['a', 'b', 'c']
>>>list('Python')
['P', 'y', 't', 'h', 'o', 'n']
>>>dict((('a',10),('b',20),('c',30)))          #创建一个字典
{'a': 10, 'b': 20, 'c': 30}
>>>x=frozenset('Python')                       #转换为不可变集合
>>>type(x)
<class 'frozenset'>
>>>x
frozenset({'h', 't', 'o', 'y', 'n', 'P'})
>>>x.add('C')                                  #试图添加元素'C'引发错误
Traceback(most recent call last):
  File "<pyshell#17>", line 1, in <module>
    x.add('C')
AttributeError: 'frozenset' object has no attribute 'add'
>>>chr(65)                                     #将整数 65 转换为一个字符
'A'
```

下面重点讲述 eval(str)函数,eval(str)函数将字符串 str 当成有效的表达式来求值并返回计算结果。eval()函数常见作用如下。

(1) 计算字符串中有效的表达式,并返回结果。

```
>>>eval('pow(2,2)')
4
>>>eval('2+2')
4
>>>eval('98.9')
98.9
```

(2) 将字符串转化成相应的对象(如 list、tuple、dict 和 string 之间的转换)。

```
>>>a1="[[1,2], [3,4], [5,6], [7,8], [9,0]]"
>>>b=eval(a1)
>>>b
[[1, 2], [3, 4], [5, 6], [7, 8], [9, 0]]
>>>a2="{1:'xx',2:'yy'}"
>>>c=eval(a2)
>>>c
{1: 'xx', 2: 'yy'}
>>>a3="(1,2,3,4)"
>>>d=eval(a3)
>>>d
(1, 2, 3, 4)
```

eval()函数的功能强大,但也很危险。

下面举几个被恶意用户使用的例子。

(1) 运行程序,如果用户恶意输入:

```
__import__('os').system('dir')
```

则 eval()之后,当前目录文件都会展现在用户前面。

(2) 运行程序,如果用户恶意输入:

```
open('data.py').read()
```

如果当前目录中恰好有一个文件且名为 data. py,则恶意用户便读取到了文件中的内容。

(3) 运行程序,如果用户恶意输入:

```
__import__('os').system('del delete.py /q')
```

如果当前目录中恰好有一个文件且名为 delete. py,则恶意用户删除了该文件。

/q: 指定静音状态,不提示您确认删除。

1.8 Python 中的运算符

Python 支持的运算符类型有算术运算符、比较(关系)运算符、赋值运算符、位运算符、逻辑运算符、成员运算符和身份运算符。

1. Python 算术运算符

常用的算术运算符如表 1-11 所示，其中变量 a 的值为 10，变量 b 的值为 23。

表 1-11　常用的算术运算符

算术运算符	描　述	实　例
＋	加：两个对象相加	a＋b 输出结果 33
－	减：得到负数或是一个数减去另一个数	a－b 输出结果－13
*	乘：两个数相乘或是返回一个被重复若干次的字符串	a * b 输出结果 230
/	除：如 b 除以 a 可表示成 b/a	b/a 输出结果 2.3
%	取余：返回除法的余数	b%a 输出结果 3
**	幂：如 a 的 b 次幂可表示成 a**b	a**b 为 10 的 23 次方
//	取整除：向下取接近商的整数	8//3 输出结果 2，9.0//2.0 输出结果 4.0，－9//2 输出－5

2. Python 比较（关系）运算符

比较（关系）运算符比较它们两边的值，并确定它们之间的关系，比较运算符如表 1-12 所示，其中变量 a 的值为 10，变量 b 的值为 23。

表 1-12　比较运算符

关系运算符	描　述	实　例
＝＝	等于：比较对象是否相等	(a＝＝b)返回 False
!＝	不等于：比较两个对象是否不相等	(a!＝b)返回 True
＞	大于：如 x＞y 返回 x 是否大于 y	(a＞b)返回 False
＜	小于：如 x＜y 返回 x 是否小于 y，所有比较运算符返回 1 表示真，返回 0 表示假，这分别与特殊的变量 True 和 False 等价	(a＜b)返回 True
＞＝	大于或等于	(a＞＝b)返回 False
＜＝	小于或等于	(a＜＝b)返回 True

3. Python 赋值运算符

赋值运算符如表 1-13 所示，其中变量 a 的值为 10，变量 b 的值为 23。

表 1-13　赋值运算符

赋值运算符	描　述	实　例
＝	简单的赋值运算符	c＝a＋b 将 a＋b 的运算结果赋值给 c
＋＝	加法赋值运算符	c＋＝a 等效于 c＝c＋a

续表

赋值运算符	描　述	实　例
－＝	减法赋值运算符	c－＝a 等效于 c＝c－a
＊＝	乘法赋值运算符	c＊＝a 等效于 c＝c＊a
/＝	除法赋值运算符	c/＝a 等效于 c＝c/a
%＝	取余赋值运算符	c%＝a 等效于 c＝c%a
**＝	幂赋值运算符	c**＝a 等效于 c＝c**a
//＝	取整除赋值运算符	c//＝a 等效于 c＝c//a

4. Python 位运算符

位运算符是把数字看作二进制来进行计算的。Python 中的位运算符如表 1-14 所示，其中变量 a 的值为 57，变量 b 的值为 12。

表 1-14　位运算符

位运算符	描　述	实　例
&	按位与运算符：参与运算的两个值，如果两个相应位都为 1，则该位的结果为 1，否则为 0	(a&b)输出结果 8，二进制解释：0b1000
|	按位或运算符：只要对应的两个二进位有一个为 1 时，结果位就为 1，否则为 0	(a|b)输出结果 61，二进制解释：0b111101
^	按位异或运算符：当两对应的二进位相异时，结果为 1，否则为 0	(a^b)输出结果 53，二进制解释：0b110101
~	按位取反运算符：对数据的每个二进制位取反，即把 1 变为 0，把 0 变为 1	(~a)输出结果 －58，二进制解释：－0b111010
<<	左移动运算符：运算数的各二进位全部左移若干位，由“<<”右边的数指定移动的位数，高位丢弃，低位补 0	a<<2 输出结果 228，二进制解释：0b11100100
>>	右移动运算符：把“>>”左边的运算数的各二进位全部右移若干位，“>>”右边的数指定移动的位数	a>>2 输出结果 14，二进制解释：0b1110

5. Python 逻辑运算符

Python 支持的逻辑运算符如表 1-15 所示，其中变量 a 的值为 10，变量 b 的值为 30。

表 1-15　逻辑运算符

逻辑运算符	逻辑表达式	描　述	实　例
and	x and y	布尔“与”：如果 x 为 False，x and y 返回 False，否则它返回 y 的计算值	a and b 返回 30

续表

逻辑运算符	逻辑表达式	描　　述	实　　例
or	x or y	布尔"或"：如果 x 是 True，它返回 x 的值，否则它返回 y 的计算值	a or b 返回 10
not	not x	布尔"非"：如果 x 为 True，返回 False；如果 x 为 False，它返回 True	not(a and b)返回 False

注意：

(1) Python 中的 and 是从左到右计算表达式，若所有值均为真，则返回最后一个值；若存在假，返回第一个假值。

(2) or 也是从左到右计算表达式，返回第一个为真的值。

(3) 在 Python 中特殊值 False 和 None、所有类型的数字 0(包括浮点型、长整型和其他类型)、空序列(比如空字符串、元组和列表)以及空的字典都被解释为假。其他的一切都被解释为真，包括特殊值 True。

6. Python 成员运算符

Python 成员运算符测试给定值是否为序列中的成员，序列如字符串、列表、元组等。成员运算符有两个，如表 1-16 所示。

表 1-16　成员运算符

成员运算符	逻辑表达式	描　　述
in	x in y	如果 x 在 y 序列中返回 True，否则返回 False
not in	x not in y	如果 x 不在 y 序列中返回 True，否则返回 False

成员运算符应用举例如下：

```
>>>a=1
>>>b=10
>>>list1=[1,2,3,4,5]
>>>a in list1
True
>>>b not in list1
True
```

7. Python 身份运算符

身份运算符用于比较两个对象的内存位置。常用的有两个身份运算符，如表 1-17 所示。

表 1-17 身份运算符

运算符	描述	实例
is	is是判断两个标识符是不是引用自同一个对象	x is y,类似 id(x)==id(y),如果引用的是同一个对象则返回True,否则返回False
is not	is not是判断两个标识符是不是引用自不同对象	x is not y,类似 id(a)!=id(b),如果引用的不是同一个对象则返回True,否则返回False

以下实例演示了Python身份运算符的操作:

```
>>>a=20
>>>b=30
>>>c=20
>>>a is b                #a和b没有引用自同一个对象
False
>>>a is c                #a和c引用自同一个对象
True
>>>a is not b
True
>>>id(a)                 #用id(a)获取a的内存地址
505006352
>>>id(c)                 #用id(c)获取c的内存地址
505006352
>>>id(b)
505006672
```

可以看出,Python中变量是以内容为基准,只要数字内容是20,不管起什么名字,这个变量的ID是相同的,同时也就说明Python中一个变量可以以多个名称访问。

is与==的区别:is用于判断两个变量引用对象是否为同一个,==用于判断引用变量的值是否相等,一个比较的是引用对象,另一个比较的是两者的值。

```
>>>a=[1, 2, 3]
>>>b=a
>>>b is a
True
>>>b==a
True
>>>c=a[:]                #列表切片返回得到一个新列表
>>>c is a
False
>>>id(a)
51406344
>>>id(c)
51406280
>>>c==a
True
```

8. Python 运算符的优先级

运算符的优先级和结合方向决定了运算符的计算顺序。假如有如下表达式：

```
1+5*8>3*(3+2)-1
```

它的值是多少？这些运算符的执行顺序是什么？

算术上，最先计算括号内的表达式，括号也可以嵌套，最先执行的是最里面括号中的表达式。当计算不含有括号的表达式时，可以根据运算符优先规则和组合规则使用运算符。表 1-18 列出了从最高到最低优先级的运算符。

表 1-18 从最高到最低优先级的运算符

优先级	运 算 符	描 述
↓	**	指数（最高优先级）
	～、+、−	按位翻转、一元加号和减号
	*、/、%、//	乘、除、取模和取整除
	+、−	加法、减法
	>>、<<	右移、左移运算符
	&	按位与运算符
	^、|	位运算符
	<=、<、>、>=	比较运算符
	<>、==、!=	等于运算符
	=、%=、/=、//=、−=、+=、*=、**=	赋值运算符
	is、is not	身份运算符
	in、not in	成员运算符
	not、or、and	逻辑运算符

如果相同优先级的运算符紧连在一起，它们的结合方向决定了计算顺序。所有的二元运算符（除赋值运算符外）都是从左到右的结合顺序。

```
>>>1+2>2 or 3<2
True
>>>1+2>2 and 3<2
False
>>>2*2-3>2 and 4-2>5
False
```

1.9 Python 中的数据输入

Python 程序通常包括输入和输出，以实现程序与外部世界的交互，程序通过输入接收待处理的数据，然后执行相应的处理，最后通过输出返回处理的结果。

Python 内置了输入函数 input()和输出函数 print(),使用它们可以使程序与用户进行交互,input()从标准输入读入一行文本,默认的标准输入是键盘。input()无论接收何种输入,都会被存为字符串。

```
>>>input()                          #input()执行后,等待任意字符的输入,按回车结束输入
hello
'hello'
>>>name=input("请输入: ")            #将输入的内容作为字符串赋值给 name 变量
请输入: zhangsan                     #请输入:为输入提示信息
>>>type(name)
<class 'str'>                       #显示 name 的类型为字符串 str
```

input()结合 eval()可同时接受多个数据输入,多个输入之间的间隔符必须是逗号:

```
>>>a, b, c=eval(input())
1,2,3
>>>print(a,b,c)
1 2 3
```

在命令行格式的 Python Shell 中,输入密码时,如果想要输入不可见,需要利用 getpass 模块中的 getpass()方法,如图 1-23 所示。在 IDLE 中调用 getpass()函数,会显示输入的密码,只有在 Python Shell 或 Windows 下的 cmd 中才不会显示密码。

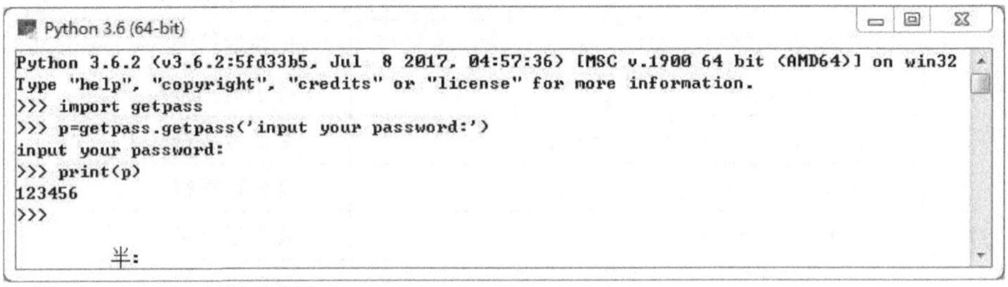

```
Python 3.6 (64-bit)
Python 3.6.2 (v3.6.2:5fd33b5, Jul  8 2017, 04:57:36) [MSC v.1900 64 bit (AMD64)] on win32
Type "help", "copyright", "credits" or "license" for more information.
>>> import getpass
>>> p=getpass.getpass('input your password:')
input your password:
>>> print(p)
123456
>>>
       半:
```

图 1-23 利用 getpass 实现输入的不可见

getpass 模块提供了平台无关的在命令行下输入密码的方法,该模块主要提供了两个函数和一个报警。两个函数一个是 getuser(),另一个是 getpass()。一个报警为 GetPassWarning(当输入的密码可能会显示的时候抛出,该报警为 UserWarning 的一个子类)。getpass.getuser()函数返回登录的用户名,不需要参数。在 IDLE 中调用 getpass()函数,执行情况如下:

```
>>>import getpass
>>>p=getpass.getpass('input your password:')
Warning: Password input may be echoed.          #密码显示时抛出报警
input your password:123456
>>>print(p)
123456
>>>getpass.getuser()
'caojie'
```

1.10 Python 中的数据输出

Python 有三种输出值的方式：表达式语句、print()函数和字符串对象的 format()方法。

1.10.1 表达式语句输出

Python 中表达式的值可直接输出。

```
>>>1+2
3
>>>"Hello World"
'Hello World'
>>>[1,2,'a']
[1, 2, 'a']
>>>(1,2,'a')
(1, 2, 'a')
>>>{'a':1, 'b':2}
{'a': 1, 'b': 2}
```

1.10.2 print()函数输出

print()函数的语法格式：

```
print([object1,…], sep="", end='\n', file=sys.stdout)
```

参数说明：

(1) [object1,…]为待输出的对象，可以一次输出多个对象，输出多个对象时，需要用“,”分隔，会依次打印每个 object，遇到逗号“,”会输出一个空格。举例如下：

```
>>>a1, a2, a3="aaa", "bbb", "ccc"
>>>print(a1,a2,a3)
aaa bbb ccc
```

(2) sep=""用来间隔多个对象，默认值是一个空格，还可以设置成其他字符。

```
>>>print(a1, a2, a3, sep="***")
aaa***bbb***ccc
```

(3) end="\n"参数用来设定以什么结尾，默认值是换行符，也可以换成其他字符串，用这个选项可以实现不换行输出，如使用 end=" "：

```
a1, a2, a3="aaa", "bbb", "ccc"
print(a1 , end="@")
print(a2 , end="@")
print(a3)
```

上述代码作为一个程序文件执行，得到的输出结果如下：

```
aaa@bbb@ccc
```

(4) 参数 file 用来设置把 print 输出的值打印到什么地方，可以是默认的系统输出 sys. stdout，即默认输出到终端；也可以设置 file=文件，即把内容存到该文件中，如下：

```
>>>f=open(r'a.txt', 'w')
>>>print('Python is good', file=f)
>>>f.close()
```

则把 Python is good 保存到 a. txt 文件中。

① print()函数可直接输出字符串和数值类型。

```
>>>print(1)
1
>>>print('Hello World')
Hello World
```

② print()函数可直接输出变量。

无论什么类型的变量，如数值型、布尔型、列表型、字典型等都可以直接输出。

```
>>>x=12
>>>print(x)
12
>>>s='Hello'
>>>print(s)
Hello
>>>L=[1,2,'a']
>>>print(L)
[1, 2, 'a']
>>>t=(1,2,'a')
>>>print(t)
(1, 2, 'a')
>>>d={'a':1,'b':2,'c':3}
>>>print(d)
{'a': 1, 'b': 2, 'c': 3}
```

③ print()函数的格式化输出。

print()函数可使用一个字符串模板进行格式化输出，模板中有格式符，这些格式符为真实值输出预留位置，并指定真实值输出的数据格式(类型)。Python 用一个元组将多个值传递给模板，每个值对应一个格式符。例如下面的例子：

```
>>>print("%s speak plainer than %s." %('Facts', 'words'))
Facts speak plainer than words.            #事实胜于雄辩
```

上面的例子中，"%s speak plainer than %s."为格式化输出时的字符串模板。%s 为一个格式符,数据输出的格式为字符串类型。('Facts','words')的两个元素'Facts'和'words'分别传递给第一个%s 和第二个%s 进行输出。

在模板和元组之间,由一个%分隔,它表示格式化操作。

整个"%s speak plainer than %s." % ('Facts','words')实际上构成一个字符串表达式,可以像一个正常的字符串那样,将它赋值给某个变量:

```
>>>a="%s speak plainer than %s." %('Facts', 'words')
>>>print(a)
Facts speak plainer than words.
>>>print('指定总宽度和小数位数|%8.2f|' %(123))
指定总宽度和小数位数|   123.00|
```

还可以对格式符进行命名,用字典来传递真实值:

```
>>>print("I'm %(name)s. I'm %(age)d years old." %{'name':'Mary', 'age':18})
I'm Mary. I'm 18 years old.
>>>print("%(What)s is %(year)d." %{"What":"This year","year":2017})
This year is 2017.
```

可以看到,对两个格式符进行了命名,命名使用括号括起来,每个命名对应字典的一个键。当格式字符串中含有多个格式字符时,使用字典来传递真实值,可避免为格式符传错值。

Python 支持的格式字符如表 1-19 所示。

表 1-19　格式字符

格式字符	描　　述	格式字符	描　　述
%s	字符串 (采用 str()显示)	%o	八进制整数
%r	字符串 (采用 repr()显示)	%x	十六进制整数
%c	单个字符	%e	指数 (基底写为 e)
%b	二进制整数	%f	浮点数
%d	十进制整数	%%	字符"%"

可以用如下的方式,对输出格式进行进一步的控制:

```
'%[(name)][flags][width].[precision]type'%x
```

其中,name 可为空,对格式符进行命名。

flags 可以有+、-、' '或 0。+表示右对齐;-表示左对齐;' '为一个空格,表示在正数的左侧填充一个空格,从而与负数对齐;0 表示使用 0 填充空位。

width 表示显示的宽度。

precision 表示小数点后精度。

type 表示数据输出的数据格式(类型)。

x 表示待输出的表达式。

```
>>>print("%+10x" %10)
        +a
>>>print("%04d" %5)
0005
>>>print("%6.3f%%" %2.3)
2.300%
```

1.10.3 字符串对象的 format 方法的格式化输出

str.format()格式化输出使用花括号来包围 str 中被替换的字段,也就是待替换的字符串。而未被花括号包围的字符会原封不动地出现在输出结果中。

1. 使用位置索引

以下两种写法是等价的:

```
>>>"Hello, {} and {}!".format("John", "Mary")          #不设置指定位置,按默认顺序
'Hello, John and Mary!'
>>>"Hello, {0} and {1}!".format("John", "Mary")        #设置指定位置
'Hello, John and Mary!'
```

花括号内部可以写上待输出的目标字符串的索引,也可以省略。如果省略,则按 format 后面的括号里的待输出的目标字符串顺序依次替换。

```
>>>'{1}{0}{1}'.format('言','文')
'文言文'
>>>print('{0}+{1}={2}'.format(1,2,1+2))
1+2=3
```

若{0}和{1}互换:

```
>>>print('{1}+{0}={2}'.format(1,2,1+2))
2+1=3
```

2. 使用关键字索引

除了通过位置来指定待输出的目标字符串的索引,还可以通过关键字来指定待输出的目标字符串的索引。

```
>>>"Hello, {boy} and {girl}!".format(boy="John", girl="Mary")
'Hello, John and Mary!'
>>>print("{a}{b}".format(b="3", a="Python"))          #输出 Python3
Python3
```

使用关键字索引时,无须关心参数的位置。在以后的代码维护中,能够快速地修改对应的参数,而不用对照字符串挨个去寻找相应的参数。然而,如果字符串本身含有花括号,则需要将其重复两次来转义。例如,字符串本身含有{,为了让 Python 知道这是一个

普通字符，而不是用于包围替换字段的花括号，将它改写成{{即可。

```
>>>"{{Hello}}, {boy} and {girl}!".format(boy="John", girl="Mary")
'{Hello}, John and Mary!'
```

3. 使用属性索引

在使用 str.format()来格式化字符串时，通常将目标字符串作为参数传递给 format()方法，此外还可以在格式化字符串中访问参数的某个属性，即使用属性索引：

```
>>>c=3-5j
>>>'复数{0}的实部为{0.real}，虚部为{0.imag}。'.format(c)
'复数(3-5j)的实部为 3.0，虚部为-5.0'
```

4. 使用下标索引

```
>>>coord=(3, 5, 7)
>>>'X: {0[0]};  Y: {0[1]}; Z: {0[2]}'.format(coord)
'X: 3;  Y: 5; Z: 7'
```

5. str.format()一般形式

str.format()格式化字符串的一般形式如下：

```
"… {field_name:format_spec} …"
```

格式化字符串主要由 field_name、format_spec 两部分组成，分别对应替换字段名称(索引)、格式描述。

格式描述中主要有 6 个选项，分别是 fill、align、sign、width、precision、type。它们的位置关系如下：

```
[[fill]align][sign][0][width][,][.precision][type]
```

fill：代表填充字符，可以是任意字符，默认为空格。

align：对齐方式参数仅当指定最小宽度时有效。align 取值有 4 种："<"为左对齐(默认选项)；">"为右对齐；"="仅对数字有效，将填充字符放到符号与数字间，例如+0001234；"^"为居中对齐。

sign：数字符号参数，仅对数字有效，sign 为"+"时，所有数字均带有符号；sign 为"-"时，仅负数带有符号(默认选项)。

width 参数：针对十进制数字，定义最小宽度，如果未指定，则由内容的宽度来决定。如果没有指定对齐方式，那么可以在 width 前面添加一个 0 来实现自动填充 0，等价于 fill 设为 0 并且 align 设为=。

","参数：自动在每三个数字之间添加","分隔符。

precision 参数：用于指定浮点数的精度，或字符串的最大长度，不可用于整型数值。

type：指定参数类型，默认为字符串类型。

```
>>>"{1:>8b}".format("181716",16)      #将 16 以二进制的形式输出
'   10000'
>>>"int: {0:d}; hex: {0:x}; oct: {0:o}; bin: {0:b}".format(42)
'int: 42;  hex: 2a;  oct: 52;  bin: 101010'
>>>"{:-^8}".format("181716")
'-181716-'
>>>"{:-<25}>".format("Here ")
'Here -------------------->'
>>>"[ {:.2f} ]".format(321.33345)
'[ 321.33 ]'
>>>'{:+f}; {:+f}'.format(3.141592657, -3.141592657)
'+3.141593; -3.141593'
>>>'{:,}'.format(1234567890)
'1,234,567,890'
```

1.11 Python 中文件的基本操作

文件可以看作是数据的集合，一般保存在磁盘或其他存储介质上。内置函数 open() 用于打开或创建文件对象，其语法格式如下：

```
f=open(filename[, mode[, buffering]])
```

返回一个文件对象，方法中的参数说明如下。

filename：要打开或创建的文件名称，是一个字符串，如果不在当前路径，需要指出具体路径。

mode：打开文件的方式，打开文件的主要方式如表 1-20 所示。

表 1-20 打开文件的主要方式

方式	描　述
'r'	以只读方式打开文件
'w'	打开一个文件只用于写入，如果该文件已存在则将其覆盖，如果该文件不存在，则创建新文件
'a'	打开一个文件用于追加，如果该文件已存在，文件指针将会放在文件的结尾。也就是说，新的内容将会被写入到已有内容之后。如果该文件不存在，创建新文件进行写入
rb	以二进制格式打开一个文件用于只读，文件指针将会放在文件的开头
r+	打开一个文件用于读写，文件指针将会放在文件的开头
w+	打开一个文件用于读写，如果该文件已存在则将其覆盖，如果该文件不存在，创建新文件
a+	打开一个文件用于读写，文件打开时是追加模式。如果该文件已存在，文件指针将会放在文件的结尾；如果该文件不存在，创建新文件用于读写

mode 参数是可选的，默认是 r。

buffering：表示是否使用缓存，设置 0 表示不缓存，设置 1 表示缓存，设置大于 1 的

数表示缓存大小，默认是缓存模式。

通过内置函数 open()打开或创建文件对象后，可通过文件对象的方法 write()或 writelines()将字符串写入到文本文件；可通过文件对象的方法 read()或 readline()读取文本文件的内容；文件读写完成后，应该使用文件对象的 close()方法关闭文件。

f. write(str)：把字符串 str 写到 f 所指向的文件中，但 write()不会在 str 写入后加上换行符。

f. writelines(seq)：把 seq 的内容全部写到文件 f 中(多行一次性写入)，不会在每行后面加上任何东西，包括换行符。

f. read([size])：从 f 文件当前位置起读取 size 个字节，若无参数 size，则表示读取至文件结束为止。

f. readline()：从 f 中读出一行内容，返回一个字符串对象。

f. readlines([size])：读取文件 size 行，保存在一个列表变量中，每行作为一个元素。size 未指定则返回全部行。

```
>>>str1='生命里有着多少的无奈和惋惜,又有着怎样的愁苦和感伤?雨浸风蚀的落寞与苍楚一定是水,\n 静静地流过青春奋斗的日子和触摸理想的岁月。'
>>>str1
'生命里有着多少的无奈和惋惜,又有着怎样的愁苦和感伤?雨浸风蚀的落寞与苍楚一定是水,\n 静静地流过青春奋斗的日子和触摸理想的岁月。'
>>>f=open('C:\\Users\\caojie\\Desktop\\1.txt','w')
>>>f.write(str1)
63
>>>f.close()
>>>g=open('C:\\Users\\caojie\\Desktop\\1.txt','r')
>>>g.readline()
'生命里有着多少的无奈和惋惜,又有着怎样的愁苦和感伤?雨浸风蚀的落寞与苍楚一定是水,\n'
>>>g.close()
```

1.12　Python 库的导入与扩展库的安装

Python 库的导入与扩展库的安装

Python 启动后，默认情况下它并不会将所有的功能都加载(也称为“导入”)进来，使用某些模块(也称为库，一般不做区分)之前必须把这些模块加载进来，这样就可以使用这些模块中的函数。此外，有时甚至需要额外安装第三方的扩展库。模块就是把一组相关的函数或类组织到一个文件中，一个文件即是一个模块。函数是一段可以重复多次调用的代码。每个模块文件可看作是一个独立完备的命名空间，在一个模块文件内无法看到其他模块文件定义的变量名，除非它明确地导入了那个文件。

1.12.1　库的导入

Python 本身内置了很多功能强大的库，如与操作系统相关的 os 库、与数学相关的

math 库等。Python 导入库或模块的方式有常规导入和使用 from 语句导入等。

1. 常规导入

常规导入是最常使用的导入方式，导入方式如下：

```
import 库名
```

通过这种方式可以一次性导入多个库，如下所示：

```
import os,math, time
```

在导入模块时，还可以重命名这个模块，如下所示：

```
import sys as system
```

上面的代码将导入的 sys 模块重命名为 system。人们既可以按照以前"sys.方法"的方式调用模块的方法，也可以用"system.方法"的方式调用模块的方法。

2. 使用 from 语句导入

很多时候只需要导入一个模块或库中的某个部分，这时候可通过联合使用 import 和 from 来实现这个目的：

```
from math import sin
```

上面这行代码可以让人们直接调用 sin：

```
>>>from math import sin
>>>sin(0.5)                    #计算 0.5 弧度的正弦值
0.479425538604203
```

也可以一次导入多个函数：

```
>>>from math import sin, exp, log
```

也可以直接导入 math 库中的所有函数，导入方式如下所示：

```
>>>from math import *
>>>exp(1)
2.718281828459045
>>>cos(0.5)
0.8775825618903728
```

但如果像上述方法大量引入库中的所有函数，容易引起命名冲突，因为不同库中可能含有同名的函数。

1.12.2 扩展库的安装

当前，pip 已成为管理 Python 扩展库的主流方式，使用 pip 不仅可以查看本机已安装的 Python 扩展库，还支持 Python 扩展库的安装、升级和卸载等操作。常用的 pip 操作如

表 1-21 所示。

表 1-21　常用的 pip 操作

操作示例	描　　述
pip install xxx	安装 xxx 模块
pip list	列出已安装的所有模块
pip install --upgrade xxx	升级 xxx 模块
pip uninstall xxx	卸载 xxx 模块

使用 pip 安装 Python 扩展库，需要保证计算机联网，然后在命令提示符环境中通过 pip install xxx 进行安装，这里分两种情况。

(1) 如果 Python 安装在默认路径下，打开控制台直接输入“pip install 扩展库名”并按 Enter 键即可。

(2) 如果 Python 安装在非默认环境下，在控制台中需先进入到 pip. exe 所在目录(位于 Scripts 文件夹下)，然后再输入“pip install 扩展库名”并按 Enter 键，作者的 pip. exe 所在目录为 D:\Python\Scripts，如图 1-24 所示。

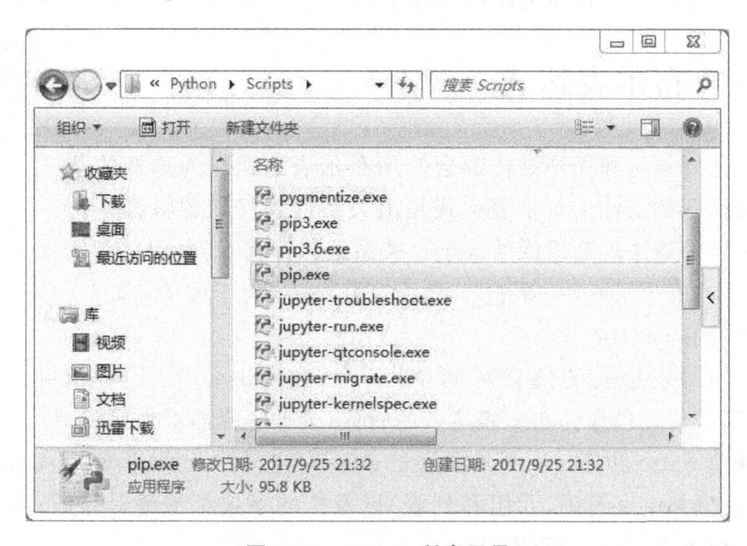

图 1-24　pip. exe 所在目录

此外，可通过在 Python 安装文件夹中的 Scripts 文件夹下，按住 Shift 键再右击空白处，选择“在此处打开命令窗口”直接进入到 pip. exe 所在目录的命令提示符环境，即可通过“pip install 扩展库名”来安装扩展库。

第2章

程序控制结构

Python 程序中的语句默认是按照书写顺序依次被执行的，这时我们说这样的语句之间的结构是顺序结构。在顺序结构中，各语句是按自上而下的顺序执行的，执行完上一条语句就自动执行下一条语句。但是，仅有顺序结构还是不够的，因为有时候人们需要根据特定的情况，有选择地执行某些语句，这时就需要一种选择结构的语句。另外，有时候人们还可以在给定条件下重复执行某些语句，这时称这些语句是循环结构。有了顺序、选择和循环这三种基本的结构，人们就能够构建任意复杂的程序了。

2.1 布尔表达式

布尔表达式

选择结构和循环结构都会使用布尔表达式作为选择的条件和循环的条件。布尔表达式是由关系运算符和逻辑运算符按一定的语法规则组成的式子。关系运算符有<(小于)、<=(小于或等于)、==(等于)、>(大于)、>=(大于或等于)、!=(不等于)。逻辑运算符有 and、or、not。

布尔表达式的值只有两个：True 和 False。在 Python 中 False、None、0、""、()、[]、{}作为布尔表达式的时候，会被解释器看作假(False)。换句话说，特殊值 False 和 None、所有类型的数字 0(包括浮点型、长整型和其他类型)、空序列(例如空字符串、元组和列表)以及空的字典都被解释为假；其他的一切都被解释为真，包括特殊值 True。

True 和 False 属于布尔数据类型(bool)，它们都是保留字，不能在程序中被当作标识符。一个布尔变量可以代表 True 或 False 值中的一个。bool 函数(与 list、str 以及 tuple 一样)可以用来转换其他值。

程序示例如下：

```
>>>type(True)
<class 'bool'>
>>>bool('Practice makes perfect.')
True
>>>bool(101)
```

```
True
>>>bool('')
False
>>>print(bool(4))
True
```

2.2　选择结构

选择结构

选择结构通过判断某些特定条件是否满足来决定下一步执行哪些语句。Python 中选择结构有多种：单向 if 选择语句、双向 if-else 选择语句、嵌套 if 选择语句、多向 if-elif-else 选择语句以及条件表达式。

2.2.1　单向 if 选择语句

if 语句用来判断给定的条件是否满足，然后根据判断的结果（真或假）决定是否执行给定的操作。if 语句是一种单选结构，它选择的是做与不做。它由三部分组成：关键字 if 本身、布尔表达式和布尔表达式结果为真时要执行的代码。if 语句的语法格式如下：

```
if 布尔表达式:
  语句块
```

if 语句的流程图如图 2-1 所示。

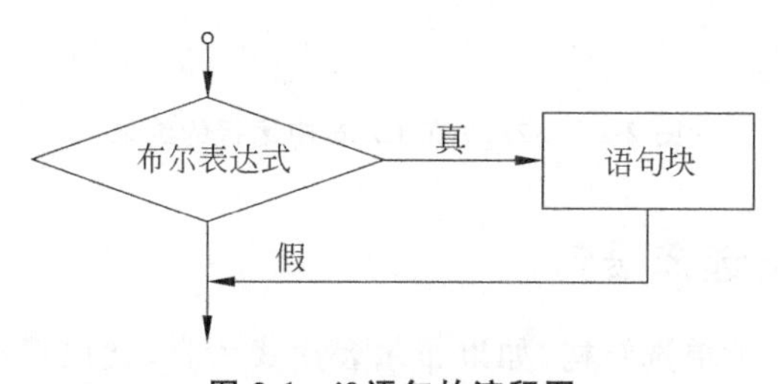

图 2-1　if 语句的流程图

注意：单向 if 语句的语句块只有当布尔表达式的值为真（即非零）时才会被执行；否则，程序就会直接跳过这个语句块，去执行紧跟在这个语句块之后的语句。这里的语句块，既可以包含多条语句，也可以只有一条语句。当语句块由多条语句组成时，要有统一的缩进形式，相对于 if 向右至少缩进一个空格，否则就会出现逻辑错误，即语法检查没错，但是结果却非预期。

【例 2-1】 输入一个整数，如果这个数字大于 100，那么就输出一行字符串；否则，直接退出程序。

```
>>>a=input('请输入一个整数: ')        #取得一个字符串
请输入一个整数: 123
>>>a=int(a)                          #将字符串转换为整数
>>>if a>100:
    print('输入的整数%d 大于 100' %a)
```

```
输入的整数 123 大于 100
```

【例 2-2】 输入一个整数，如果这个整数是 5 的倍数，显示这个数是 5 的倍数；如果这个数是 2 的倍数，显示这个数是 2 的倍数。(2-2.py)

说明：2-2.py，即求解例 2-2 的程序文件被命名为 2-2.py，后面章节多次使用这种表示方式，不再一一赘述。

2-2.py 程序文件：

```
num=eval(input('输入一个整数：'))  #eval(str)将字符串 str 当成有效的表达式来求值
if num%5==0:
    print('输入的整数%d 是 5 的倍数'%num)
if num%2==0:
    print('输入的整数%d 是 2 的倍数'%num)
```

2-2.py 在 IDLE 中运行的结果如图 2-2 所示。

```
Python 3.6.2 (v3.6.2:5fd33b5, Jul  8 2017, 04:57:36) [MSC v.1900 64 bit (AMD64)] on win32
Type "copyright", "credits" or "license()" for more information.
>>>
================= RESTART: C:\Users\caojie\Desktop\2-2.py =================
输入一个整数：105
输入的整数105是5的倍数
>>>
```

图 2-2 2-2.py 在 IDLE 中运行的结果

2.2.2 双向 if-else 选择语句

前面的 if 语句是一种单选结构，如果布尔表达式为真，就执行指定的操作，否则就会跳过该指定的操作。所以，if 语句选择的是做与不做的问题。而 if-else 语句是一种双选结构，根据表达式是真还是假来决定执行哪些语句，它选择的不是做与不做的问题，而是在两种备选操作中选择哪一个操作的问题。if-else 语句由五部分组成：关键字 if、布尔表达式、布尔表达式结果为真时要执行的语句块 1，以及关键字 else 和布尔表达式结果为假时要执行的语句块 2。if-else 语句的语法格式如下：

```
if 布尔表达式:
    语句块 1
else:
    语句块 2
```

if-else 语句的流程示意图如图 2-3 所示。

从 if-else 语句的流程示意图中可以看出：当布尔表达式为真时，执行语句块 1；当布尔表达式为假时，执行语句块 2。if-else 语句无论布尔表达式真假如何，它总要在两个语句块中选择一个语句块执行，双向结构由此而来。

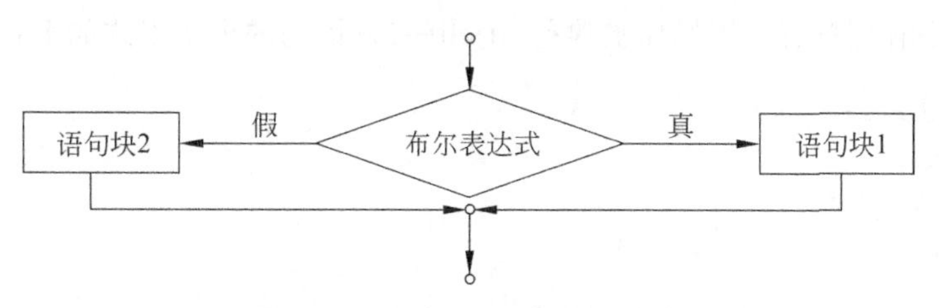

图 2-3　if-else 语句的流程示意图

【例 2-3】　编写一个小学生两位数减法的程序，程序随机产生两个两位数，然后向学生提问这两个数相减的结果是什么，在回答问题之后，程序会显示一条信息表明答案是否正确。(2-3. py)

```
import random
num1=random.randint(10, 99)
num2=random.randint(10, 99)
if num1<num2:
    num1, num2=num2, num1
answer=int(input(str(num1)+'-'+str(num2)+'='+' ? '))
if num1-num2==answer:
    print('你是正确的!')
else:
    print('你的答案是错误的.')
    print(str(num1), '-' , str(num2), '=' , str(num1-num2))
```

在 cmd 窗口运行 2-3. py 的结果如图 2-4 所示。

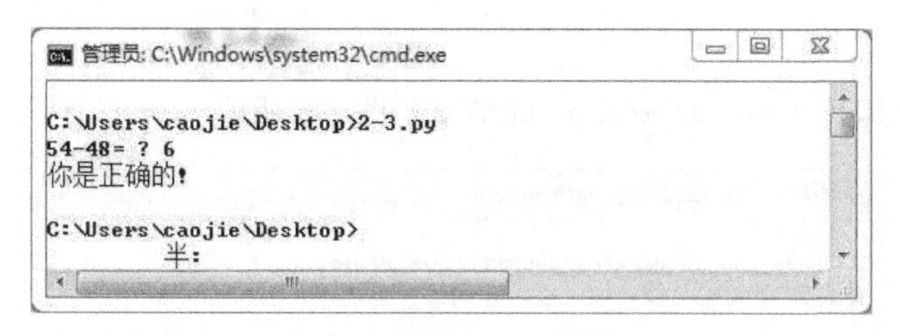

图 2-4　运行 2-3. py 的结果

注意：

(1) 每个条件后面要使用冒号(:)，表示接下来是满足条件后要执行的语句块。

(2) 使用缩进来划分语句块，相同缩进数的语句在一起组成一个语句块。

2.2.3　嵌套 if 选择语句和多向 if-elif-else 选择语句

将一个 if 语句放在另一个 if 语句中就形成了一个嵌套 if 语句。

有时候，我们需要在多组操作中选择一组执行，这时就会用到多选结构，对于 Python 语言来说就是 if-elif-else 语句。该语句可以利用一系列布尔表达式进行检查，并在某个布尔表达式为真的情况下执行相应的代码。需要注意的是，虽然 if-elif-else 语句的备选操作较多,但是有且只有一组操作被执行,if-elif-else 语句的语法格式如下：

```
if 布尔表达式 1:
    语句块 1
elif 布尔表达式 2:
    语句块 2
⋮
elif 布尔表达式 m:
    语句块 m
else:
    语句块 n
```

其中,关键字 elif 是 else if 的缩写。

【例 2-4】 利用多分支选择结构将成绩从百分制变换到等级制。(score_degree. py)

```
score=float(input('请输入一个分数：'))
if score>=90.0:
      grade='A'
elif score>=80.0:
      grade='B'
elif score>=70.0:
      grade='C'
elif score>=60.0:
      grade='D'
else:
      grade='F'
print(grade)
```

在 cmd 窗口运行 score_degree. py 的结果如图 2-5 所示。

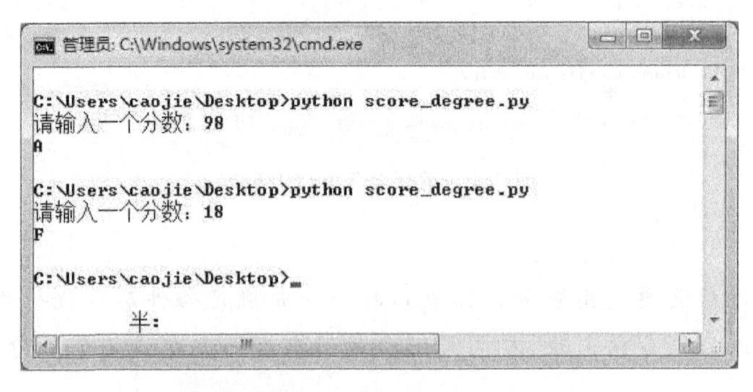

图 2-5 运行 score_degree. py 的结果

例 2-4 中 if-elif-else 语句的执行过程如图 2-6 所示。首先测试第一个条件(score>=90.0),如果表达式的值为 True,那么 grade='A'。如果表达式的值为 False,就测试第二个条件(score>=80.0),若表达式的值为 True,那么 grade='B'。以此类推,如果所有的条件的值都是 False,那么 grade='F'。

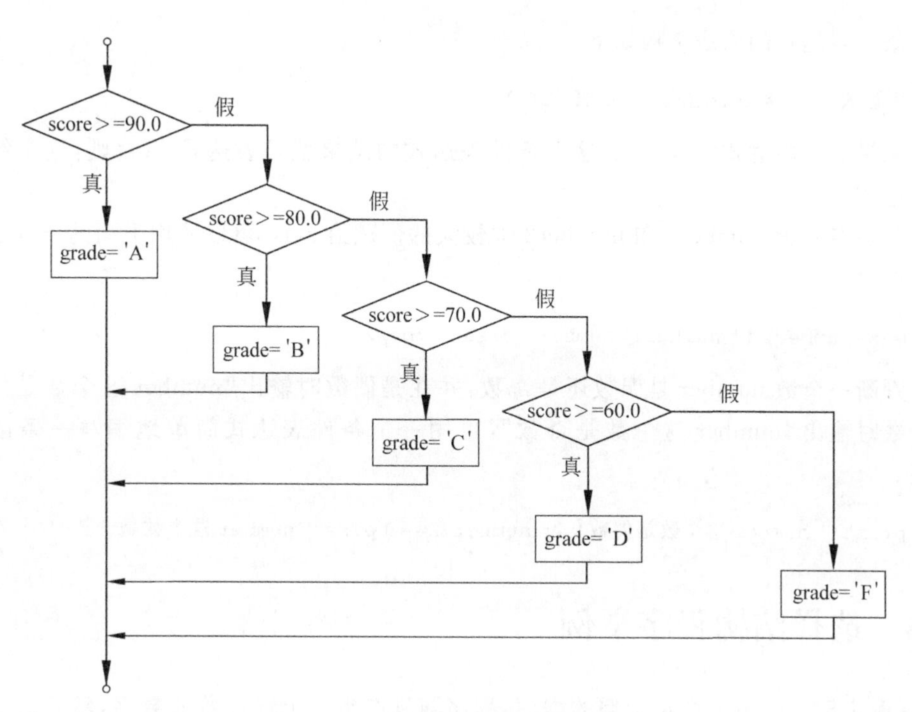

图 2-6　if-elif-else 语句的执行过程

注意：一个条件只有在这个条件之前的所有条件都变成 False 之后才被测试。

2.3　条件表达式

有时候人们可能想给一个变量赋值，但又受一些条件的限制。例如，下面的语句在 x 大于 0 时将 1 赋给 y，在 x 小于或等于 0 时将 −1 赋给 y。

```
>>>x=2
>>>if x>0:
    y=1
else:
    y=-1
>>>print(y)
1
```

在 Python 中，还可以使用条件表达式 y=1 if x>0 else −1 来获取同样的效果。

```
>>>x=2
>>>y=1 if x>0 else -1
>>>print(y)
1
```

显然，对于上述问题使用条件表达式更简洁，用一行代码就可以完成所有选择的赋值操作。

条件表达式的语法结构如下：

```
表达式 1 if 布尔表达式 else 表达式 2
```

如果布尔表达式为真，那么这个条件表达式的结果就是表达式 1；否则，这个结果就是表达式 2。

若想将变量 number1 和 number2 中较大的值赋给 max，可以使用下面的条件表达式简洁地完成。

```
max=number1 if number1>number2 else number2
```

判断一个数 number 是偶数还是奇数，并在是偶数时输出"number 这个数是偶数"，是奇数时输出"number 这个数是奇数"，可用一个条件表达式简单地编写一条语句来实现。

```
print(' number 这个数是偶数' if number%2==0 else ' number 这个数是奇数')
```

2.4 选择结构程序举例

【例 2-5】 开发一个玩彩票的程序，程序随机产生一个三位数的数字，然后提示用户输入一个三位数的数字，并根据以下规则判定用户是否赢得奖金。

(1) 如果用户输入的数字和随机产生的数字完全相同(包括顺序)，则奖金为 3000 美元。

(2) 如果用户输入的数字和随机产生的数字有两位连着相同，则奖金为 1000 美元，对应一个三位数字 abc，两位连着相同指的是 ab * 或 * bc。

(3) 如果用户输入的数字和随机产生的数字有一位相同，则奖金为 500 美元。(2-5.py)

```
import random
lottery=random.randint(100,999)
guess=eval(input("输入你想要的彩票号码: "))
lotteryD1=lottery//100
lotteryD2=(lottery//10)%10
lotteryD3=lottery%10
guessD1=guess//100
guessD2=(guess//10)%10
guessD3=guess%10
print("开奖号码是: ",lottery)
if guess==lottery:
    print("号码完全相同: 奖金为 3000 美元")
elif (lotteryD1==guessD1 and lotteryD2==guessD2) or (lotteryD3==guessD3 and
lotteryD2==guessD2):
    print("有两位号码连着相同: 奖金为 2000 美元")
elif len((set(str(lottery))&set(str(guess))))==1:
    print("有一号码相同: 奖金为 500 美元")
```

```
else:
    print("对不起,这次没中奖!")
```

2-5. py 在 IDLE 中运行的结果如图 2-7 所示。

```
Python 3.6.2 Shell
File  Edit  Shell  Debug  Options  Window  Help
Python 3.6.2 (v3.6.2:5fd33b5, Jul  8 2017, 04:57:36) [MSC v.1900 64 bit (AMD64)] on win32
Type "copyright", "credits" or "license()" for more information.
>>>
================== RESTART: C:\Users\caojie\Desktop\2-5.py ==================
输入你想要的彩票号码: 168
开奖号码是:  895
有一号码相同: 奖金为500美元
>>>
Ln: 8  Col: 4
```

图 2-7　2-5. py 在 IDLE 中运行的结果

【例 2-6】　密码登录程序。要求：建立一个登录窗口，要求输入账号和密码，设定密码为 Python3.6.0。若密码正确，如果是男生，则显示"祝贺你，某某先生，你已成功登录！"；如果是女生，则显示"祝贺你，某某女士，你已登录成功！"；若密码不正确，显示"对不起，密码错误，登录失败！"。(2-6. py)

```
x=input("请输入用户名:")
y=input("请输入密码:")
z=input("请输入性别('男' or '女'):")
if y=="Python3.6.0":
   if z=="男":
      print("祝贺你,%s 先生,你已成功登录!"%x)
   if z=="女":
      print("祝贺你,%s 女士,你已登录成功!"%x)
else:
   print("对不起,密码错误,登录失败!")
```

2-6. py 在 IDLE 中运行的结果如下：

```
请输入用户名:李菲菲
请输入密码:Python3.6.0
请输入性别('男' or '女'):女
祝贺你,李菲菲女士,你已登录成功!
```

2.5　while 循环

while 循环

while 循环语句用于在某条件下循环执行某段程序，以处理需要重复处理的任务。while 语句的语法格式如下：

```
while 循环继续条件:
    循环体
```

while 循环流程图如图 2-8 所示。循环体可以是一个单一的语句或一组具有统一缩进的语句。while 循环包含一个循环继续条件,即控制循环执行的布尔表达式,每次循环都计算该布尔表达式的值,如果它的计算结果为真,则执行循环体;否则,终止整个循环并将程序控制权转移到 while 循环后的语句。while 循环是一种条件控制循环,它是根据一个条件的真假来控制是否循环的。使用 while 语句通常会遇到两种类型的问题:一种是循环次数事先确定的问题,另一种是循环次数事先不确定的问题。

显示"Python is very fun!"100 次的 while 循环的流程图如图 2-9 所示,循环继续条件是 count<100,该循环的循环体包含两条语句:

```
print('Python is very fun!')
count=count+1
```

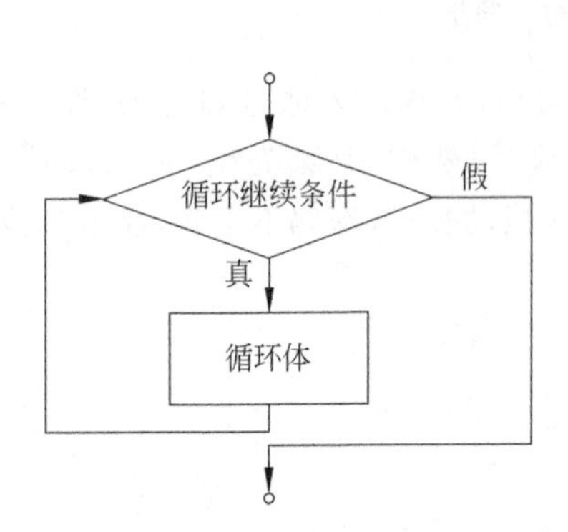

图 2-8 while 循环流程图

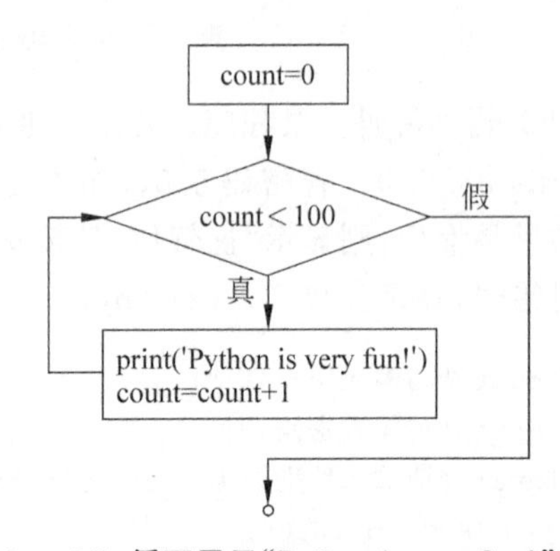

图 2-9 while 循环显示"Python is very fun!"100 次

【例 2-7】 计算 1+2+3+…+100,即 $\sum_{i}^{100} i$。(2-7.py)

问题分析:

(1) 这是一个累积求和的问题,需要先后将 1 到 100 这 100 个数相加,重复进行 100 次加法运算,这可使用 while 循环语句来实现,重复执行循环体 100 次,每次加一个数。

(2) 可以发现每次累加的数是有规律的,后一个加数比前一个加数多 1,这样在加完上一个加数 i 后,使 i 加 1 就可以得到下一个数。

```
n=100
sum=0          #定义变量 sum 的初始值为 0
i=1            #定义变量 i 的初始值为 1
while i <=n:
    sum=sum+i
    i=i+1
print("1 到 %d 之和为: %d" %(n,sum))
```

2-7.py 在 IDLE 中运行的结果如下:

```
1 到 100 之和为: 5050
```

假设循环体被错误地写成如下:

```
n=100
sum=0
i=1
while i <=n:
    sum=sum+i
i=i+1
print("1 到 %d 之和为: %d" %(n, sum))
```

注意：整个循环体必须被内缩进到循环内部，这里的语句 i=i+1 不在循环体里，这是一个无限循环，因为 i 一直是 1 而 i<=n 总是为真。

确保**循环继续条件**最终变成 False 以便结束循环。编写循环程序时，常见的程序设计错误是循环继续条件总是为 True，循环变成无限循环。如果一个程序运行后，经过相当长的时间也没有结束，那么它可能就是一个无限循环。如果是通过命令行运行这个程序，可按 Ctrl+C 键来停止它。无限循环在服务器上响应客户端的实时请求时非常有用。

【例 2-8】 求 1～100 能被 5 整除，但不能同时被 3 整除的所有整数。(2-8.py)

问题分析：

(1) 本题需要对 1～100 的所有数一一进行判断。

(2) 本题的循环次数是 100 次。

(3) 在每次循环过程中需要用 if 语句进行条件判断。

本题整除问题的框图如图 2-10 所示。

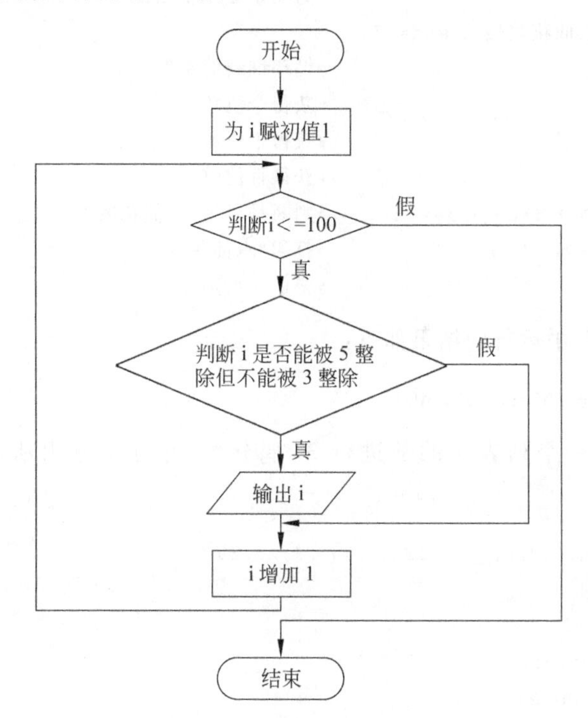

图 2-10　整除问题的框图

```
i=1   #i 既是循环变量,又是被判断的数
print("1～100 能被 5 整除,但不能同时被 3 整除的所有数是：")
while i<=100:
    if i%5==0 and i%3!=0:              #判断本次的 i 是否满足条件
        print(i,end=' ')               #打印满足条件的 i
    i=i+1                              #每次循环 i 被加 1
```

2-8.py 在 IDLE 中运行的结果如下。

```
1～100 能被 5 整除,但不能同时被 3 整除的所有数是：
5 10 20 25 35 40 50 55 65 70 80 85 95 100
```

【例 2-9】 打印出所有的"水仙花数"。所谓"水仙花数"是指一个三位的十进制数，其各位数字立方和等于该数本身。例如，153 是一个"水仙花数"，因为 $153=1^3+5^3+3^3$。(2-9.py)

问题分析：

(1) "水仙花数"是一个三位的十进制数，因而本题需要对 100～999 的每个数进行是否是"水仙花数"的判断。

(2) 每次需要判断的数是有规律的，后一个数比前一个数多 1，这样在判断完上一个数 i 后，使 i 加 1 就可以得到下一个数，因而变量 i 既是循环变量，又是被判断的数。

```
i=100                                  #为变量 i 赋初始值
print('所有的水仙花数是', end='')
while i <=999:                         #循环继续的条件
   c=i%10                              #获得个位数
   b=i//10%10                          #获得十位数
   a=i//100                            #获得百位数
   if a**3+b**3+c**3==i:               #判断是否是"水仙花数"
      print(i,end=' ')                 #打印"水仙花数"
   i=i+1                               #变量 i 增加 1
```

2-9.py 在 IDLE 中运行的结果如下：

```
所有的水仙花数是 153 370 371 407
```

【例 2-10】 将一个列表中的数进行奇、偶分类，并分别输出所有的奇数和偶数。(2-10.py)

```
numbers=[1,2,4,6,7,8,9,10,13,14,17,21,26,29]
even_number=[]
odd_number=[]
while len(numbers)>0:
    number=numbers.pop()
    if(number%2==0):
        even_number.append(number)
    else:
```

```
        odd_number.append(number)
print('列表中的偶数有', even_number)
print('列表中的奇数有', odd_number)
```

2-10.py 在 IDLE 中运行的结果如下：

```
列表中的偶数有 [26, 14, 10, 8, 6, 4, 2]
列表中的奇数有 [29, 21, 17, 13, 9, 7, 1]
```

【例 2-11】 猜数字。随机生成一个 0～100 的数字，编写程序提示用户输入数字，直到输入的数与随机生成的数相同，对于用户输入的每个数字，程序显示输入的数字是过大、过小还是正确。(2-11.py)

```
import random
number=random.randint(0,100)
print('请猜一个 0~100 的数字')
guess=-1
while guess!=number:
    guess=int(input('输入你猜测的数字：'))
    if guess==number:
        print('恭喜你！你猜对了，这个数字就是', number)
    elif guess>number:
        print('你猜的数字大了！')
    elif guess<number:
        print('你猜的数字小了！')
```

2-11.py 在 IDLE 中运行的结果如下：

```
请猜一个 0~100 的数字
输入你猜测的数字：34
你猜的数字大了！
输入你猜测的数字：25
你猜的数字大了！
输入你猜测的数字：15
你猜的数字大了！
输入你猜测的数字：10
你猜的数字小了！
输入你猜测的数字：12
你猜的数字小了！
输入你猜测的数字：14
你猜的数字大了！
输入你猜测的数字：13
恭喜你！你猜对了，这个数字就是 13
```

2.6 循环控制策略

要想编写一个能够正确工作的 while 循环，需要考虑以下三步。

第 1 步：确认需要循环的循环体语句，即确定重复执行的语句序列。

第 2 步：把循环体语句放在循环内。

第 3 步：编写循环继续条件，并添加合适的语句以控制循环能在有限步内结束，即能使循环继续条件的值变成 False。

2.6.1 交互式循环

交互式循环是无限循环的一种，允许用户通过交互的方式重复循环体的执行，直到用户输入特定的值结束循环。

【例 2-12】 编写小学生 100 以内加法训练程序，并在学生结束测验后能报告正确答案的个数和测验所用的时间，并能让用户自己决定随时结束测验。(2-12.py)

```
import random
import time
correctCount=0                      #记录正确答对数
count=0                             #记录回答的问题数
continueLoop='y'                    #让用户来决定是否继续答题
startTime=time.time()               #记录开始时间
while continueLoop=='y':
    number1=random.randint(0,50)
    number2=random.randint(0,50)
    answer=eval(input(str(number1)+'+'+str(number2)+'='+'?'))
    if number1+number2==answer:
        print('你的回答是正确的！')
        correctCount+=1
    else:
        print('你的回答是错误的.')
        print(number1,'+',number2,'=',number1+number2)
    count+=1
    continueLoop=input('输入 y 继续答题,输入 n 退出答题：')
endTime=time.time()                 #记录结束时间
testTime=int(endTime-startTime)
print("正确率：%.2f%%\n 测验用时：%d 秒" %((correctCount/count)*100,testTime))
```

2-12.py 在 IDLE 中运行的结果如下：

```
2+36=38
你的回答是正确的！
输入 y 继续答题,输入 n 退出答题：y
40+47=87
```

```
你的回答是正确的!
输入 y 继续答题,输入 n 退出答题: y
8+28=38
你的回答是错误的.
8+28=36
输入 y 继续答题,输入 n 退出答题: n
正确率: 66.67%
测验用时: 22 秒
```

2.6.2　哨兵式循环

另一个控制循环结束的技术是指派一个特殊的输入值,这个值称为哨兵值,它表明输入的结束。所谓哨兵式循环是指执行循环语句直到遇到哨兵值,循环体语句才终止执行的循环结构设计方法。

哨兵循环是求平均数的较好方案,思路如下。

(1) 设定一个哨兵值作为循环终止的标志。

(2) 任何值都可以作为哨兵,但要与实际数据有所区别。

【例 2-13】 计算不确定人数的班级平均成绩。(StatisticalMeanValue.py)

```
total=0
gradeCounter=0          #记录输入的成绩个数
grade=int(input("输入一个成绩,若输入-1 结束成绩输入: "))
while grade !=-1:
   total=total+grade
   gradeCounter=gradeCounter+1
   grade=int(input("输入一个成绩,若输入-1 结束成绩输入: "))
if gradeCounter !=0:
   average=total/gradeCounter
   print("平均分是%.2f"%(average))
else:
   print('没有录入学生成绩')
```

StatisticalMeanValue.py 在 IDLE 中运行的结果如下:

```
输入一个成绩,若输入-1 结束成绩输入: 89
输入一个成绩,若输入-1 结束成绩输入: 87
输入一个成绩,若输入-1 结束成绩输入: 69
输入一个成绩,若输入-1 结束成绩输入: 98
输入一个成绩,若输入-1 结束成绩输入: 100
输入一个成绩,若输入-1 结束成绩输入: 76
输入一个成绩,若输入-1 结束成绩输入: -1
平均分是 86.50
```

2.6.3　文件式循环

例 2-13 中,如果要输入的数据很多,那么从键盘输入所有数据将是一件非常麻烦的事。我们可以事先将数据录入到文件中，然后将这个文件作为程序的输入，避免人工输入的麻烦，同时便于编辑修改。面向文件的方法是数据处理的典型应用。例如，可以把数据存储在一个文本文件(例如，命名为 input. txt)里，并使用下面的命令来运行这个程序：

```
python StatisticalMeanValue.py<input.txt
```

这条命令称为输入重定向，用户不再需要在程序运行时从键盘录入数据，而是从文件 input. txt 中获取输入数据。同样地，输出重定向是把程序运行结果输出到一个文件里而不是输出到屏幕上。输出重定向的命令为

```
python StatisticalMeanValue.py>output.txt
```

同一条命令里可以同时使用输入重定向与输出重定向。例如，下面这条命令从 input. txt 中读取输入数据，然后把输出数据写入文件 output. txt 中。

```
python StatisticalMeanValue.py<input.txt>output.txt
```

假设 input. txt 这个文件包含下面的数字，每行一个：

```
45
80
90
98
68
-1
```

在命令行窗口中，StatisticalMeanValue. py 从文件 input. txt 中获取输入数据执行的结果如图 2-11 所示。

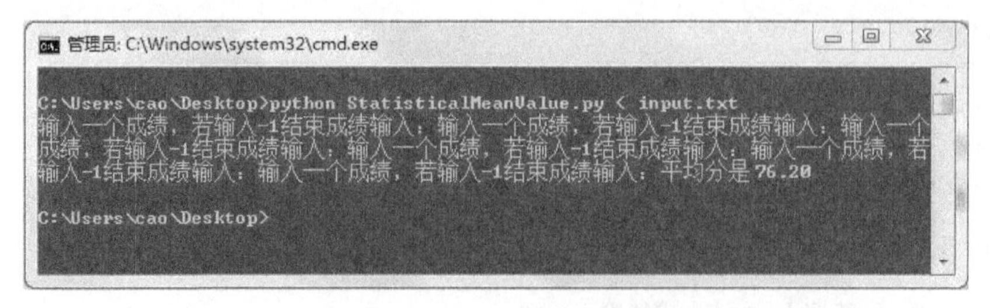

图 2-11　从文件 input. txt 中获取输入数据执行的结果

例 2-13 的程序实现可改写为更为简洁的文件读取的方式来实现，改写后的程序代码如下。(StatisticalMeanValue2. py)

```
FileName=input('输入数据所在的文件的文件名：')
infile=open(FileName,'r')          #打开文件
sum=0
count=0
line=infile.readline()             #按行读取数据
while line!='-1':
```

```
        sum=sum+eval(line)
        count=count+1
        line=infile.readline()
if count!=0:
    average=float(sum)/count
    print("平均分是", average)
else:
    print('没有录入学生成绩')
infile.close()                          #关闭文件
```

StatisticalMeanValue2.py 在命令行窗口中执行的结果如图 2-12 所示。

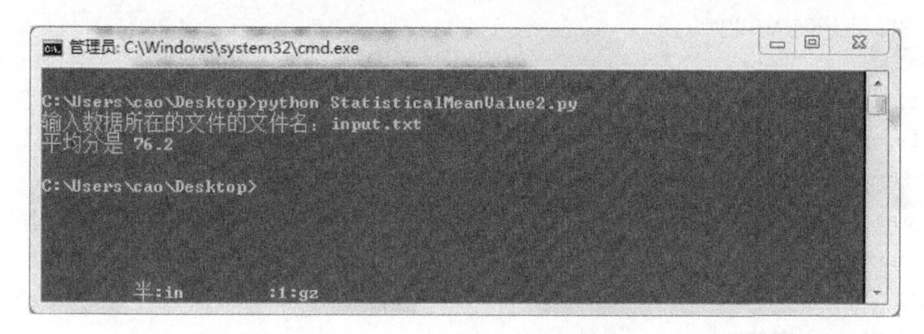

图 2-12　StatisticalMeanValue2.py 在命令行窗口中执行的结果

2.7　for 循环

for 循环的基本用法

2.7.1　for 循环的基本用法

循环结构在 Python 语言中有两种表现形式：一种是前面的 while 循环，另一种是 for 循环。for 循环是一种遍历型的循环，因为它会依次对某个序列中全体元素进行遍历，遍历完所有元素之后便终止循环。列表、元组、字符串都是序列，序列类型有相同的访问模式：它的每一个元素可以通过指定一个偏移量的方式得到，而多个元素可以通过切片操作的方式得到。

for 循环的语法格式如下：

```
for 控制变量 in 可遍历序列:
    循环体
```

这里的关键字 in 是 for 循环的组成部分，而非运算符 in。"可遍历序列"里保存了多个元素，且这些元素按照一个接一个的方式存储。"可遍历序列"被遍历处理，每次循环时，都会将"控制变量"设置为"可遍历序列"的当前元素，然后执行循环体。当"可遍历序列"中的元素被遍历一遍后，退出循环。for 语句的示意图如图 2-13 所示。

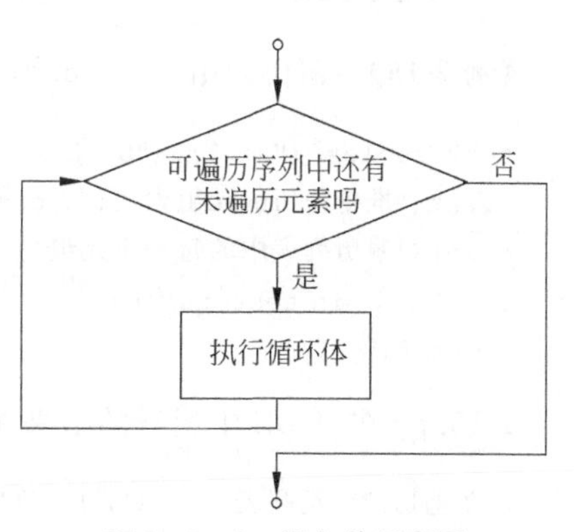

图 2-13　for 语句的示意图

for 循环可用于迭代容器对象中的元素，这些对象可以是列表、元组、字典、集合、文件，甚至可以是自定义类或者函数，举例如下。

1. 作用于列表

【例 2-14】 向姓名列表添加新姓名。(2-14.py)

```
Names=['宋爱梅','王志芳','于光','贾隽仙','贾燕青','刘振杰','郭卫东','崔红宇',
'马福平']
print("-----添加之前,列表 A 的数据-----")
for Name in Names:
    print(Name,end=' ')
print(' ')
continueLoop='y'                              #让用户来决定是否继续添加
while continueLoop=='y':
    temp=input('请输入要添加的学生姓名:')      #提示并添加姓名
    Names.append(temp)
    continueLoop=input('输入 y 继续添加,输入 n 退出添加: ')
print ("-----添加之后,列表 A 的数据-----")
for Name in Names:
    print(Name, end=' ')
```

2-14.py 在 IDLE 中运行的结果如下：

```
-----添加之前,列表 A 的数据-----
宋爱梅 王志芳 于光 贾隽仙 贾燕青 刘振杰 郭卫东 崔红宇 马福平
请输入要添加的学生姓名:李明
输入 y 继续添加,输入 n 退出添加: y
请输入要添加的学生姓名:刘涛
输入 y 继续添加,输入 n 退出添加: n
-----添加之后,列表 A 的数据-----
宋爱梅 王志芳 于光 贾隽仙 贾燕青 刘振杰 郭卫东 崔红宇 马福平 李明 刘涛
```

2. 作用于元组

【例 2-15】 遍历元组。(2-15.py)

```
test_tuple=[("a",1),("b",2),("c",3),("d",4)]
print("准备遍历的元组列表:", test_tuple)
print('遍历列表中的每一个元组')
for (i, j) in test_tuple:
  print(i, j)
```

2-15.py 在 IDLE 中运行的结果如下：

```
准备遍历的元组列表: [('a', 1), ('b', 2), ('c', 3), ('d', 4)]
遍历列表中的每一个元组
```

```
a 1
b 2
c 3
d 4
```

3. 作用于字符串

【例 2-16】 遍历输出字符串中的汉字，遇到标点符号换行输出。(2-16.py)

```
import string
str1="大梦谁先觉?平生我自知,草堂春睡足,窗外日迟迟."
for i in str1:
    if i not in string.punctuation:
        print(i,end='')
    else:
        print(' ')
```

2-16.py 在 IDLE 中运行的结果如下：

```
大梦谁先觉
平生我自知
草堂春睡足
窗外日迟迟
```

4. 作用于字典

【例 2-17】 遍历输出字典元素。(2-17.py)

```
person={'姓名':'李明', '年龄':'26', '籍贯':'北京'}
#items()方法把字典中每对 key 和 value 组成一个元组,并把这些元组放在列表中返回
for key,value in person.items():
    print('key=',key,',value=',value)
for x in person.items():        #只有一个控制变量时,返回每一对 key 和 value 对应的元组
    print(x)
for x in person:                #不使用 items(),只能取得每一对元素的 key 值
    print(x)
```

2-17.py 在 IDLE 中运行的结果如下：

```
key=姓名,value=李明
key=年龄,value=26
key=籍贯,value=北京
('姓名', '李明')
('年龄', '26')
('籍贯', '北京')
姓名
年龄
籍贯
```

5. 作用于集合

【例 2-18】 遍历输出集合元素。(2-18. py)

```
weekdays={'MON', 'TUE', 'WED', 'THU', 'FRI', 'SAT', 'SUN'}
#for 循环在遍历 set 时,遍历的顺序与 set 中元素书写的顺序很可能是不同的
for d in weekdays:
    print(d,end=' ')
```

2-18. py 在 IDLE 中运行的结果如下：

```
THU TUE MON FRI WED SAT SUN
```

6. 作用于文件

【例 2-19】 for 循环遍历文件,打印文件的每一行。(2-19. py)

```
文件 1.txt 存有两行文字:
向晚意不适,驱车登古原。
夕阳无限好,只是近黄昏。
fd=open('D:\\Python\\1.txt')
for line in fd:
    print(line,end='')
```

2-19. py 在 IDLE 中运行的结果如下：

```
向晚意不适,驱车登古原。
夕阳无限好,只是近黄昏。
```

2.7.2 for 循环与 range()函数的结合使用

很多时候,for 语句都是和 range()函数结合使用的,例如,利用两者来输出 0～20 的偶数：

```
for x in range(21):
    if x%2==0:
        print(x,end=' ')
```

在 IDLE 中运行的结果如下：

```
0 2 4 6 8 10 12 14 16 18 20
```

现在解释一下程序的执行过程。首先,for 语句开始执行时,range(21)会生成一个由 0～20 这 21 个值组成的序列;然后,将序列中的第一个值即 0 赋给变量 x,并执行循环体。在循环体中,x% 2 为取余运算,得到 x 除以 2 的余数,如果余数为零,则输出 x 值;否则跳过输出语句。执行循环体中的选择语句后,序列中的下一个值将被装入变量 x,继续循环,以此类推,直到遍历完序列中的所有元素为止。

range()函数用来生成整数序列,其语法格式如下：

```
range(start, end[, step])
```

参数说明如下。

start：计数从 start 开始，默认是从 0 开始。例如 range(5)等价于 range(0,5)。

end：计数到 end 结束，但不包括 end。range(a,b)函数返回连续整数 a、a+1、…、b-2 和 b-1 所组成的序列。

step：步长，默认为 1。例如，range(0,5)等价于 range(0,5,1)。

range()函数用法举例如下。

(1) range()函数内只有一个参数时，表示会产生从 0 开始计数的整数序列：

```
>>>list(range(4))
[0, 1, 2, 3]
```

(2) range()函数内有两个参数时，则将第一个参数作为起始位，第二个参数为结束位：

```
>>>list(range(0,10))
[0, 1, 2, 3, 4, 5, 6, 7, 8, 9]
```

(3) range()函数内有三个参数时，第三个参数是步长值(步长值默认为 1)：

```
>>>list(range(0,10,2))
[0, 2, 4, 6, 8]
```

(4) 如果函数 range(a,b,k)中的 k 为负数，则可以反向计数，在这种情况下，序列为 a、a+k、a+2k、…但 k 为负数，最后一个数必须大于 b。

```
>>>list(range(10,2,-2))
[10, 8, 6, 4]
>>>list(range(4,-4,-1))
[4, 3, 2, 1, 0, -1, -2, -3]
```

注意：

(1) 如果直接 print(range(5))，将会得到 range(0,5)，而不会是一个列表。这是为了节省空间，防止过大的列表产生。虽然在大多数情况下，感觉 range(0,5)就是一个列表。

(2) range(5)的返回值类型是 range 类型，如果想得到一个列表，使用 list(range(5))得到的就是一个列表[0,1,2,3,4]。如果想得到一个元组，使用 tuple(range(5))得到的就是一个元组(0,1,2,3,4)。

【例 2-20】 输出斐波那契数列的前 n 项。斐波那契数列以兔子繁殖为例子而引入，故又称为“兔子数列”，指的是这样一个数列：1,1,2,3,5,8,13,21,34,…可通过递归的方法定义：$F(1)=1, F(2)=1, F(n)=F(n-1)+F(n-2)(n\geqslant 3, n\in N*)$。(2-20.py)

问题分析：从斐波那契数列可以看出，从第三项起每一项的数值都是前两项(可分别称为倒数第二项、倒数第一项)的数值之和，斐波那契数列每增加一项，对下一个新的项来说，刚生成的项为倒数第一项，其前面的项为倒数第二项。斐波那契数列算法流程图如图 2-14 所示。

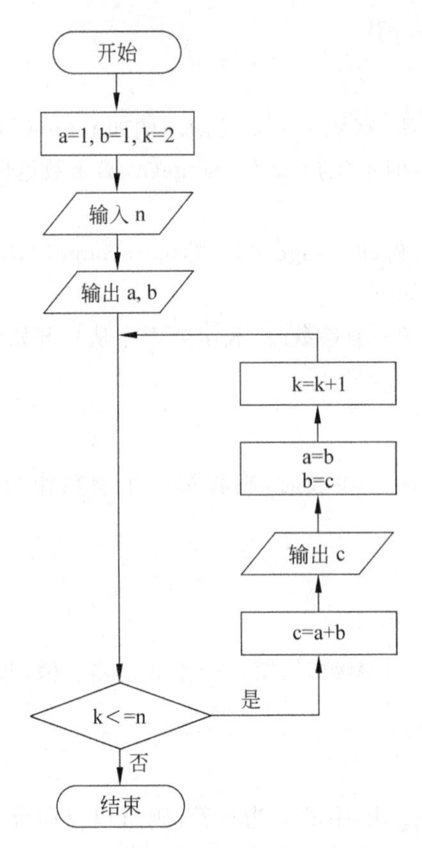

图 2-14 斐波那契数列算法流程图

```
a=1
b=1
n=int(input('请输入斐波那契数列的项数(>2 的整数):'))
print('前%d 项斐波那契数列为'%(n),end='')
print(a,b,end=' ')
for k in range(3,n+1):
    c=a+b
    print(c,end=' ')
    a=b
    b=c
```

2-20.py 在 IDLE 中运行的结果如下:

```
请输入斐波那契数列的项数(>2 的整数):8
前 8 项斐波那契数列为 1 1 2 3 5 8 13 21
```

【例 2-21】 输出斐波那契数列的前 n 项也可以用列表更简单地来实现。(2-21.py)

```
fibs=[1, 1]
n=int(input('请输入斐波那契数列的项数(>2 的整数):'))
for i in range(3,n+1):
```

```
    fibs.append(fibs[-2]+fibs[-1])
print('前%d 项斐波那契数列为'%(n),end='')
print(fibs)
```

2-21. py 在 IDLE 中运行的结果如下：

```
请输入斐波那契数列的项数(>2 的整数)：8
前 8 项斐波那契数列为[1, 1, 2, 3, 5, 8, 13, 21]
```

2.8　循环中的 break、continue 和 else

break 语句和 continue 语句提供了另一种控制循环的方式。break 语句用来终止循环语句，即循环条件没有 False 或者序列还没被完全遍历完，也会停止执行循环语句。如果使用嵌套循环，break 语句将停止执行最深层的循环，并开始执行下一行代码。continue 语句终止当前迭代而进行循环的下一次迭代。Python 的循环语句可以带有 else 子句，else 子句在序列遍历结束(for 语句)或循环条件为假(while 语句)时执行，但循环被 break 终止时不执行。

2.8.1　用 break 语句提前终止循环

可以使用 break 语句跳出最近的 for 或 while 循环。下面的 TestBreak. py 程序演示了在循环中使用 break 语句的效果。

```
1. sum=0
2. for k in range(1, 30):
3.     sum=sum+k
4.     if sum>=200:
5.         break
6.
7. print('k 的值为', k)
8. print('sum 的值为', sum)
```

TestBreak. py 程序运行的结果：

```
k 的值为 20
sum 的值为 210
```

这个程序从 1 开始，把相邻的整数依次加到 sum 上，直到 sum 大于或等于 200。如果没有第 4 行和第 5 行，这个程序将会计算 1～29 的所有数的和。但有了第 4 行和第 5 行，循环会在 sum 大于或等于 200 时终止，跳出 for 循环。没有了第 4 行和第 5 行，输出为

```
k 的值为 29
sum 的值为 435
```

2.8.2 用 continue 语句提前结束本次循环

有时并不希望终止整个循环的操作，而只希望提前结束本次循环，而接着执行下次循环，这时可以用 continue 语句。当 continue 语句在循环结构中执行时，并不会退出循环结构，而是立即结束本次循环，重新开始下一轮循环，也就是说，跳过循环体中在 continue 语句之后的所有语句，继续下一轮循环。换句话说，continue 语句是退出一次迭代，而 break 语句是退出整个循环。下面通过例子来说明循环中使用 continue 语句的效果。

【例 2-22】 要求输出 100～200 的不能被 7 整除的数以及不能被 7 整除的数的个数。(TestContinue.py)

分析：本题需要对 100～200 的每一个整数进行遍历，这可通过一个循环来实现；对遍历中的每个整数，判断其能否被 7 整除，如果不能被 7 整除，就将其输出。

```
1. n=0
2. for k in range(100, 201):
3.     if k%7==0:
4.         continue
5.     print(k, end=' ')
6.     n+=1
7.
8. print('\n100~200 不能被 7 整除的整数一共有%d 个'%(n))
```

TestContinue.py 程序运行的结果如下：

```
100 101 102 103 104 106 107 108 109 110 111 113 114 115 116 117 118 120 121 122 123 124
125 127 128 129 130 131 132 134 135 136 137 138 139 141 142 143 144 145 146 148 149 150
151 152 153 155 156 157 158 159 160 162 163 164 165 166 167 169 170 171 172 173 174 176
177 178 179 180 181 183 184 185 186 187 188 190 191 192 193 194 195 197 198 199 200
```

100～200 不能被 7 整除的整数一共有 87 个。

程序分析：有了第 3 行和第 4 行，当 k 能被 7 整除时，执行 continue 语句，流程跳转到表示循环体结束的第 7 行，第 5 行和第 6 行不再执行。

2.8.3 循环语句的 else 子句

Python 的循环语句可以带有 else 子句。在循环语句中使用 else 子句时，else 子句只有在序列遍历结束(for 语句)或循环条件为假(while 语句)时才执行，但循环被 break 终止时不执行。带有 else 子句的 while 循环语句的语法格式如下：

```
while 循环继续条件:
    循环体
else:
    语句体
```

当 while 语句带有 else 子句时，如果 while 子句内嵌的循环体在整个循环过程中没有执行 break 语句(循环体中没有 break 语句，或者循环体中有 break 语句但是始终未执行)，那么循环过程结束后，就会执行 else 子句中的语句体；否则，如果 while 子句内嵌的循环体在循环过程一旦执行 break 语句，那么程序的流程将跳出循环结构，因为这里的 else 子句也是该循环结构的组成部分，所以 else 子句内嵌的语句体也就不会执行了。

下面是带有 else 子句的 for 语句的语法格式：

```
for 控制变量 in 可遍历序列:
    循环体
else:
    语句体
```

与 while 语句类似，如果 for 语句在遍历所有元素的过程中，从未执行 break 语句，在 for 语句结束后，else 子句内嵌的语句体将得以执行；否则，一旦执行 break 语句，程序流程将连带 else 子句一并跳过。下面通过例子来说明循环中使用 else 的效果。

【例 2-23】 判断给定的自然数是否为素数。(DeterminingPrimeNumber. py)

```
import math
number=int(input('请输入一个大于 1 的自然数: '))
#math.sqrt(number)返回 number 的平方根
for i in range(2, int(math.sqrt(number))+1):
   if number %i==0:
      print(number, '具有因子', i, ',所以', number,'不是素数')
      break                              #跳出循环,包括 else 子句
else:                                    #如果循环正常退出,则执行该子句
   print(number, '是素数')
```

程序运行的结果：

```
========RESTART: C:/Users/cao/Desktop/DeterminingPrimeNumber.py=======
请输入一个大于 1 的自然数: 28
28 具有因子 2,所以 28 不是素数
>>>
========RESTART: C:/Users/cao/Desktop/DeterminingPrimeNumber.py=======
请输入一个大于 1 的自然数: 37
37 是素数
```

【例 2-24】 for 循环正常结束执行 else 子句。

```
for i in range(2, 11):
    print(i)
else:
    print('for statement is over.')
```

程序运行的结果：

```
2,3,4,5,6,7,8,9,10,
for statement is over.
```

【例 2-25】 for 循环运行过程中被 break 终止时不会执行 else 子句。

```
for i in range(10):
    if(i==5):
        break
    else:
        print(i, end=' ')
else:
    print('for statement is over')
```

程序运行的结果：

```
0 1 2 3 4
```

【例 2-26】 要求输出前 50 个素数，每行 10 个。(2-26.py)

问题分析：素数又称为质数，素数定义为在大于 1 的自然数中，除了 1 和它本身以外不再有其他因数。本问题可以被分成以下几个任务。

(1) 要想得到前 50 个素数，需要遍历 2,3,4,…这可通过 for 循环或 while 循环来实现。

(2) 判断一个数是否是素数，对正整数 n，如果用 $2\sim\sqrt{n}$的所有整数去除，均无法整除，则 n 为素数。

(3) 统计找到的素数个数。

(4) 显示每个素数，每行显示 10 个。

```
import math
NUMBER_OF_PRIMES=50
NUMBER_OF_PRIMES_PER_LINE=10
count=0  #记录找到的素数个数
i=2
while count<NUMBER_OF_PRIMES:
   j=2
   for j in range(2,int(math.sqrt(i))+1):
      if(i%j==0):
        break
   else:
      print('{:>4}'.format(i),end='')                    #格式化输出：右对齐，宽度为 4
      count+=1
      if(count%NUMBER_OF_PRIMES_PER_LINE==0):   #输出 10 个素数后换行
        print(end='\n')
   i+=1
```

2-26.py 在 IDLE 中运行的结果如下：

```
   2   3   5   7  11  13  17  19  23  29
  31  37  41  43  47  53  59  61  67  71
  73  79  83  89  97 101 103 107 109 113
 127 131 137 139 149 151 157 163 167 173
 179 181 191 193 197 199 211 223 227 229
```

2.9 循环结构程序举例

【例 2-27】 用$\frac{\pi}{4}\approx 1-\frac{1}{3}+\frac{1}{5}-\frac{1}{7}+\cdots$公式求 π 的近似值，直到发现某一项的绝对值小于 10^{-6} 为止(该项不累加)。(2-27.py)

问题分析：可以看出$\frac{\pi}{4}$的值是由求一个多项式的值来得到的，属于累加求和的问题，可通过循环来实现，循环体中有 sum＝sum＋temp 这样的求累加和表达式。当多项式中的某一项的绝对值小于 10^{-6} 时，就停止累加。经过分析，发现多项式的各项是有规律的。

(1) 各项的分子都是 1。

(2) 后一项的分母是前一项的分母加 2。

(3) 第 1 项的符号为正，从第 2 项起，每一项的符号与前一项的符号相反。

```
sign=1                               #用来表示数值的符号
pi=0
temp=1                               #temp 代表当前项的值
n=1
while abs(temp)>=10 * * (-6):        #abs(temp)返回 temp 的绝对值
   pi=pi+temp
   n=n+2                             #n+2 是下一项的分母
   sign=-sign
   temp=sign/n                       #求出下一项的 temp
pi=pi * 4                            #多项式的和 pi 乘以 4,才是 π 的近似值
print("π≈%.8f" %(pi))                #输出 π 的近似值
```

2-27.py 在 IDLE 中运行的结果如下：

```
π≈3.14159065
```

【例 2-28】 编写程序显示 21 世纪(从 2001 年到 2100 年)里所有的闰年，每行显示 10 个闰年，这些年被一个空格隔开。(2-28.py)

问题分析：普通年(不能被 100 整除的年份)能被 4 整除的为闰年，如 2004 年就是闰年，1999 年不是闰年；世纪年(能被 100 整除的年份)能被 400 整除的是闰年，如 2000 年是闰年，1900 年不是闰年。

```
count=0     #记录找到的闰年数
NUMBER_OF_YEARS_PER_LINE=10
print('2001—2100 年的所有闰年是')
for year in range(2001,2101):
   if (year%4==0) & (year%100!=0):
      print(year,end=' ')
      count+=1
      if(count%NUMBER_OF_YEARS_PER_LINE==0):
```

```
            print('')
    elif year%400==0:
        print(year,end=' ')
        count+=1
        if(count%NUMBER_OF_YEARS_PER_LINE==0):
            print('')
```

2-28.py 在 IDLE 中运行的结果如下：

```
2001—2100年的所有闰年是
2004 2008 2012 2016 2020 2024 2028 2032 2036 2040
2044 2048 2052 2056 2060 2064 2068 2072 2076 2080
2084 2088 2092 2096
```

【例 2-29】 编写程序，输出由 1、2、3、4 这四个数字组成的互不相同的三位数及它们的总个数。(2-29.py)

```
digits=[1,2,3,4]
counter=0
for i in digits:
    for j in digits:
        if(i!=j):
            for k in digits:
                if(i!=j and j!=k and i!=k):
                    print(i*100+j*10+k,end=' ')
                    counter+=1
print("\n1、2、3、4一共组成%d个互不相同的三位数"%(counter))
```

2-29.py 在 IDLE 中运行的结果如下：

```
123 124 132 134 142 143 213 214 231 234 241 243 312 314 321 324 341 342 412 413 421 423
431 432
1、2、3、4一共组成24个互不相同的三位数
```

【例 2-30】 输入一行字符，分别统计出其中英文字母、空格、数字和其他字符的个数。(2-30.py)

```
s=input('Please input a string:\n')
letter=0
space=0
digit=0
other=0
for c in s:
    if c.isalpha():
        letter+=1
    elif c.isspace():
        space+=1
```

```
        elif c.isdigit():
            digit+=1
        else:
            other+=1
print('char=%d,space=%d,digit=%d,others=%d'%(letter,space,digit,other))
```

2-30. py 在 IDLE 中运行的结果如下：

```
Please input a string:
You cannot improve your past, but you can improve your future. Once time is
wasted, life is wasted.
char=78,space=17,digit=0,others=4
```

【例 2-31】 编写程序解决爱因斯坦台阶问题：有人走一台阶，若以每步走两级则最后剩下一级；若每步走三级则剩两级；若每步走四级则剩三级；若每步走五级则剩四级；若每步走六级则剩五级；若每步走七级则刚好不剩。问台阶至少共有多少级？(footstep. py)

```
for x in range(7,1000):
    if x%2==1 and x%3==2 and x%4==3 and x%5==4 and x%6==5 and x%7==0:
        print("至少共有%s级台阶"%x)
        break
```

footstep. py 在 IDLE 中运行的结果如下：

```
至少共有 119 级台阶
```

第3章

函　　数

函数是组织好的,可重复使用的,用来实现单一或相关联功能的代码段。函数能提高应用的模块性和代码的重复利用率。通过前面章节的学习,我们已经了解了很多 Python 内置函数,通过使用这些内置函数可给编程带来很多便利,提高开发程序的效率。除了使用 Python 内置函数,也可以根据实际需要定义符合我们要求的函数,这称为用户自定义函数。

3.1　为什么要用函数

通过前面章节的学习,我们已经能够编写一些简单的 Python 程序了。但如果程序的功能比较多,规模比较大,把所有的代码都写在一个程序文件里,就会使文件中的程序变得庞杂,使人们阅读和维护程序变得困难。此外,有时程序中要多次实现某一功能,就要多次重复编写实现此功能的程序代码,这会使程序冗长,下面通过举例来进一步说明这个问题。

假如需要计算三个长方形的面积和周长,这三个长方形的长和宽分别是 18 和 12、27 和 14、32 和 26。如果创建一个程序来对这三个长方形求面积和周长,可能编写如下所示的代码:

```
length=18
width=12
area=length * width
perimeter=2 * length+2 * width
print('长为%d、宽为%d的长方形的面积为%d, 周长为%d'%(length, width, area,
perimeter))
length=27
width=14
area=length2 * width2
perimeter=2 * length+2 * width
print('长为%d、宽为%d的长方形的面积为%d, 周长为%d'%(length, width, area,
perimeter))
length=32
width=26
```

```
area=length * width
perimeter=2 * length+2 * width
print('长为%d, 宽为%d 的长方形的面积为%d, 周长为%d'%(length, width, area,
perimeter))
```

上述代码在 IDLE 中运行的结果如下：

```
长为 18、宽为 12 的长方形的面积为 216, 周长为 60
长为 27、宽为 14 的长方形的面积为 378, 周长为 82
长为 32、宽为 26 的长方形的面积为 832, 周长为 116
```

从上述三段代码可以看出，这三段代码除了开始和结束的数字不同，其他都非常相似。这三段基本相同的代码是否能够只写一次呢？对于这样的问题，我们可以使用函数来解决，使计算长方形面积和周长的这段代码得以重用。上面的代码使用函数后，可简化成下面所示的代码：

```
1. def rectangle(length,width):
2.     area=length * width
3.     perimeter=2 * length+2 * width
4.     print('长%d、宽%d 的长方形面积为%d,周长为%d'%(length,width,area, perimeter))
5. def main():
6.     rectangle(18,12)
7.     rectangle(27,14)
8.     rectangle(32,26)
9. main()      #调用 main()函数
```

上述代码在 IDLE 中运行的结果与前面三段代码运行的结果相同。

在第 1 行～第 4 行定义了带两个参数 length 和 width 的 rectangle()函数。第 5 行～第 8 行定义了 main()函数，它通过 rectangle(18,12)、rectangle(27,14)和 rectangle(32,26)调用 rectangle()函数分别计算长和宽分别是 18 和 12、27 和 14、32 和 26 的长方形的面积和周长。第 9 行调用了 main()函数。

从本质意义上来说，函数是用来完成一定的功能的。函数可看作是实现特定功能的小方法或小程序。函数可简单地理解成：你编写了一些语句，为了方便重复使用这些语句，把这些语句组合在一起，给它起一个名字，使用时只要调用这个名字，就可以实现这些语句的功能。另外，每次使用函数时可以提供不同的参数作为输入，以便对不同的数据进行处理；函数处理后，还可以将相应的结果反馈给我们。在前面章节中，我们已经学习了像 range(a,b)、int(x)和 abs(x)这样的函数。当调用 range(a,b)函数时，系统就会执行该函数里的语句并返回结果。

3.2 怎样定义函数

怎样定义函数

在 Python 中，程序中用到的所有函数必须“先定义，后使用”。例如，想用 rectangle()函数去求长方形的面积和周长，必须事先按 Python

函数规范对它进行定义,指定函数的名称、参数、函数实现的功能、函数的返回值。在Python 中定义函数的语法格式如下:

```
def 函数名([参数列表]):
    '''注释'''
    函数体
```

在 Python 中使用 def 关键字来定义函数,定义函数时需要注意以下几个事项。

(1) 函数代码块以 def 关键词开头,代表定义函数。

(2) def 之后是函数名,由用户自己指定,def 和函数名中间至少要敲一个空格。

(3) 函数名后跟括号,括号后要加冒号,括号内用于定义函数参数,称为形式参数,简称形参,参数是可选的,函数可以没有参数。如果函数有多个参数,参数之间用逗号隔开。参数就像一个占位符,当调用函数时,就会将一个值传递给参数,这个值被称为实际参数或实参。在 Python 中,函数形参不需要声明其类型。

(4) 函数体,指定函数应当完成什么操作,是由语句组成,要有缩进。

(5) 如果函数执行完之后有返回值,称为带返回值的函数,函数也可以没有返回值。带有返回值的函数,需要使用以关键字 return 开头的返回语句来返回一个值,执行 return 语句意味着函数执行的终止。函数返回值的类型由 return 后要返回的表达式的值的类型决定,表达式的值是整型,函数返回值的类型就是整型;表达式的值是字符串,函数返回值的类型就是字符串类型。

(6) 在定义函数时,开头部分的注释通常描述函数的功能和参数的相关说明,但这些注释并不是定义函数时必需的,可以使用内置函数 help()来查看函数开头部分的注释内容。

下面定义一个找出两个数中较小的函数。这个函数被命名为 min,它有两个参数:num1 和 num2,函数返回这两个数中较小的那个。图 3-1 解释了函数的组件及函数的调用。

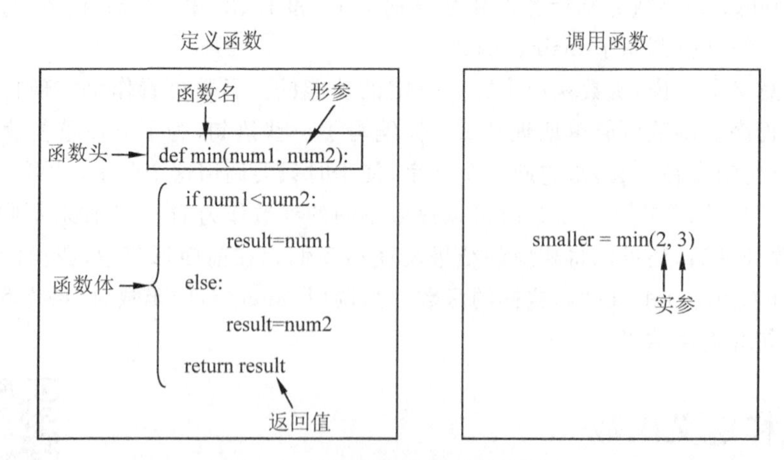

图 3-1 函数的组件及函数的调用

Python 允许嵌套定义函数,即在一个函数中定义另外一个函数。内层函数可以访问外层函数中定义的变量，但不能重新赋值，内层函数的局部命名空间不能包含外层函数定义的变量。嵌套函数定义举例如下：

```
def f1():                     #定义函数 f1
   m=3                        #定义变量 m=3
   def f2():                  #在 f1 内定义函数 f2
      n=4                     #定义局部变量 n=4
      print(m+n)
   f2()                       #在 f1 函数内调用函数 f2
f1()                          #调用 f1 函数
```

上述程序代码在 IDLE 中运行的结果如下：

```
7
```

3.3 函数调用

在函数定义中，定义了函数的功能，即定义了函数要执行的操作。要使函数发挥功能，必须调用函数，调用函数的程序被称为调用者。调用函数的方式是**函数名(实参列表)**，实参列表中的参数个数要与形参个数相同，参数类型也要一致。当程序调用一个函数时，程序的控制权就会转移到被调用的函数上。当执行完函数的返回值语句或执行到函数结束时，被调用函数就会将程序控制权交还给调用者。根据函数是否有返回值，函数调用有两种方式，即带有返回值的函数调用和不带返回值的函数调用。

3.3.1 带返回值的函数调用

对这种函数的调用通常当作一个值处理，如下所示。

```
smaller=min(2, 3)     #这里的 min()函数指的是图 3-1 里面定义的函数
```

smaller=min(2,3)语句表示调用 min(2,3)，并将函数的返回值赋值给变量 smaller。另外一个把函数当作值处理的调用函数的例子为

```
print(min(2, 3))
```

这条语句将调用函数 min(2,3)后的返回值输出。

【例 3-1】 简单的函数调用。(3-1.py)

```
def fun():                  #定义函数
   print('简单的函数调用 1')
   return  '简单的函数调用 2'
a=fun()                     #调用函数 fun
print(a)
```

3-1.py 在 IDLE 中运行的结果如下：

```
简单的函数调用 1
```

```
简单的函数调用 2
```

注意：即使函数没有参数，调用函数时也必须在函数名后面加上括号，只有见到这个括号，才会根据函数名从内存中找到函数体，然后执行它。

【例 3-2】 函数的执行顺序。(3-2.py)

```
def fun():
  print('第一个 fun()函数')
def fun():
  print('第二个 fun()函数')
fun()
```

3-2.py 在 IDLE 中运行的结果如下：

```
第二个 fun()函数
```

从上述执行结果可以看出，fun()调用函数时执行的是第二个 fun()函数，下面的 fun()函数将上面的 fun()函数覆盖掉了，也就是说程序中如果有多个同函数名、同参数的函数，调用函数时只有最近的函数发挥作用。

在 Python 中，**一个函数可以返回多个值**。下面的程序定义了一个输入两个数并以升序返回这两个数的函数。

```
>>>def sortA(num1, num2):
    if num1<num2:
        return num1,num2
    else:
        return num2, num1
>>>n1, n2=sortA(2, 5)
>>>print('n1是', n1, '\nn2是', n2)
n1是 2
n2是 5
```

sortA()函数返回两个值，当它被调用时，需要用两个变量同时接收函数返回的两个值。

【例 3-3】 包含程序主要功能的名为 main 的函数。(TestSum.py)

下面的程序文件用于求两个整数之间的整数和。

```
1. def sum(num1, num2):                                  #定义 sum()函数
2.     result=0
3.     for i in range(num1, num2+1):
4.         result+=i
5.     return result
6. def main():                                           #定义 main()函数
7.     print("Sum from 1 to 10 is", sum(1, 10))          #调用 sum()函数
8.     print("Sum from 11 to 20 is", sum(11, 20))        #调用 sum()函数
9.     print("Sum from 21 to 30 is", sum(21, 30))        #调用 sum()函数
```

```
10. main()                                      #调用 main()函数
```

TestSum. py 在 IDLE 中运行的结果如下：

```
Sum from 1 to 10 is 55
Sum from 11 to 20 is 155
Sum from 21 to 30 is 255
```

这个程序文件包含 sum()函数和 main()函数，在 Python 中 main()函数也可以写成其他任何合适的标识符。程序文件在第 10 行调用 main()函数。习惯上，程序里通常定义一个包含程序主要功能的名为 main()的函数。

这个程序的执行流程：解释器从 TestSum. py 文件的第一行开始一行一行地读取程序语句，读到第 1 行的函数头时，将函数头以及函数体(第 1～5 行)存储在内存中。然后，解释器将 main()函数的定义(第 6～9 行)读取到内存。最后，解释器读取到第 10 行时，调用 main()函数，main()函数中的语句被执行。程序的控制权转移到 main()函数，main()函数中的三条 print 输出语句分别调用 sum()函数求出 1～10、11～20、21～30 的整数和并将计算结果输出。TestSum. py 中函数调用的流程图如图 3-2 所示。

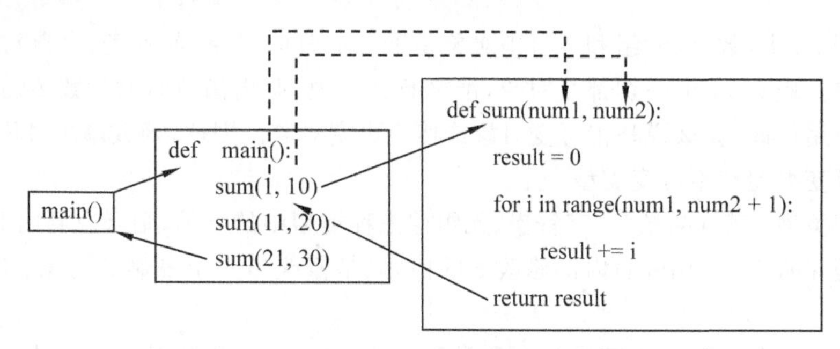

图 3-2　TestSum. py 中函数调用的流程图

注意：这里的 main()函数定义在 sum()函数之后，但也可以定义在 sum()函数之前。在 Python 中，函数在内存中被调用，在调用某个函数之前，该函数必须已经调入内存，否则会出现函数未被定义的错误。也就是说，在 Python 中不允许前向引用，即在函数定义之前，不允许调用该函数，下面进一步举例说明。

```
print(printhello())             #在函数 printhello()定义之前调用该函数
def printhello():               #定义 printhello()函数
    print('hello')
```

上述代码在 IDLE 中运行，出现运行错误，具体错误如下：

```
Traceback (most recent call last):
  File "C:\Users\cao\Desktop\test FunctionCall.py", line 1, in <module>
    print(printhello())
NameError: name 'printhello' is not defined
```

3.3.2 不带返回值的函数调用

如果函数没有返回值，对函数的调用是通过将函数调用当作一条语句来实现的，如下面含有一个形式参数的输出字符串的函数的调用。

```
>>>def printStr(str1):
  "打印任何传入的字符串"
  print(str1)

>>>printStr('hello world')      #调用函数 printStr(),将'hello world'传递给形参
hello world
```

另外也可将要执行的程序保存成 file. py 文件，打开 cmd，将路径切换到 file. py 文件所在的文件夹，在命令提示符后输入 file. py，按 Enter 键就可执行。

3.4 函数参数传递

在 Python 中，数字、元组和字符串对象是不可更改的对象，而列表、字典对象是可以修改的对象。Python 中一切都是对象，严格意义上说，调用函数时的参数传递不能说是值传递或引用传递，应该说是传可变对象或传不可变对象。因此，函数调用时传递的参数类型分为可变类型和不可变类型。

不可变类型：若 a 是数字、字符串、元组这三种类型中的一种，则函数调用 fun(a)时，传递的只是 a 的值，在 fun(a)内部修改 a 的值，只是修改另一个复制的对象，不会影响 a 本身。

可变类型：若 a 是列表、字典这两种类型中的一种，则函数调用 fun(a)时，传递的是 a 所指的对象，在 fun(a)内部修改 a 的值，fun(a)外部的 a 也会受影响。例如：

```
>>>b=2
>>>def changeInt(x):
    x=2 * x
    print(x)
>>>changeInt(b)
4
>>>b
2                          #changeInt(b)外的 b 没发生变化

>>>c=[1, 2, 3]
>>>def changeList(x):
    x.append([4, 5, 6])
    print(x)
>>>changeList(c)
[1, 2, 3, [4, 5, 6]]
>>>c
```

```
[1, 2, 3, [4, 5, 6]]      #changeList(c)外的 c 发生了变化
```

3.5　函数参数的类型

函数的作用在于它处理参数的能力，当调用函数时，需要将实参传递给形参。函数参数的使用可以分为两个方面：一是函数形参是如何定义的，二是函数在调用时实参是如何传递给形参的。在 Python 中，定义函数时不需要指定参数的类型，形参的类型完全由调用者传递的实参本身的类型来决定。函数形参的表现形式主要有位置参数、关键字参数、默认值参数、可变长度参数和序列解包参数。

3.5.1　位置参数

位置参数函数的定义方式为 functionName(参数 1，参数 2，…)。调用位置参数形式的函数时，是根据函数定义的参数位置来传递参数的，也就是说在给函数传参数时，按照顺序，依次传值，要求实参和形参的个数必须一致。下面举例说明：

```
>>>def print_person(name, sex):
    sex_dict={1:'先生',2:'女士'}
    print('来人的姓名是%s,性别是%s'%(name,sex_dict[sex]))
```

上面定义的 print_person(name，sex)函数中，name 和 sex 这两个参数都是位置参数，调用的时候，传入的两个值按照顺序，依次赋值给 name 和 sex。

```
>>>print_person('李明', 1)            #必须包括两个实参,第一个是姓名,第二个是性别
来人的姓名是李明,性别是先生
```

通过 print_person('李明',1)调用该函数，则'李明'传递给 name，1 传递给 sex，实参与形参的含义要相对应，即不能颠倒'李明'和 1 的顺序。

3.5.2　关键字参数

关键字参数主要指调用函数时的参数传递方式，关键字参数用于函数调用，通过“键-值”形式加以指定。使用关键字参数调用函数时，是按参数名字传递实参值，关键字参数的顺序可以和形参顺序不一致，不影响参数值的传递结果，避免了用户需要牢记参数位置和顺序的麻烦。例如：

```
>>>print_person(name='李明', sex=1)  #name、sex 为定义函数时函数的形参名
来人的姓名是李明,性别是先生
>>>print_person(sex=1,name='李明')
来人的姓名是李明,性别是先生
```

3.5.3　默认值参数

在定义函数时，Python 支持默认值参数，即在定义函数时为形参设置默认值。在调

用设置了默认值参数的函数时,可以通过显示赋值来替换其默认值,如果没有给设置了默认值的形参传递实参,这个形参就将使用函数定义时设置的默认值。定义带有默认值参数的函数的语法格式如下:

```
def functionName(…, 参数名=默认值):
    函数体
```

可以使用"函数名.__defaults__"查看函数所有默认值参数的当前值,其返回值为一个元组,其中的元素依次表示每个默认值参数的当前值,带默认值参数的函数举例如下:

```
>>>def add(x, y=5):                    #定义带默认值参数的函数,y为默认值参数,默认值为5
    return(x+y)

>>>add.__defaults__
(5,)
```

通过 add(6,8)调用该函数,表示将 6 传递给 x,8 传递给 y,y 不再使用默认值 5。此外,add(9)这个形式也是可以的,表示将 9 传递给 x,y 取默认值 5。

```
>>>add(6, 8)
14
>>>add(9)
14
```

注意:在定义带有默认值参数的函数时,默认值参数必须出现在函数形参列表的最右端,其任何一个默认值参数右边都不能再出现非默认值参数。

3.5.4 可变长度参数

定义带有可变长度参数的函数的语法格式如下:

```
functionName(arg1, *tupleArg, **dictArg))
```

tupleArg 和 dictArg 称为可变长度参数。tupleArg 前面的 * 表示这个参数是一个元组参数,用来接收任意多个实参并将其放在一个元组中。dictArg 前面的**表示这个参数是字典参数("键:值"对参数),用来接收类似于关键字参数一样显示赋值形式的多个实参并将其放入字典中。可以把 tupleArg、dictArg 看成两个默认参数,调用带有可变长度参数的函数时,多余的非关键字参数放在元组参数 tupleArg 中,多余的关键字参数放字典参数 dictArg 中。

下面的程序演示了第一种形式的可变长度参数的用法,即无论调用该函数时传递了多少个实参,统统将其放入元组中。

```
>>>def f(*x):
    print(x)
>>>f(1,2,3)
(1, 2, 3)
```

下面的代码演示了第二种形式可变长度参数的用法，即在调用该函数时自动接收关键字参数形式的实参，将其转换为“键:值”对放入字典中。

```
>>>def f(**x):
    print(x)
>>>f(x='Java',y='C',z='Python')
{'x': 'Java', 'y': 'C', 'z': 'Python'}
>>>f(a=1,b=3,c=5)
{'a': 1, 'b': 3, 'c': 5}
```

下面的代码演示了几种不同形式参数的混合使用：

```
>>>def varLength(arg1, * tupleArg, * * dictArg):
    print("arg1=", arg1)
    print("tupleArg=", tupleArg)
    print("dictArg=", dictArg)
>>>varLength("Python")
arg1=Python         #表明函数定义中的 arg1 是位置参数
tupleArg=()         #表明函数定义中的 tupleArg 的数据类型是元组
dictArg={}          #表明函数定义中的 dictArg 的数据类型是字典
>>>varLength('hello world','Python',a=1)
arg1=hello world
tupleArg=('Python',)
dictArg={'a': 1}
>>>varLength('hello world','Python','C',a=1,b=2)
arg1=hello world
tupleArg=('Python', 'C')
dictArg={'a': 1, 'b': 2}
```

3.5.5 序列解包参数

序列解包参数主要指调用函数时参数的传递方式，与函数定义无关。使用序列解包参数调用的函数通常是一个位置参数函数。序列解包参数由一个 * 和序列连接而成，Python 解释器自动将序列解包成多个元素，并一一传递给各个位置参数。

创建列表、元组、集合、字典以及其他可迭代对象，称为“序列打包”，因为值被“打包到序列中”。序列解包是指将多个值的序列解开，然后放到变量的序列中。下面用序列解包的方法将一个元组的三个元素同时赋给三个变量，注意变量的数量和序列元素的数量必须一样多。

```
>>>x, y, z=(1,2,3)                          #元组解包赋值
>>>print('x:%d, y:%d, z:%d'%(x, y, z))
x:1, y:2, z:3
>>>list1=['春', '夏', '秋', '冬']            #list1 中有 4 个元素
>>>Spring, Summer, Autumn, Winter=list1     #列表解包赋值
>>>print(Spring, Summer, Autumn, Winter)
```

```
春 夏 秋 冬
```

如果变量个数和元素的个数不匹配，就会出现错误：

```
>>>Spring, Summer, Autumn=list1            #变量的个数小于 list1 中元素的个数
Traceback(most recent call last):
  File "<pyshell#79>", line 1, in <module>
    Spring, Summer, Autumn=list1
ValueError: too many values to unpack (expected 3)
>>>dict1={"one":1,"two":2,"three":3}
>>>x,y,z=dict1                             #字典解包默认的是解包字典的键
>>>print(x,y,x)
one two one
>>>x1,y1,z1=dict1.items()           #用字典对象的 items()方法解包字典的"键:值"对
>>>print(x1,y1,x1)
('one', 1) ('two', 2) ('one', 1)
```

下面举例说明调用函数时的序列解包参数的用法：

```
>>>def print1(x, y, z):
    print(x, y, z)
>>>tuple1=('姓名', '性别', '籍贯')
>>>print1(*tuple1)      #调用函数时，*将 tuple1 解开成 3 个元素并分别赋给 x、y、z
姓名 性别 籍贯
>>>print(*[1, 2, 3])    #调用 print 函数，将列表[1, 2, 3]解包输出
1 2 3
>>>range(*(1,6))        #将(1,6)解包成 range 函数的两个参数
range(1, 6)
```

3.6 函数模块化

在程序中定义函数可以用来减少冗余的代码并提高代码的可重用性。但当程序中的代码逐渐变得庞大时，你可能想要把它分成几个文件，以便能够更简单地维护。同时，你希望在一个文件中写的代码能够被其他文件所重用，这时应该使用模块。在 Python 中，一个. py 文件就构成一个模块。可以把多个模块，即多个. py 文件，放在同一个文件夹中，构成一个包(Package)。

在 Python 中，可以将函数的定义放在一个模块中，然后，将模块导入到其他程序中，这些程序就可以使用模块中定义的函数。通常，一个模块可以包含多个函数，但同一个模块中的函数名不允许相同。例如 random、math 都是定义在 Python 库里的模块，这样，它们可以被导入到任何一个 Python 程序中，被这个 Python 程序使用。

```
>>>import platform            #将整个 platform 模块导入
>>>s=platform.platform()      #使用 platform 的 platform()方法查看操作平台信息
>>>print(s)
```

```
Windows-7-6.1.7601-SP1        #计算机不同,输出的信息可能不同
>>>import time as t           #导入模块 time,并将模块 time 重命名为 t
>>>t.ctime()                  #获取当前的时间
'Sat Feb  3 22:37:10 2018'
>>>from math import sqrt      #把 math 模块里的函数 sqrt 导入到当前模块里
>>>sqrt(4)        #这时可以直接调用 sqrt()函数求 4 的平方根,而不用再使用 math.sqrt()
2.0
```

下面编写一个求两个整数的最小公倍数的函数 lcm(x, y),并将其放在 LCMFunction. py 模块中。

```
def lcm(x, y):
  #获取最大的数
  if x>y:
      greater=x
  else:
      greater=y
  while(True):
      if((greater %x==0) and (greater %y==0)):
         lcm=greater
         break
      greater+=1
  return lcm
```

现在,编写一个独立的程序使用 lcm()函数,如下面的程序 TestLCMFunction. py 所示。

```
from LCMFunction import lcm          #导入 lcm()函数
num1=eval(input('请输入第一个整数: '))
num2=eval(input('请输入第二个整数: '))
print(num1,'和',num2,'的最小公倍数是', lcm(num1,num2))
===========RESTART: D:/Python/TestLCMFunction.py===========
请输入第一个整数: 24
请输入第二个整数: 54
24 和 54 的最小公倍数是 216
```

第一行从模块 LCMFunction 中导入 lcm()函数,这样,就可以在程序中调用 lcm()函数(第 4 行)。也可以使用下面的语句导入它:

```
import LCMFunction
```

如果使用这条语句,必须使用 LCMFunction. lcm()才能调用函数 lcm()。

将求最小公倍数的代码封装在函数 lcm()中,并将函数 lcm()封装在模块中,从这样的程序组织方式中可以看到模块化具备以下几个优点。

(1) 它将计算最小公倍数的代码与其他代码分隔开,使程序的逻辑更加清晰、程序的可读性更强,大大提高了代码的可维护性。

（2）编写代码不必从零开始。当一个模块编写完毕，就可以被其程序引用。我们在编写程序的时候，也经常引用其他模块，包括 Python 内置的模块和来自第三方的模块。

（3）使用模块还可以避免函数名和变量名冲突。相同名字的函数和变量完全可以分别存在不同的模块中。

3.7 lambda 表达式

lambda 表达式

Python 使用 lambda 表达式来创建匿名函数，即没有函数名字的临时使用的小函数。lambda 表达式的主体是**一个表达式**，而不是一个代码块，但在表达式中可以调用其他函数，并支持默认值参数和关键字参数，表达式的计算结果相当于函数的返回值。lambda 表达式拥有自己的名字空间，且不能访问自有参数列表之外或全局名字空间里的参数。可以直接把 lambda 定义的函数赋值给一个变量，用变量名来表示 lambda 表达式所创建的匿名函数。

lambda 表达式的语法格式如下：

```
lambda [参数 1 [,参数 2,…,参数 n]]:表达式
```

可以看出 lambda 表达式的一般形式：关键字 lambda 后面敲一个空格，后跟一个或多个参数，紧跟一个冒号，之后是一个表达式。冒号前是参数，冒号后是返回值。lambda 表达式返回一个值。

单个参数的 lambda 表达式：

```
>>>g=lambda x:x * 2
>>>g(3)
6
```

多个参数的 lambda 表达式：

```
>>>f=lambda x,y,z:x+y+z          #定义一个 lambda 表达式,求三个数的和
>>>f(1,2,3)
6
#创建带有默认值参数的 lambda 表达式
>>>h=lambda x, y=2, z=3 : x+y+z
>>>print(h(1, z=4, y=5))
10
```

3.7.1 lambda 和 def 的区别

（1）def 创建的函数是有名称的，而 lambda 创建的函数是匿名函数。

（2）lambda 会返回一个函数对象，但这个对象不会赋给一个标识符；而 def 则会把函数对象赋值给一个标识符，这个标识符就是定义函数时的函数名，下面举例说明。

```
>>>def f(x,y):
    return x+y
```

```
>>>a=f
>>>a(1,2)
3
```

(3) lambda 只是一个表达式,而 def 则是一个语句块。

正是由于 lambda 只是一个表达式,它可以直接作为 Python 列表或 Python 字典的成员,例如:

```
info=[lambda x: x*2, lambda y: y*3]
```

在这个地方没有办法用 def 语句直接代替,因为 def 是语句,不是表达式,不能嵌套在里面。lambda 表达式中":"后只能有一个表达式,包含 return 返回语句的 def 可以放在 lambda 表达式中":"后面,不包含 return 返回语句的不能放在 lambda 表达式中":"后面。因此,像 if 或 for 或 print 这种语句就不能用于 lambda 中,lambda 一般只用来定义简单的函数。

```
>>>def multiply(x,y):
    return x*y
>>>f=lambda x,y:multiply(x,y)
>>>f(3,4)
12
```

lambda 表达式常用来编写带有行为的列表或字典,例如:

```
>>>L=[(lambda x: x**2),
    (lambda x: x**3),
    (lambda x: x**4)]
>>>print(L[0](2), L[1](2), L[2](2))
4 8 16
```

列表 L 中的三个元素都是 lambda 表达式,每个表达式是一个匿名函数,一个匿名函数表达一个行为,下面是带有行为的字典举例。

```
>>>D={'f1':(lambda x, y: x+y),
    'f2':(lambda x, y: x-y),
    'f3':(lambda x, y: x * y)}
>>>print(D['f1'](5, 2),D['f2'](5, 2),D['f3'](5, 2))
7 3 10
```

lambda 表达式可以嵌套使用,但是从可读性的角度来说,应尽量避免使用嵌套的 lambda 表达式。

map()函数可以将 lambda 表达式映射到一个序列上,将 lambda 表达式依次作用到序列的每个元素上。

map()函数接收两个参数:一个是函数,另一个是序列。map()将传入的函数依次作用到序列的每个元素上,并以 map 对象的形式返回作用后的结果。

```
>>>def f(x):
```

```
    return x*2
>>>L=[1, 2, 3, 4, 5]
>>>list(map(f, L))
[2, 4, 6, 8, 10]
>>>list(map((lambda x: x+5),L))          #对列表 L 中的每个元素加 5
[6, 7, 8, 9, 10]
>>>list(map(str,[1,2,3,4,5,6,7,8,9]))    #将一个整型列表转换成字符串类型的列表
['1', '2', '3', '4', '5', '6', '7', '8', '9']
```

lambda 表达式可以用在列表对象的 sort()方法中。

```
>>>import random
>>>data=list(range(0, 20, 2))
>>>data
[0, 2, 4, 6, 8, 10, 12, 14, 16, 18]
>>>random.shuffle(data)
>>>data
[2, 12, 10, 6, 16, 18, 14, 0, 4, 8]
>>>data.sort(key=lambda x: x)            #使用 lambda 表达式指定排序规则
>>>data
[0, 2, 4, 6, 8, 10, 12, 14, 16, 18]
>>>data.sort(key=lambda x: -x)           #使用 lambda 表达式指定排序规则
>>>data
[18, 16, 14, 12, 10, 8, 6, 4, 2, 0]
#使用 lambda 表达式指定排序规则,将数字转换成字符串后,按字符串的长度来排序
>>>data.sort(key=lambda x: len(str(x)))
>>>data
[0, 2, 4, 6, 8, 10, 12, 14, 16, 18]
>>>data.sort(key=lambda x: len(str(x)), reverse=True)
>>>data
[10, 12, 14, 16, 18, 0, 2, 4, 6, 8]
```

(4) lambda 表达式“:”后面,只能有一个表达式,返回一个值,而 def 则可以在 return 后面有多个表达式,返回多个值。

```
>>>def function(x):
    return x+1,x*2,x**2
>>>print(function(3))
(4, 6, 9)
>>>(a, b, c)=function(3)       #通过元组接收返回值,并存放在不同的变量里
>>>print(a,b,c)
4 6 9
```

function 函数返回三个值,当它被调用时,需要三个变量同时接收函数返回的三个值。

3.7.2 自由变量对 lambda 表达式的影响

在 Python 中,函数是一个对象,与整数、字符串等对象有很多相似之处,例如,可以作为其他函数的参数,Python 中的函数还可以携带自由变量。通过下面的例子来分析 Python 函数在执行时是如何确定自由变量的值的。

```
>>>i=1
>>>def f(j):
    return i+j
>>>print(f(2))
3
>>>i=5
>>>print(f(2))
7
```

可见,当定义函数 f()时,Python 不会记录函数 f()里面的自由变量 i 对应什么对象,只会告诉函数 f()你有一个自由变量,它的名字叫 i。接着,当函数 f()被调用执行时,Python 告诉函数 f():①空间上,你需要在你被定义时的外层命名空间(也称为作用域)里面去查找 i 对应的对象,这里将这个外层命名空间记为 S;②时间上,在函数 f()运行时,S 里面的 i 对应的对象。上面例子中的 i=5 之后,f(2)随之返回 7,恰好反映了这一点。再看下面类似的例子。

```
>>>fTest=map(lambda i:(lambda j: i**j), range(1,6))
>>>print([f(2) for f in fTest])
[1, 4, 9, 16, 25]
```

在上面例子中,fTest 是一个行为列表,里面的每个元素是一个 lambda 表达式,每个表达式中的 i 值通过 map()函数映射确定下来,执行 print([f(2) for f in fTest])语句时,f()依次选取 fTest 中的 lambda 表达式并将 2 传递给选取的 lambda 表达式中的 j,所以输出结果为[1,4,9,16,25]。再如下面的例子。

```
>>>fs=[lambda j:i*j for i in range(6)]
#fs 中的每个元素相当于是含有参数 j 和自由变量 i 的函数
>>>print([f(2) for f in fs])
[10, 10, 10, 10, 10, 10]
```

之所以会出现[10,10,10,10,10,10]这样的输出结果,是因为列表 fs 中的每个函数在定义时其包含的自由变量 i 都是循环变量,因此,列表中的每个函数被调用执行时,其自由变量 i 都是对应循环结束 i 所指对象值 5。

3.8 变量的作用域

变量起作用的代码范围称为变量的作用域。在 Python 中,使用一个变量时并不需要预先声明它,但在真正使用它之前,它必须被绑定到某个内存对象(也即变量被定义、赋值)，变量名绑定将在当前作用域中引入新的变量，同时屏蔽外层作用域中的同名变量。

3.8.1 变量的局部作用域

在函数内部定义的变量称为局部变量，局部变量起作用的范围是函数内部，称为局部作用域。也就是说局部变量的作用域从创建变量的地方开始，直到包含该变量的函数结束为止。当函数运行结束后，在该函数内部定义的局部变量被自动删除而不可再访问。

(1) 函数内部的变量名 x 如果是第一次出现，且在赋值符号“=”左边，那么就可以认为在函数内部定义了一个局部变量 x。在这种情况下，不论全局变量名中是否有变量名 x，函数中使用的 x 都是局部变量。例如：

```
1. num=1
2. def func():
3.     num=2
4.     print(num)
5. func()
```

输出结果是 2，说明函数 func()中定义的局部变量 num 覆盖全局变量 num。

(2) 函数内部的变量名如果是第一次出现，且出现在赋值符号“=”后面，且在之前已被定义为全局变量，则这里将引用全局变量。例如：

```
num=10
def func():
  x=num+10
  print(x)
func()
```

运行上述程序代码，输出结果是 20。

(3) 函数中使用某个变量时，如果该变量名既有全局变量也有局部变量，则默认使用局部变量。例如：

```
num=10                  #全局变量
def func():
  num=20                #局部变量
  x=num * 10            #此处的 num 为局部变量
  print(x)
func()
```

运行上述程序代码，输出结果是 200。

(4) 有些情况需要在函数内部使用全局变量，这时可以使用 global 关键字来声明变量的作用域为全局。如果需要在函数内部改变全局变量的值，需要在函数内部使用 global 关键字来声明。

```
num=100
def func():
  global num            #声明 num 是全局变量
```

```
    num=200              #修改 num 全局变量的值
    print('在函数内输出 num: ', num)
func()
print('在函数外输出 num: ',num)
```

上述程序代码在 IDLE 中运行的结果如下：

```
在函数内输出 num: 200
在函数外输出 num: 200
```

num 在函数内外都输出 200。这说明函数中的变量名 num 被定义为全局变量，并被赋值为 200。

3.8.2　变量的全局作用域

不属于任何函数的变量一般为全局变量，它们在所有的函数之外创建，可以被所有的函数访问，也即模块层次中定义的变量，每一个模块都是一个全局作用域。也就是说，在模块文件顶层声明的变量具有全局作用域，模块的全局变量就像是一个模块对象的属性。

注意：全局作用域的范围仅限于单个模块文件内。

```
name='Jack'             #全局变量,具有全局作用域
def f1():
    age=18              #局部变量
    print(age, name)
def f2():
    age=19              #局部变量
    print(age, name)
f1()
f2()
```

上述程序代码在 IDLE 中运行的结果如下：

```
18 Jack
19 Jack
```

特殊说明：列表、字典可修改，但不能重新赋值，如果需要重新赋值，需要在函数内部使用 global 声明全局变量。

```
name=['Chinese','Math']                 #全局变量
name1=['Java','Python']                 #全局变量
name2=['C','C++']                       #全局变量
def f1():
    name.append('English')              #列表的 append()方法可改变外部全局变量的值
    print('函数内 name: %s'%name)
    name1=['Physics','Chemistry']       #重新赋值无法改变外部全局变量的值
    print('函数内 name1: %s'%name1)
    global name2  #如果需重新给全局变量 name2 赋值,需使用 global 声明全局变量
```

```
    name2='123'
    print('函数内 name2: %s'%name2)
f1()
print('函数外输出 name: %s'%name)
print('函数外输出 name1: %s'%name1)
print('函数外输出 name2: %s'%name2)
```

上述程序代码在 IDLE 中运行的结果如下：

```
函数内 name: ['Chinese', 'Math', 'English']
函数内 name1: ['Physics', 'Chemistry']
函数内 name2: 123
函数外输出 name: ['Chinese', 'Math', 'English']
函数外输出 name1: ['Java', 'Python']
函数外输出 name2: 123
```

3.8.3 变量的嵌套作用域

嵌套作用域也包含在函数中，嵌套作用域和局部作用域是相对的，嵌套作用域相对于更上层的函数而言也是局部作用域。与局部作用域的区别在于，对一个函数而言，局部作用域是定义在此函数内部的局部作用域，而嵌套作用域是定义在此函数的上一层父级函数的局部作用域。

嵌套作用域应用的示例代码如下：

```
x=5
def test1():
    x=10
    def test2():
        print(x)
    test2()
    print(x)

test1()
```

上述程序代码在 IDLE 中运行的结果如下：

```
10
10
```

从上面的例子可以看见，test1()和 test2()函数里面的 print 语句都是打印 test1()函数里面定义的 x，而没有涉及函数外的 x。其查找 x 的过程：调用 test1()函数，依次从上到下执行其里面的语句，执行到 test2()，进入 test2()内部执行，执行到 print(x)语句时，要解析 x，先在 test2()内部搜索，结果没有搜到，然后在 test2()的父级函数 test1()内搜索，搜索到 x=10，于是搜索在此处停止，变量的含义就定位到该处，即 x 的值是 10，执行 print(x)输出 10。print(x)执行后，其后面不再有 test2()函数的语句，于是控制权重新回到 test1()，然后执行 test2()下面的语句 print(x)，在 test1()里搜到 x=10，于是搜索在此处停止，变量的含义就定位到该处，即 x 的值是 10，执行 print(x)输出 10。

由变量的局部作用域、变量的全局作用域和变量的嵌套作用域的介绍可知搜索变量名的优先级：局部作用域→嵌套作用域→全局作用域。也就是说，变量名解析机制是：在局部找不到，便会去局部外的局部找，再找不到就会去全局找。

3.9　函数的递归调用

在调用一个函数的过程中又出现直接或间接地调用该函数本身，称为函数的递归调用。递归函数就是一个调用自己的函数。递归常用来解决结构相似的问题。所谓结构相似，是指构成原问题的子问题与原问题在结构上相似，可以用类似的方法求解。具体地，整个问题的求解可以分为两部分：第一部分是一些特殊情况(也称为最简单的情况)，有直接的解法；第二部分与原问题相似，但比原问题的规模小，并且依赖第一部分的结果。每次递归调用都会简化原始问题，让它不断地接近最简单的情况，直至它变成最简单的情况。实际上，递归是把一个大问题转化成一个或几个小问题，再把这些小问题进一步分解成更小的小问题，直至每个小问题都可以直接解决。因此，递归有两个基本要素。

(1) 边界条件：确定递归到何时终止，也称为递归出口。

(2) 递归模式：大问题是如何分解为小问题的，也称为递归体。

递归函数只有具备了这两个要素，才能在有限次计算后得出结果。

许多数学函数都是使用递归来定义的，如数字 n 的阶乘 $n!$可以按下面的递归方式进行定义：

$$n! = \begin{cases} n! = 1 & (n = 0) \\ n \times (n-1)! & (n > 0) \end{cases}$$

对于给定的 n 如何求 $n!$呢？

求 $n!$可以用递推方法，即从 1 开始，乘以 2，再乘以 3……一直到乘以 n。这种方法容易理解，也容易实现。递推法的特点是从一个已知的事实(如 $1!=1$)出发，按一定规律推出下一个事实(如 $2!=2\times1!$)，再从这个新的已知的事实出发，再向下推出一个新的事实($3!=3\times2!$)，直到推出 $n!=n\times(n-1)!$。

求 $n!$ 也可以用递归方法，即假设已知$(n-1)!$，使用 $n!=n\times(n-1)!$就可以立即得到 $n!$。这样，计算 $n!$的问题就简化为计算$(n-1)!$。当计算$(n-1)!$时，可以递归地应用这个思路直到 n 递减为 0。

假定计算 $n!$的函数是 factorial(n)。如果 $n=1$ 调用这个函数，立即就能返回它的结果，这种不需要继续递归就能知道结果的情况称为基础情况或终止条件。如果 $n>1$ 调用这个函数，它会把这个问题简化为计算 $n-1$ 的阶乘的子问题。这个子问题与原问题本质上是一样的，具有相同的计算特点，但比原问题更容易计算，计算规模更小。

计算 $n!$ 的函数 factorial(n)可简单地描述如下：

```
def factorial(n):
    if n==0:
```

```
        return 1
    return n * factorial(n-1)
```

一个递归调用可能导致更多的递归调用，因为这个函数会持续地把一个子问题分解为规模更小的新的子问题，但这种递归不能无限地继续下去，必须有终止的那一刻，即通过若干次递归调用之后能终止继续调用。也就是说，要有一个递归调用终止的条件，这时候很容易求出问题的结果。当递归调用达到终止条件时，就将结果返回给调用者。然后调用者据此进行计算并将计算的结果返回给它自己的调用者。这个过程持续进行，直到结果被传回给原始的调用者为止。如 y=factorial(n)，y 调用 factorial(n)，结果被传回给原始的调用者就是传给 y。

如果计算 factorial(5)，可以根据函数定义看到如下计算 5!的过程：

```
===>factorial(5)
===>5 * factorial(4)                           #递归调用 factorial(4)
===>5 * (4 * factorial(3))                     #递归调用 factorial(3)
===>5 * (4 * (3 * factorial(2)))               #递归调用 factorial (2)
===>5 * (4 * (3 * (2 * factorial(1))))         #递归调用 factorial(1)
===>5 * (4 * (3 * (2 * (1*factorial(0)))))     #递归调用 factorial(0)
===>5 * (4 * (3 * (2 * (1*1))))
                                  #factorial(0)的结果已经知道，返回结果，接着计算 1*1
===>5 * (4 * (3 * (2 * 1)))                #返回 1*1 的计算结果，接着计算 2*1
===>5 * (4 * (3 * 2))                      #返回 2*1 的计算结果，接着计算 3*2
===>5 * (4 * 6)                            #返回 3*2 的计算结果，接着计算 4*6
===>5 * 24                                 #返回 4*6 的计算结果，接着计算 5*24
===>120                                    #返回 5*24 的计算结果到调用处，计算结束
```

图 3-3 以图形的方式描述了从 n=2 开始的递归调用过程。

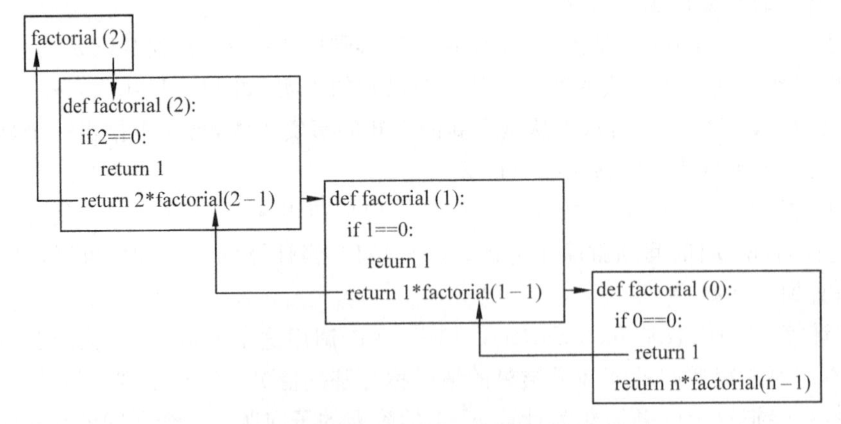

图 3-3 factorial()函数的递归调用过程

```
>>>factorial (5)                  #计算 5 的阶乘
120
```

可以修改一下代码，详细地输出计算 5!的每一步：

```
>>>def factorial(n):
    print("当前调用的阶乘 n="+str(n))
    if n==0:
        return 1
    else:
        res=n * factorial(n-1)
        print("目前已计算出%d * factorial(%d)=%d"%(n, n-1, res))
        return res
>>>factorial(5)
当前调用的阶乘 n=5
当前调用的阶乘 n=4
当前调用的阶乘 n=3
当前调用的阶乘 n=2
当前调用的阶乘 n=1
当前调用的阶乘 n=0
目前已计算出 1 * factorial(0)=1
目前已计算出 2 * factorial(1)=2
目前已计算出 3 * factorial(2)=6
目前已计算出 4 * factorial(3)=24
目前已计算出 5 * factorial(4)=120
120
```

【例 3-4】 通过递归函数输出斐波那契数列的第 n 项。斐波那契数列指的是这样一个数列：1,1,2,3,5,8,13,21,34,…可通过递归的方法定义：$f(1)=1, f(2)=1, f(n)=f(n-1)+f(n-2)(n\geqslant 3, n\in \mathrm{N}*)$。(3-4.py)

分析：由斐波那契数列的递归定义可以看出，数列的第 1 项和第 2 项的值都是 1，从第 3 项起，数列中的每一项的值都等于该项前面两项的值之和。因为已知 $f(1)$和 $f(2)$，容易求得 $f(3)$。假设已知 $f(n-1)$和 $f(n-2)$，由 $f(n-1)+f(n-2)$就可以立即得到 $f(n)$。这样计算 $f(n)$的问题就简化为计算 $f(n-1)$和 $f(n-2)$的问题，据此可以编写如下求解斐波那契数列第 n 项的递归函数。

```
def fib(n):
    if n==1 or n==2:                    #递归终止的条件
        return 1
    else:
        return fib(n-1)+fib(n-2)        #继续递归调用
```

下面的程序 3-4.py 给出了一个完整的程序，提示用户输入一个正整数，然后输出这个整数所对应的斐波那契数列的项。

```
def fib(n):
    if n==1 or n==2:                    #递归终止的条件
        return 1
    else:
```

```
        return fib(n-1)+fib(n-2)        #继续递归调用
n=int(input("请输入一个正整数："))
print("斐波那契数列的第%d项是%d"%(n, fib(n)))
```

3-4.py 在 IDLE 中运行的结果如下：

```
请输入一个正整数：19
斐波那契数列的第19项是4181
```

更进一步,可写出输出斐波那契数列的前 n 项的递归函数：

```
>>>def func(arg1, arg2, n):
    if arg2==1:
        print(arg1,arg2,end=' ')
    arg3=arg1+arg2
    print(arg3,end=' ')
    if n<=3:
        return
    func(arg2, arg3, n-1)
>>>func(1, 1, 8)     #输出斐波那契数列的前8项
1 1 2 3 5 8 13 21
```

【例 3-5】 编写一个递归函数遍历输出嵌套列表中的所有元素。

```
>>>def traverse_list(list_name):
    for item in list_name:
        if isinstance(item,list):
            traverse_list(item)
        else:
            print(item)
>>>movies=["The Holy Grail", 1975, "Terry Jones & Terry Gilliam", 91,
            ["Graham Chapman", ["Michael Palin", "John Cleese",
                   "Terry Gilliam", "Eric Idle", "Terry Jones"]]]
>>>traverse_list(movies)
The Holy Grail
1975
Terry Jones & Terry Gilliam
91
Graham Chapman
Michael Palin
John Cleese
Terry Gilliam
Eric Idle
Terry Jones
```

3.10　常用内置函数

3.10.1　map()函数

map(func,seq1[,seq2,…])：第一个参数接收一个函数名，后面的参数为一个或多个可迭代的序列，将func依次作用在序列seq1[,seq2,…]的每个元素上，得到一个新的序列。

(1) 当序列seq只有一个时，将函数func作用于这个seq的每个元素上，并得到一个新的seq。

```
>>>L=[1,2,3,4,5]
>>>list(map((lambda x: x+5), L))  #将 L 中的每个元素加 5
[6, 7, 8, 9, 10]
```

(2) 当序列seq多于一个时，每个seq的同一位置的元素同时传入多元的func函数(有几个列表，func就应该是几元函数)，把得到的每一个返回值存放在一个新的序列中。

```
>>>def add(a, b):                #定义一个二元函数
    return a+b
>>>a=[1, 2, 3]
>>>b=[4, 5, 6]
>>>list(map(add, a, b))          #将 a、b 两个列表同一位置的元素相加求和
[5, 7, 9]
>>>list(map(lambda x, y: x ** y, [2, 4, 6],[3, 2, 1]))
[8, 16, 6]
>>>list(map(lambda x, y, z: x+y+z, (1, 2, 3), (4, 5, 6), (7, 8, 9)))
[12, 15, 18]
```

(3) 如果函数有多个序列参数，若每个序列的元素数量不一样多，则会根据最少元素的序列进行。

```
>>>list1=[1, 2, 3, 4, 5, 6, 7]                #7 个元素
>>>list2=[10, 20, 30, 40, 50, 60]             #6 个元素
>>>list3=[100, 200, 300, 400, 500]            #5 个元素
>>>list(map(lambda x, y, z : x* * 2+y+z, list1, list2, list3))
[111, 224, 339, 456, 575]
```

3.10.2　reduce()函数

reduce()函数在库functools里，如果使用它，要从这个库里导入。reduce()函数的语法格式如下：

```
reduce(function, sequence[, initializer])
```

reduce()函数会对参数序列sequence中的元素进行累积，即用传给reduce()中的函

数function(必须是一个二元操作函数)先对序列中的第一和第二个数据进行function函数操作,得到的结果再与第三个数据用function函数运算,依次下去,直到遍历完序列中的所有元素。

参数说明如下。

function:有两个参数的函数名。

sequence:序列对象。

initializer:初始值,可选参数。

(1) 不带初始参数initializer的reduce(function,sequence)函数,先将sequence的第一个元素作为function函数的第一个参数,sequence的第二个元素作为function函数的第二个参数进行function函数运算,然后将得到的返回结果作为下一次function函数的第一个参数,序列sequence的第三个元素作为下一次function函数的第二个参数进行function函数运算,依次进行下去直到sequence中的所有元素都得到处理。

```
>>>from functools import reduce
>>>def add(x,y):
   return x+y
>>>reduce(add, [1, 2, 3, 4, 5])                    #计算列表和: 1+2+3+4+5
15
>>>reduce(lambda x, y: x * y, range(1, 11))        #求得 10 的阶乘
3628800
```

(2) 带初始参数initializer的reduce(function,sequence,initializer)函数,先将初始参数initializer的值作为function函数的第一个参数和sequence的第一个元素作为function的第二个参数进行function函数运算,然后将得到的返回结果作为下一次function函数的第一个参数、序列sequence的第二个元素作为下一次function函数的第二个参数进行function函数运算,依次进行下去直到sequence中的所有元素都得到处理。

```
>>>from functools import reduce
>>>reduce(lambda x, y: x+y, [2, 3, 4, 5, 6], 1)
21
```

【例3-6】 统计一段文字的词频。

```
>>>from functools import reduce
>>>import re
>>>str1="Youth is not a time of life; it is a state of mind; it is not a matter of
rosy cheeks, red lips and supple knees; it is a matter of the will, a quality of
the imagination, a vigor of the emotions; it is the freshness of the deep springs
of life. "
>>>words=str1.split()   #以空字符为分隔符对 str1 进行分隔
>>>words
['Youth', 'is', 'not', 'a', 'time', 'of', 'life;', 'it', 'is', 'a', 'state', 'of',
'mind;', 'it', 'is', 'not', 'a', 'matter', 'of', 'rosy', 'cheeks,', 'red',
```

```
'lips', 'and', 'supple', 'knees;', 'it', 'is', 'a', 'matter', 'of', 'the',
'will,', 'a', 'quality', 'of', 'the', 'imagination,', 'a', 'vigor', 'of', 'the',
'emotions;', 'it', 'is', 'the', 'freshness', 'of', 'the', 'deep', 'springs',
'of', 'life.']
>>>words1=[re.sub('\W','',i) for i in words]       #将字符串中的非单词字符替换为''
>>>words1
['Youth', 'is', 'not', 'a', 'time', 'of', 'life', 'it', 'is', 'a', 'state', 'of',
'mind', 'it', 'is', 'not', 'a', 'matter', 'of', 'rosy', 'cheeks', 'red', 'lips',
'and', 'supple', 'knees', 'it', 'is', 'a', 'matter', 'of', 'the', 'will', 'a',
'quality', 'of', 'the', 'imagination', 'a', 'vigor', 'of', 'the', 'emotions',
'it', 'is', 'the', 'freshness', 'of', 'the', 'deep', 'springs', 'of', 'life']
>>>def fun(x,y):
    if y in x:
        x[y]=x[y]+1
    else:
        x[y]=1
    return x
>>>result=reduce(fun, words1, {})                   #统计词频
>>>result
{'Youth': 1, 'is': 5, 'not': 2, 'a': 6, 'time': 1, 'of': 8, 'life': 2, 'it': 4,
'state': 1, 'mind': 1, 'matter': 2, 'rosy': 1, 'cheeks': 1, 'red': 1, 'lips': 1,
'and': 1, 'supple': 1, 'knees': 1, 'the': 5, 'will': 1, 'quality': 1,
'imagination': 1, 'vigor': 1, 'emotions': 1, 'freshness': 1, 'deep': 1,
'springs': 1}
```

3.10.3 filter()函数

filter()函数用于过滤序列,过滤掉不符合条件的元素,返回由符合条件的元素组成的迭代器对象,可以通过 list()或者 for 循环取出内容。filter()函数的语法格式如下。

```
filter(function, iterable)
```

参数说明如下。

function:判断函数,返回值必须是布尔类型。

iterable:可迭代对象。

函数作用:filter(function,iterable)的第一个参数为函数名,第二个参数为序列,序列的每个元素作为参数传递给函数进行判断,若是真则保留元素,假则过滤掉这元素。

【例 3-7】 过滤出列表中的所有奇数。

```
>>>def is_odd(n):
    return n%2==1
>>>newlist=filter(is_odd, range(20))
>>>list(newlist)
[1, 3, 5, 7, 9, 11, 13, 15, 17, 19]
```

【例 3-8】 过滤出列表中的所有回文数。

分析：回文数是一种正读倒读都一样的数字，如 98789 是回文数，因为它倒读也为 98789。

```
>>>def is_palindrome(n):                                  #定义判断是不是回文数的函数
    n=str(n)
    '''n[::-1]相当于 n[-1:-len(n)-1:-1]，即从最后一个元素到第一个元素复制一遍，得到 n 的倒序字符串'''
    m=n[::-1]
    return n==m
>>>newlist=filter(is_palindrome, range(100,200))    #过滤得到回文数
>>>list(newlist)
[101, 111, 121, 131, 141, 151, 161, 171, 181, 191]
```

3.11 函数举例

【例 3-9】 编写一个求两个数的最大公约数的程序。(3-9.py)

分析：两个数的最大公约数，是指两个整数公有约数中最大的一个。求解最大公约数的方法如下。

(1) 质因数分解法：把每个数分别分解质因数，再把各数中的全部公有质因数提取出来连乘，所得的积就是这几个数的最大公约数。

(2) 短除法：先用这两个数的公约数连续去除，一直除到所有的商互质为止，然后把所有的除数连乘起来，所得的积就是这几个数的最大公约数。

(3) 辗转相除法：用较小数除较大数，再用出现的余数(第一余数)去除除数，再用出现的余数(第二余数)去除第一余数，如此反复，直到最后余数是 0 为止，最后的除数就是这两个数的最大公约数。

```
def gcd(x, y):
    """该函数返回两个数的最大公约数"""
    if x>y:        #求出两个数的最小值
        smaller=y
    else:
        smaller=x
    i,gcd=2,1
    while i<=smaller:
        if((x%i==0) and (y%i==0)):
            gcd=i
        i+=1
    return gcd
#用户输入两个数字
num1=int(input("输入第一个数字: "))
num2=int(input("输入第二个数字: "))
```

```
print(num1,"和", num2,"的最大公约数为", gcd(num1, num2))
```

上述代码在 IDLE 中运行的结果如下：

```
输入第一个数字：45
输入第二个数字：75
45 和 75 的最大公约数为 15
```

【例 3-10】 使用递归函数实现汉诺塔问题。

汉诺塔(又称为河内塔)问题源于印度的一个古老传说：大梵天创造世界的时候，做了三根金刚石柱子，在一根柱子上从下往上按照大小顺序摞着 64 片黄金圆盘，称为汉诺塔。大梵天命令婆罗门把圆盘从一根柱子上按大小顺序重新摆放在另一根柱子上，并且规定：小圆盘上不能放大圆盘，在三根柱子之间一次只能移动一个圆盘。这个问题称为汉诺塔问题。

汉诺塔问题可描述为：假设柱子编号为 a、b、c，开始时 a 柱子上有 n 个盘子，要求把 a 上面的盘子移动到 c 柱子上，在三根柱子之间一次只能移动一个圆盘，且小圆盘上不能放大圆盘。在移动过程中可借助 b 柱子。

要想完成把 a 柱子上的 n 个盘子借助 b 柱子移动到 c 柱子上这一任务，只需完成以下三个子任务。

(1) 把 a 柱子上面的 $n-1$ 个盘，移动到 b 柱子上。

(2) 把 a 柱子最下面的第 n 个盘移动到 c 柱子上。

(3) 把(1) 步中移动到 b 柱子上的 $n-1$ 个盘移动到 c 柱子上，任务完成。

基于上面的分析，汉诺塔问题可以用递归函数来实现。定义函数 move(n,a,b,c)表示把 n 个圆盘从柱子 a 移动到柱子 c，在移动过程中可借助 b 柱子。

递归终止的条件：当 $n=1$ 时，move(1,a,b,c)情况是最简单情况，可直接求解，即答案是直接将盘子从 a 移动到 c。

递归过程：把 move(n,a,b,c) 细分为 move($n-1$,a,c,b)、move(1,a,b,c) 和 move($n-1$,b,a,c)。

实现汉诺塔问题的递归函数如下：

```
>>>def move(n,a,b,c):
    if n==1:
        print(a,'-->', c, end=';')   #将 a 上面的第一个盘子移动到 c 上
    else:
        move(n-1, a, c, b)           #将 a 柱子上面的 n-1 个盘子从 a 移动到 b 上
        move(1, a, b, c)             #将 a 柱子剩下的最后一个盘子从 a 移动到 c 上
        move(n-1, b, a, c)           #将 b 上的 n-1 个盘子移动到 c 上
>>>move(3,'A','B','C')
A -->C;A -->B;C -->B;A -->C;B -->A;B -->C;A -->C;
>>>move(4,'A','B','C')
A -->B;A -->C;B -->C;A -->B;C -->A;C -->B;A -->B;A -->C;B -->C;B -->A;
C -->A;B -->C;A -->B;A -->C;B -->C;
```

【例 3-11】 列表 s=['第一章-10. doc','第一章-1. doc ',' 第一章-2. doc ','第一章-14. doc ',' 第一章-3. doc ','第一章-20. doc ','第一章-5. doc ','第一章-8. doc ','第一章-6. doc '],按列表中元素“-”后的数字的大小对列表升序排序。

```
>>>s=['第一章-10.doc', '第一章-1. doc ',' 第一章-2. doc ', '第一章-14. doc ',' 第一章-3. doc ', '第一章-20. doc ', '第一章-5. doc ', '第一章-8. doc ', '第一章-6. doc ']
>>>s.sort(key=lambda x: int(x.split('-')[-1].split('.')[0]))
>>>s
['第一章-1. doc ', ' 第一章-2. doc ', ' 第一章-3. doc ', '第一章-5. doc ', '第一章-6. doc ', '第一章-8. doc ', '第一章-10.doc', '第一章-14. doc ', '第一章-20. doc ']
```

第4章

正则表达式

正则表达式(Regular Expression,简称 Regex)描述了一种字符串匹配的模式(Pattern),可以用来检查一个字符串是否含有某种子字符串。构造正则表达式的方法和创建数学表达式的方法一样,即用多种元字符与运算符可以将小的表达式结合在一起来创建更大的表达式。正则表达式的组件可以是单个的字符、字符集合、字符范围、字符间的选择或者所有这些组件的任意组合。

4.1 什么是正则表达式

字符是计算机处理文字时最基本的单位,字符可以是字母、数字、标点符号、空格、换行符和汉字等。文本是字符的集合,文本也就是字符串。在处理文本字符串时,常常需要检查文本字符串中是否有满足某些规则(模式)的字符串,正则表达式就是用于描述这些规则的。说某个字符串匹配某个正则表达式,通常是指这个字符串里有一部分(或几部分分别)能满足正则表达式给出的规则。具体地说,正则表达式是一些由字符和特殊符号组成的字符串,举例如下。

'feelfree+b'可以匹配'feelfreeb'、'feelfreeeb'、'feelfreeeeeb'等,+号表示匹配位于+之前的字符1次或多次出现。

'feelfree*b'可以匹配'feelfreb'、'feelfreeb'、'feelfreeeeb'等,*号表示匹配位于*之前的字符0次或多次出现。

'colou?r'可以匹配'color'或者'colour',“?”表示匹配位于“?”之前的字符0次或1次出现。

4.2 正则表达式的构成

正则表达式的构成

正则表达式是由普通字符(例如大写、小写字母和数字等)、预定义字符(例如\d 表示 0~9 的 10 个数字集[0-9],用于匹配数字)以及元字符(例如*匹配位于*之前的字符或子表达式0次或多次出现)组成的字符序列模式,也称为模板。模式描述了在搜索文本时要匹配的字符串。在 Python 中,是通过 re 模块来实现正则表达式处理功能的。导入 re 模块后，使用 re 模块下的 search()函数可进行模式匹配。

```
re.search(pattern, string, flags=0)      #扫描整个字符串并返回第一个成功的匹配
```

函数参数说明如下。

pattern：正则表达式模式。

string：要匹配的字符串。

flags：标志位，用于控制正则表达式的匹配方式，如是否区分大小写、多行匹配等。

一些用"\"开始的字符表示预定义的字符，表 4-1 列出了一些常用的预定义字符。

表 4-1 常用的预定义字符

预定义字符	描　述
\d	表示 0～9 的 10 个数字集[0-9]，用于匹配数字
\D	表示非数字字符集，等价于[^0-9]，用于匹配一个非数字字符
\f	用于匹配一个换页符
\n	用于匹配一个换行符
\r	用于匹配一个回车符
\s	表示空白字符集[\f\n\r\t\v]，用于匹配空白字符，包括空格、制表符、换页符等
\S	表示非空白字符集，等价于[^\f\n\r\t\v]，用于匹配非空白字符
\w	表示单词字符集[a-zA-Z0-9_]，用于匹配单词字符
\W	表示非单词字符集[^a-zA-Z0-9_]，用于匹配非单词字符
\t	用于匹配一个制表符
\v	用于匹配一个垂直制表符
\b	匹配单词头或单词尾
\B	与\b 含义相反

元字符就是一些有特殊含义的字符。若要匹配元字符，必须首先使元字符"转义"，即将反斜杠字符"\"放在它们前面，使之失去特殊含义，成为一个普通字符。表 4-2 列出了一些常用的元字符。

表 4-2 常用的元字符

元字符	描　述
\	将下一个字符标记为特殊字符或原义字符、向后引用等。例如，'n' 匹配字符 'n'，'\n' 匹配换行符，'\\' 匹配 "\"，'\(' 则匹配 "("
.	匹配任何单字符(换行符\n 之外)，要匹配"."，需使用"\."
^…	匹配以^后面的…字符序列开头的行首，要匹配^字符本身，需使用\^
…$	匹配以$之前的…字符序列结束的行尾，要匹配$字符本身，需使用\$

续表

元字符	描　述
(…)	标记一个子表达式的开始和结束位置，即将位于()内的字符作为一个整体看待
*	匹配位于 * 之前的字符或子表达式 0 次或多次，要匹配 * 字符，需使用\ *
+	匹配位于+之前的字符或子表达式的 1 次或多次，要匹配+字符，需使用\+
?	匹配位于"?"之前的字符或子表达式 0 次或 1 次；当"?"紧随任何其他限定符 *、+、?、{n}、{n,}、{m, n}之后时，这些限定符的匹配模式是"非贪心的"，"非贪心的"模式匹配搜索到尽可能短的字符串，而默认的"贪心的"模式匹配搜索到尽可能长的字符串，如在字符串"oooo"中，"o+?"只匹配单个 o，而"o+"匹配所有 o
{m}	匹配{m}之前的字符 m 次
{m, n}	匹配{m, n}之前的字符 m～n 次，m 和 n 可以省略；若省略 m，则匹配 0～n 次；若省略 n，则匹配 m 至无限次
[…]	匹配位于[…]中的任意一个字符
[^…]	匹配不在[…]中的字符，[^abc]表示匹配除了 a、b、c 之外的字符
|	匹配位于|之前或之后的字符，要匹配|，需使用\\|

下面给出正则表达式的应用实例。

1. 匹配字符串字面值

正则表达式最为直接的功能就是用一个或多个字符字面值来匹配字符串，所谓字符字面值，就是字符看起来是什么就是什么，这与在 Word 等字符处理程序中使用关键字查找类似。当以逐个字符对应的方式在文本中查找字符串的时候，就是在用字符串字面值查找。

```
'python'      #匹配字符串'python3 python2'中的'python'
```

2. 匹配数字

预定义的字符'\d'用于匹配任一阿拉伯数字，也可用字符组'[0-9]'替代'\d'来匹配相同的内容，即'\d'和'[0-9]'的效果是一样的。此外，也可以列出 0～9 范围内的所有数字'[0123456789]'来进行匹配。如果只想匹配 1 和 2 两个数字，可以使用字符组'[12]'来实现。

3. 匹配非数字字符

预定义的字符'\D'用于匹配一个非数字字符，'\D'与字符组'[0-9]'取反后的'[^0-9]'的作用相同(字符组取反的意思就是"不匹配这些"或"匹配除这些以外的内容")，也与'[^\d]'的作用一样。

'a\de'可以匹配'a1e'、'a2e'、'a0e'等，'\d'匹配 0～9 的任一数字。

'a\De'可以匹配'aDe'、'ase'、'ave'等，'\D'匹配一个非数字字符。

4. 匹配单词和非单词字符

预定义的字符'\w'用于匹配单词字符，与'\w'匹配相同内容的字符组为'[a-zA-Z0-9_]'。用'\W'匹配非单词字符，即用'\W'匹配空格、标点以及其他非字母、非数字字符。此外，'\W'也与'[^a-zA-Z0-9_]'的作用一样。

'a\we'可以匹配'afe'、'a3e'、'a_e'，'\w'用于匹配大小写字母、数字或下画线字符。

'a\We'可以匹配'a. e'、'a，e'、'a * e'等字符串，'\W'用于匹配非单词字符。

'a[bcd]e'可以匹配'abe'、'ace'和'ade'，'[bcd]'匹配'b'、'c'和'd'中的任意一个。

5. 匹配空白字符

预定义的字符'\s'用于匹配空白字符，与'\s'匹配内容相同的字符组为'[\f\n\r\t\v]'，包括空格、制表符、换页符等。用'\S'匹配非空白字符，或者用'[^\s]'，或者用'[^\f\n\r\t\v]'。

'a\se'可以匹配'a e'，'\s'用于匹配空白字符。

'a\Se'可以匹配'afe'、'a3e'、'ave'等字符串，'\S'用于匹配非空白字符。

6. 匹配任意字符

用正则表达式匹配任意字符的一种方法是使用点号'.'，点号可以匹配任何单字符(换行符\n之外)。要匹配"hello world"这个字符串，可使用11个点号'………'。但这种方法太麻烦，推荐使用量词'.'{11}，{11}表示匹配{11}之前的字符11次。再如'a. c'可以匹配'abc'、'acc'、'adc'等。

'ab{2}c'可以匹配'abbc'。'ab{1,2}c'，可完整匹配的字符串有'abc'和'abbc'，{1,2}表示匹配{1,2}之前的字符b 1次或2次。

'abc * '可以匹配'ab'、'abc'、'abcc'等字符串，* 表示匹配位于 * 之前的字符c 0次或多次。

'abc+'可以匹配'abc'、'abcc'、'abccc'等字符串，+表示匹配位于+之前的字符c 1次或多次。

'abc? '可以匹配'ab'和'abc'字符串，"?"表示匹配位于"?"之前的字符c 0次或1次。

如果想查找元字符本身的话，比如用'.'查找"."，就会出现问题，因为它们会被解释成特殊含义。这时就得使用\来取消该元字符的特殊含义。因此，查找"."应该使用'\.'。要查找'\'本身，需要使用'\\'。

例如，'baidu\. com'匹配 baidu. com，'C：\\ Program Files'匹配 C：\ Program Files。

4.3 正则表达式的模式匹配

4.3.1 正则表达式的边界匹配

要对关键位置进行字符串匹配，例如匹配一行文本的开头、一个字符串的开头或者结尾。这时候就需要使用正则表达式的边界符来进行匹配，常用的边界符如表4-3所示。

表 4-3　常用的边界符

边界符	描　　述	边界符	描　　述
^	匹配字符串的开头或一行的开头	\b	匹配单词头或单词尾
$	匹配字符串的结尾或一行的结尾	\B	与\b 含义相反

匹配行首或字符串的起始位置要使用脱字符'^',要匹配行或字符串的结尾位置要使用字符'$'。

正则表达式'^We. *\. $'可以匹配以 We 开头的整行。请注意结尾的点号之前有一个反斜杠,对点号进行转义,这样点号就被解释为字面值。如果不对点号进行转义,它就会匹配任意字符。

匹配单词边界要使用'\b',如正则表达式'\bWe\b'匹配单词 We。'\b'匹配一个单词的边界,如空格等,'\b'匹配的字符串不会包括那个分界的字符,而如果用'\s'来匹配的话,则匹配出的字符串中会包含那个边界符。例如,'\bHe\b'匹配一个单独的单词'He',而当它是其他单词的一部分的时候不匹配。

可以使用'\B'匹配非单词边界,非单词边界匹配的是单词或字符串中间的字母或数字。

'^asddg'可以匹配行首以'asddg'开头的字符串。

'rld $'可以匹配行尾以'rld'结束字符串。

4.3.2　正则表达式的分组、选择和引用匹配

在使用正则表达式时,括号是一种很有用的工具,可以根据不同的目的用括号进行分组、选择和分组向后的引用。

1. 分组

在前面我们已经知道了怎么重复单个字符,即直接在字符后面加上诸如+、*、{m,n}等重复操作符就行了。但如果想要重复一个字符串,需要使用括号来指定子表达式(也叫作分组或子模式),然后就可以通过在括号后面加上重复操作符来指定这个子表达式的重复次数了。例如,'(abc){2}'可以匹配'abcabc',{2}表示匹配{2}之前的表达式(abc)2 次。

在 Python 中,正则表达式分组就是用一对括号括起来的子正则表达式,匹配出的内容就表示匹配出了一个分组。从正则表达式的左边开始,遇到第一个左括号表示该正则表达式的第一个分组,遇到第二个左括号表示该正则表达式的第二个分组,以此类推。需要注意的是,有一个隐含的全局分组(就是 0 组)表示整个正则表达式。正则表达式分完组后,要想获得已经匹配过的内容时,就可以使用 group(num)和 groups()函数对各个分组进行提取。这是因为分组匹配到的内容会被临时存储到内存中,所以能够在需要的时候被提取。

```
>>>import re
>>>m=re.match('www\.(.*)\..{3}','www.python.org')      #正则表达式只包含 1 个分组
>>>print(m.group(1))                                      #提取分组 1 的内容
python
>>>c='Today is 2019-01-15'
>>>n=re.search('(\d{4})-(\d{2})-(\d{2})',c)              #正则表达式包含 3 个分组
>>>n.group()                                              #提取全局分组
'2019-01-15'
>>>n.group(1)                                             #提取分组 1 的内容
'2019'
>>>n.group(3)                                             #提取分组 3 的内容
'15'
```

按照正则表达式进行匹配后，就可以通过分组提取到我们想要的内容，但是如果正则表达式中括号比较多，在提取想要的内容时，就需要去挨个数想要的内容是第几个括号中的正则表达式匹配的，这样会很麻烦，这个时候 Python 又引入了另一种分组，那就是命名分组，上面的叫无名分组。

命名分组就是给具有默认分组编号的组另外再取一个别名，命名分组的语法格式如下：

```
(?P<命名分组名>正则表达式)          #"命名分组名"是一个合法的标识符
>>>import re
>>>s="'230.192.168.78',version='1.0.0'"
>>>h=re.search("'(?P<ip>\d+\.\d+\.\d+\.\d+).*",s)     #只有一个分组
>>>h.group('ip')
'230.192.168.78'
>>>h.group(1)                       #提取分组 1 的内容
'230.192.168.78'
>>>t='good better best'
>>>d=re.search('(?P<good>\w+)\s+(?P<better>\w+)\s+(?P<best>\w+)',t)
>>>d.group('good')
'good'
>>>d.group('better')
'better'
>>>d.group('best')
'best'
```

2. 选择

括号的另一个重要的应用是表示可选择性，根据需要建立支持二选一或多选一的应用，这涉及括号和|两种元字符，|表示逻辑或的意思。例如，'a(123|456)b'可以匹配'a123b'和'a456b'。

假如要统计文本“When the fox first saw1 the lion he was2 terribly3 frightened4. He ran5 away,and hid6 himself7 in the woods.”中的 he 出现了多少次，he 的形式应包括

he和He两种形式。查找he和He两个字符串的正则表达式可以写成(he|He)。另一个可选的模式是(h|H)e。

假如要查找一个高校具有博士学位的教师，在高校的教师数据信息中，博士的写法可能有Doctor、doctor、Dr.或Dr，要匹配这些字符串可用下面的模式：

```
(Doctor|doctor|Dr\. |Dr)
```

注意： 句点"."在正则表达式模式中是一个元字符，它可以匹配任何单字符(换行符'\n'除外)。要匹配"."，需使用'\.'。(Doctor|doctor|Dr\. |Dr)模式的另一个可选的模式为

```
(Doctor|doctor|Dr\.?)
```

借助不区分大小写选项可使上述分组匹配更简单，选项(?i)可使匹配模式不再区分大小写，带选择操作的模式(he|He)就可以简写成(?i)he。表4-4列出了正则表达式中常用的选项。

表4-4　正则表达式中常用的选项

选　项	描　述	选　项	描　述
(?i)	不区分大小写	(?s)	单行
(?m)	多行	(?U)	默认最短匹配

3. 分组后向引用

正则表达式中，用括号括起来的表示一个组。所谓分组后向引用，就是对前面出现过的分组再一次引用。当用括号定义了一个正则表达式组后，正则引擎就会把被匹配到的组按照顺序编号，存入缓存。

注意： 括号()用于定义组，[]用于定义字符集，{}用于定义重复操作。

若想对已经匹配过的分组内容进行引用，可以用"\数字"的方式或者通过命名分组"(?P=name)"的方式进行引用。\1表示引用第一个分组，\2引用第二个分组，以此类推，\n引用第n个组。\0则引用整个被匹配的正则表达式本身。这些引用都必须是在正则表达式中才有效，用于匹配一些重复的字符串。

```
>>>import re
#通过命名分组进行后向引用
>>>re.search('(?P<name>\w+)\s+(?P=name)\s+(?P=name)', 'python python python')
.group('name')
'python'
#通过命名分组进行后向引用
>>>re.search('(?P<name>\w+)\s+(?P=name)\s+(?P=name)', 'python python python')
.group()
'python python python'
#通过默认分组编号进行后向引用
```

```
>>>re.search('(?P<name>\w+)\s+\1\s+\1', 'python python python').group()
'python python python'
```

下面看一个嵌套分组的例子：

```
>>>s='2017-10-10 18:00'
>>>import re
>>>p=re.compile('(((\d{4})-\d{2})-\d{2}) (\d{2}):(\d{2})')
>>>re.findall(p,s)
[('2017-10-10', '2017-10', '2017', '18', '00')]
>>>se=re.match(p,s)
>>>print(se.group())
2017-10-10 18:00
>>>print(se.group(0))
2017-10-10 18:00
>>>print(se.group(1))
2017-10-10
>>>print(se.group(2))
2017-10
>>>print(se.group(3))
2017
>>>print(se.group(4))
18
>>>print(se.group(5))
00
```

可以看出，分组的序号是以左括号'('从左到右的顺序为准的。

```
>>>import re
>>>s='1234567890'
>>>s=re.sub(r'(…)',r'\1,',s)      #在字符串中从前往后每隔 3 个字符插入一个","
>>>s
'123,456,789,0'
```

4.3.3 正则表达式的贪婪匹配与懒惰匹配

当正则表达式中包含重复的限定符时，通常的行为是(在使整个表达式能得到匹配的前提下)匹配尽可能多的字符，如'a. * b'，它将会匹配最长的以 a 开始、以 b 结束的字符串。如果用'a. * b'来匹配"aabab"的话，它会匹配整个字符串"aabab"，这被称为贪婪匹配。

有时，人们需要懒惰匹配，也就是匹配尽可能少的字符。前面给出的限定符都可以被转化为懒惰匹配模式，只需在这些限定符后面加上一个问号"?"。'a. * ?b'意味着在使整个表达式能得到匹配的前提下使用最少的重复。

'a. * ?b'匹配最短的、以 a 开始、以 b 结束的字符串。如果把它应用于'aabab'的话，它会匹配 aab(第一到第三个字符)和 ab(第四到第五个字符)。匹配的结果为什么不是最短的 ab 而是 aab 和 ab 呢？这是因为正则表达式有另一条规则，比懒惰/贪婪规则的优先级更高，这就是“最先开始的匹配拥有最高的优先权”。表 4-5 列出了常用的懒惰限定符。

表 4-5　常用的懒惰限定符

懒惰限定符	描　　述
*?	重复任意次，但尽可能少重复
+?	重复 1 次或更多次，但尽可能少重复
??	重复 0 次或 1 次，但尽可能少重复
{n,m}?	重复 n～m 次，但尽可能少重复
{n, }?	重复 n 次以上，但尽可能少重复

```
>>>import re
>>>s="abcdakdjd"
>>>re.search("a.*?d",s).group()          #懒惰匹配
'abcd'
>>>re.search("a.*d",s).group()           #贪婪匹配
'abcdakdjd'
>>>p=re.compile("a.*?d")                 #懒惰匹配
>>>m=re.compile("a.*d")                  #贪婪匹配
>>>p.findall(s)
['abcd', 'akd']
>>>m.findall(s)
['abcdakdjd']
```

4.4　正则表达式模块 re

Python 通过 re 模块提供对正则表达式的支持，表 4-6 列出了 re 模块中常用的函数。

表 4-6　re 模块中常用的函数

函　　数	描　　述
re.compile(pattern[, flags])	把正则表达式 pattern 转化成正则表达式对象，然后可以通过正则表达式对象调用 match()和 search()方法
re.split(pattern, string[, maxsplit=0, flags])	用匹配 pattern 的子串来分隔 string，并返回一个列表
re.match(pattern, string[, flags])	从字符串 string 的起始位置匹配模式 pattern，string 如果包含与 pattern 匹配的子串，则匹配成功，返回 Match 对象，失败则返回 None
re.search(pattern, string[, flags])	若 string 中包含与 pattern 匹配的子串，则返回 Match 对象，否则返回 None。注意，如果 string 中存在多个与 pattern 匹配的子串，只返回第一个

续表

函　数	描　述
re.findall(pattern, string[, flags])	找到模式 pattern 在字符串 string 中的所有匹配项,并把它们作为一个列表返回
re.sub(pattern, repl, string[, count=0, flags])	替换匹配到的字符串,即用 pattern 在 string 中匹配要替换的字符串,然后把它替换成 repl
re.escape(string)	对字符串 string 中的非字母数字进行转义,返回非字母数字前加反斜杠的字符串

函数参数说明如下。

pattern：匹配的正则表达式。

string：要匹配的字符串。

flags：用于控制正则表达式的匹配方式,flags 的值可以是 re.I(忽略大小写)、re.L(支持本地字符集的字符)、re.M(多行匹配模式)、re.S(使元字符“.”匹配任意字符,包括换行符)、re.X(忽略模式中的空格)的不同组合(使用“|”进行组合)。

repl：用于替换的字符串,也可为一个函数。

count：模式匹配后替换的最大次数,默认 0 表示替换所有的匹配。

1. re.search()函数

re.search(pattern,string[,flags])函数会在字符串内查找模式的匹配字符串,只要找到第一个与模式相匹配的字符串就立即返回,返回一个 Match object;如果没有匹配的字符串,则返回 None。Match object 对象有以下方法。

group()：返回被 re.search()函数匹配的字符串。

group(m,n)：返回组号 m、n 所匹配的字符串所组成的元组,如果组号不存在,则返回 IndexError 异常。

groups()：返回正则表达式中所有小组匹配到的字符串所组成的元组。

start()：返回匹配开始的位置。

end()：返回匹配结束的位置。

span()：返回一个元组,由匹配到的字符串的开始、结束的位置序号组成。

```
>>>import re
>>>print(re.search('www', 'www.baidu.com'))              #在起始位置匹配
<_sre.SRE_Match object; span=(0, 3), match='www'>
>>>print(re.search('www', 'www.baidu.com').span())
(0, 3)
>>>print(re.search('com', 'www.baidu.com'))              #不在起始位置匹配
<_sre.SRE_Match object; span=(10, 13), match='com'>
>>>print(re.search('com', 'www.baidu.com').end())        #返回匹配结束的位置
13
>>>print(re.search('com', 'www.baidu.com').start())      #返回匹配开始的位置
```

```
10
>>>str1="abc123def"
#返回被 re.search()函数匹配的字符串
>>>print(re.search("([a-z]*)([0-9]*)([a-z]*)",str1).group())
abc123def
#列出第一个括号匹配部分
>>>print(re.search("([a-z]*)([0-9]*)([a-z]*)",str1).group(1))
abc
#列出第二个括号匹配部分
>>>print(re.search("([a-z]*)([0-9]*)([a-z]*)",str1).group(2))
123
#列出一、三个括号匹配部分
>>>print(re.search("([a-z]*)([0-9]*)([a-z]*)",str1).group(1,3))
('abc', 'def')
#返回正则表达式中所有小组匹配到的字符串所组成的元组
>>>print(re.search("([a-z]*)([0-9]*)([a-z]*)",str1).groups())
('abc', '123', 'def')
```

2. re.match()函数

re.match(pattern,string[,flags])尝试从字符串的起始位置匹配一个模式，如果不是起始位置匹配成功的话，re.match ()就返回 None。

```
>>>import re
>>>print(re.match('www', 'www.baidu.com'))          #在起始位置匹配
<_sre.SRE_Match object; span=(0, 3), match='www'>
>>>print(re.match('com', 'www.baidu.com'))          #不在起始位置匹配
None
```

下面举例使用 re.match()进行分组匹配，程序文件命名为 match.py。

```
import re
str1="Your IP address is 171.15.195.218."
MatchObj=re.match('(.*) is (((2[0-4]\d|25[0-5]|[01]?\d\d?)\.){3}(2[0-4]\d|25
[0-5]|[01]?\d\d?)).', str1)
if MatchObj:
  print("MatchObj.group(): ", MatchObj.group())
  print("MatchObj.group(1): ", MatchObj.group(1))
  print("MatchObj.group(2): ", MatchObj.group(2))
else:
  print("No match!!")
```

match.py 在 IDLE 中运行的结果如下：

```
MatchObj.group(): Your IP address is 171.15.195.218.
MatchObj.group(1): Your IP address
MatchObj.group(2): 171.15.195.218
```

re.match()与re.search()的区别：re.match()只匹配字符串的开始，如果字符串开始不符合正则表达式，则匹配失败，函数返回None；而re.search()匹配整个字符串，并返回第一个成功的匹配。

3. re.split()函数

re.split(pattern,string[,maxsplit=0,flags])用匹配pattern的子串来分隔string，并返回一个列表。

```
>>>import re
#\W表示非单词字符集[^a-zA-Z0-9_],用于匹配非单词字符
>>>re.split('\W+', 'Words,,, words. words? words')
['Words', 'words', 'words', 'words']
#若pattern里使用了括号,那么被pattern匹配到的串也将作为返回值列表的一部分
>>>re.split('(\W+)', 'Words, words, words.')
['Words', ', ', 'words', ', ', 'words', '.', '']
>>>s='23432werwre2342werwrew'
>>>print(re.match('(\d*)([a-zA-Z]*)',s))        #匹配成功
<_sre.SRE_Match object; span=(0, 11), match='23432werwre'>
>>>print(re.search('(\d*)([a-zA-Z]*)',s))       #匹配成功
<_sre.SRE_Match object; span=(0, 11), match='23432werwre'>
```

4. re.findall()函数

re.findall(pattern,string[,flags])在字符串中找到正则表达式所匹配的所有子串，并返回一个列表，如果没有找到匹配的，则返回空列表。

注意：match()和search()只匹配一次，findall()匹配所有。

```
>>>import re
>>>str1='Whatever is worth doing is worth doing well.'
>>>print(re.findall('(\w)*ort(\w)', str1))      #()表示子表达式
[('w', 'h'), ('w', 'h')]
```

5. re.sub()函数

re.sub(pattern,repl,string[,count=0,flags])函数用来替换匹配到的字符串，即用pattern在string中匹配要替换的字符串，然后把它替换成repl。

```
>>>import re
>>>text="He is a good person, he is tall, clever, and so on…"
>>>text="hello java,I like java"
>>>text1=re.sub("java","python",text)
>>>print(text1)
hello python,I like python
```

6. re.escape()函数

re.escape(string)对字符串string中的非字母数字进行转义，返回非字母数字前加

反斜杠的字符串。

```
>>>print(re.escape('a1.*@'))
a1\.\*\@
```

4.5 正则表达式对象

可以把那些经常使用的正则表达式,使用re模块的compile()方法将其编译,返回正则表达式对象,然后可以通过正则表达式对象的方法进行字符串处理。使用编译后的正则表达式对象进行字符串处理,不仅可以提高处理字符串的速度,还可以提供更强大的字符串处理功能。

在Python中,通过re.compile(pattern)把正则表达式pattern转化成正则表达式对象,之后可以通过正则表达式对象调用match()、search()和findall()方法进行字符串处理,以后就不用每次重复写匹配模式。

```
p=re.compile(pattern)          #把模式 pattern 编译成正则表达式对象 p
```

result=p.match(string)与result=re.match(pattern,string)是等价的。

```
>>>s="Miracles sometimes occur, but one has to work terribly for them"
>>>reObj=re.compile('\w+\s+\w+')
>>>print(reObj.match(s))      #匹配成功
<_sre.SRE_Match object; span=(0, 18), match='Miracles sometimes'>
>>>reObj.findall(s)
['Miracles sometimes', 'but one', 'has to', 'work terribly', 'for them']
```

正则表达式对象的match(string[,start])方法用于在字符串开头或指定位置匹配正则表达式,若能在字符串string开头或指定位置包含正则表达式所要表示的子串,则匹配成功,返回Match对象,失败则返回None。正则表达式对象的search(string[,start [,end]])方法用于在整个字符串或指定范围中进行搜索,若string中包含正则表达式所要表示的子串,则返回Match对象,否则返回None。如果string中存在多个正则表达式所要表示的子串,只返回第一个。findall(string[,start [,end]])方法用于在整个字符串或指定范围中进行搜索,找到string中正则表达式的所有匹配项,并把它们作为一个列表返回。

```
>>>import re
>>>s='The man who has made up his mind to win will never say " Impossible".'
>>>pattern=re.compile(r'\bw\w+\b') #编译正则表达式对象,查找以 w 开头的单词
#使用正则表达式对象的 findall()方法查找所有以 w 开头的单词
>>>pattern.findall(s)
['who', 'win', 'will']
>>>pattern1=re.compile(r'\b\w+e\b')          #查找以字母 e 结尾的单词
>>>pattern1.findall(s)
```

```
['The', 'made', 'Impossible']
>>>pattern2=re.compile(r'\b\w{3,5}\b')       #查找 3~5 个字母长的单词
>>>pattern2.findall(s)
['The', 'man', 'who', 'has', 'made', 'his', 'mind', 'win', 'will', 'never', 'say']
>>>pattern2.match(s)                         #从行首开始匹配,匹配成功返回 Match 对象
<_sre.SRE_Match object; span=(0, 3), match='The'>
>>>pattern3=re.compile(r'\b\w*[id]\w*\b')      #查找含有字母 i 或 d 的单词
>>>pattern3.findall(s)
['made', 'his', 'mind', 'win', 'will', 'Impossible']
>>>pattern4=re.compile('has')                #编译匹配 has 正则表达式对象
>>>pattern4.sub('*',s)                       #将 has 替换为 *
'The man who * made up his mind to win will never say " Impossible".'
>>>pattern5=re.compile(r'\b\w*s\b')  #编译正则表达式对象,匹配以 s 结尾的单词
>>>pattern5.sub('**',s)                      #将符合条件的单词替换为**
'The man who ** made up ** mind to win will never say " Impossible".'
>>>pattern5.sub('**',s,1)                    #将符合条件的单词替换为**,只替换 1 次
'The man who ** made up his mind to win will never say " Impossible".'
>>>s='''一段感情,随岁月风干,一帘心事,随落花凋零。谁解落花语?谁为落花赋?忆往昔,一
个转身,一个回眸,你我便沾惹一身红尘。如今,没有别离,你我便了却一生情缘,染指苍苍,岁月
蹉跎多少记忆终成灰;多少思念化云烟;多少青丝变白发。'''
#搜索以"一"开头的子句,[\u4e00-\u9fa5]+匹配一个或多个中文
>>>print(re.findall(r'一[\u4e00-\u9fa5]+',s))
['一段感情', '一帘心事', '一个转身', '一个回眸', '一身红尘', '一生情缘']
#生成匹配"一"开头的子句的正则表达式对象
>>>pattern6=re.compile(r'一[\u4e00-\u9fa5]+')
>>>pattern6.sub('***',s)                     #将符合条件的子句替换为***
'***,随岁月风干,***,随落花凋零。谁解落花语?谁为落花赋?忆往昔,***,***,你我便沾惹***。
如今,没有别离,你我便了却***,染指苍苍,岁月蹉跎多少记忆终成灰;多少思念化云烟;多少青丝
变白发。'
```

统计一篇文档中各单词出现的频次,并按频次由高到低排序,举例如下。

```
>>>import re
>>>str1='I have thought that Walden Pond would be a good place for business, not
solely on account of the railroad and the ice trade; it offers advantages which
it may not be good policy to divulge; it is a good port and a good foundation. No
Neva marshes to be filled; though you must everywhere build on piles of your own
driving. It is said that a flood-tide, with a westerly wind, and ice in the Neva,
would sweep St. Petersburg from the face of the earth.'
>>>str1=str1.lower()
>>>words=str1.split()
>>>words
['i', 'have', 'thought', 'that', 'walden', 'pond', 'would', 'be', 'a', 'good',
'place', 'for', 'business,', 'not', 'solely', 'on', 'account', 'of', 'the',
'railroad', 'and', 'the', 'ice', 'trade;', 'it', 'offers', 'advantages',
```

```
'which', 'it', 'may', 'not', 'be', 'good', 'policy', 'to', 'divulge;', 'it',
'is', 'a', 'good', 'port', 'and', 'a', 'good', 'foundation.', 'no', 'neva',
'marshes', 'to', 'be', 'filled;', 'though', 'you', 'must', 'everywhere',
'build', 'on', 'piles', 'of', 'your', 'own', 'driving.', 'it', 'is', 'said',
'that', 'a', 'flood-tide,', 'with', 'a', 'westerly', 'wind,', 'and', 'ice',
'in', 'the', 'neva,', 'would', 'sweep', 'st.', 'petersburg', 'from', 'the',
'face', 'of', 'the', 'earth.']
>>>words1=[re.sub('\W', '', i) for i in words]  #将字符串中的非单词字符替换为''
>>>words1
['i', 'have', 'thought', 'that', 'walden', 'pond', 'would', 'be', 'a', 'good',
'place', 'for', 'business', 'not', 'solely', 'on', 'account', 'of', 'the',
'railroad', 'and', 'the', 'ice', 'trade', 'it', 'offers', 'advantages', 'which',
'it', 'may', 'not', 'be', 'good', 'policy', 'to', 'divulge', 'it', 'is',
'a', 'good', 'port', 'and', 'a', 'good', 'foundation', 'no', 'neva', 'marshes', 'to',
'be', 'filled', 'though', 'you', 'must', 'everywhere', 'build', 'on', 'piles',
'of', 'your', 'own', 'driving', 'it', 'is', 'said', 'that', 'a', 'floodtide',
'with', 'a', 'westerly', 'wind', 'and', 'ice', 'in', 'the', 'neva', 'would',
'sweep', 'st', 'petersburg', 'from', 'the', 'face', 'of', 'the', 'earth']
>>>words_index=set(words1)
>>>dict1={i:words1.count(i) for i in words_index}    #生成字典,键值是单词出现的次数
>>>re=sorted(dict1.items(), key=lambda x:x[1],reverse=True)
>>>print(re)
[('a', 5), ('the', 5), ('it', 4), ('good', 4), ('be', 3), ('of', 3), ('and', 3),
('that', 2), ('not', 2), ('to', 2), ('is', 2), ('on', 2), ('neva', 2), ('would',
2), ('ice', 2), ('for', 1), ('i', 1), ('earth', 1), ('floodtide', 1), ('marshes',
1), ('business', 1), ('railroad', 1), ('walden', 1), ('trade', 1), ('your', 1),
('wind', 1), ('which', 1), ('petersburg', 1), ('place', 1), ('sweep', 1),
('thought', 1), ('filled', 1), ('everywhere', 1), ('westerly', 1), ('face', 1),
('must', 1), ('account', 1), ('divulge', 1), ('you', 1), ('said', 1), ('offers', 1),
('foundation', 1), ('in', 1), ('may', 1), ('though', 1), ('policy', 1),
('driving', 1), ('own', 1), ('build', 1), ('piles', 1), ('with', 1), ('solely',
1), ('st', 1), ('pond', 1), ('from', 1), ('port', 1), ('no', 1), ('have', 1),
('advantages', 1)]
```

4.6 Match 对象

正则表达式模块 re 和正则表达式对象的 match()方法及 search()方法匹配成功后都会返回 Match 对象,其包含了很多关于此次匹配的信息,可以使用 Match 提供的可读属性或方法来获取这些信息。

Match 对象提供的可读属性如下。

(1) string:匹配时使用的文本。

(2) re:匹配时使用的正则表达式模式 pattern。

(3) pos：文本中正则表达式开始搜索的索引。

(4) endpos：文本中正则表达式结束搜索的索引。

(5) lastindex：最后一个被捕获的分组在文本中的索引，如果没有被捕获的分组，将为 None。

(6) lastgroup：最后一个被捕获的分组的别名，如果这个分组没有别名或者没有被捕获的分组，将为 None。

```
>>>m=re.match('hello', 'hello world!')
>>>m.string
'hello world!'
>>>m.re
re.compile('hello')
>>>m.pos
0
>>>m.endpos
12
>>>print(m.lastindex)
None
>>>print(m.lastgroup)
None
```

Match 对象提供的方法如下。

1. group([group1,…])

获得一个或多个分组截获的字符串，指定多个参数时将以元组形式返回。group1 可以使用编号也可以使用别名；编号 0 代表整个匹配的字符串，不填写参数时，与 group(0) 等价。没有截获字符串的组返回 None，截获了多次的组返回最后一次截获的子串。

2. groups()

以元组形式返回全部分组截获的字符串。相当于调用 group(1,2,…,last)。没有截获字符串的组默认为 None。

3. groupdict()

返回以有别名的组的别名为键、以该组截获的子串为值的字典，没有别名的组不包含在内。

4. start([group])

返回指定的组截获的子串在 string 中的起始索引(子串第一个字符的索引)。group 默认值为 0。

5. end([group])

返回指定的组截获的子串在 string 中的结束索引(子串最后一个字符的索引+1)。

group 默认值为 0。

6. span([group])

返回指定的组截获的子串在 string 中的起始索引和结束索引的元组(start(group), end(group))。

7. expand(template)

将匹配到的分组代入 template 中返回。template 中可以使用\id 或\g<id>、\g<name>引用分组,但不能使用编号 0。\id 与\g<id>是等价的;但\10 将被认为是第 10 个分组,如果你想表达\1 之后是字符'0',只能使用\g<1>0。

```
>>>s='13579helloworld13579helloworld'
>>>p=r'(\d*)([a-zA-Z]*)'
>>>m=re.match(p,s)
>>>m.group(1,2)
('13579', 'helloworld')
>>>m.group()                    #返回整个匹配的字符串
'13579helloworld'
>>>m.group(0)
'13579helloworld'
>>>m.group(1)
'13579'
>>>m.group(2)
'helloworld'
>>>m.group(3)                   #出错,没有这一组
Traceback(most recent call last):
IndexError: no such group
>>>m.groups()
('13579', 'helloworld')
>>>m1=re.match(r'(\d*)([a-zA-Z]*)','13579')
>>>m1.groups()
('13579', '')
>>>m.groupdict()
{}
>>>m.start(2)  #返回指定的第 2 组截获的子串 helloworld 在 string 中的起始索引
5
>>>m.end(2)   #返回指定的第 2 组截获的子串在 string 中的结束索引
15
>>>m.span(2)  #返回指定的第 2 组截获的子串在 string 中的起始索引和结束索引
(5, 15)
>>>m.expand(r'\2\1\2')
'helloworld13579helloworld'
>>>m.expand(r'\2\1\1')
```

'helloworld1357913579'

4.7 正则表达式举例

【例 4-1】 匹配数字的正则表达式。

数字："^[0-9]*$"

n 位的数字："\b\d{n}\b"

至少 n 位的数字："\b\d{n,}\b"

m~n 位的数字："\b\d{m,n}\b"

零和非零开头的数字："\b(0|[1-9][0-9]*)\b"

非零开头的最多带两位小数的数字："\b([1-9][0-9]*).\d{1,2}?\b"

正数、负数和小数："^(\-)?\d+(\.\d+)?$"

有 1~3 位小数的正实数："^[0-9]+(.[0-9]{1,3})?$"

非负整数："^[1-9]*\d*$"

【例 4-2】 匹配字符的正则表达式。

汉字："^[\u4e00-\u9fa5]+$"

英文和数字："^[A-Za-z0-9]+$"

长度为 3~10 的所有字符："^.{3,10}$"

由 26 个英文字母组成的字符串："^[A-Za-z]+$"

由 26 个大写英文字母组成的字符串："^[A-Z]+$"

由 26 个小写英文字母组成的字符串："^[a-z]+$"

由数字和 26 个英文字母组成的字符串："^[A-Za-z0-9]+$"

由数字、26 个英文字母或者下画线组成的字符串："^\w+$"

中文、英文、数字包括下画线："^[\u4e00-\u9fa5\w]+$"

中文、英文、数字但不包括下画线等符号："^[\u4e00-\u9fa5A-Za-z0-9]+$"

匹配%&',;=?$^等字符组成的字符串："[%&',;=? $^]+"

【例 4-3】 匹配特殊需求的正则表达式。

E-mail 地址："^\w+([-+.]\w+)*@\w+([-.]\w+)*\.\w+([-.]\w+)*$"

域名："[a-zA-Z0-9][-a-zA-Z0-9]{0,62}(/.[a-zA-Z0-9][-a-zA-Z0-9]{0,62})+/.?"

Internet URL："[a-zA-z]+://[^\s]* 或 ^http://([\w-]+\.)+[\w-]+(/[\w-./?%&=]*)?$"

手机号码："^(13[0-9]|14[5|7]|15\d|18\d)\d{8}$"

国内电话号码(0371-4405222、010-87888822)："^(\d{3}-\d{8})|(\d{4}-\d{7})$"

身份证号(15 位、18 位数字)："^\d{15}|\d{18}$"

以字母开头，允许 5~16 个字符，允许字母、数字、下画线："^[a-zA-Z][a-zA-Z0-9_]{4,15}$"

以字母开头，长度在 6~18，只能包含字母、数字和下画线："^[a-zA-Z]\w{5,17}$"

日期格式："^\d{4}-\d{1,2}-\d{1,2}"

一年的 12 个月(01～09 和 10～12)："^(0?[1-9]|1[0-2])$"

XML 文件："^([a-zA-Z]+-?)+[a-zA-Z0-9]+\\.[x|X][m|M][l|L]$"

中文字符的正则表达式："[\u4e00-\u9fa5]"

HTML 标记的正则表达式："<(\S*?)[^>]*>.*?</\1>|<.*?/>"

IP 地址："((2[0-4]\d|25[0-5]|[01]?\d\d?)\.){3}(2[0-4]\d|25[0-5]|[01]?\d\d?)"

【例 4-4】 匹配出字符串中的所有网址。

```
>>>import re
>>>string="网址之家 https://www.hao268.com/, 百度 https://www.baidu.com/?tn=
90380016_s_hao_pg,凤凰网 http://www.ifeng.com/"
>>>new_string=re.findall(r"http[s]?://(?:[a-zA-Z]|[0-9]|[$-_@.&+]|[!*,]|
(?:%[0-9a-fA-F][0-9a-fA-F]))+",string)
>>>print(new_string)                #输出匹配的结果
['https://www.hao268.com/,', 'https://www.baidu.com/?tn=90380016_s_hao_pg,',
'http://www.ifeng.com/']
```

第5章

文件与文件夹操作

程序中使用的数据都是暂时的，当程序执行终止时它们就会丢失，除非这些数据被保存起来。为了能永久地保存程序中创建的数据，需要将它们存储到磁盘或光盘上的文件中。计算机文件是以计算机硬盘为载体存储在计算机上的信息集合。文件的主要属性如下。

(1) 文件类型，即从不同的角度来对文件进行分类。

(2) 文件长度，可以用字节、字或块表示。

(3) 文件的位置，指示文件保存在哪个存储介质上以及在介质上的具体位置。

(4) 文件的存取控制，指文件的存取权限，包括读、写和执行。

(5) 文件的建立时间，指文件最近的修改时间。

从文件编码的方式来看，文件可分为文本文件和二进制文件两种。文本文件用于存储编码的字符串，二进制文件直接存储字节码。

5.1 文本文件

5.1.1 文本文件的字符编码

文本文件

文本文件是基于字符编码的文件，常见的编码有 ASCII 编码、Unicode 编码、UTF-8 编码等。在 Windows 平台中，扩展名为 txt、log、ini 的文件都属于文本文件，可以使用字处理软件（如 gedit、记事本）进行编辑。

由于计算机只能处理数字，若要处理文本，就必须先把文本转换为数字才能处理。最早的计算机采用 8 位(bit)作为 1 字节(byte)，1 字节能表示的最大的整数就是 255，如果要表示更大的整数，就必须用更多的字节。例如，2 字节可以表示的最大整数是 65 535，4 字节可以表示的最大整数是 4 294 967 295。

计算机最早使用 ASCII 编码将 127 个字母编码到计算机里。ASCII 编码是 1 字节，字节的最高位作为奇偶校验位，ASCII 编码实际使用 1 字节中的 7 位来表示字符，第一个 00000000 表示空字符，因此，ASCII 编码实际上只包括了字母、标点符号、特殊符号等共 127 个字符。

随着计算机的发展,非英语国家的人要处理他们的语言,但 ASCII 编码用上了浑身解数,把 8 位都用上也不够用。因此,后来出现了统一的、囊括多国语言的 Unicode 编码。Unicode 编码通常由 2 字节组成,一共可表示 256×256 个字符,某些偏僻字还会用到 4 字节。

在 Unicode 中,原本 ASCII 中的 127 个字符只需在前面补一个全零的字节即可,例如字符 a: 01100001,在 Unicode 中变成了 00000000 01100001。这样原本只需 1 字节就能传输的英文现在变成 2 字节,非常浪费存储空间和传输速度。

针对空间浪费问题,于是出现了 UTF-8 编码。UTF-8 编码是可变长短的,从英文字母的 1 字节,到中文的通常的 3 字节,再到某些生僻字的 6 字节。UTF-8 编码还兼容了 ASCII 编码。

注意:除了英文字母相同,汉字在 Unicode 编码和 UTF-8 编码中通常是不同的。例如汉字的"中",在 Unicode 编码中是 01001110 00101101,而在 UTF-8 编码中是 11100100 10111000 10101101。

现在计算机系统通用的字符编码工作方式:在计算机内存中,统一使用 Unicode 编码,当需要保存到硬盘或者需要传输时,就转换为 UTF-8 编码。用记事本编辑时,从文件读取的 UTF-8 字符被转换为 Unicode 字符存储到内存里,编辑完成后,保存时再把 Unicode 字符转换为 UTF-8 字符保存到文件。浏览网页时,服务器会把动态生成的 Unicode 内容转换为 UTF-8 再传输到浏览器。

Python3 中的默认编码是 UTF-8,可以通过以下代码查看 Python3 的默认编码:

```
>>>import sys
>>>sys.getdefaultencoding()   #查看 Python3 的默认编码
'utf-8'
```

对于单个字符的编码,Python 提供了 ord()函数获取字符的整数表示,chr()函数把编码转换为对应的字符。

```
>>>ord('A')
65
>>>ord('中')
20013
>>>chr(20013)
'中'
```

由于 Python 的字符串类型是 str,在内存中以 Unicode 表示,一个字符对应若干字节。如果要在网络上传输,或者保存到磁盘上,就需要把 str 变为以字节为单位的 bytes。Python 对 bytes 类型的数据用带 b 前缀的单引号或双引号表示。例如:

```
x=b'ABC'
```

注意:'ABC'和 b'ABC'之间的区别,前者是 str,后者虽然内容看起来与前者一样,但 bytes 的每个字符只占用一字节。以 Unicode 表示的 str 通过 encode()方法可以编码为指定的 bytes。

```
>>>'ABC'.encode('ascii')          #编码成ASCII字节的形式
b'ABC'
>>>'中国'.encode('utf-8')          #编码成UTF-8字节的形式
b'\xe4\xb8\xad\xe5\x9b\xbd'
```

1个中文字符经过UTF-8编码后通常会占用3B,而1个英文字符只占用1B。

注意:纯英文的str可以用ASCII编码为bytes,内容是一样的,含有中文的str可以用UTF-8编码为bytes。但含有中文的str无法用ASCII编码,因为中文编码的范围超过了ASCII编码的范围,Python会报错。

要把bytes变为str,就需要用decode()方法:

```
>>>b'ABC'.decode('ascii')
'ABC'
>>>b'\xe4\xb8\xad\xe5\x9b\xbd'.decode('utf-8')
'中国'
```

在操作字符串时,人们经常遇到str与bytes的互相转换。为了避免乱码问题,应当始终坚持使用UTF-8编码对str和bytes进行转换。Python源代码也是一个文本文件,所以,当源代码中包含中文时,在保存源代码时,就需要务必指定保存为UTF-8编码。当Python解释器读取源代码时,为了让它按UTF-8编码读取,通常在文件开头写上下面一行语句:

```
#-*-coding: utf-8-*-
```

该语句告诉Python解释器,按照UTF-8编码读取源代码,否则,在源代码中包含的中文输出时可能会有乱码。

5.1.2 文本文件的打开

向(从)一个文件写(读)数据之前,需要先创建一个与物理文件相关的文件对象,然后通过该文件对象对文件内容进行读取、写入、删除、修改等操作,最后关闭并保存文件内容。Python内置的open()函数可以按指定的模式打开指定的文件并创建文件对象。

```
file_object=open(file, mode='r', buffering=-1)
```

open()函数打开文件file,返回一个指向文件file的文件对象file_object。

各个参数说明如下。

file:file是一个包含文件所在路径及文件名称的字符串值,如'c:\\User\\test.txt'。

mode:mode指定打开文件的模式,如只读、写入、追加等,默认文件访问模式为只读'r'。

buffering:表示是否需要缓冲,设置为0时,表示不使用缓冲区,直接读写,仅在二进制模式下有效。设置为1时,表示在文本模式下使用行缓冲区方式。设置为大于1时,表示缓冲区的设置大小。默认值为-1,表示使用系统默认的缓冲区大小。

文件打开的不同模式如表5-1所示。

表 5-1　文件打开的不同模式

模式	描　述
r	以只读方式打开文件，文件的指针放在文件的开头。这是默认模式，可省略
rb	以只读二进制格式打开一个文件，文件的指针放在文件的开头
r+	以读写格式打开一个文件，文件指针放在文件的开头
rb+	以读写二进制格式打开一个文件，文件指针放在文件的开头
w	以写入格式打开一个文件，如果该文件已存在，则将其覆盖；如果该文件不存在，则创建新文件
wb	以二进制格式打开一个文件只用于写入，如果该文件已存在则将其覆盖；如果该文件不存在，则创建新文件
w+	以读写格式打开一个文件，如果该文件已存在则将其覆盖；如果该文件不存在，则创建新文件
wb+	以读写二进制格式打开一个文件，如果该文件已存在则将其覆盖；如果该文件不存在，则创建新文件
a	以追加格式打开一个文件，如果该文件已存在，文件指针将会放在文件的结尾，也就是说，新的内容将会被写入到已有内容之后；如果该文件不存在，创建新文件进行写入
ab	以追加二进制格式打开一个文件，如果该文件已存在，文件指针将会放在文件的结尾，也就是说，新的内容将会被写入到已有内容之后；如果该文件不存在，创建新文件进行写入
a+	以读写格式打开一个文件，如果该文件已存在，文件指针将会放在文件的结尾；如果该文件不存在，创建新文件用于读写
ab+	以读写二进制格式打开一个文件，如果该文件已存在，文件指针将会放在文件的结尾；如果该文件不存在，创建新文件用于读写

“+”表示可以同时读写某个文件。

r+：读写，即可读、可写，可理解为先读后写，不擦除原文件内容，指针在 0。

w+：写读，即可读、可写，可理解为先写后读，擦除原文件内容，指针在 0。

a+：写读，即可读、可写，不擦除原文件内容，指针指向文件的结尾，要读取原内容需先重置文件指针。

不同模式下打开文件的异同点如表 5-2 所示。

表 5-2　不同模式下打开文件的异同点

模式	可做操作	若文件不存在	是否覆盖	指针位置
r	只能读	报错	否	0
r+	可读、可写	报错	否	0
w	只能写	创建	是	0
w+	可写、可读	创建	是	0
a	只能写	创建	否，追加写	最后
a+	可读、可写	创建	否，追加写	最后

下面的语句以读的模式打开当前目录下一个名为 scores. txt 的文件。

```
file_object1=open('scores.txt', 'r')
```

也可以使用绝对路径文件名来打开文件,如下所示。

```
file_object=open(r'D:\Python\scores.txt', 'r')
```

上述语句以读的模式打开 D:\Python 目录下的 scores. txt 文件。绝对路径文件名前的 r 前缀可使 Python 解释器将文件名中的反斜杠理解为字面意义上的反斜杠。如果没有 r 前缀,需要使用反斜杠字符\转义\,使之成为字面意义上的反斜杠。

```
file_object=open('D:\\Python\\scores.txt', 'r')
```

一个文件被打开后,返回一个文件对象 file_object,通过文件对象 file_object 可以得到有关该文件的各种信息,文件对象的常用属性如表 5-3 所示。

表 5-3　文件对象的常用属性

属　　性	描　　述
closed	判断文件是否关闭,如果文件已被关闭,返回 True,否则返回 False
mode	返回被打开文件的访问模式
name	返回文件的名称

```
>>>file_object=open('D:\\Python\\scores.txt', 'r')
>>>print('文件名: ', file_object.name)
文件名:  D:\Python\scores.txt
>>>print('是否已关闭: ',file_object.closed)
是否已关闭: False
>>>print('访问模式: ', file_object.mode)
访问模式: r
```

文件对象是使用 open()函数来创建的,文件对象的常用方法如表 5-4 所示。文件读写操作相关的方法都会自动改变文件指针的位置。例如,以读模式打开一个文本文件,读取 10 个字符,会自动把文件指针移到第 11 个字符,再次读取字符的时候总是从文件指针的当前位置开始读取。写文件操作的方法也具有相同的特点。

表 5-4　文件对象的常用方法

方　　法	功 能 说 明
close()	刷新缓冲区里还没写入的信息,并关闭该文件
flush()	刷新文件内部缓冲区,把内部缓冲区的数据立刻写入文件,但不关闭文件
next()	返回文件下一行
read([size])	从文件的开始位置读取指定的 size 个字符数,如果未给定则读取所有
readline()	读取整行,包括"\n"字符

续表

方　法	功能说明
readlines()	把文本文件中的每行文本作为一个字符串存入列表中并返回该列表
seek(offset[,whence])	用于移动文件读取指针到指定位置,offset 为需要移动的字节数;whence 指定从哪个位置开始移动,默认值为 0,0 代表从文件开头开始,1 代表从当前位置开始,2 代表从文件末尾开始
tell()	返回文件的当前位置,即文件指针的当前位置
truncate([size])	删除从当前指针位置到文件末尾的内容。如果指定了 size,则不论指针在什么位置都只留下前 size 个字符,其余的删除
write(str)	把字符串 str 的内容写入文件中,没有返回值。由于缓冲,字符串内容可能没有加入到实际的文件中,直到调用 flush() 或 close()方法被调用
writelines([str])	用于向文件中写入字符串序列
writable()	测试当前文件是否可写
readable()	测试当前文件是否可读

5.1.3　文本文件的写入

当一个文件以“写”的方式打开后,可以使用 write()方法和 writelines()方法,将字符串写入文本文件。

file_object.write(str):把字符串 str 写入到文件 file_object 中,write()并不会在 str 后自动加上一个换行符。

file_object.writelines(seq):它接收一个字符串列表 seq 作为参数,把字符串列表 seq 写入到文件 file_object,这个方法也只是忠实地写入,不会在每行后面加上换行符。

```
>>>file_object=open('test.txt', 'w')  #以写的方式打开文件 test.txt
>>>file_object.write('Hello, world!') #将"Hello, world!"写入到文件 test.txt
13                                    #成功写入的字符数量
>>>file_object.close()
```

注意:可以反复调用 file_object.write()来写入文件,写完之后一定要调用 file_object.close()来关闭文件。这是因为当写文件时,操作系统往往不会立刻把数据写入磁盘,而是放到内存缓存起来,空闲的时候再慢慢写入。只有调用 close()方法时,操作系统才保证把没有写入的数据全部写入磁盘。忘记调用 close()的后果是数据可能只写了一部分到磁盘,剩下的丢失了。Python 中提供了 with 语句,可以防止上述事情的发生,当 with 代码块执行完毕时,会自动关闭文件释放内存资源,不用特意加上 file_object.close()。上面的语句可改写为如下 with 语句:

```
with open('test.txt', 'w') as file_object:
    file_object.write('Hello, world!')          #with 语句块
```

这里使用了 with 语句,不管在处理文件过程中是否发生异常,都能保证 with 语句块

执行完之后自动关闭打开的文件 test. txt。with 语句可以对多个文件同时操作。

```
>>>f=open('test.txt', 'w')
#把字符串列表["hello"," ","Python"]写入到文件 f
>>>f.writelines(["hello"," ","Python"])
>>>f.close()
>>>f=open("test.txt","r")
>>>f.read()
'hello Python'
>>>fo=open("test.txt", "w")                    #打开文件
>>>seq=["君子赠人以言\n", "庶人赠人以财"]
>>>fo.writelines(seq)                          #向文件中写入字符串序列
>>>fo.close()                                  #关闭文件
>>>fo=open("test.txt", "r")
>>>print(fo.read())
君子赠人以言
庶人赠人以财
```

【例 5-1】 创建一个新文件,内容是 0～9 的整数,每个数字占一行。

```
f=open('file1.txt','w')
for i in range(0,10):
    f.write(str(i)+'\n')
f.close()
```

5.1.4 文本文件的读取

当一个文件被打开后,可使用三种方式从文件中读取数据：read()、readline()、readlines()。

read([size])：从文件读取指定的 size 个字符数,如果未给定则读取所有。

readline()：该方法每次读出一行内容,返回一个字符串对象。

readlines()：把文本文件中的每行文本作为一个字符串存入列表中并返回该列表。

这里假设在当前目录下有一个文件名为 test. txt 的文本文件,里面的数据如下：

```
白日不到处
青春恰自来
苔花如米小
也学牡丹开
```

1. 读取整个文件

人们经常需要从一个文件中读取全部数据,这里有两种方法可以完成这个任务。

(1) 使用 read()方法从文件读取所有数据,然后将它作为一个字符串返回。

(2) 使用 readlines()方法从文件中读取每行文本,然后将它们作为一个字符串列表返回。

方法1：

```
with open('test.txt') as f:                #默认模式为'r',只读模式
    contents=f.read()                      #读取文件全部内容
    print(contents)
```

上述代码在IDLE中运行的结果如下：

```
白日不到处
青春恰自来
苔花如米小
也学牡丹开
```

方法2：

```
with open('test.txt') as f:                #默认模式为'r',只读模式
    contents1=f.readlines()                #读取文件全部内容
    print(contents1)
```

上述代码在IDLE中运行的结果如下：

```
['白日不到处\n', '青春恰自来\n', '苔花如米小\n', '也学牡丹开\n']
```

2. 逐行读取

使用read()方法和readlines()方法从一个文件中读取全部数据，对于小文件来说是简单而且有效的，但是如果文件大到它的内容无法全部读到内存时该怎么办？这时可以编写循环，每次读取文件的一行，并且持续读取下一行直到文件末端。

方法1：

```
with open('test.txt') as f:
    for line in f:
        print(line, end='')
```

上述代码在IDLE中运行的结果如下：

```
白日不到处
青春恰自来
苔花如米小
也学牡丹开
```

方法2：

```
f=open("test.txt")
line=f.readline()
print(type(line))            #输出 line 的数据类型
while line:
    print(line, end='')
    line=f.readline()
```

```
f.close()
```

上述代码在 IDLE 中运行的结果如下：

```
<class 'str'>
白日不到处
青春恰自来
苔花如米小
也学牡丹开
```

5.1.5 文本文件指针的定位

文件对象的 tell()方法返回文件的当前位置，即文件指针当前位置。使用文件对象的 read()方法读取文件之后，文件指针到达文件的末尾，如果再来一次 read()将会发现读取的是空内容，如果想再次读取全部内容，或读取文件中的某行字符，必须将文件指针移动到文件开始或某行开始，这可通过文件对象的 seek()方法来实现，其语法格式如下：

```
seek(offset[,whence])
```

作用：用于移动文件读取指针到指定位置，offset 为需要移动的字节数；whence 指定从哪个位置开始移动，默认值为 0，0 代表从文件开头开始，1 代表从当前位置开始，2 代表从文件末尾开始。

注意：Python3 不允许非二进制打开的文件，相对于文件末尾的定位。

```
>>>f=open('file2.txt', 'a+')
>>>f.write('123456789abcdef')
15
>>>f.seek(3)                        #移动文件指针,并返回移动后的文件指针当前位置
3
>>>f.read(1)
'4'
>>>f.seek(-3,2)                     #报错
Traceback(most recent call last):
  File "<pyshell#5>", line 1, in <module>
    f.seek(-3,2)
io.UnsupportedOperation: can't do nonzero end-relative seeks
>>>f.close()
>>>f=open('file2.txt', 'rb+')       #以二进制模式读写文件
>>>f.seek(-3,2)                     #移动文件指针,并返回移动后的文件指针当前位置
12                                  #没有报错
>>>f.tell()                         #返回文件指针当前位置
12
>>>f.read(1)
b'd'
```

【例 5-2】 修改模式下打开文件，然后输出，观察指针区别。

其中，file2. txt 的内容如下：

```
123456789abcdef
```

程序代码：

```
f=open(r'D:\Python\file2.txt','r+')
print('文件指针在:',f.tell())
if f.writable():
    f.write('Python\n')
else:
    print("此模式不可写")
print('文件指针在:',f.tell())
f.seek(0)
print("最后的文件内容: ")
print(f.read())
f.close()
```

程序代码在 IDLE 中运行的结果如下：

```
文件指针在: 0
文件指针在: 8
最后的文件内容:
Python
9abcdef
```

5.2　二进制文件

二进制文件是基于值编码的文件，二进制文件直接存储字节码，可以根据具体应用，指定某个值是什么意思(这样一个过程，可以看作是自定义编码)。二进制文件可看成是变长编码的，多少个比特代表一个值，完全由用户决定。二进制文件编码是变长的，存储利用率高，但译码难(不同的二进制文件格式，有不同的译码方式)。常见的图形图像文件、音频和视频文件、可执行文件、资源文件、各种数据库文件等均属于二进制文件。

5.2.1　二进制文件的写入

二进制文件的写入一般包括三个步骤：打开文件、写入数据和关闭文件。

通过内置函数 open()函数可以创建或打开二进制文件，返回一个指向文件的文件对象。

```
>>>f1=open('data1', 'rb')          #以只读二进制格式打开一个文件
>>>f2=open('data2', 'wb')          #以二进制格式创建或打开一个文件只用于写入
```

以二进制的方式打开二进制文件后，可以使用文件对象的 write()方法将二进制数据写入文件。可以使用文件对象的 flush()方法强制把缓冲的数据更新到文件中。

```
>>>f2.write(b'Python')          #将字节数据 b'Python'写入文件 data2
6
```

可以使用文件对象的 close()方法关闭文件，之后再写入数据将报错。

```
>>>f2.close()
>>>f2.write(b'Python')          #将字节数据 b'Python'写入文件 data2
Traceback(most recent call last):
  File "<pyshell#38>", line 1, in <module>
    f2.write(b'Python')          #将字节数据 b'Python'写入文件 data2
ValueError: write to closed file
```

5.2.2 二进制文件的读取

二进制文件的读取一般包括三个步骤：打开文件、读取数据和关闭文件。
通过内置函数 open()以只读'rb'的方式打开二进制文件。

```
>>>f2=open('data2', 'rb')
```

打开文件后，可以使用文件对象的下列方法来读取数据。
f2.read()：从 f2 中读取剩余内容直至文件结尾，返回一个 bytes 对象。
f2.read(n)：从 f2 中读取至多 n 字节，返回一个 bytes 对象。

```
>>>f2.read()
b'Python'
>>>type(f2.read())
<class 'bytes'>
```

可以使用文件对象的 close()方法关闭文件，之后再读取数据将报错。

```
>>>f2.close()
>>>f2.read()
Traceback(most recent call last):
  File "<pyshell#43>", line 1, in <module>
    f2.read()
ValueError: read of closed file
```

5.2.3 字节数据类型的转换

Python 没有二进制类型，但可以存储二进制类型的数据，就是用字符串类型来存储二进制数据。Python 是通过 struct 模块来支持二进制的操作的，struct 模块中最重要的两个函数是 pack()和 unpack()。

pack()用于将 Python 值，根据格式符转换为字符串，因为 Python 中没有字节(Byte)类型，可以把这里的字符串理解为字节流，或字节数组。pack()的语法格式如下：

```
pack(fmt, v1, v2, …)
```

作用：按 fmt 格式把后面的数据 v1,v2,…封装成指定的数据,返回一个包含了 v1,v2,…的字节对象,v1,v2,…参数必须与 fmt 格式完全对应起来。fmt 是格式字符串,v1,v2,…表示要转换的值。

unpack()做的工作刚好与 pack()相反,用于将字节流转换成 Python 某种数据类型的值(也称为解码、反序列化)。unpack 的语法格式如下：

```
unpack(fmt, string)
```

作用：按照给定的格式 fmt 解析字节流 string,返回解析出来的数据所组成的元组。

【例 5-3】 根据指定的格式将两个整数转换为字符串(字节流)。

```
import struct
a=10
b=20
buf1=struct.pack("ii", a, b)        #'i'代表'integer',将 a、b 转换为字节流
print("buf1's length:", len(buf1))
ret1=struct.unpack('ii', buf1)
print(buf1, '<====>', ret1)
```

上述代码在 IDLE 中运行的结果如下：

```
buf1's length: 8
b'\n\x00\x00\x00\x14\x00\x00\x00'  <====>  (10, 20)
```

【例 5-4】 根据指定的格式将不同类型的数据转换为字符串(字节流)。

```
import struct
#5s 表示占 5 个字符的字符串
bytes=struct.pack('5s6sis',b'hello',b'world!',2,b'd')
ret1=struct.unpack('5s6sis', bytes)
print(bytes, '<====>', ret1)
```

上述代码在 IDLE 中运行的结果如下：

```
b'helloworld!\x00\x02\x00\x00\x00d'  <====>  (b'hello', b'world!', 2, b'd')
```

注意：在 Python 3. x 中,字符串统一为 Unicode,不需要加前缀 u,而字符串前要加标注 b 才会被识别为字节。

【例 5-5】 使用 struct 模块写入二进制文件。

```
import struct
a=16
b=True
c='Python'
buf=struct.pack('i?', a, b)        #字节流化,i 表示整型格式,"?"表示逻辑格式
f=open("test.txt", 'wb')
f.write(buf)
f.write(c.encode())                #c.encode()返回 c 编码后的字符串,它是一个 bytes 对象
```

```
f.close()
```

【例 5-6】 使用 struct 模块读取前一个例子中的二进制文件内容。

```
import struct
f=open("test.txt",'rb')
txt=f.read()
ret=struct.unpack('i?6s', txt)        #对二进制字符串进行解码
print(ret)
```

上述代码在 IDLE 中运行的结果如下：

```
(16, True, b'Python')
```

5.3 文件与文件夹操作

Python 的 os 和 shutill 模块提供了大量操作文件与文件夹的方法。

5.3.1 使用 os 操作文件与文件夹

os 模块既可以对操作系统进行操作，也可以执行简单的文件夹及文件操作。通过 import os 导入 os 模块后，可用 help(os)或 dir(os)查看 os 模块的用法。os 操作文件与文件夹的方法有的在 os 模块中，有的在 os. path 模块中。os 模块的常用方法如表 5-5 所示。

表 5-5 os 模块的常用方法

方　法	功能说明	方　法	功能说明
os. getcwd()	获取当前工作目录	os. makedirs()	递归创建文件夹(目录)
os. chdir()	改变当前工作目录	os. rmdir()	删除空目录
os. listdir()	列出目录下的文件	os. removedirs	递归删除文件夹(目录)
os. mkdir()	创建文件夹(目录)	os. rename()	文件或文件夹重命名

1. getcwd()

当前工作目录默认都是当前所要运行的程序文件所在的文件夹。

```
>>>import os
>>>os.getcwd()        #获取 Python 的安装目录，即 Python 的默认目录
'D:\\Python'
```

2. chdir()

```
>>>os.chdir('D:\\Python_os_test')    #写目录时用\\或/
>>>os.getcwd()
```

```
'D:\\Python_os_test'
>>>open('01.txt','w')                  #在当前目录下创建文件
<_io.TextIOWrapper name='01.txt' mode='w' encoding='cp936'>
>>>open('02.txt','w')
<_io.TextIOWrapper name='02.txt' mode='w' encoding='cp936'>
```

3. listdir()

```
>>>os.listdir('D:\\Python')
['12.py', 'aclImdb', 'add.py', 'DLLs', 'Doc', 'include', 'iris.dot', 'iris.pdf',
'Lib', 'libs', 'LICENSE.txt', 'mypath.pth', 'NEWS.txt', 'python.exe', 'python3.
dll', 'python36.dll', 'pythonw.exe', 'Scripts', 'share', 'tcl', 'Tools',
'vcruntime140.dll', '__pycache__']
```

4. mkdir()

```
>>>os.mkdir('D:\\Python_os_test\\python1')    #创建文件夹 python1
>>>os.mkdir('D:\\Python_os_test\\python2')    #创建文件夹 python2
>>>os.listdir('D:\\Python_os_test')           #获取文件夹中所有文件的名称列表
['01.txt', '02.txt', 'python1', 'python2']
```

5. makedirs()

```
>>>os.makedirs('D:/Python_os_test/a/b/c/d')
>>>os.listdir('D:\\Python_os_test')
['01.txt', '02.txt', 'a', 'python1', 'python2']
```

6. rmdir()

```
>>>os.rmdir('D:/Python_os_test/a/b/c/d')     #删除 d 目录
```

7. removedirs()

removedirs()递归删除文件夹时,要删除的文件夹必须都是空的。

```
>>>os.removedirs('D:/Python_os_test/a/b/c') #递归删除 a、b、c 目录
>>>os.listdir('D:\\Python_os_test')         #a 目录已经不存在了
['01.txt', '02.txt', 'python1', 'python2']
```

8. rename()

```
#将 01.txt 重命名为 011.txt
>>>os.rename('D:/Python_os_test/01.txt','011.txt')
#将文件夹 python1 重命名为 python11
>>>os.rename('D:/Python_os_test/python1','python11')
>>>os.listdir('D:\\Python_os_test')
['011.txt', '02.txt', 'python11', 'python2']
```

9. os 模块中的常用值

curdir：表示当前文件夹。
.：表示当前文件夹，一般情况下可以省略。

```
>>>os.curdir
'.'
```

pardir：表示上一层文件夹。
..：表示上一层文件夹，不可省略。

```
>>>os.pardir
'..'
```

sep：获取系统路径间隔符号，Window 系统下为\，Linux 系统下为/。

```
>>>os.sep
'\\'
>>>print(os.sep)
\
```

5.3.2 使用 os.path 操作文件与文件夹

os.path 模块主要用于文件的属性获取，在编程中经常用到。os.path 模块提供了大量用于路径判断、切分、连接以及文件夹遍历的方法，os.path 模块的常用方法如表 5-6 所示。

表 5-6 os.path 模块的常用方法

方法	功能说明
os.path.abspath(path)	返回 path 规范化的绝对路径
os.path.dirname(path)	获取完整路径 path 当中的目录部分
os.path.basename(path)	获取路径 path 的主题部分，即 path 最后的文件名
os.path.split(path)	将路径 path 分隔成目录和文件名，并以二元组形式返回
os.path.splitext (path)	分隔路径，返回路径名和文件扩展名的元组
os.path.splitdrive(path)	返回驱动器名和路径组成的元组
os.path.join(path1,path2[,…])	将多个路径组合成一个路径后返回
os.path.isfile(path)	如果 path 是一个存在的文件，返回 True，否则返回 False
os.path.isdir(path)	如果 path 是一个存在的目录，返回 True，否则返回 False
os.path.getctime(path)	获取文件的创建时间
os.path.getmtime(path)	获取文件的修改时间
os.path.getatime(path)	获取文件的访问时间
os.path.getsize(path)	返回 path 的文件的大小(字节)

部分方法介绍如下。

(1) os. path. abspath(path)。

```
>>>os.chdir('D:/Python_os_test')      #改变当前目录
>>>os.getcwd()
'D:\\Python_os_test'
>>>path='./02.txt'                    #相对路径
>>>os.path.abspath(path)              #相对路径转化为绝对路径
'D:\\Python_os_test\\02.txt'
```

(2) os. path. dirname(path)和 os. path. basename(path)。

```
>>>path="D:\\Python_os_test\\a\\b\\c\\d"
>>>os.path.dirname(path)
'D:\\Python_os_test\\a\\b\\c'
>>>os.path.basename(path)
'd'
```

(3) os. path. split(path)。

```
>>>path='D:\\Python_os_test\\02.txt'
>>>os.path.split(path)
('D:\\Python_os_test', '02.txt')
```

(4) os. path. splitext(path)。

```
>>>path='D:\\Python_os_test\\02.txt'
>>>result=os.path.splitext(path)
>>>print(result)
('D:\\Python_os_test\\02', '.txt')
```

(5) os. path. splitdrive(path)。

```
>>>os.path.splitdrive('c:\\User\\test.py')
('c:', '\\User\\test.py')
```

(6) os. path. join(path1,path2[,…])。

```
>>>path1='D:\\Python_os_test'
>>>path2='02.txt'
>>>result=os.path.join(path1,path2)
>>>result
'D:\\Python_os_test\\02.txt'
>>>print(result)
D:\Python_os_test\02.txt           #注意与前一个输出结果的差异
>>>os.path.join('c:\\', 'User', 'test.py')
'c:\\User\\test.py'
```

(7) os. path. getsize(path)。

```
>>>os.path.getsize('D:\\Python_os_test\\02.txt')
0
```

5.3.3 使用 shutil 操作文件与文件夹

shutil 模块拥有许多文件(夹)操作的功能,包括复制、移动、重命名、删除、压缩包处理等。

(1) shutil. copyfileobj(fsrc,fdst):将文件内容从源 fsrc 文件复制到 fdst 文件中去,前提是目标文件 fdst 具备可写权限。fsrc、fdst 参数是打开的文件对象。

```
>>>import shutil
>>>f1=open('D:\\Python_os_test\\01.txt','w')
>>>f1.write("时间是一切财富中最宝贵的财富。")
15
>>>f1.close()
>>> shutil.copyfileobj(open('D:\\Python_os_test\\01.txt','r'), open('D:\\
Python_os_test\\02.txt', 'w'))
>>>f2=open('D:\\Python_os_test\\02.txt','r')
>>>print(f2.read())
时间是一切财富中最宝贵的财富。
```

(2) shutil. copy(fsrc,destination):将 fsrc 文件复制到 destination 文件夹中,两个参数都是字符串格式。如果 destination 是一个文件名称,那么它会被用来当作复制后的文件名称,即等于"复制+重命名"。

```
>>>import shutil
>>>import os
>>>os.chdir('D:\\Python_os_test')        #改变当前目录
>>>shutil.copy('01.txt', 'python1')     #将当前目录下的 01.txt 文件复制到 python1
                                        #文件夹下
'python1\\01.txt'
>>>shutil.copy('01.txt', '03.txt') #将文件复制到当前目录下,即"复制+重命名"
'03.txt'
```

(3) shutil. copytree(source,destination):复制整个文件夹,将 source 文件夹中的所有内容复制到 destination 中,包括 source 里面的文件、子文件夹都会被复制过去。两个参数都是字符串格式。

注意:如果 destination 文件夹已经存在,该操作会返回一个 FileExistsError 错误,提示文件已存在。shutil. copytree(source,destination)实际上相当于备份一个文件夹。

```
#生成新文件夹 python3,与 python1 的内容一样
>>>shutil.copytree('python1', 'python3')
'python3'
```

(4) shutil. move(source,destination)：将 source 文件或文件夹移动到 destination 中。返回值是移动后文件的绝对路径字符串。如果 destination 指向一个文件夹，那么 source 文件将被移动到 destination 中，并且保持其原有名字。

```
>>>import shutil
>>>shutil.move('D:\\Python_os_test\\python1',
'D:\\Python_os_test\\python3')
'D:\\Python_os_test\\python3\\python1'
```

上例中，如果 D:\\Python_os_test\\python3 文件夹中已经存在了同名文件 python1，将产生 shutil. Error: Destination path 'D:\Python_os_test\python3\python1' already exists。

如果 source 指向一个文件，destination 指向一个文件，那么 source 文件将被移动并重命名。

```
>>>shutil.move('D:\\Python_os_test\\01.txt',
'D:\\Python_os_test\\python1\\04.txt')
'D:\\Python_os_test\\python1\\04.txt'
```

(5) shutil. rmtree(path)：递归删除文件夹下的所有子文件夹和子文件。

```
>>>shutil.rmtree('D:\\Python_os_test\\python3')
```

(6) shutil. make_archive(base_name,format,root_dir=None)：创建压缩包并返回压缩包的绝对路径。

base_name：压缩打包后的文件名或者路径名。

format：压缩或者打包格式，如 zip、tar、bztar、gztar 等。

root_dir：将哪个目录或者文件打包(也就是源文件)。

```
>>>import shutil
>>>import os
>>>os.getcwd()
'D:\\Python_os_test'
>>>os.listdir()
['011.txt', '02.txt', '03.txt', '04.txt', 'a', 'f', 'python1', 'python2']
#将 D:/Python_os_test 目录下的所有文件压缩到当前目录下并取名为 www,压缩格式为 tar
>>>ret=shutil.make_archive("www",'tar',root_dir='D:\\Python_os_test')
>>>ret            #返回压缩包的绝对路径
'D:\\Python_os_test\\www.tar'
>>>print(ret)
D:\Python_os_test\www.tar
>>>os.listdir()
['011.txt', '02.txt', '03.txt', '04.txt', 'a', 'f', 'python1', 'python2', 'www.tar']
```

(7) shutil. unpack_archive(filename[,extract_dir[,format]])：解包操作。

filename：拟要解压的压缩包的路径名。

extract_dir：解包目标文件夹，默认为当前目录，文件夹不存在会新建文件夹。

format：解压格式。

```
>>>import shutil
>>>import os
>>>os.getcwd()
'D:\\Python_os_test'
>>>os.listdir()
['011.txt', '02.txt', '03.txt', '04.txt', 'a', 'python1', 'python2', 'www.tar']
>>>shutil.unpack_archive("www.tar",'fff')
>>>os.listdir()
['011.txt', '02.txt', '03.txt', '04.txt', 'a', 'fff', 'python1', 'python2',
'www.tar']
```

5.4 csv 文件的读取和写入

csv 文件的读取和写入

csv(comma separated values，逗号分隔值)文件是一种用来存储表格数据(数字和文本)的纯文本格式文件，文件的内容由用“,”分隔的一列列的数据构成，它可以被导入各种电子表格和数据库中。纯文本意味着该文件是一个字符序列。在 csv 文件中，数据“栏”(数据所在列，相当于数据库的字段)以逗号分隔，可允许程序通过读取文件为数据重新创建正确的栏结构(如把两个数据栏的数据组合在一起)。csv 文件由任意数目的记录组成，记录间以某种换行符分隔，一行即为数据表的一行；每条记录由字段组成，字段间的分隔符最常见的是逗号或制表符。可使用 Word、记事本、Excel 等方式打开 csv 文件。

创建 csv 文件的方法有很多，最常用的方法是用电子表格创建，如 Microsoft Excel。在 Microsoft Excel 中，选择“文件”→“另存为”命令，然后在“文件类型”下拉列表框中选择“CSV(逗号分隔)(*.csv)”，然后单击“保存”按钮即创建了一个 csv 格式的文件。

Python 的 csv 模块提供了多种读取和写入 csv 格式文件的方法。

本节基于 consumer.csv 文件，其内容为

```
客户年龄,平均每次消费金额,平均消费周期
23,318,10
22,147,13
24,172,17
27,194,67
```

5.4.1 使用 csv.reader()读取 csv 文件

csv.reader()用来读取 csv 文件，其语法格式如下：

```
csv.reader(csvfile, dialect='excel', **fmtparams)
```

作用：返回一个 reader 对象，这个对象是可以迭代的，有个 line_num 参数，表示当前

行数。

参数说明如下。

csvfile：可以是文件(file)对象或者列表(list)对象，如果 csvfile 是文件对象，要求该文件要以 newline="的方式打开。

dialect：编码风格，默认为 excel 的风格，也就是用逗号分隔，dialect 方式也支持自定义，通过调用 register_dialect 方法来注册。

fmtparams：用于指定特定格式，以覆盖 dialect 中的格式。

【例 5-7】 使用 reader 读取 csv 文件。(csv_reader. py)

```
import csv
with open('consumer.csv',newline='') as csvfile:
    spamreader=csv.reader(csvfile)          #返回的是迭代类型
    for row in spamreader:
        print(', '.join(row))               #以逗号连接各字段
    csvfile.seek(0)                         #文件指针移动到文件开始
    for row in spamreader:
        print(row)
```

说明：newline 用来指定换行控制方式，可取值 None、'\n'、'\r'或'\r\n'。读取时，不指定 newline，文件中的\n、\r 或\r\n 被默认转换为\n；写入时，不指定 newline，则换行符为各系统默认的换行符(\n、\r 或\r\n)，指定为 newline='\n'，则都替换为\n；若设定 newline="，不论读或者写时，都表示不转换换行符。

csv_reader. py 在 IDLE 中运行的结果如下：

```
客户年龄, 平均每次消费金额, 平均消费周期
23, 318, 10
22, 147, 13
24, 172, 17
27, 194, 67
['客户年龄', '平均每次消费金额', '平均消费周期']
['23', '318', '10']
['22', '147', '13']
['24', '172', '17']
['27', '194', '67']
```

5.4.2　使用 csv. writer()写入 csv 文件

csv. writer()用来写入 csv 文件，其语法格式如下：

```
csv.writer(csvfile, dialect='excel', **fmtparams)
```

作用：返回一个 writer 对象，使用 writer 对象可将用户的数据写入该 writer 对象所对应的文件里。

参数说明如下。

csvfile：可以是文件(file)对象或者列表(list)对象。

dialect：编码风格，默认为 excel 的风格，也就是用逗号分隔，dialect 方式也支持自定义，通过调用 register_dialect 方法来注册。

fmtparams：用于指定特定格式，以覆盖 dialect 中的格式。

csv. writer()所生成的 csv. writer 文件对象支持以下写入 csv 文件的方法。

writerow(row)：写入一行数据。

writerows(rows)：写入多行数据。

【例 5-8】 使用 writer 写入 csv 文件。(csv_ writer. py)

```
import csv
#写入的数据将覆盖 consumer.csv 文件
with open('consumer.csv', 'w', newline='') as csvfile:
    spamwriter=csv.writer(csvfile)                    #生成 csv.writer 文件对象
    spamwriter.writerow(['55','555','55'])            #写入一行数据
    spamwriter.writerows([('35','355','35'),('18','188','18')])
with open('consumer.csv',newline='') as csvfile:     #重新打开文件
    spamreader=csv.reader(csvfile)
    for row in spamreader:          #输出用 writer 对象的写入方法写入数据后的文件
        print(row)
```

csv_ writer. py 在 IDLE 中运行的结果如下：

```
['55', '555', '55']
['35', '355', '35']
['18', '188', '18']
```

【例 5-9】 使用 writer 向 csv 文件追加数据。(csv_ writer_add. py)

```
import csv
with open('consumer.csv', 'a+', newline='') as csvfile:
    spamwriter=csv.writer(csvfile)
    spamwriter.writerow(['55','555','55'])
    spamwriter.writerows([('35','355','35'),('18','188','18')])
with open('consumer.csv',newline='') as csvfile:     #重新打开文件
    spamreader=csv.reader(csvfile)
    for row in spamreader:     #输出用 writer 对象的写入方法写入数据后的文件
        print(row)
```

csv_ writer_add. py 在 IDLE 中运行的结果如下：

```
['客户年龄', '平均每次消费金额', '平均消费周期']
['23', '318', '10']
['22', '147', '13']
['24', '172', '17']
['27', '194', '67']
['55', '555', '55']
```

```
['35', '355', '35']
['18', '188', '18']
```

5.4.3　使用 csv.DictReader()读取 csv 文件

把一个关系数据库保存为 csv 文件，再用 Python 读取数据或写入新数据，这在数据处理中是很常见的。很多情况下，读取 csv 数据时，往往先把 csv 文件中的数据读成字典的形式，即为读出的每条记录中的数据添加一个说明性的关键字，这样便于理解。为此，csv 库提供了能直接将 csv 文件读取为字典的函数：DictReader()；也有相应的将字典写入 csv 文件的函数 DictWriter()。csv.DictReader()的语法格式如下：

```
csv.DictReader(csvfile, fieldnames=None, dialect='excel')
```

作用：DictReader()返回一个 DictReader 对象，该对象的操作方法与 reader 对象的操作方法类似，可以将读取的信息映射为字典，其关键字由可选参数 fieldnames 来指定。

参数说明如下。

csvfile：可以是文件(file)对象或者列表(list)对象。

fieldnames：是一个序列，用于为输出的数据指定字典关键字，如果没有指定，则以第一行的各字段名作为字典关键字。

dialect：编码风格，默认为 excel 的风格，也就是用逗号分隔，dialect 方式也支持自定义，通过调用 register_dialect()方法来注册。

【例 5-10】　使用 csv.DictReader 读取 csv 文件。(csv_DictReader.py)

```
import csv
with open('consumer.csv', 'r') as csvfile:
    dict_reader=csv.DictReader(csvfile)
    for row in dict_reader:
        print(row)
```

csv_DictReader.py 在 IDLE 中运行的结果如下：

```
OrderedDict([('客户年龄', '23'), ('平均每次消费金额', '318'), ('平均消费周期',
'10')])
OrderedDict([('客户年龄', '22'), ('平均每次消费金额', '147'), ('平均消费周期',
'13')])
OrderedDict([('客户年龄', '24'), ('平均每次消费金额', '172'), ('平均消费周期',
'17')])
OrderedDict([('客户年龄', '27'), ('平均每次消费金额', '194'), ('平均消费周期',
'67')])
```

【例 5-11】　使用 csv.DictReader 读取 csv 文件，并为输出的数据指定新的字段名。(csv_DictReader1.py)

```
import csv
print_dict_name=['年龄','消费金额','消费频率']
```

```
with open('consumer.csv', 'r') as csvfile:
    dict_reader=csv.DictReader(csvfile,fieldnames=print_dict_name)
    for row in dict_reader:
        print(row)
print("\nconsumer.csv 文件内容: ")
with open('consumer.csv',newline='') as csvfile:   #重新打开文件
    spamreader=csv.reader(csvfile)
    for row in spamreader:
        print(row)
```

csv_DictReader1.py 在 IDLE 中运行的结果如下：

```
OrderedDict([('年龄', '客户年龄'), ('消费金额', '平均每次消费金额'), ('消费频率',
'平均消费周期')])
OrderedDict([('年龄', '23'), ('消费金额', '318'), ('消费频率', '10')])
OrderedDict([('年龄', '22'), ('消费金额', '147'), ('消费频率', '13')])
OrderedDict([('年龄', '24'), ('消费金额', '172'), ('消费频率', '17')])
OrderedDict([('年龄', '27'), ('消费金额', '194'), ('消费频率', '67')])
```

consumer.csv 文件的内容：

```
['客户年龄', '平均每次消费金额', '平均消费周期']
['23', '318', '10']
['22', '147', '13']
['24', '172', '17']
['27', '194', '67']
```

从上述输出结果可以看出，consumer.csv 文件中第一行的数据并没发生变化。

5.4.4 使用 csv.DictWriter()写入 csv 文件

如果需要将字典形式的记录数据写入 csv 文件，则可以使用 csv.DictWriter()来实现，其语法格式如下：

```
csv.DictWriter(csvfile, fieldnames, dialect='excel')
```

作用：DictWriter()返回一个 DictWriter 对象，该对象的操作方法与 writer 对象的操作方法类似。参数 csvfile、fieldnames 和 dialect 的含义与 DictReader()函数中的参数类似。

【例 5-12】 使用 csv.DictWriter()写入 csv 文件。(csv_ DictWriter.py)

```
import csv
dict_record=[{'客户年龄': 23, '平均每次消费金额': 318, '平均消费周期': 10}, {'客户
年龄': 22, '平均每次消费金额': 147, '平均消费周期': 13}]
keys=['客户年龄','平均每次消费金额','平均消费周期']
#在该程序文件所在目录下创建 consumer1.csv 文件
with open('consumer1.csv', 'w+',newline='') as csvfile:
```

```
        #文件头以列表的形式传入函数,列表的每个元素表示每一列的标识
        dictwriter=csv.DictWriter(csvfile, fieldnames=keys)
        #若此时直接写入内容,会导致没有数据名,需先执行 writeheader()将文件头写入
        #writeheader()没有参数,因为在建立 dictwriter 时,已设定了参数 fieldnames
        dictwriter.writeheader()
        for item in dict_record:
            dictwriter.writerow(item)
print("以 csv.DictReader()方式读取 consumer1.csv: ")
with open('consumer1.csv', 'r') as csvfile:
    reader=csv.DictReader(csvfile)
    for row in reader:
        print(row)
print("\n 以 csv.reader()方式读取 consumer1.csv: ")
with open('consumer1.csv',newline='') as csvfile: #重新打开文件
    spamreader=csv.reader(csvfile)
    for row in spamreader:
        print(row)
```

csv_ DictWriter. py 在 IDLE 中运行的结果如下:

```
以 csv.DictReader()方式读取 consumer1.csv:
OrderedDict([('客户年龄', '23'), ('平均每次消费金额', '318'), ('平均消费周期',
'10')])
OrderedDict([('客户年龄', '22'), ('平均每次消费金额', '147'), ('平均消费周期',
'13')])
以 csv.reader()方式读取 consumer1.csv:
['客户年龄', '平均每次消费金额', '平均消费周期']
['23', '318', '10']
['22', '147', '13']
```

5.4.5　csv 文件的格式化参数

创建 csv. reader 或 csv. writer 对象时,可以指定 csv 文件格式化参数。csv 文件格式化参数包括以下几项。

delimiter: 默认值为',',用来分隔字段。

doublequote: 如果为 True(默认值),字符串中的双引号用""表示;若为 False,使用转义字符 escapechar 指定的字符。

escapechar: 转义字符,当 quoting 被设置成 QUOTE_NONE、doublequote 被设置成 False 时,被 writer 用来转义 delimiter。

lineterminator: 被 writer 用来换行,默认为'\r\n'。

quotechar: 用于包含特殊符号的引用字段,默认值为"。

quoting: 用于指定使用双引号的规则,可取值 QUOTE_ALL(全部)、QUOTE_MINIMAL(仅特殊字符字段)、QUOTE_NONNUMERIC(非数字字段)、QUOTE_

NONE(全部不)。

skipinitialspace：如果为 True,省略分隔符前面的空格,默认值为 False。

【例 5-13】 使用 delimiter 和 quoting 来配置分隔符和使用双引号的规则。(delimiter_ quoting. py)

```
import csv
def read(file):
    with open(file, 'r+', newline='') as csvfile:
        reader=csv.reader(csvfile)
        return [row for row in reader]
def write(file, lst):
    with open(file, 'w+', newline='') as csvfile:
            #delimiter=':'指定写入文件的分隔符,quoting 指定双引号的规则
        writer=csv.writer(csvfile, delimiter=':',quoting=csv.QUOTE_ALL)
        for row in lst:
            writer.writerow(row)
def main():
    columns=int(input("请输入要输入的列数: "))
    input_list=[]
    i=1
    with open('consumer.csv', 'r', newline='') as csvfile:
        spamreader=csv.reader(csvfile)
        for row in spamreader:
            if i<=columns+1:
                input_list.append(row)
            else:
                break
            i+=1
    print(input_list)
    write('consumer1.csv', input_list)
    written_value=read('consumer1.csv')
    print(written_value)
main()
```

delimiter_ quoting. py 在 IDLE 中运行的结果如下:

```
请输入要输入的列数: 3
[['客户年龄', '平均每次消费金额', '平均消费周期'], ['23', '318', '10'], ['22', '147',
'13'], ['24', '172', '17']]
[['客户年龄:"平均每次消费金额":"平均消费周期"'], ['23:"318":"10"'], ['22:"147":
"13"'], ['24:"172":"17"']]
```

程序运行后,在当前目录下创建了 consumer1. csv 文件,其文件内容为

```
"客户年龄":"平均每次消费金额":"平均消费周期"
"23":"318":"10"
```

```
"22":"147":"13"
"24":"172":"17"
```

5.4.6 自定义 dialect

dialect 用来指定 csv 文件的编码风格，默认为 excel 的风格，也就是用逗号分隔。dialect 支持自定义，即通过调用 register_dialect 方法来注册 csv 文件的编码风格，其语法格式如下：

```
csv.register_dialect(name[, dialect], **fmtparams)
```

作用：这个函数是用来自定义 dialect 的。

参数说明如下。

name：是新格式的名称，可以定义成'mydialect'。

dialect：格式参数，是 Dialect 的一个子类。

fmtparams：关键字格式的参数。

假定在 consumer2. csv 中存储如下数据：

```
客户年龄:平均每次消费金额,平均消费周期
23:318,10
22:147,13
24:172,17
27:194,67
```

【例 5-14】 自定义一个名为 mydialect 的 dialect。(mydialect. py)

```
import csv
'''自定义了一个命名为 mydialect 的 dialect,参数只设置了 delimiter 和 quoting 这两
个,其他的仍然采用默认值,其中以':'为分隔符'''
csv.register_dialect('mydialect', delimiter=':', quoting=csv.QUOTE_ALL)
with open('consumer.csv', newline='') as f:
    spamreader=csv.reader(f,dialect='mydialect')
    for row in spamreader:
        print(row)
```

mydialect. py 在 IDLE 中运行的结果如下：

```
['客户年龄', '平均每次消费金额,平均消费周期']
['23', '318,10']
['22', '147,13']
['24', '172,17']
['27', '194,67']
```

从上面的输出结果可以看出：现在是以':'为分隔符，':'后面的两列数据合成了一个字符串，因为第 1 列和第 2 例之间的分隔符是':'，而 mydialect 风格的分隔符是':'，第 1 列单独一个字符串。

对于 writer()函数，同样可以传入 mydialect 作为参数，这里不再赘述。

5.5 文件与文件操作举例

【例 5-15】 遍历文件夹及其子文件夹的所有文件，获取后缀是 py 的文件的名称列表。(retrieval_py. py)

```
import os
import os.path
ls=[]
def get_file_list(path,ls):
    fileList=os.listdir(path)      #获取 path 指定的文件夹中所有文件的名称列表
    for tmp in fileList:
        pathTmp=os.path.join('%s/%s'%(path, tmp))
        if os.path.isdir(pathTmp)==True:           #判断 pathTmp 是否是目录
            get_file_list(pathTmp,ls)
        elif pathTmp[pathTmp.rfind('.')+1:]=='py':
            ls.append(pathTmp)
def main():
    while True:
        path=input('请输入路径:').strip()           #移除字符串头尾的空格
        if os.path.isdir(path)==True:
            break
    get_file_list(path,ls)
    print(ls)
main()
```

retrieval_py. py 在 IDLE 中运行的结果如下：

```
请输入路径:D:/Python/Scripts
['D:/Python/Scripts/f2py.py', 'D:/Python/Scripts/runxlrd.py', 'D:/Python/
Scripts/wordcloud_cli.py']
```

【例 5-16】 将指定目录下扩展名为 txt 的文件重命名为扩展名为 html 的文件。(rename_files. py)

```
import os
def rename_files(filepath):
    os.chdir(filepath)                  #改变当前目录
    print('更名前%s 目录下的文件列表'%filepath)
    print(os.listdir())
    filelist=os.listdir()               #获取当前文件夹中所有文件的名称列表
    for item in filelist:
        if item[item.rfind('.')+1:]=='txt':
        #rfind('.')返回'.'最后一次出现在字符串中的位置
```

```
            newname=item[:item.rfind('.')+1]+'html'
            os.rename(item, newname)
def main():
    while True:
        filepath=input('请输入路径:').strip()
        if os.path.isdir(filepath)==True:
            break
    rename_files(filepath)
    print('更名后%s 目录下的文件列表'%filepath)
    print(os.listdir(filepath))
main()
```

rename_files. py 在 IDLE 中运行的结果如下：

```
请输入路径:D:\\Python_os_test
更名前 D:\\Python_os_test 目录下的文件列表
['011.txt', '02.txt', '03.txt', '04.txt', 'a', 'fff', 'python1', 'python2
', 'www.tar']
更名后 D:\\Python_os_test 目录下的文件列表
['011.html', '02.html', '03.html', '04.html', 'a', 'fff', 'python1', 'python2',
'www.tar']
```

第6章

用 matplotlib 实现数据可视化

借助于图形化手段，数据可视化可以清晰、直观地表达信息。在数据分析工作中，尤其要重视数据可视化，因为错误或不充分的数据表示方法可能会毁掉原本很出色的数据分析工作。matplotlib 是一个实现数据可视化的库，可以绘制的图形包括线形图、直方图、饼图、散点图以及误差线图等，可以比较方便地定制图形的各种属性，如图线的类型、颜色、粗细等。

6.1 matplotlib 架构

matplotlib 的核心是一套由对象构成的绘图 API，Python 借助它可以绘制多种多样的数据图形。matplotlib 的主要功能是提供了一套表示和操作图形对象以及它的内部对象的函数及工具。matplotlib 不仅可以处理图形，还可以为图形添加动画效果，能生成以键盘按键或鼠标移动触发的交互式图表。

matplotlib 库的特色如下。

(1) 以渐进、交互式方式实现数据可视化。

(2) 表达式和文本使用 LaTeX 排版。

(3) 实现的图形可输出为 PNG、PDF、SVG 和 EPS 等多种图像格式。

matplotlib 的交互性是指数据分析人员可逐条输入命令，为数据生成渐趋完整的图形表示，这种模式很适合用 Python 这种互动性强的开发工具进行图形开发。

LaTeX 是一种基于 TeX 的排版系统，利用这种格式，即使使用者没有排版和程序设计的知识也可以充分发挥由 TeX 所提供的强大功能。

matplotlib 像是一个图形库，可通过编程来管理组成图表的图形元素，这种图形实现方法便于在多种环境下重新生成，尤其在改动或更新数据之后。此外，用这个库实现的图形可以以图像格式(如 PNG、SVG)输出，方便其他应用、文档和网页使用。

从逻辑上看，matplotlib 架构可被逻辑性地分为三层，这三层从底向上分别为后端层(Backend)、表现层(Artist)与脚本层(Scripting)。

6.1.1 后端层

后端层是 matplotlib 架构的最底层，matplotlib API 即位于该层，这些 API

用来在底层实现多个图形元素类，具体包括如下。

FigureCanvas：用来实例化生成一个绘图区域，在绘图的过程中充当画板的角色，即放置画布的工具。

Renderer：在 FigureCanvas 生成的绘图区域上进行绘图。

Event：处理用户输入（键盘与鼠标事件）。

6.1.2 表现层

表现层是 matplotlib 架构的中间层，负责很大一部分繁重的计算任务，图形中所有能看到的元素，都是由 Artist 来实现的，其包括的主要类型有标题、直线、刻度标记以及图像等。

Artist 类型分为简单（primitives）类型和容器（container）类型两种。primitives 类型为标准的、人们想绘制的图形对象，例如 Line2D、Rectangle、Text、AxesImage 等。容器 container 是储存以上对象的地方，如 Axis（单条轴）、Ticks（刻度）、Axes（轴）、Figure（绘图窗口、绘图面板）等。Figure 表示一个绘图面板，在 Figure 上可以有很多个 Axes/Subplot，每一个 Axes/Subplot 为一个单独的绘图区，可以在上面绘图。Axes/subplot 表示一个图表，一个 Axes/subplot 包含 title、XAxis、YAxis。在 XAxis、YAxis 上面可以标出刻度、刻度的位置，以及 x 轴、y 轴的标签 label。

使用 Artist 创建图表的标准流程如下。

（1）创建 Figure 对象。

（2）用 Figure 对象创建一个或者多个 Axes 或者 Subplot 对象。

（3）调用 Axies 等对象的方法创建各种简单类型的 Artist。

图表中的每个元素都用一个 matplotlib 的 Artist 对象表示，每个 Artist 对象都有多个属性控制其显示效果，Artist 对象共有的一些主要属性如下。

（1）alpha：透明度，值为 0～1，0 为完全透明，1 为完全不透明。

（2）animated：布尔值，在绘制动画效果时使用。

（3）axes：此 Artist 对象所在的 Axes 对象，可能为 None。

（4）contains：判断指定点是否在对象上的函数。

（5）figure：所在的 Figure 对象，可能为 None。

（6）label：文本标签。

（7）picker：控制 Artist 对象选取。

（8）transform：控制偏移旋转。

（9）visible：是否可见。

（10）zorder：控制绘图顺序。

Artist 对象的所有属性都可通过相应的 get_×××() 和 set_×××()函数进行读写。

```
>>>import matplotlib.pyplot as plt
>>>fig=plt.figure()          #创建一个没有 axes 的窗口
>>>fig.set_alpha(0.5)        #通过 fig 设置透明度
```

```
>>>fig.get_alpha()          #通过 fig 获取透明度
0.5
```

最大的 Artist 容器是 Figure,它包括组成图表的所有元素。Figure 图表的背景是一个 Rectangle 矩形对象,用 Figure. patch 属性表示。当通过调用 add_axes()或者 add_subplot()方法往 Figure 绘图窗口中添加 Axes/subplot 图表时,这些图表都将添加到 Figure. axes 属性中,同时这两个方法也返回添加进 axes 属性的对象。

Figure 对象有如下属性:

(1) axes: Axes 对象列表。

(2) patch: 作为背景的 Rectangle 对象。

(3) images: FigureImage 对象列表,用来显示图片。

(4) legends: Legend 对象列表。

(5) lines: Line2D 对象列表。

(6) patches: patch 对象列表。

(7) texts: Text 对象列表,用来显示文字。

Axes 容器是整个 matplotlib 库的核心,它包含了组成图表的众多 Artist 对象,并且有许多函数帮助我们创建、修改这些对象。就像 Figure 一样,Axes 也包含 patch,patch 可以是一个方形的笛卡儿坐标(Cartesian),也可以是极坐标(polar),它决定了形状、背景和边缘。

Axes 容器的属性如下。

(1) artists: Artist 对象列表。

(2) patch: 作为 Axes 背景的 Patch 对象,可以是 Rectangle 或者 Circle。

(3) collections: Collection 对象列表。

(4) images: AxesImage 对象列表。

(5) legends: Legend 对象列表。

(6) lines: Line2D 对象列表。

(7) patches: Patch 对象列表。

(8) texts: Text 对象列表。

(9) xaxis: XAxis 对象。

(10) yaxis: YAxis 对象。

【例 6-1】 定义一个后端,将 Figure 连接至该后端,然后使用 numpy 库创建 10 000 个泊松分布的随机数,最后在 Figure 对象中绘制出它们的直方图。(poisson_histogram.py)

```
from matplotlib.backends.backend_agg import FigureCanvasAgg as FigureCanvas
from matplotlib.figure import Figure
import numpy as np
fig=Figure()                                            #创建一个 Figure 实例
canvas=FigureCanvas(fig)                                #将 fig 连接至后端
x=np.random.poisson(5, 10000)
```

```
'''不能通过空 Figure 绘图,必须调用 add_subplot()方法创建一个或多个 subplot,在
subplot 上绘图'''
#添加子图,将画布分割成 1 行 1 列,图像将画在从左到右、从上到下的第 1 块子图上
ax=fig.add_subplot(1,1,1)
ax.hist(x)                                          #绘制直方图
ax.set_title('poisson distribution with lam=5')     #为子图设置标题
#输出生成的图像,并命名为 poisson_histogram.png
fig.savefig('poisson_histogram.png')
```

poisson_histogram.py 在 IDLE 中运行的结果如图 6-1 所示。

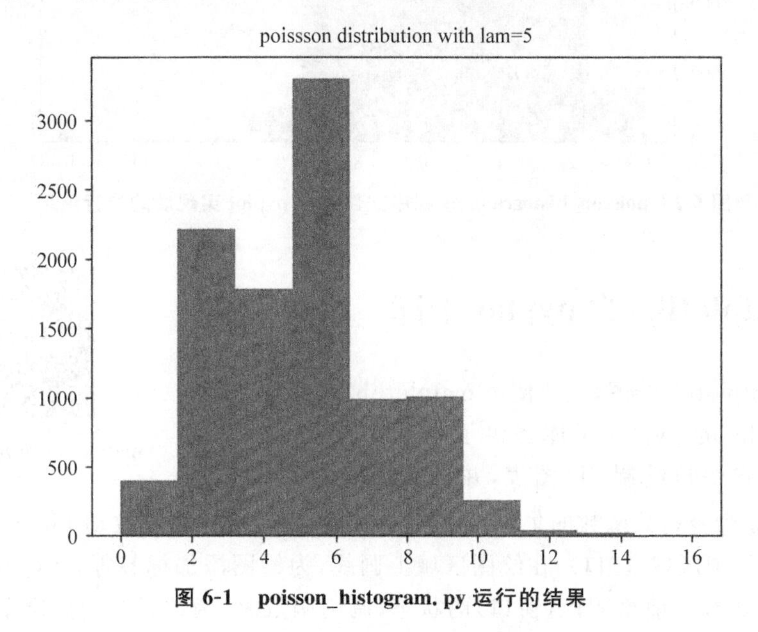

图 6-1　poisson_histogram.py 运行的结果

6.1.3　脚本层

Artist 类和相关函数(matplotlib API)非常适合开发人员,尤其是 Web 应用服务器或 GUI 开发者。对于日常用途,尤其对于非专业程序员而言,以上 API 的语法可能有些难以掌握。大多数用于数据分析与可视化的专用语言都会提供轻量级的脚本接口来简化一些常见任务。脚本层在其 matplotlib.pyplot 接口中便实现了这一点。例 6-1 的直方图改用 pyplot 实现,其代码如下:

```
>>>import numpy as np
>>>s=np.random.poisson(5, 10000)
>>>import matplotlib.pyplot as plt
#plt 表示当前子图,若没有就创建一个子图,在子图上绘制直方图
>>>count=plt.hist(s)
>>>plt.show()                #显示绘图结果
```

poisson_histogram.py 程序文件改用 pyplot 实现,执行结果如图 6-2 所示。

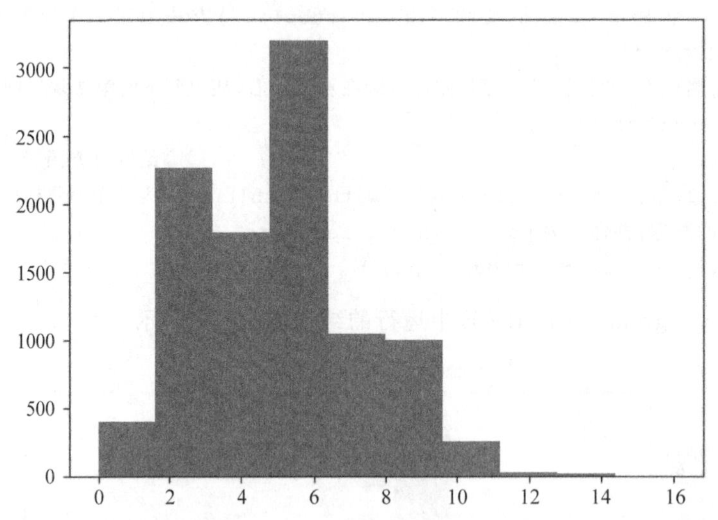

图 6-2 poisson_histogram.py 程序文件改用 pyplot 实现后的执行结果

6.2 matplotlib 的 pyplot 子库

matplotlib 的 pyplot 子库

使用 matplotlib 绘图，主要使用 matplotlib.pyplot 子库绘图。matplotlib 的 pyplot 子库提供了与 matlab 类似的绘图 API，方便用户快速绘制 2D 图表，并设置图表的各种细节。pyplot 子库是命令行式函数的集合，通过 pyplot 的函数可操作或改动 Figure 对象，例如创建 Figure 绘图区域(窗口)，在绘图区域上画线，为绘图添加标签等。pyplot 还具有状态特性，它能跟踪当前绘图区(窗口)的状态，调用函数时，函数只对当前绘图区起作用。在绘图结构中，pyplot 子库下的 figure()函数用来创建窗口，subplot()函数用来在窗口中创建子图。

figure()函数的语法格式如下：

```
pyplot.figure(num=None, figsize=None, dpi=None, facecolor=None, edgecolor=
None)
```

返回值：Figure 对象。

参数说明如下。

num：整数或者字符串，默认值是 None，表示 Figure 对象的 id。如果没有指定 num，那么会创建新的 Figure，id(也就是数量)会递增，这个 id 存在 Figure 对象的成员变量 number 中；如果指定了 num 值，那么检查 id 为 num 的 Figure 对象是否存在，存在的话直接返回，否则创建 id 为 num 的 figure 对象，如果 num 是字符串类型，窗口的标题会设置成 num 值。

figsize：整数元组，默认值是 None，表示宽、高的 inches 数。

dpi：整数，默认值为 None，表示 figure 的分辨率。

facecolor：背景颜色。

edgecolor：边缘颜色。

figure()使用举例如下。

```
>>>import matplotlib.pyplot as plt
>>>a=plt.figure(figsize=(8, 4))          #创建 Figure 对象
>>>type(a)
<class 'matplotlib.figure.Figure'>
>>>a.number                              #获取当前 Figure 对象的 id
1
>>>b=plt.figure(num="chuangkou",figsize=(8, 4))
>>>b.number                              #获取当前 Figure 对象的 id
2
>>>plt.show()
```

执行 plt. show()显示两个空白窗口，显示结果如图 6-3 所示。

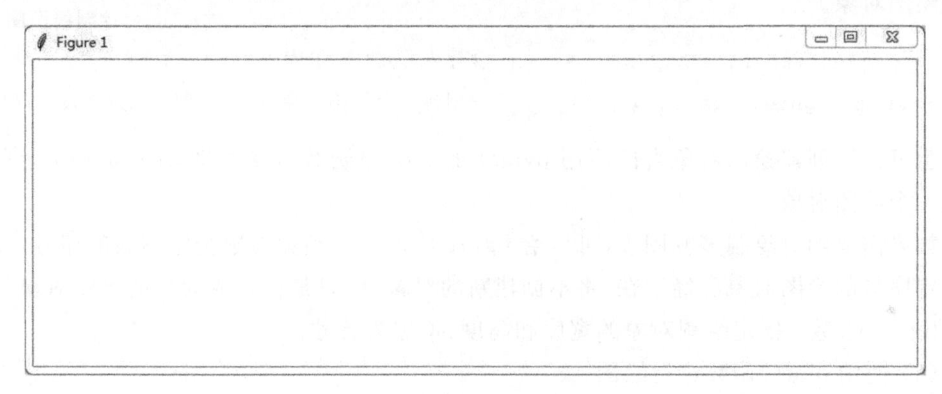

(a) 空白窗口1

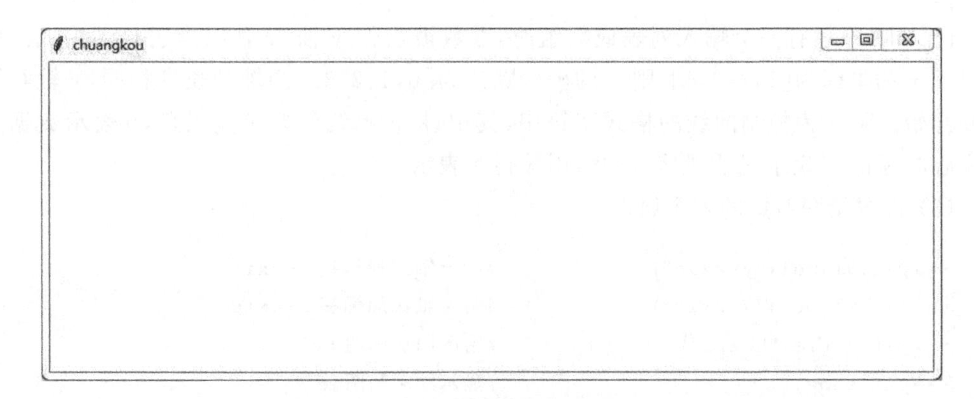

(b) 空白窗口2

图 6-3　执行 plt. show()显示两个空白窗口

matplotlib 中，一个 Figure 对象可以包含多个子图，可以使用 subplot()函数来创建子图，subplot()函数的语法格式如下：

```
pyplot.subplot(numRows, numCols, plotNum)
```

参数说明：整个绘图区域被分成 numRows 行和 numCols 列，然后按照从左到右、从上到下的顺序对每个子区域进行编号，左上的子区域的编号为 1，plotNum 参数指定接下来要进行绘图的子区域。如果 numRows＝2，numCols＝3，那整个绘图区域被分成 2×3 个子区域，用坐标表示为

$$(1,1),(1,2),(1,3)$$
$$(2,1),(2,2),(2,3)$$

若 plotNum＝3，则表示 subplot()将子区域(1,3)指定为接下来要进行绘图的区域。

6.2.1 绘制线形图

绘制线形图

pyplot 使用 plot()函数绘制线形图，其绘图步骤如下。

(1) 使用 figure()函数创建一个绘图对象(窗口)，并且使它成为当前的绘图对象。

```
>>>import matplotlib.pyplot as plt    #导入 pyplot 子库
>>>plt.figure(figsize=(8,4))          #创建一个绘图对象，指定绘图对象的宽度和高度
```

也可以不创建绘图对象直接调用 pyplot 的 plot()函数直接绘图，matplotlib 会自动创建一个绘图对象。

如果需要同时绘制多幅图表，可以给 figure 传递一个整数参数指定图表的序号，如果所指定序号的绘图对象已经存在，将不创建新的对象，而只是让它成为当前绘图对象。

figsize 参数：指定绘图对象的宽度和高度，单位为英寸。

(2) 使用 plot()函数进行绘图。

```
>>>plt.plot([1, 2, 3, 4], 'ko--')     #在绘图对象中进行绘图
```

plt.plot()只有一个输入列表或数组时，参数被当作 y 轴、x 轴以索引自动生成。此处设置 y 的坐标为[1,2,3,4]，则 x 的坐标默认为[0,1,2,3]，两轴的长度相同，x 轴默认从 0 开始。'ko--'为控制曲线的格式字符串，其中，k 表示线的颜色是黑色，o 表示数据点用实心圈标记，--表示线的风格(形状)用破折线表示。

(3) 设置绘图对象的各个属性。

```
>>>plt.ylabel("y-axis")               #给 y 轴添加标签 y-axis
>>>plt.xlabel("x-axis")               #给 x 轴添加标签 x-axis
>>>plt.title("hello")                 #给图添加标题 hello
>>>plt.show()                         #显示绘制的图表
```

上述为绘图对象设置标签和标题的代码执行的结果如图 6-4 所示，生成了一个绘图窗口，下面是工具栏，上面是绘制的图像。

plt.plot()函数的语法格式如下：

```
plt.plot(x, y, format_string, **kwargs)
```

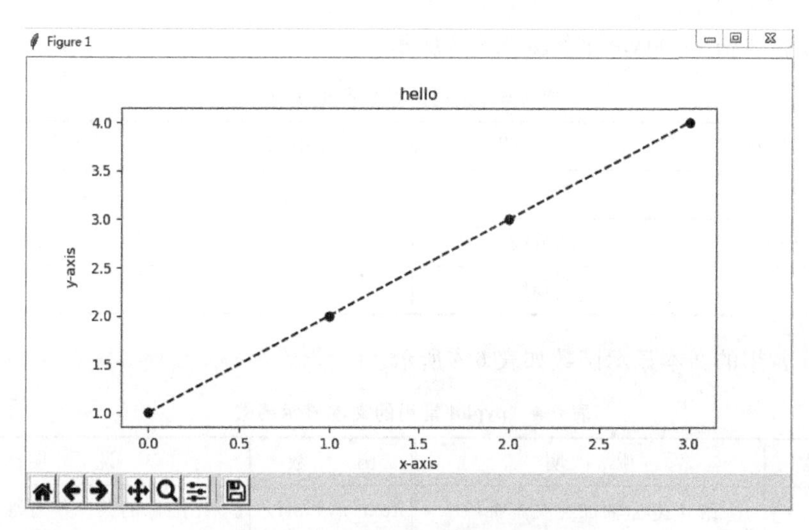

图 6-4　为绘图对象设置标签和标题

参数说明如下。

x：为 x 轴数据，可为列表或数组。

y：为 y 轴数据，可为列表或数组。

format_string：为控制曲线的格式字符串，由颜色字符、标记字符和风格字符组成。

**kwargs：第二组或更多的(x,y,format_string)。

常用的颜色字符 color 如表 6-1 所示。

表 6-1　常用的颜色字符

颜 色 字 符	说　　明	颜 色 字 符	说　　明
'b'	蓝色	'm'	洋红色
'g'	绿色	'y'	黄色
'r'	红色	'k'	黑色
'c'	青绿色	'w'	白色
'#008000'	RGB 某颜色	'0.8'	灰度值字符串

常用的标记字符 maker 如表 6-2 所示。

表 6-2　常用的标记字符

标 记 字 符	说　　明	标 记 字 符	说　　明	标 记 字 符	说　　明
'.'	点标记	'1'	下花三角标记	'h'	竖六边形标记
','	像素标记	'2'	上花三角标记	'H'	横六边形标记
'o'	实心圈标记	'3'	左花三角标记	'+'	十字标记
'v'	倒三角标记	'4'	右花三角标记	'x'	x 标记
'^'	上三角标记	's'	实心方形标记	'D'	菱形标记
'>'	右三角标记	'p'	实心五角标记	'd'	瘦菱形标记
'<'	左三角标记	'*'	星形标记	'|'	垂直线标记

用的线条风格 linestyle 字符如表 6-3 所示。

表 6-3 常用的线条风格字符

风格字符	说明	风格字符	说明
'—'	实线	':'	虚线
'——'	破折线	""	无线条
'—.'	点画线		

pyplot 常用的文本显示函数如表 6-4 所示。

表 6-4 pyplot 常用的文本显示函数

函数	说明	函数	说明
xlabel()	给 x 坐标轴加上文本标签	text(x,y,str)	在图像的某一位置加上文本
ylabel()	给 y 坐标轴加上文本标签	annotate()	在图形中加上带箭头的注解
title()	给图形整体加上文本标签		

设定坐标范围：

```
plt.axis([xmin, xmax, ymin, ymax])              #设定 x 轴和 y 轴的取值范围
xlim(xmin, xmax)和 ylim(ymin, ymax)             #用来调整 x 轴和 y 轴的取值范围
```

pyplot 并不默认支持中文显示，要想显示中文有两种方法。

第一种方法：通过修改全局的字体进行实现，即通过 matplotlib 的 rcParams 修改字体实现。rcParams 的常用属性如表 6-5 所示。

表 6-5 rcParams 的常用属性

属性	说明
'font. family'	用于设置字体格式
'font. style'	用于设置字体风格(正常'normal'或斜体'italic')
'font. size'	用于设置字体的大小，整数字号或者'large'、'x-small'

常用的中文字体格式如表 6-6 所示。

表 6-6 常用的中文字体格式

中文字体	说明	中文字体	说明
'SimHei'	中文黑体	'FangSong'	中文仿宋
'KaiTi'	中文楷体	'YouYuan'	中文幼圆
'LiSu'	中文隶书	'STSong'	华文宋体

【例 6-2】 使用 rcParams 实现中文字体显示。

```
>>>import matplotlib.pyplot as plt
```

```
>>>import matplotlib
>>>matplotlib.rcParams['font.family']='FangSong' #设置字体格式为中文仿宋
>>>plt.plot([1,2,3,4,5],[2,4,6,8,10],'ko--')
[<matplotlib.lines.Line2D object at 0x000000000DDBA780>]
>>>plt.xlabel("横轴(值)")
Text(0.5,0,'横轴(值)')
>>>plt.ylabel("纵轴(值)")
Text(0,0.5,'纵轴(值)')
>>>plt.title("直线")
Text(0.5,1,'直线')
>>>plt.show()
```

使用 rcParams 生成的图形如图 6-5 所示。

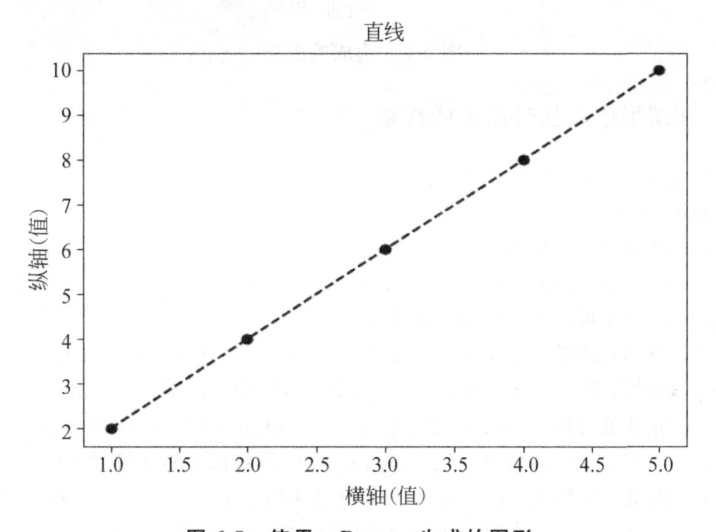

图 6-5　使用 rcParams 生成的图形

第二种方法：在有中文输出的地方，增加一个属性 fontproperties(仅修饰需要的地方，其他地方的字体不会随着改变)。

【例 6-3】　在有中文输出的地方，使用属性 fontproperties 显示中文字体。

```
import matplotlib.pyplot as plt
import numpy as np
a=np.arange(0.0, 5.0, 0.02)            #生成一个序列
plt.plot(a, np.sin(2 * np.pi * a), 'k--')
plt.xlabel('横轴: 时间', fontproperties='KaiTi', fontsize=18)
plt.ylabel('纵轴: 振幅', fontproperties='KaiTi', fontsize=18)
plt.title("正弦线", fontproperties='LiSu', fontsize=18)
plt.show()
```

运行上述程序代码，生成的图形如图 6-6 所示。

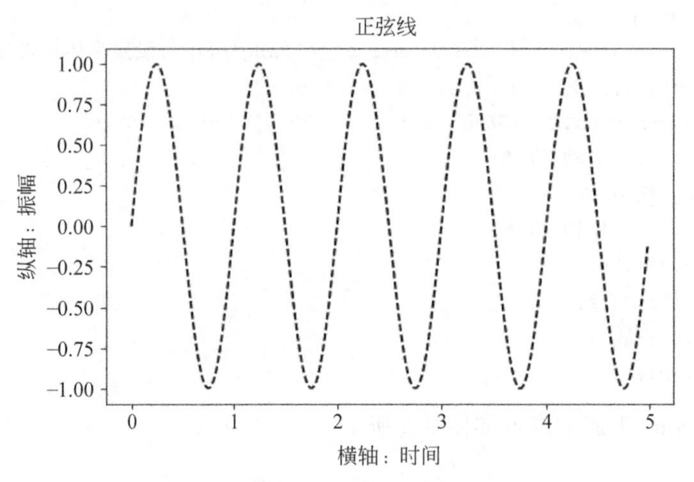

图 6-6 生成的图形

【例 6-4】 在图形中添加带箭头的注解。

```
import matplotlib.pyplot as plt
import numpy as np
a=np.arange(0.0, 5.0, 0.02)
plt.plot(a, np.sin(2 * np.pi * a), 'k--')
#fontproperties 也可用 fontname 代替
plt.ylabel('纵轴: 振幅', fontproperties='Kaiti', fontsize=20)
plt.xlabel('横轴: 时间', fontproperties='Kaiti', fontsize=20)
plt.title(r'正弦波实例: $y=sin(2\pi x)$', fontproperties='Kaiti', fontsize=20)
''' xy=(2.25,1)指定箭头的位置,xytext=(3, 1.5)指定箭头的注解文本的位置,facecolor=
'black'指定箭头填充的颜色,shrink=0.1 指定箭头的长度,width=1 指定箭头的宽度'''
plt.annotate(r'$\mu=100$', fontsize=15, xy=(2.25,1), xytext=(3, 1.5),
arrowprops=dict(facecolor='black', shrink=0.1, width=1))
#text()可以在图中的任意位置添加文字,1、1.5 为文本在图像中的坐标
plt.text(1, 1.5, '正弦波曲线', fontproperties='Kaiti',fontsize=20)
                                                  #添加文本'正弦波曲线'
plt.axis([0, 5, -2, 2])                           #指定 x 轴和 y 轴的取值范围
plt.grid(True)                                    #在绘图区域添加网格线
plt.show()
```

运行上述程序代码,所生成的带箭头的注解图形如图 6-7 所示。

【例 6-5】 在一个图表中绘制多个序列数据。

```
import matplotlib.pyplot as plt
import numpy as np
x=np.arange(-2 * np.pi, 2 * np.pi, 0.01)
y1=np.sin(2 * x)/x
y2=np.sin(3 * x)/x
y3=np.sin(4 * x)/x
```

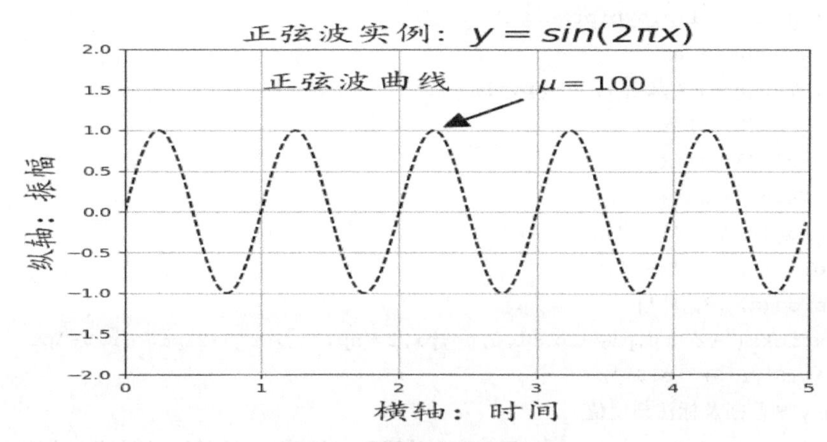

图 6-7　带箭头的注解图形

```
plt.plot(x, y1, 'k--')
plt.plot(x, y2, 'k-.')
plt.plot(x, y3, 'k')
plt.show()
```

运行上述程序代码，在一个图表中绘制多个序列数据生成的图形如图 6-8 所示。

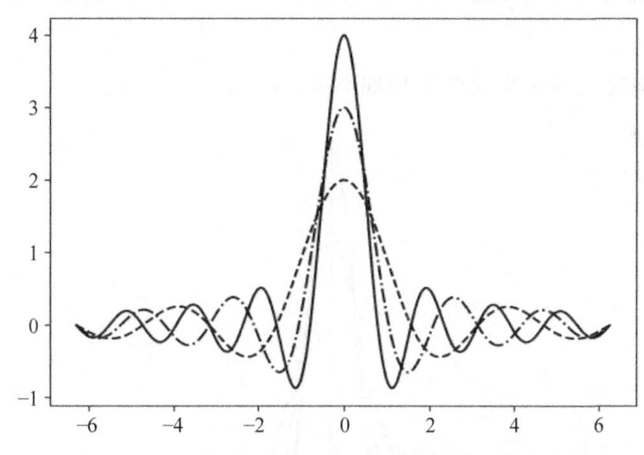

图 6-8　在一个图表中绘制多个序列数据生成的图形

如图 6-8 所示，几个函数的图像使用相同的刻度范围，即每个序列的数据点使用相同的 x 轴和 y 轴。Figure 对象会记录先前的命令，每次调用 plot()函数都会考虑之前是怎么调用的，并采用与之相应的效果。

下面将演示另外一种显示轴的方法，两条轴穿过原点，也就是笛卡儿坐标轴。具体做法是，首先用 gca()函数获取 Axes 对象，通过这个对象指定每条边的位置：上、下、左、右，可选择组成图形边框的每条边。使用 set_color()函数，把颜色设置为 none，删除图形边框的“右”边和“上”边。然后，用 set_position()函数移动剩下的边框，使其穿过原点(0,0)。

【例 6-6】　笛卡儿坐标轴使用举例。

```
import matplotlib.pyplot as plt
import numpy as np
x=np.arange(-2 * np.pi, 2 * np.pi, 0.01)
y1=np.sin(2 * x)/x
y2=np.sin(3 * x)/x
y3=np.sin(4 * x)/x
plt.plot(x, y1, 'k--')
plt.plot(x, y2, 'k-.')
plt.plot(x, y3, 'k')
plt.xticks([-2 * np.pi,-np.pi,0,np.pi,2 * np.pi],[r'$-2\pi$',r'$-\pi$',r'$0$',
r'$+\pi$',r'$+2\pi$'])
#设置 y 轴范围及标注刻度值
plt.yticks([-1,0,1,2,3,4],[r'$-1$',r'$0$',r'$1$',r'$2$',r'$3$', r'$4$'])
ax=plt.gca()
ax.spines['right'].set_color('none')            #设置右边框的颜色为'none'
ax.spines['top'].set_color('none')
ax.xaxis.set_ticks_position('bottom')           #将底边框设为 x 轴
ax.spines['bottom'].set_position(('data',0))    #移动底边框
ax.yaxis.set_ticks_position('left')             #将左边框设为 y 轴
ax.spines['left'].set_position(('data',0))      #移动左边框
plt.show()
```

笛卡儿坐标轴使用举例生成的图形如图 6-9 所示。

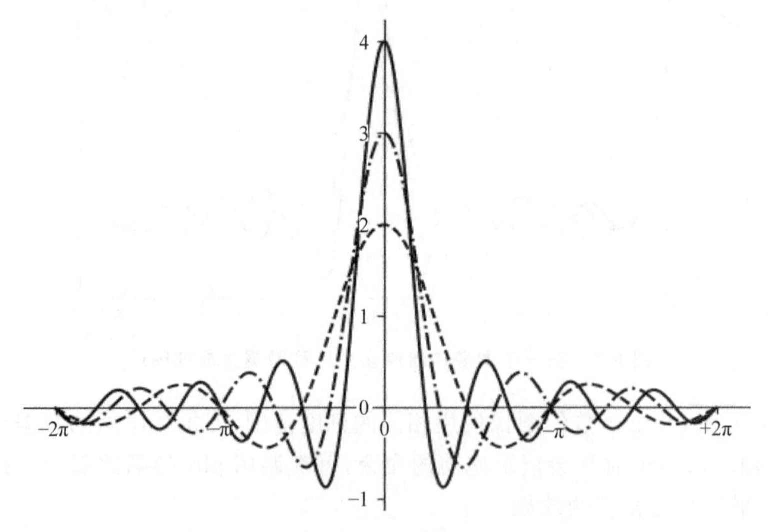

图 6-9　笛卡儿坐标轴使用举例生成的图形

【例 6-7】 在一个窗口中创建多个子图。

```
import numpy as np
import matplotlib.pyplot as plt
x=np.arange(-5,5,0.1)
```

```
y=x**2
'''使用 figure()创建一块自定义大小的画布(窗口),使得后面的图形输出在这块规定了大小
的画布上,其中参数 figsize 设置画布大小'''
plt.figure(figsize=(8,8))
'''将 figure()设置的画布分成多个部分,参数'221'表示将画布分成两行两列的 4 块区域,1 表
示选择 4 块区域中的第一块作为输出区域,如果参数设置为 subplot(111),则表示图形直接输
出在整块画布上,画布不分成小块区域'''
plt.subplot(221)
plt.plot(x,y)                    #在 2×2 画布中第一块区域绘制线形图
plt.subplot(222)
plt.plot(x,y)                    #在 2×2 画布中第二块区域绘制线形图
plt.subplot(223)                 #在 2×2 画布中第三块区域绘制线形图
plt.plot(x,y)
plt.subplot(224)                 #在 2×2 画布中第四块区域绘制线形图
plt.plot(x,y)
plt.show()
```

运行上述程序代码,在一个窗口中创建多个子图生成的图形如图 6-10 所示。

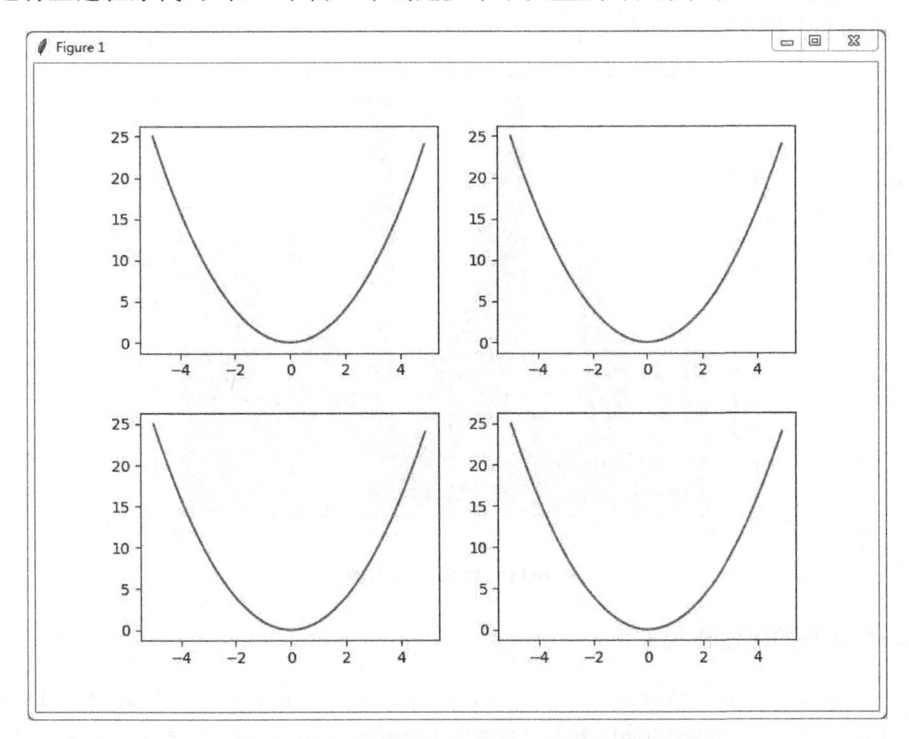

图 6-10　在一个窗口中创建多个子图生成的图形

6.2.2　绘制直方图

直方图是用一系列等宽不等高的长方形来表示数据,宽度表示数据范围的间隔,高度表示在给定间隔内数据出现的频数,矩形的高度跟落在间隔内的数据数量成正比,变化的

高度形态反映了数据的分布情况。

直方图的作用如下。

(1) 显示各种数值出现的相对概率。

(2) 提示数据的中心、散布及形状。

(3) 快速阐明数据的潜在分布。

(4) 为预测过程提供有用的信息。

pyplot 用于绘制直方图的函数为 hist(),它除了绘制直方图外,还以元组形式返回直方图的计算结果。此外,hist()函数还可以实现直方图的计算,即它能够接收一系列样本个体和期望的间隔数量作为参数,会把样本范围分成多个区间(间隔),然后计算每个间隔所包含的样本个体的数量,即运算结果除了以图形形式表示外,还能以元组形式返回。

```
import matplotlib.pyplot as plt
import numpy as np
pop=np.random.randint(0,100,100)        #生成 0~100 的 100 个随机整数
plt.hist(pop,bins=20)                   #设定间隔数为 20,默认是 10
plt.show()
```

生成的直方图如图 6-11 所示。

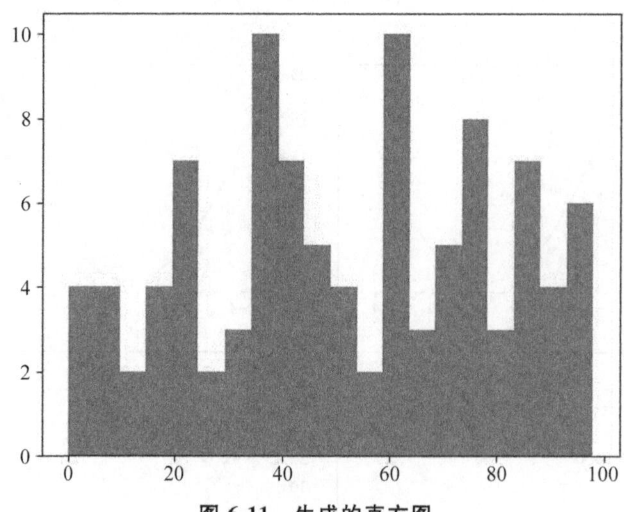

图 6-11　生成的直方图

hist()函数的语法格式如下:

```
n, bins, patches=hist(x, bins=10, range=None, normed=False, cumulative=
False, bottom=None, histtype='bar', align='mid', orientation='vertical',
color=None, label=None, stacked=False)
```

返回值如下。

n:直方图向量,是否归一化由参数 normed 设定。

bins:返回各个 bin 的区间范围。

patches:返回每个 bin 里面包含的数据,是一个 list。

参数说明如下。

x：指定要绘制直方图的数据。

bins：指定直方图条形的个数。

range：指定直方图数据的上下界，默认包含绘图数据的最大值和最小值。

normed：是否将直方图的频数转换成频率。

cumulative：是否需要计算累计频数或频率。

histtype：指定直方图的类型，默认为'bar'，此外还有'step'。

align：设置条形边界值的对对齐式，默认为'mid'，此外还有'left'和'right'。

orientation：设置直方图的摆放方向，默认为垂直方向，还有水平方向的'horizontal'。

color：设置直方图的填充色。

label：设置直方图的标签，可通过 pyplot 的 legend()函数展示其图例。

stacked：当有多个数据时，是否需要将直方图呈堆叠摆放，默认水平摆放。

6.2.3　绘制条形图

1. 垂直方向条形图

使用 pyplot 的 bar()函数绘制的条形图跟直方图类似，只不过 x 轴表示的不是数值而是类别。

bar()函数的语法格式如下：

```
bar(left, height, width=0.8, color, align, orientation)
```

参数说明如下。

left：x 轴的位置序列，即条形的起始位置。

height：y 轴的数值序列，也就是条形图的高度，也就是需要展示的数据。

width：条形图的宽度，默认为 0.8。

color：条形图的填充颜色。

align：{'center','edge'}，可选参数，默认为'center'，如果是'edge'，通过左边界（条形图垂直）和底边界（条形图水平）来使条形图对齐；如果是'center'，将 left 参数解释为条形图中心坐标。

orientation：{'vertical','horizontal'}，垂直还是水平，默认为垂直。

【例 6-8】 2017 年上半年中国城市 GDP 排名前四的城市分别为上海市、北京市、广州市和深圳市，分别为 13 908.57 亿元、12 406.8 亿元、9891.48 亿元、9709.02 亿元。对于这样一组数据，可使用垂直方向条形图来展示各自的 GDP 水平。

```
import matplotlib
import matplotlib.pyplot as plt
xvalues=[0,1,2,3]              #条形图在 x 轴上的起始位置
GDP=[13908.57,12406.8,9891.48,9709.02]
#设置图表的中文显示方式
matplotlib.rcParams['font.family']='FangSong'                 #设置字体为 FangSong
```

```
matplotlib.rcParams['font.size']=15                          #设置字体的大小
plt.bar(range(4), GDP, align='center', color='black')        #绘图
plt.ylabel('GDP')                                            #添加 y 轴标签
plt.title('GDP——排名前四的城市')                               #添加标题
plt.xticks(range(4),['上海市','北京市','广州市','深圳市'])       #设置 x 轴的刻度标签
plt.ylim([9000, 15000])                                      #设置 y 轴的刻度范围
#为每个条形图添加数值标签
for x,y in enumerate(GDP):
    plt.text(x,y+100,'%s'%round(y,1),ha='center')     #ha='center'表示居中对齐
plt.show()                                                   #显示图形
```

上述绘制中国城市 GDP 排名前四的城市的垂直方向条形图的程序代码运行的结果如图 6-12 所示。

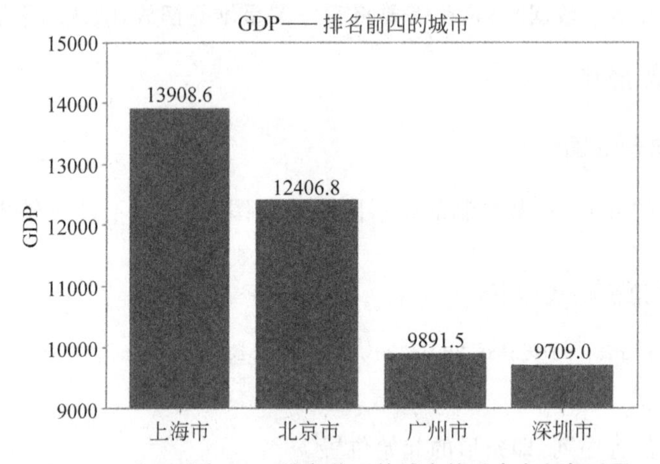

图 6-12 中国城市 GDP 排名前四的城市的垂直方向条形图

2. 水平方向条形图

绘制水平方向的条形图用 barh()函数实现。bar()函数的参数和关键字参数对该函数依然有效。需要注意的是，用 barh()函数绘制水平条形图时，两条轴的用途跟垂直条形图刚好相反，类别分布在 y 轴上，数值显示在 x 轴。

【例 6-9】 2017 年上半年中国城市 GDP 排名前四的城市分别为上海市、北京市、广州市和深圳市，分别为 13 908.57 亿元、12 406.8 亿元、9891.48 亿元、9709.02 亿元。对于这样一组数据，可使用水平方向条形图来展示各自的 GDP 水平。

```
import matplotlib
import matplotlib.pyplot as plt
import numpy as np
matplotlib.rcParams['font.family']='FangSong'  #设置字体为 FangSong
matplotlib.rcParams['font.size']=15            #设置字体的大小
label=['上海市', '北京市',  '广州市',  '深圳市']
GDP=[13908.57, 12406.8, 9891.48, 9709.02]
```

```
index=np.arange(len(GDP))
plt.barh(index, GDP, color='black')
plt.yticks(index, label)                              #设置 y 轴刻度标签
plt.xlabel('GDP')                                     #添加 x 轴标签
plt.ylabel('排名前四城市')
plt.title('GDP——排名前四的城市')                       #添加标题
plt.grid(axis='x')
plt.show()                                            #显示图形
```

上述绘制中国前四城市 GDP 排名的水平方向条形图的代码运行的结果如图 6-13 所示。

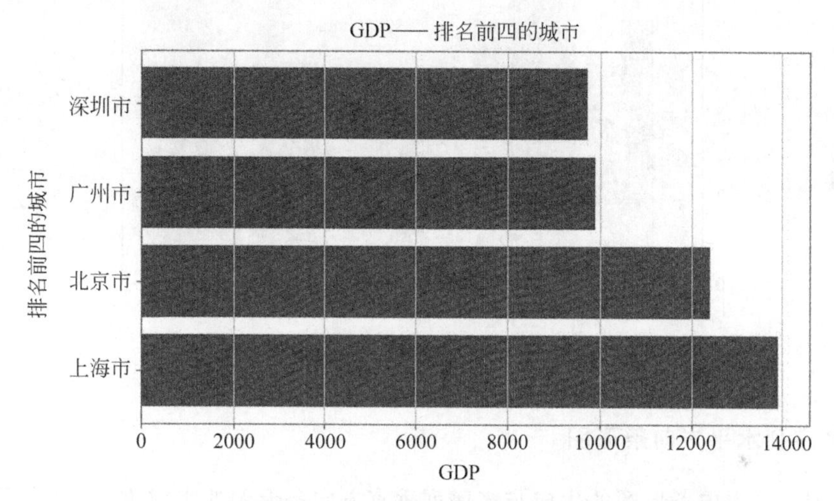

图 6-13　中国城市 GDP 排名前四的城市的水平方向条形图

3. 多序列垂直方向条形图

多序列垂直方向条形图的生成步骤：定义 x 轴的类别索引值，把每个类别占据的空间分为拟显示的多个部分。

```
import matplotlib
import matplotlib.pyplot as plt
import numpy as np
matplotlib.rcParams['font.family']='FangSong'   #设置中文字体为 FangSong
matplotlib.rcParams['font.size']=15             #设置字体的大小
index=np.arange(5)                              #拟生成 5 个类别
label=['类别 1','类别 2','类别 3','类别 4','类别 5']
values1=[5,8,4,6,9]
values2=[6,7,4.5,5,8]
values3=[5,6,5,8,7]
bw=0.3                                          #指定条形的宽度
plt.axis([0,5.2,0,10])                          #指定 x 轴和 y 轴的取值范围
plt.bar(index+bw,values1,bw,color='y')          #index+bw 表示条形在 x 轴上的起始位置
```

```
plt.bar(index+2*bw,values2,bw,color='b')
plt.bar(index+3*bw,values3,bw,color='r')
plt.xticks(index+2*bw,label)                 #设置 x 轴刻度标签
plt.show()
```

上述绘制多序列垂直方向条形图的程序代码运行的结果如图 6-14 所示。

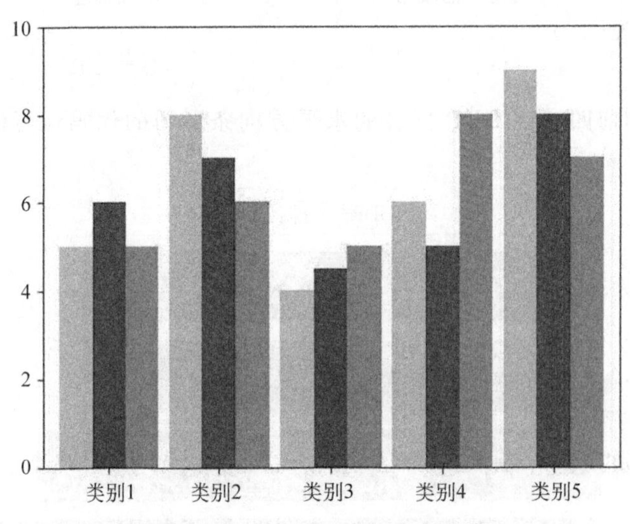

图 6-14　多序列垂直方向条形图

4. 多序列水平方向条形图

多序列水平方向条形图的生成与多序列垂直方向条形图的生成方法类似，用 barh()函数替换 bar()函数，用 yticks()函数替换 xticks()函数，交换 axis()函数的参数中两条轴的取值范围。

```
import matplotlib
import matplotlib.pyplot as plt
import numpy as np
matplotlib.rcParams['font.family']='FangSong'  #设置中文字体为 FangSong
matplotlib.rcParams['font.size']=15            #设置字体的大小
index=np.arange(5)                             #拟生成 5 个类别
label=['类别 1','类别 2','类别 3','类别 4','类别 5']
values1=[5,8,4,6,9]
values2=[6,7,4.5,5,8]
values3=[5,6,5,8,7]
bw=0.3                                         #指定条形的宽度
plt.axis([0,10,0,5.2,])                        #指定 x 轴和 y 轴的取值范围
plt.barh(index+bw,values1,bw,color='y')     #index+bw 表示条形在 x 轴上的起始位置
plt.barh(index+2*bw,values2,bw,color='b')
plt.barh(index+3*bw,values3,bw,color='r')
plt.yticks(index+2*bw,label)                   #设置 y 轴刻度标签
```

```
plt.title('多序列水平方向条形图')                           #添加标题
plt.show()
```

上述绘制多序列水平方向条形图的程序代码运行的结果如图 6-15 所示。

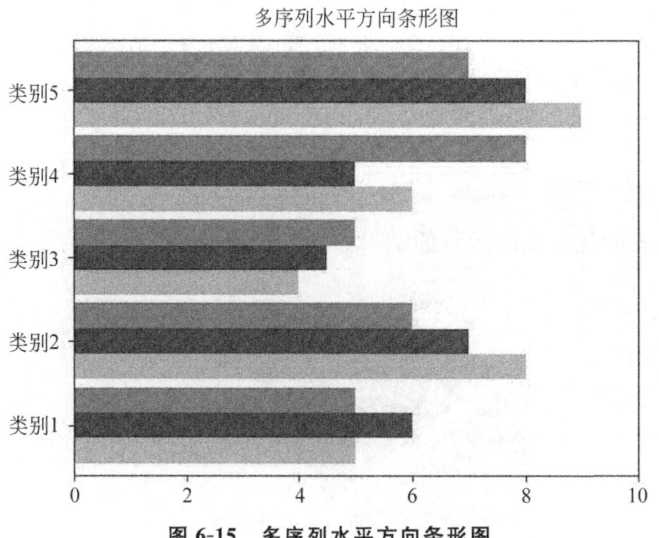

图 6-15　多序列水平方向条形图

6.2.4　绘制饼图

饼状图显示一个数据系列中各项的大小与各项总和的比例。pyplot 使用 pie()函数来绘制饼图，其语法格式如下：

```
pie(sizes, explode=None, labels=None, colors=None, autopct=None, pctdistance
=0.6, shadow=False, labeldistance=1.1, startangle=None, radius= None)
```

参数说明如下。

sizes：饼图中每一块的比例，如果 sum(sizes) > 1 会使用 sum(sizes)归一化。

explode：指定饼图中每块离开中心的距离。

labels：为饼图添加标签说明，类似于图例说明。

colors：指定饼图的填充色。

autopct：设置饼图内每块百分比显示样式，可以使用 format 字符串或者格式化函数'%width. precisionf%%'指定饼图内百分比的数字显示宽度和小数的位数。

startangle：起始绘制角度，默认图是从 x 轴正方向逆时针画起，如设定等于 90 则从 y 轴正方向逆时针画起。

shadow：是否阴影。

labeldistance：每块旁边的文本标签的位置离饼的中心点有多远，1.1 指 1.1 倍半径的位置。

pctdistance：每块的百分比标签离圆心的距离。

radius：设置饼图的半径大小。

【例 6-10】 饼图举例。

```
import matplotlib.pyplot as plt
labels=('Java','C','C++','Python')
sizes=[15,30,45,10]
explode=(0,0.1,0,0)        #0.1 表示将'C'那一块离开中心的距离
#startangle 表示饼图的起始角度
plt.pie(sizes,explode=explode,labels=labels,autopct='%1.1f%%',shadow=
False,startangle=90)
plt.show()
```

上述绘制饼图的程序代码运行的结果如图 6-16 所示。

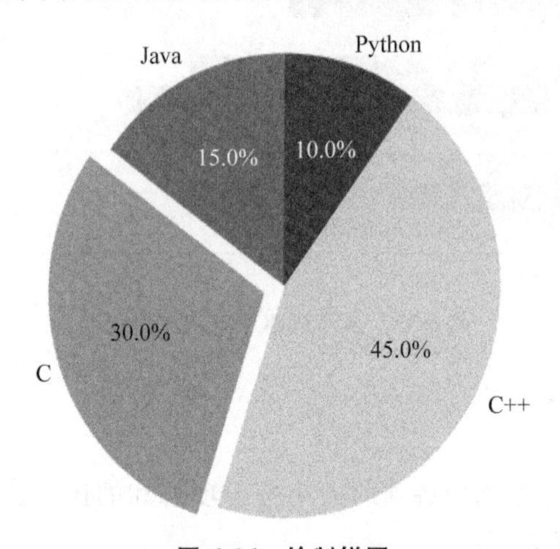

图 6-16 绘制饼图

【例 6-11】 绘制“三山六水一分田”的地球上山、水、田占比的饼图。(earth.py)

```
from matplotlib import pyplot as plt
import matplotlib
matplotlib.rcParams['font.family']='FangSong'     #设置中文字体为 FangSong
matplotlib.rcParams['font.size']='12'             #设置字体大小
plt.figure(figsize=(7,7))         #创建一个绘图对象(窗口),指定绘图对象的宽度和高度
#定义饼状图每块旁边的标签
labels=('六分水','三分山','一分田')
#定义饼图中每块的大小
sizes=(6,3,1)
colors=['red','yellowgreen','lightskyblue']
explode=(0,0,0.05)        #0.05 表示'一分田'那一块离开中心的距离
plt.pie(sizes,explode=explode,labels=labels,colors=colors, labeldistance=
1.1, autopct='%4.2f%%',shadow=True, startangle=90,pctdistance=0.5)
#labeldistance,文本的位置离饼的中心点有多远,1.1 指 1.1 倍半径的位置
#autopct,圆里面的文本格式,%4.2f%%表示数字显示的宽度有 4 位,小数点后有 2 位
#shadow,饼是否有阴影,取 False 没有阴影,取 True 有阴影
#startangle,饼图的起始绘制角度,一般选择从 90°开始
```

```
#pctdistance,百分比的 text 离圆心的距离,0.5 指 0.5 倍半径的位置
plt.legend(loc="best")        #为饼图添加图例,loc="best"用来设置图例的位置
plt.show()
```

earth. py 在 IDLE 中运行的结果如图 6-17 所示。

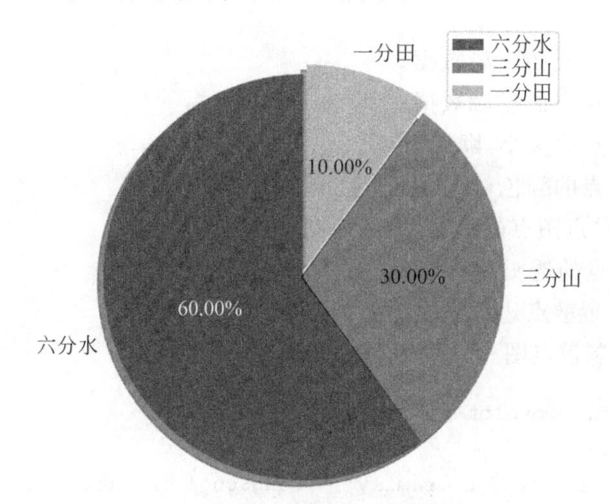

图 6-17　earth. py 在 IDLE 中运行的结果

pyplot 子库的设置图例的 legend()函数的语法格式如下：

```
legend(loc, fontsize, frameon, edgecolor, facecolor, title)
```

参数说明如下。

loc：图例在窗口中的位置，可以是表示位置的元组或位置字符串，如 pyplot. legend(loc='lower left')，常用的位置字符串如表 6-7 所示。

表 6-7　常用的位置字符串

常用的位置字符串		
0：'best'	4：'lower right'	8：'lower center'
1：'upper right'	5：'right'	9：'upper center'
2：'upper left'	6：'center left'	10：'center'
3：'lower left'	7：'center right'	

fontsize：设置图例字体大小。

frameon：设置图例边框，frameon＝False 时去掉图例边框。

edgecolor：设置图例边框颜色。

facecolor：设置图例背景颜色，若无边框，参数无效。

title：设置图例标题。

6.2.5　绘制散点图

散点图又称为散点分布图，是以一个变量为横坐标，另一变量为纵坐标，利用散点(坐

标点)的分布形态反映变量统计关系的一种图形。pyplot 下绘制散点图的 scatter()函数的语法格式如下：

```
scatter(x, y, s=20, c=None, marker='o', alpha=None, edgecolors=None)
```

参数说明如下。

x：指定散点图中点的 x 轴数据。

y：指定散点图中点的 y 轴数据。

s：指定散点图点的大小，默认为 20。

c：指定散点图点的颜色，默认为蓝色。

marker：指定散点图点的形状，默认为圆形。

alpha：设置散点的透明度。

edgecolors：设置散点边界线的颜色。

【例 6-12】 绘制散点图。

```
import matplotlib.pyplot as plt
import matplotlib
matplotlib.rcParams['font.family']='FangSong'          #设置中文字体为 FangSong
matplotlib.rcParams['font.size']='13'                  #设置字体大小
#测试数据
x=[0.13, 0.22, 0.39, 0.59, 0.68, 0.74, 0.93]
y=[0.75, 0.34, 0.44, 0.52, 0.80, 0.25, 0.55]
fig=plt.figure()
ax1=fig.add_subplot(111)
#设置标题
ax1.set_title('散点图')
#设置 x 轴标签
plt.xlabel('x 轴')
#设置 y 轴标签
plt.ylabel('y 轴')
#画散点图
ax1.scatter(x,y,c='b',marker='o')
#显示所画的图
plt.show()
```

上述绘制散点图的程序代码运行的结果如图 6-18 所示。

【例 6-13】 绘制散点图，图中的每个散点呈现不同的大小。

```
import numpy as np
import matplotlib.pyplot as plt
N=50
x=np.random.rand(N)                          #生成 50 个[0,1)的数的数组
y=np.random.rand(N)
#生成点的大小，半径范围从 0 到 15, np.pi 表示 π
area=np.pi * (15 * np.random.rand(N))**2
```

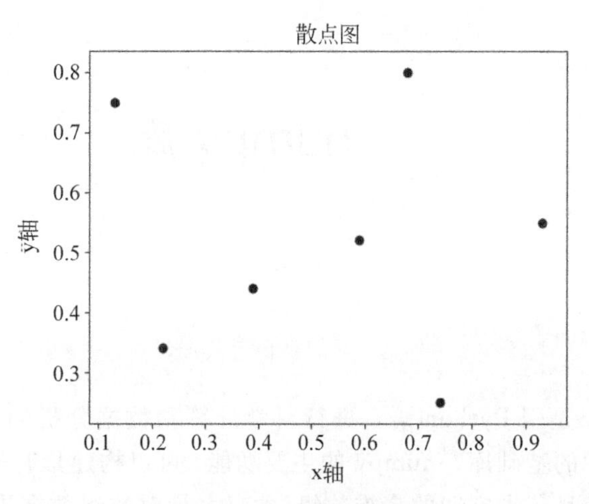

图 6-18　绘制散点图

```
colors=np.random.rand(N)                  #生成 50 个[0,1)的数来表示颜色
plt.scatter(x, y, s=area,c=colors)        #s 中的值表每个点的大小
plt.show()
```

上述绘制每个散点呈现不同的大小的散点图的程序代码运行的结果如图 6-19 所示，注意每次运行的图形结果都不一样。

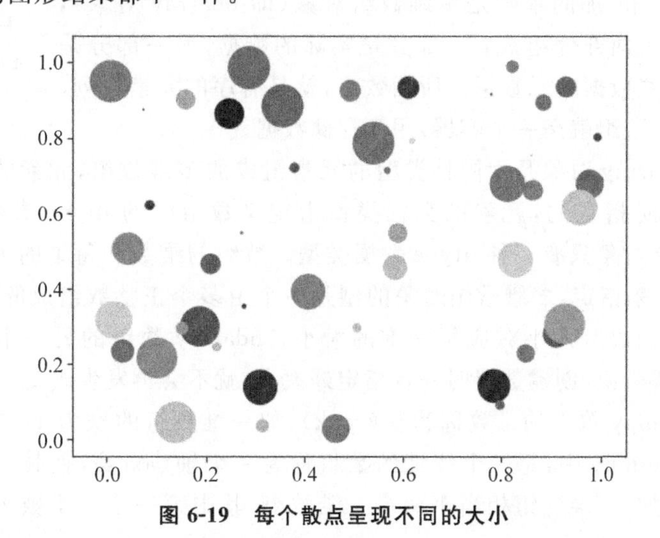

图 6-19　每个散点呈现不同的大小

第7章 numpy 库

numpy 是用 Python 语言进行科学计算和数据分析的扩展库，是很多数据分析扩展库的基础库。numpy 的主要功能：可以构建具有矢量运算和复杂广播能力的快速且节省空间的多维数组，含有大量对数组数据进行快速运算的数学函数，以及线性代数、随机数生成等功能。可通过 pip install numpy 安装 numpy 扩展库。

7.1 ndarray 多维数组

ndarray 多维数组

numpy 库的基础是多维数组对象(即 ndarray 对象)，该对象由两部分组成：一部分是实际的数据，另一部分是描述这些数据的元数据。所谓数组，就是有序的元素序列。实际上，数组就是一个容器，用于存储数据。

ndarray 对象是由同种类型的元素组成的多维数组，元素的数量是定义数组对象时指定的，元素的数据类型由定义数组时的 dtype 参数来指定，每个 ndarray 对象只有一种 dtype 数据类型。数组的维数和每维的大小由数组的型(shape)来指定，多维数组对象的型是一个由多个正整数组成的元组，元组的每个元素的数值大小对应每一维的大小。ndarray 数组的另一个特点是大小固定，也就是说，创建数组时一旦指定好大小，就不会再发生改变。

numpy 数组的维数称为秩(rank)，如一维数组的秩为 1，二维数组的秩为 2。在 numpy 中，每一个线性的数组称为一个轴(axes)，秩其实是描述轴的数量。例如，二维数组相当于两个一维数组，其中第一个一维数组中每个元素又是一个一维数组。

7.1.1 创建 ndarray 数组

1. 使用 numpy 的 array()函数创建 ndarray 数组

numpy 的 array()函数的语法格式如下：

```
numpy.array(object, dtype=None)
```

作用：返回满足要求的数组对象。

参数说明如下。

object：指定生成数组的数据序列，可以是**列表**、**元组**。

dtype：数据类型，指定数组元素的数据类型。

```
>>>import numpy as np                  #本章中出现的 np 默认均是这个含义
>>>a=np.array([1,2,3])                 #以列表作为参数创建一维数组
>>>a
array([1, 2, 3])
>>>b=np.array([[1,2],[3,4]])           #以列表作为参数创建 2×2 的二维数组
>>>b
array([[1, 2],
       [3, 4]])
>>>c=np.array(((1,3,5),(2,4,6)))       #以嵌套元组作为参数创建数组
>>>c
array([[1, 3, 5],
       [2, 4, 6]])
>>>d=np.array([(1,3,5),(2,4,6)])       #以元组所组成的列表作为参数创建数组
>>>d
array([[1, 3, 5],
       [2, 4, 6]])
```

2. 使用 numpy 的 ndarray()函数创建 ndarray 数组

ndarray()函数是 numpy 的构造函数，使用这个函数创建一个 ndarray 对象，ndarray()函数的语法格式如下：

```
numpy.ndarray(shape, dtype=float, buffer=None, offset=0, strides=None, order
=None)
```

ndarray()函数的参数说明如表 7-1 所示。

表 7-1 ndarray()函数的参数说明

参 数	类 型	作 用
shape	int 型 tuple	指定数组的维数和每维的大小
dtype	int 型、float 型等	指定数组中元素的类型
buffer	ndarray	用于初始化数组的数组
offset	int	buffer 中用于初始化数组的首个数据的偏移，是数组元素在内存所占字节数的整数倍
strides	int 型 tuple	每个轴的下标增加 1 时，数据指针在内存中增加的字节数
order	'C' 或者 'F'	'C'表示行优先，buffer 中的数据按行的顺序存入将要创建的数组中；'F'表示列优先

```
>>>e=np.ndarray(shape=(2,3),dtype=int, buffer=np.array([0,1,2,3,4,5,6,7,
9]), offset=0, order="C")     #buffer 中的数据按行的顺序存入将要创建的数组 e 中
>>>e
array([[0, 1, 2],
       [3, 4, 5]])
#buffer 中的数据按列的顺序存入将要创建的数组 f 中
>>>f=np.ndarray(shape=(2,3), dtype=int,buffer=np.array([0,1,2,3,4,5,6,7,
9]), offset=0, order="F")
>>>f
array([[0, 2, 4],
       [1, 3, 5]])
#首个数据的偏移量 offset 为 4,为 4 的整数倍
>>>g=np.ndarray(shape=(2,3), dtype=int,buffer=np.array([0,1,2,3,4,5,6,7,
9]), offset=4, order="C")
>>>g
array([[1, 2, 3],
       [4, 5, 6]])
#首个数据的偏移量 offset 的值为 8 的倍数
>>>h=np.ndarray(shape=(2,3), dtype=float, buffer=np.array ([0.1,1.1,2.1,3.1,
4.1, 5.1, 6.1, 7.1, 8.1]), offset=8, order="C")
>>>h
array([[ 1.1,  2.1,  3.1],
       [ 4.1,  5.1,  6.1]])
```

7.1.2 创建特殊的 ndarray 数组

numpy 库下的函数 ones()创建一个全为 1 的数组,函数 zeros()创建一个全为 0 的数组,函数 empty()创建一个内容随机的数组,在默认情况下,用这些函数创建的数组的类型都是 float64,若需要指定数据类型,需要用 dtype 参数指定。

1. 使用 ones()函数创建一个元素全为 1 的数组

ones()函数的语法格式如下:

```
ones(shape, dtype=None)
```

返回值:返回按给定要求生成的全为 1 的数组。

参数说明如下。

shape:int 或 int 类型序列,表示矩阵形状。

dtype:用来指定所要生成的数组元素的数据类型。

```
>>>import numpy as np
>>>a=np.ones(shape=(3, 3))        #通过 shape 指定生成 3×3 的全为 1 的数组
>>>a
array([[ 1.,  1.,  1.],
```

```
       [ 1.,   1.,   1.],
       [ 1.,   1.,   1.]])
>>>a.dtype                          #通过数组的属性 dtype 返回数组元素的类型
dtype('float64')
>>>np.ones((2, 2))
array([[1., 1.],
       [1., 1.]])
```

此外，通过 ones_like()函数可以创建与已知数组的 shape 相同的元素全为 1 数组。

```
>>>a=np.array([[1,2,3], [3,4,5]])
>>>a
array([[1, 2, 3],
       [3, 4, 5]])
>>>b=np.ones_like(a)
>>>b
array([[1, 1, 1],
       [1, 1, 1]])
```

2. 使用 zeros()函数创建一个元素全为 0 的数组

zeros()函数的语法格式如下：

```
numpy.zeros(shape, dtype=float)
```

返回值：返回满足给定要求(如形状、数据类型)的元素全为 0 的数组。
参数说明如下。
shape：int 或 int 类型序列，表示矩阵形状。
dtype：用来指定所要生成的数组元素的数据类型。

```
>>>b=np.zeros(shape=(3,3),dtype=int) #通过 shape 指定生成 3×3 的全为 0 的数组
>>>b
array([[0, 0, 0],
       [0, 0, 0],
       [0, 0, 0]])
```

此外，通过 zeros_like()函数可以从已知的数组中，创建与已知数组 shape 相同的元素全为 0 数组。

```
>>>a=np.array([[1,2,3],[3,4,5]])
>>>b=np.zeros_like(a)
>>>b
array([[0, 0, 0],
       [0, 0, 0]])
```

3. 使用 empty()函数创建一个随机数组

empty()函数的语法格式如下：

```
empty(shape, dtype=float)
```

返回值：返回满足给定要求(如形状、数据类型)的随机数组。

参数说明如下。

shape：int 或 int 类型序列，表示矩阵形状。

dtype：用来指定所要生成的数组元素的数据类型。

```
>>>c=np.empty(shape=(2,3),dtype=int)
>>>c
array([[        308,           0,           0],
       [1713398048, 1952673397,  745434985]])
```

此外，通过 empty_like()函数可以从已知的数组中，创建与已知数组 shape 相同的随机数组。

4. 使用 arange()函数创建均匀间隔的一维数组

arange()函数的语法格式如下：

```
arange([start,]stop[,step,],dtype=None)
```

返回值：返回在指定数值区间的均匀间隔的数值序列所组成的 ndarray 数组。

参数说明如下。

start：可选参数，起始值，默认值为 0。

stop：结尾值，所生成的数组不包括该值。

step：可选参数，步长(数组中相邻两个元素的间隔值)，默认值是 1，如果 step 被指定，要求 start 也必须被指定。

dtype：用来指定所要生成的数组元素的数据类型。

arange()非常类似于 Python 内置的 range()函数，两者的区别如下。

(1) range()返回的是 range 对象，而 np. arange()返回的是 numpy. ndarray 对象。range 对象、np. arange 对象都可用于迭代，而 np. arange 对象可被当作向量使用。

(2) range()不支持步长为小数，numpy. arange()支持步长为小数。

(3) 两者都有三个参数，以第一个参数为起点，第三个参数为步长，到第二个参数之前的不包括第二个参数的数据序列。

```
>>>import numpy as np
>>>range(1,10)
range(1, 10)
>>>list(range(1,10))
[1, 2, 3, 4, 5, 6, 7, 8, 9]
>>>np.arange(1,10)
array([1, 2, 3, 4, 5, 6, 7, 8, 9])         #不包括 10
>>>np.arange(1, 10, 0.5)                   #步长为 0.5
array([ 1. ,  1.5,  2. ,  2.5,  3. ,  3.5,  4. ,  4.5,  5. ,  5.5,  6. ,
```

```
       6.5,   7. ,   7.5,   8. ,   8.5,   9. ,   9.5])
```

注意：np.arange(1,10)、np.arange(1,10,0.5)所创建的都是一维数组，如果要生成多维数组，需要结合 reshape()函数，后者按照指定的形状把一维数组拆分成多维数组。

```
>>>A=np.arange(1,10).reshape(3,3)   #把 np.arange()生成的一维数组拆分为二维数组
>>>A
array([[1, 2, 3],
       [4, 5, 6],
       [7, 8, 9]])
>>>B=np.arange(1, 28).reshape(3,3,3)   #把 arange()生成的一维数组拆分为三维数组
>>>B
array([[[ 1,  2,  3],
        [ 4,  5,  6],
        [ 7,  8,  9]],

       [[10, 11, 12],
        [13, 14, 15],
        [16, 17, 18]],

       [[19, 20, 21],
        [22, 23, 24],
        [25, 26, 27]]])
```

5. 使用 linspace()函数创建数组

linspace()函数的语法格式如下：

```
linspace(start, stop, num=50, endpoint=True, retstep=False, dtype=None)
```

返回值：返回指定数值区间内均匀间隔的数字序列（等差数列）所构成的一维数组。

参数说明如下。

start：序列的起始值。

stop：若 endpoint 不被设置为 False，stop 为所生成的序列的结尾值。

num：可选参数，指定所要生成的序列包含的样本数，默认值为 50。

endpoint：可选参数，如果设置为 True，stop 为所生成序列的最后一个值，否则，stop 不被作为最后一个值，endpoint 默认值为 True。

retstep：可选参数，如果设置为 True，函数返回一个元组（所生成的数组，数组中相邻两个元素的间隔值）。

dtype：可选参数，指定数组元素的数据类型。

(1) 使用三个参数，第一个参数表示起始点，第二个参数表示终止点，第三个参数表示将要创建的数组包含的元素个数。

```
>>>import numpy as np
>>>np.linspace(1,10,10)
```

```
array([1.,   2.,   3.,   4.,   5.,   6.,   7.,   8.,   9.,   10.])
>>>np.linspace(0,10,6,dtype=int)        #通过 dtype=int 指定数组的元素类型
array([0,  2,  4,  6,  8, 10])
```

(2) 创建一个元素全部是 1 的等差数列,也可以让所有元素为 0。

```
>>>np.linspace(1,1,10,dtype=int)
array([1, 1, 1, 1, 1, 1, 1, 1, 1, 1])
```

(3) 通过将参数 endpoint 设置为 False 来指定所生成的数组不包含结尾值 stop。

```
>>>np.linspace(1,10,10,endpoint=False)
array([1. ,  1.9,  2.8,  3.7,  4.6,  5.5,  6.4,  7.3,  8.2,  9.1])
```

(4) 将可选参数 retstep 的值设置为 True,注意观察返回值的形式。

```
>>>np.linspace(2.0, 3.0, num=5, retstep=True)
(array([2., 2.25, 2.5, 2.75, 3.]),0.25)     #0.25 为数组中相邻两个元素的间隔值
```

6. 使用 logspace()函数创建数组

logspace()函数的语法格式如下:

```
logspace(start, stop, num=50, endpoint=True, base=10.0, dtype=None)
```

返回值:返回一个以 base * * start 开始、以 base * * stop 结束的包含 num 个数的等比数列构成的一维数组。

参数说明如下。

start:base * * start 是序列的起始值。

stop:base * * stop 是序列的结尾值。

num:生成的数组包含的元素个数,默认值为 50。

base:指定生成等比数列数组的元素的幂的底数,默认值为 10.0。

其他参数参考 linspace()函数。

```
>>>import numpy as np
>>>np.logspace(1, 3, num=3)
array([10.,   100.,   1000.])
>>>np.logspace(1, 3, num=3,base=2)
array([2.,   4.,   8.])
```

7. 使用 eye()函数创建数组

eye()函数的语法格式如下:

```
eye(N, M=None, k=0)
```

返回值:返回一个对角线全为 1、其余位置全是 0 的二维数组,其中 k=0 时,全 1 对角线为主对角线;k>0 时,全 1 对角线向右上方偏移;k<0 时,全 1 对角线向左下方偏移。

参数说明如下。

N：行数。

M：可选参数，列数，默认值为 N。

k：k=0 时，全 1 对角线为主对角线；k>0 时，全 1 对角线向上移动相应的位置；k<0 时，全 1 对角线向下移动相应的位置。

```
>>>np.eye(3, k=0)
array([[1.,  0.,  0.],
       [0.,  1.,  0.],
       [0.,  0.,  1.]])
>>>np.eye(3, k=1)
array([[0.,  1.,  0.],
       [0.,  0.,  1.],
       [0.,  0.,  0.]])
>>>np.eye(3, k=-1)
array([[0.,  0.,  0.],
       [1.,  0.,  0.],
       [0.,  1.,  0.]])
```

8. 使用 identity()函数创建数组

identity()函数的语法格式如下：

```
identity(n, dtype=None)
```

返回值：返回 n * n 单位矩阵，主对角线上元素都为 1，其他元素都为 0。

参数说明如下。

n：单位矩阵的行数(也是列数)。

dtype：指定矩阵元素的数据类型。

```
>>>np.identity(3,dtype=int)
array([[1, 0, 0],
       [0, 1, 0],
       [0, 0, 1]])
```

9. 使用 full()函数创建数组

full()函数的语法格式如下：

```
full(shape, fill_value, dtype=None, order='C')
```

返回值：返回由固定值填充的数组。

参数说明如下。

shape：int 或 int 类型序列，表示矩阵形状。

fill_value：填充值。

dtype：可选参数，指定元素的数据类型。

order：可选参数，取值'C'或者'F'，表示数组在内存的存放次序是以行(C)为主还是以列(F)为主，默认值为'C'。

```
>>>np.full((2, 3), 10)
array([[10, 10, 10],
       [10, 10, 10]])
```

此外，通过full_like()函数可以创建与已知数组shape相同的由fill_value指定的值填充的数组。

```
>>>a=np.array([[1,2,3], [3,4,5]])
>>>a
array([[1, 2, 3],
       [3, 4, 5]])
>>>np.full_like(a, 1)
array([[1, 1, 1],
       [1, 1, 1]])
```

7.1.3 ndarray对象的数据类型

每个ndarray数组对象都有一个与之关联的dtype对象，该对象定义了数组元素的数据类型，array()函数默认根据生成数组的列表或元素序列中各元素的数据类型为ndarray数组元素指定最适合的数据类型。可以用dtype参数明确指定数组元素的数据类型。ndarray数组元素的数据类型既可以是浮点型、整型，也可以是字符串、复数等其他类型，numpy所支持的数据类型如表7-2所示。

表7-2 numpy所支持的数据类型

数据类型	说明
bool	布尔值(True或False)
int	默认为整型，通常为int32或int64
int8	有符号的8位(1B)整型，取值范围－128～127
int16	有符号16位(2B)整型，取值范围－32 768～32 767
int32	32位整型(－2 147 483 648～2 147 483 647)
int64	64位整型(－9 223 372 036 854 775 808～9 223 372 036 854 775 807)
uint8	8位无符号整型(0～255)
uint16	16位无符号整型(0～65 535)
uint32	32位无符号整型(0～4 294 967 295)
uint64	64位无符号整型(0～18 446 744 073 709 551 615)
float16	半精度浮点型：符号位、5位指数、10位小数

续表

数据类型	说　明
float32	单精度浮点型：符号位、8 位指数、23 位小数
float64 或 float	双精度浮点：符号位、11 位指数、52 位小数
complex64	复数，由两个 32 位浮点表示（实部和虚部）
complex128 或 complex	复数，由两个 64 位浮点表示（实部和虚部）

可以使用 dtype 参数来定义一个复数数组：

```
>>>import numpy as np
>>>a=np.array([[1,2,3],[4,5,6]],dtype=complex)
>>>a
array([[ 1.+0.j,  2.+0.j,  3.+0.j],
       [ 4.+0.j,  5.+0.j,  6.+0.j]])
```

7.1.4　ndarray 对象的属性

ndarray 数组对象的常用属性如表 7-3 所示。

表 7-3　ndarray 数组对象的常用属性

ndarray 数组对象的属性	属性说明
T	返回数组的转置
dtype	描述数组元素的类型
shape	返回数组的维度，以元组表示的数组的各维的大小
ndim	返回数组的维度
size	数组中元素的个数
itemsize	返回数组中的单个元素在内存所占字节数
flat	返回一个数组的迭代器，对 flat 赋值将导致整个数组的元素被覆盖
real/imag	给出复数数组的实部/虚部
nbytes	返回数组的所有元素占用的存储空间

```
>>>import numpy as np
>>>a=np.array([[0, 1, 2, 3, 4],[5, 6, 7, 8, 9],[10, 11, 12, 13, 14]])
>>>a.T                    #返回数组的转置
array([[0,  5, 10],
       [1,  6, 11],
       [2,  7, 12],
       [3,  8, 13],
       [4,  9, 14]])
>>>a.size                 #返回数组中元素的个数
```

```
15
>>>a.itemsize          #返回数组中的单个元素在内存中所占字节数
4
>>>a.ndim              #返回数组的维度
2
>>>a.shape             #返回数组的型
(3, 5)
>>>a.flat              #返回数组的迭代器
<numpy.flatiter object at 0x0000000003728C20>
>>>for x in a.flat:
    print(x,end=',')

0,1,2,3,4,5,6,7,8,9,10,11,12,13,14,
>>>a.flat=[1,2,3,4,5]
>>>a
array([[1, 2, 3, 4, 5],
       [1, 2, 3, 4, 5],
       [1, 2, 3, 4, 5]])
>>>a=np.array([[0, 1, 2, 3, 4],[5, 6, 7, 8, 9],[10, 11, 12, 13, 14]])
>>>a.flat=np.arange(1, 16)
>>>a
array([[1,  2,  3,  4,  5],
       [6,  7,  8,  9, 10],
       [11, 12, 13, 14, 15]])
```

7.2 数组元素的索引、切片和选择

数组元素的索引、切片和选择

7.2.1 索引和切片

数组索引机制指的是用方括号加序号的形式抽取元素、选取数组的某些元素，以及为索引处的元素重新赋值。

数组的切片操作是用来抽取数组的一部分元素生成新数组。切片是把用冒号“:”隔开的数字置于方括号里。需要注意的是，对 Python 列表进行切片操作得到的列表是原列表的副本，而 numpy 对 ndarray 数组进行切片操作得到的数组是**指向相同缓冲区的视图，对所得切片数组元素的改变就是对原数组元素的改变。**

1. 单个元素索引

```
>>>import numpy as np
>>>x=np.arange(10)
>>>x[5]            #索引为非负值，获取第 i 个值，从 0 开始计数
5
>>>x[-2]           #索引为负值，从末尾开始索引，倒数第一个索引为-1
```

```
8
>>>x[2:6]            #切片
array([2, 3, 4, 5])
>>>x[:-7]
array([0, 1, 2])
>>>x[0:10:2]         #切片,2为所取元素的间隔,一共取出5个元素
array([0, 2, 4, 6, 8])

>>>x.shape=(2,5)  #改变数组的形状
>>>x
array([[0, 1, 2, 3, 4],
       [5, 6, 7, 8, 9]])
>>>x[(1,3)]          #用逗号分隔的索引元组获取元素
8
```

2. 使用列表索引数组

```
>>>x=np.arange(10,1,-1)
>>>x
array([10,  9,  8,  7,  6,  5,  4,  3,  2])
>>>x[[2, 2, 1, 6]]        #用列表[2,2,1,6]取出x中的第2、2、1、6的四个元素组成一个数组
array([8, 8, 9, 4])

>>>y=np.arange(35).reshape(5,7)         #产生一个5×7的数组
>>>y[1:4, 2]                            #第1~3行中第2列的元素
array([9, 16, 23])
>>>y[[0,2,4], 1:3]                      #使用列表索引行,使用切片索引列
array([[1,  2],
       [15, 16],
       [29, 30]])
```

3. 布尔值索引数组

```
>>>y=np.arange(30)
>>>b=y>20
>>>y[b]
array([21, 22, 23, 24, 25, 26, 27, 28, 29])
```

7.2.2 选择数组元素的方法

ndarray数组对象提供了很多用来快速选取数组中特定元素的方法以及快速为索引位置处的元素重新赋值的方法,ndarray数组对象的选择元素的常用方法如表7-4所示。

表 7-4 ndarray 数组对象的选择元素的常用方法

选择元素的方法	方法功能
ndarray. take(indices[,axis=None,out=None,mode='raise'])	根据指定的索引 indices 从数组对象 ndarray 中获取对应元素，并构成一个新的数组返回，axis 用来指定选择元素的轴，默认情况下，使用扁平化的输入数组，即把数组当成一个一维数组；out 是 ndarray 对象，用来存放函数返回值，要求其 shape 必须与函数返回值的 shape 一致；mode 指定越界索引将如何处理
ndarray. put(indices,values[,mode])	将数组中索引 indices 指定的位置设置为 values 中对应的元素值
ndarray. partition(kth[,axis,kind,order])	将数组重新排列，所有小于 kth 的值在 kth 的左侧，所有大于或等于 kth 的值在 kth 的右侧
ndarray. argpartition(kth[,axis,kind,order])	返回对数组执行 partition 之后的元素索引
ndarray. searchsorted(v, side = 'left', sorter = None)	将 v 插入到当前有序的数组中，返回插入的位置索引，side='left'表示第一个合适位置的索引，side='right'表示最后一个合适位置的索引
ndarray. nonzero()	返回数组中非零元素的索引
ndarray. diagonal(offset=0,axis1=0,axis2=1)	返回指定的对角线
ndarray. item(* args)	复制数组中的一个元素，并返回
ndarray. itemset(* args)	修改数组中某个元素的值
ndarray. tolist()	将数组转换成 Python 标准 list
ndarray. tostring([order])	构建一个包含 ndarray 的原始字节数据的字节字符串
ndarray. copy([order])	复制数组并返回(深拷贝)
ndarray. fill(value)	使用值 value 填充数组

部分选取元素的方法介绍如下。

(1) ndarray. take(indices[,axis=None,out=None,mode='raise'])。

```
>>>import numpy as np
>>>x=np.arange(0,20,2)
>>>x
array([0,  2,  4,  6,  8, 10, 12, 14, 16, 18])
>>>x.take([0,2,4])                    #获取 0、2、4 索引处的元素
array([0, 4, 8])
>>>x.take([[2, 5], [3,6]])            #返回数组的形状与索引的形状相同
array([[4, 10],
       [6, 12]])

>>>y=np.array([[0,5,10,15],[20, 25, 30, 35],[40, 45, 50, 55],[60, 65, 70, 75]])
```

```
>>>y.take([[1,2],[2,3]])              #take()默认情况下把数组 y 当成一个一维数组
array([[5, 10],
       [10, 15]])
>>>y.take([[1,2],[2,3]],axis=0)       #axis=0 表示按行选取元素
array([[[20, 25, 30, 35],
        [40, 45, 50, 55]],

       [[40, 45, 50, 55],
        [60, 65, 70, 75]]])
>>>y.take([[1,2],[2,3]],axis=1)
array([[[5, 10],
        [10, 15]],

       [[25, 30],
        [30, 35]],

       [[45, 50],
        [50, 55]],

       [[65, 70],
        [70, 75]]])
```

说明：axis=1 表示按列选取元素，由于 Python 是按行存储的，因而 y.take([[1,2],[2,3]],axis=1)中，先选取第 0 行的第 1、第 2 列，然后选取第 0 行的第 2、第 3 列，接着进行第 1 行的第 1、第 2 列，第 1 行的第 2、第 3 列元素的选取，接着用同样的方法选取剩下两行的元素。

(2) ndarray.put(indices,values[,mode])。

```
>>>x=np.arange(0,20,2)
>>>x.put([0, 1], [1, 3])              #将 x 中索引[0,1]处的值设置为列表[1,3]中对应的值
>>>x
array([1,  3,  4,  6,  8, 10, 12, 14, 16, 18])
```

(3) ndarray.partition(kth[,axis,kind,order])。

```
>>>x=np.array([3, 4, 2, 1])
#将数组 x 重新排列，所有小于 3 的值在 3 的左侧，所有大于或等于 3 的值在 3 的右侧
>>>x.partition(3)
>>>x
array([2, 1, 3, 4])
```

(4) ndarray.argpartition(kth[,axis,kind,order])。

```
>>>x=np.array([3, 4, 2, 1])
>>>x.argpartition(2)              #对数组执行 partition 之后的元素索引
array([3, 2, 0, 1], dtype=int64)
```

```
>>>x[x.argpartition(2)]        #对数组执行 partition 之后的元素索引对应的元素
array([1, 2, 3, 4])
>>>x
array([3, 4, 2, 1])
```

(5) ndarray.searchsorted(v,side='left',sorter=None)。

```
>>>w=np.array([1, 2, 3, 3, 3, 3, 6, 7, 9, 10, 12])
>>>w.searchsorted(3)
2
>>>w.searchsorted(3,side='right')          #side='right'
6
```

(6) ndarray.diagonal(offset=0,axis1=0,axis2=1)。

```
>>>k=np.array([[0,  1,  2,  3],[4,  5,  6,  7],[8,  9, 10, 11]])
>>>k
array([[0,  1,  2,  3],
       [4,  5,  6,  7],
       [8,  9, 10, 11]])
>>>k.diagonal()                #返回前 3 行 3 列所对应的主对角线
array([0,  5, 10])
```

(7) ndarray.item(* args)。

```
>>>a=np.arange(9).reshape(3,3)
>>>a
array([[0, 1, 2],
       [3, 4, 5],
       [6, 7, 8]])
>>>a.item(3)                   #按行存储的顺序获取数组中序号为 3 的元素
3
>>>a.item((2, 2))              #获取行号为 2 列号为 2 处的元素
8
```

(8) ndarray.itemset(* args)。

```
>>>a.itemset(3, 33)            #将序号为 3 的元素修改为 33
>>>a
array([[0,  1,  2],
       [33,  4,  5],
       [6,  7,  8]])
>>>a.itemset((1, 2), 12)       #将 a 数组中(1, 2)处的元素修改为 12
>>>a
array([[0,  1,  2],
       [33,  4, 12],
       [6,  7,  8]])
```

(9) ndarray.tolist()。

```
>>>a.tolist()                  #将数组a转换成Python标准list
[[0, 1, 2], [33, 4, 12], [6, 7, 8]]
```

(10) ndarray.tostring()。

```
>>>a.tostring()                #构建一个包含a的原始字节数据的字节字符串
b'\x00\x00\x00\x00\x01\x00\x00\x00\x02\x00\x00\x00!\x00\x00\x00\x04\x00\x00\
x00\x0c\x00\x00\x00\x06\x00\x00\x00\x07\x00\x00\x00\x08\x00\x00\x00'
```

(11) ndarray.copy([order])(深度拷贝)。

```
>>>b=a.copy()                  #深拷贝,b与a是两个无关的数组
>>>b[0,0]=10
>>>b
array([[10,  1,  2],
       [33,  4, 12],
       [6,  7,  8]])
>>>a
array([[0,  1,  2],
       [33,  4, 12],
       [6,  7,  8]])
```

(12) ndarray.fill(value)。

```
>>>b.fill(6)                   #使用值6填充数组b
>>>b
array([[6, 6, 6],
       [6, 6, 6],
       [6, 6, 6]])
```

7.2.3 ndarray数组的形状变换

ndarray数组对象提供了一些方法用来改变数组的形状,常用的改变数组形状的方法如表7-5所示。

表7-5 ndarray数组对象的常用改变数组形状的方法

改变数组形状的方法	功能
ndarray.reshape(shape,order)	返回一个具有相同数据域,但shape不一样的视图
ndarray.resize(new_shape)	原地修改数组的形状,需要保持元素个数前后相同
ndarray.transpose(*axes)	返回数组针对某一轴进行转置后的数组,对于二维ndarray,transpose在不指定参数时默认是矩阵转置
ndarray.swapaxes(axis1,axis2)	返回数组axis1轴与axis2轴互换的视图
ndarray.flatten(order)	返回将原数组展平后的一维数组的副本(全新的数组)
ndarray.ravel(order='C')	返回将原数组展平后的一维数组的视图,order='C'表示行序优先,order='F'表示列序优先

注意：上述方法中，除 resize()、flatten()这两种方法外，其他方法返回的都是原数组 shape 改变或者 axes 改变之后的视图，如对返回数组中的元素进行修改，原数组中对应的元素也会被进行相应修改。resize()方法会修改原数组的 shape 属性。

部分改变数组形状的方法如下。

(1) ndarray.reshape(shape,order)。

```
>>>x=np.arange(0,12)
>>>x
array([0,  1,  2,  3,  4,  5,  6,  7,  8,  9, 10, 11])
>>>y=x.reshape((3,4))
>>>y
array([[0,  1,  2,  3],
       [4,  5,  6,  7],
       [8,  9, 10, 11]])
>>>y[0][0]=20                  #修改 y 数组的元素,直接影响原数组中的元素值
>>>y
array([[20,  1,  2,  3],
       [4,  5,  6,  7],
       [8,  9, 10, 11]])
>>>x                           #x(0,0)下标元素的值也发生了相应改变
array([20,  1,  2,  3,  4,  5,  6,  7,  8,  9, 10, 11])
```

(2) ndarray.resize(new_shape)。

```
>>>x.resize((3,4))             #resize()没有返回值,会直接修改 x 数组的 shape
>>>x                           #x 数组的形状发生了改变
array([[20,  1,  2,  3],
       [4,  5,  6,  7],
       [8,  9, 10, 11]])
```

(3) ndarray.transpose(* axes)。

```
>>>x=np.arange(4).reshape((2,2))
>>>x
array([[0, 1],
       [2, 3]])
>>>x_transpose=x.transpose()  #对于二维数组,默认返回数组的转置
>>>x_transpose
array([[0, 2],
       [1, 3]])
>>>x.transpose((0,1))          #(0,1)表示按照原坐标轴改变序列,也就是保持不变
array([[0, 1],
       [2, 3]])
```

说明：第一个方括号(第一维)为 0 轴，第二个方括号为(第二维)1 轴。

```
>>>x.transpose((1,0))          #x.transpose((1,0))表示交换 0 轴和 1 轴
array([[0, 2],
       [1, 3]])
```

(4) ndarray.flatten(order)。

```
>>>x=np.arange(0,12).reshape((3,4))
>>>x
array([[0,  1,  2,  3],
       [4,  5,  6,  7],
       [8,  9, 10, 11]])
>>>y=x.flatten()               #返回一个全新的数组
>>>y
array([0,  1,  2,  3,  4,  5,  6,  7,  8,  9, 10, 11])
>>>y[0]=300                    #y 中下标为 0 的元素的值的改变,不会影响 x 数组
>>>x                           #修改 y 中元素的值,不影响 x 中的元素
array([[0,  1,  2,  3],
       [4,  5,  6,  7],
       [8,  9, 10, 11]])
```

(5) ndarray.ravel(order)。

```
>>>x=np.array([[1,2],[3,4]])
>>>x
array([[1, 2],
       [3, 4]])
>>>x.ravel()                   #行序优先展平
array([1, 2, 3, 4])
>>>x.ravel('F')                #列序优先展平
array([1, 3, 2, 4])
```

7.3　随机数数组

在有些应用程序中,人们可能需要用到随机数生成,Python 的内置模块 random 具有这样的功能,numpy 中的 random 模块也实现了这一功能,numpy.random 模块对 Python 内置的 random 进行了补充,增加了一些用于高效生成多种概率分布的样本值的函数。

numpy.random 模块包括四个部分,对应四种功能。

(1) 简单随机数:产生简单的随机数据,可以是任何维度。

(2) 随机分布:产生指定分布的数据,如正态分布等。

(3) 随机排列:将所给对象随机排列。

(4) 随机数生成器的种子:同一种随机数生成器的种子产生的随机数是相同的。

7.3.1　简单随机数

numpy.random 模块中常用的生成简单随机数的函数如表 7-6 所示。

表 7-6 numpy.random 模块中常用的生成简单随机数的函数

生成简单随机数的函数	函数功能
rand(d0,d1,…,dn)	生成一个(d0,d1,…,dn)维的数组,数组的元素取自[0,1)上的均匀分布,若没有参数,返回单个数据
randn(d0,d1,…,dn)	生成一个(d0,d1,…,dn)维的数组,数组元素是标准正态分布随机数,若没有参数,返回单个数据
randint(low,high=None,size=None,dtype='I')	生成 size 个随机整数,取值区间为[low,high),若没有输入参数 high,则取值区间为[0,low)
random_sample(size=None)	生成一个[0,1)的随机数或指定维的随机数组
random(size=None)	同 random_sample(size=None)
sample([size])	同 random_sample([size])
choice(a,size=None,replace=True,p=None)	从 a(数组)中选取 size 个(维度)随机数,replace=True 表示可重复抽取,p 是 a 中每个数出现的概率,p 的长度和 a 的长度必须相同,且 p 中元素之和为 1,否则报错;若 a 是整数,则 a 代表的数组是 np.range(a)
bytes(length)	生成随机字节

部分生成简单随机数的函数如下。

(1) rand(d0,d1,…,dn)。

```
>>>from numpy import random
>>>random.rand()                    #生成[0,1)均匀分布的随机数
0.26091475743474
>>>random.rand(5)                   #生成一个形状为 5 的一维数组
array([0.39347271, 0.48445215, 0.75060248, 0.56305932, 0.36042016])
>>>random.rand(2,3)                 #生成 2×3 的二维数组
array([[0.14348196, 0.4153655 , 0.43341674],
       [0.83781023, 0.99925649, 0.39293883]])
```

(2) randn(d0,d1,…,dn)。

```
>>>random.randn()                   #无参
1.4798279036179214
>>>random.randn(2,3)                #生成 2×3 的二维数组
array([[0.32426548,  1.67166582,  0.61398562],
       [-0.80949354,  0.38630344,  0.60296898]])
```

(3) randint(low,high=None,size=None,dtype='I')。

```
>>>random.randint(3,size=5)         #生成 5 个[0,3)的随机整数
array([0, 0, 2, 2, 1])
>>>random.randint(2,6,(2,3))        #生成 2×3 的随机整数二维数组，整数取值范围为[2,6)
array([[2, 3, 3],
```

```
        [4, 2, 2]])
```

(4) random_sample(size=None)。

```
>>>random.random_sample()        #生成一个[0,1)的随机浮点数
0.6834957797352343
>>>random.random_sample(2)       #生成 shape=2 的一维数组
array([0.89888107, 0.44997489])
>>>random.random_sample((2,3)) #生成 2×3 的二维数组
array([[0.95211226, 0.10665191, 0.50584127],
       [0.72724414, 0.85263057, 0.46839588]])
```

(5) choice(a,size=None,replace=True,p=None)。

```
>>>import numpy as np
>>>np.random.choice(3)          #a 为整数,size 为 None,生成一个 range(3)中的随机数
1
>>>np.random.choice(2,2)        #a 为整数,size 为整数,生成一个 shape=2 的一维数组
array([0, 1])
#a 为数组,size 为整数元组,生成 2×3 的二维数组
>>>np.random.choice(np.array(['a','b','c','f']),(2,3))
array([['c', 'a', 'f'],
       ['b', 'b', 'f']], dtype='<U1')
#生成 shape=3 的一维数组,元素取值为 1 或 2 的随机数
>>>np.random.choice(5,3,p=[0,0.5,0.5,0,0])
array([2, 1, 1], dtype=int64)
```

7.3.2 随机分布

numpy.random 模块中常用的随机分布函数如表 7-7 所示。

表 7-7　numpy.random 模块中常用的随机分布函数

随机分布函数	函数功能
binomial(n,p,size=None)	产生 size 个二项分布的样本值,size 缺省,则采样一个,n 表示 n 次实验,p 表示每次实验发生(成功)的概率,其中 n>0 且 p 在区间[0,1]中。函数的返回值表示 n 次实验中发生(成功)的次数
exponential(scale=1.0,size=None)	产生 size 个指数分布的样本值,这里的 scale 是 β,为标准差,β=1/λ,λ 为单位时间内事件发生的次数
normal(loc=0.0,scale=1.0,size=None)	产生 size 个正态(高斯)分布的样本值,loc 为正态分布的均值,对应整个分布的中心 center,scale 为正态分布的标准差,对应于分布的宽度,scale 越大、越矮胖,scale 越小、越瘦高,size 缺省,则采样一个
poisson(lam=1.0,size=None)	从泊松分布中生成随机数,lam 是单位时间内事件的平均发生次数
uniform(low=0.0,high=1.0,size=None)	产生 size 个均匀分布[low,high)的样本值,size 为 int 或元组类型,如 size=(m,n,k),则输出 m*n*k 个样本,缺省时输出一个值

部分随机分布函数如下。

(1) binomial(n,p,size=None)。

```
>>>from numpy import random
>>>n, p=10, 0.6
>>>random.binomial(n,p,size=20)       #取样 20 个,每个值为 10 次实验中发生的次数
array([4, 5, 6, 7, 6, 7, 5, 7, 7, 6, 5, 7, 8, 7, 8, 5, 7, 5, 6, 2])
```

(2) normal(loc=0.0,scale=1.0,size=None)。

```
#从某一正态分布(由均值和标准差标识)中获得样本
>>>from numpy import random
>>>import numpy as np
>>>mu, sigma=0, 1
>>>s=random.normal(loc=mu, scale=sigma, size=1000)       #获取 1000 个样本值
#绘制样本的直方图和概率密度函数
>>>import matplotlib.pyplot as plt
>>>count, bins, patches=plt.hist(s, 30, density=True)
>>>plt.plot(bins, 1/(sigma * np.sqrt(2 * np.pi)) * np.exp(- (bins-mu)**2/(2 *
sigma**2)), linewidth=2, color='r')
[<matplotlib.lines.Line2D object at 0x000000000AB745C0>]
>>>plt.show()        #绘制的直方图以及概率密度函数曲线如图 7-1 所示
```

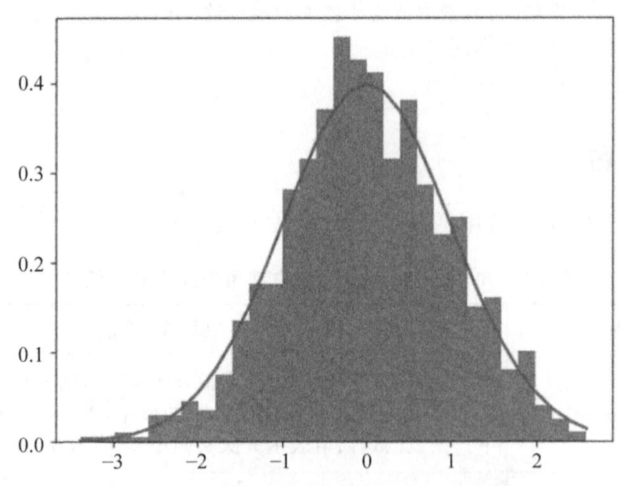

图 7-1 绘制的直方图以及概率密度函数曲线

(3) poisson(lam=1.0,size=None)。

```
>>>import numpy as np
>>>import matplotlib.pyplot as plt
>>>s=np.random.poisson(100, 10000)
>>>count,bins,patches=plt.hist(s,100)       #绘制样本数据的直方图
>>>plt.show()        #泊松分布样本数据的直方图如图 7-2 所示
```

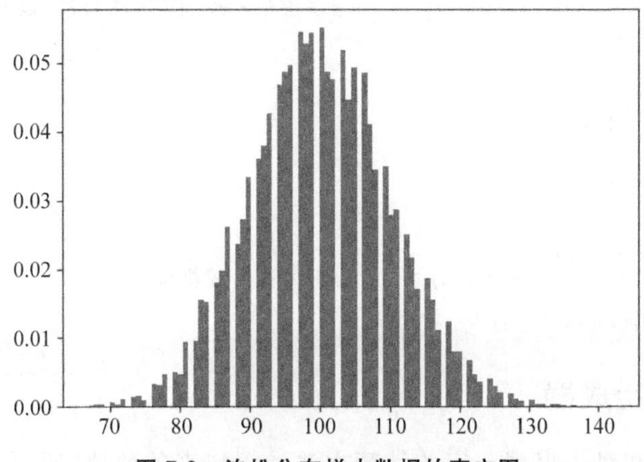

图 7-2　泊松分布样本数据的直方图

注意：二项分布与泊松分布都是离散分布，二项分布的极限分布是泊松分布，泊松分布的极限分布是正态分布，即 $\lambda=np$，当 n 很大时，可以近似相等。当 n 很大时(还没达到连续的程度)，可以用泊松分布近似代替二项分布；当 n 再变大，几乎可以看成连续时，二项分布和泊松分布都可以用正态分布来代替。

7.3.3　随机排列

numpy. random 模块中用于将所给对象随机排列的函数如表 7-8 所示。

表 7-8　numpy. random 模块中用于将所给对象随机排列的函数

函数名称	函数功能
shuffle(x)	打乱对象 x(多维数组按照第一维打乱)，直接在原来的数组上进行操作，改变原来数组元素的顺序，无返回值，x 可以是数组或者列表
permutation(x)	打乱并返回新对象(多维数组按照第一维打乱)，不直接在原数组上进行操作，而是返回一个新的打乱元素顺序的数组，并不改变原来的数组，x 可以是整数或者列表，如果是整数 k，那就随机打乱 numpy. arange(k)

(1) shuffle(x)。

```
>>>import numpy as np
>>>arr=np.arange(10)
>>>np.random.shuffle(arr)
>>>arr
array([5, 8, 7, 3, 6, 4, 0, 1, 2, 9])
>>>arr1=np.arange(9).reshape((3, 3))
>>>arr1
array([[0, 1, 2],
       [3, 4, 5],
       [6, 7, 8]])
>>>np.random.shuffle(arr1)
```

```
>>>arr1                              #多维矩阵按照第一维打乱,以行为单位进行打乱
array([[6, 7, 8],
       [0, 1, 2],
       [3, 4, 5]])
```

(2) permutation(x)。

```
>>>import numpy as np
>>>np.random.permutation(10)         #返回一个随机排列
array([2, 3, 9, 7, 5, 8, 4, 0, 1, 6])
```

7.3.4 随机数生成器

随机数是由随机种子根据一定的计算方法计算出来的数值,所以,只要计算方法一定,随机种子一定,那么产生的随机数就不会变。

numpy.random.seed([seed]):用来确定随机数生成器的种子,如果在 seed()中传入的数字相同,那么接下来使用 random()、rand()、permutation()等方法所生成的随机数都是相同的,仅限使用一次 random()、rand()、permutation()等方法,第二次以及更多次使用 random()、rand()、permutation()等方法,仍然是产生不同的随机数。下面给出 seed([seed])函数的几个应用举例,注意它们的输出结果。

【例 7-1】

```
import numpy as np
for i in range(3):
    np.random.seed()            #seed()无参数
    perm=np.random.permutation(10)
    print(perm)
```

上述代码在 IDLE 中运行的结果如下:

```
[3 1 0 4 8 9 5 7 6 2]
[8 3 0 4 2 1 5 9 6 7]
[4 7 3 6 1 9 5 2 0 8]
```

【例 7-2】

```
import numpy as np
for i in range(3):
    np.random.seed(10)          #每次 seed()函数的参数值都是 10
    perm=np.random.permutation(10)
    print(perm)
```

上述代码在 IDLE 中运行的结果如下:

```
[8 2 5 6 3 1 0 7 4 9]
[8 2 5 6 3 1 0 7 4 9]
[8 2 5 6 3 1 0 7 4 9]
```

【例 7-3】

```
import numpy as np
for i in range(3):
    np.random.seed(i)          #每次 seed()函数的参数值都不同
    perm=np.random.permutation(10)
    print(perm)
```

上述代码在 IDLE 中运行的结果如下：

```
[2 8 4 9 1 6 7 3 0 5]
[2 9 6 4 0 3 1 7 8 5]
[4 1 5 0 7 2 3 6 9 8]
```

【例 7-4】

```
import numpy as np
for i in range(3):
    np.random.seed(10)         #每次 seed()函数的参数值都相同
    perm=np.random.permutation(10)
    print(perm)
    perm=np.random.permutation(10)
    print(perm)
```

上述代码在 IDLE 中运行的结果如下：

```
[8 2 5 6 3 1 0 7 4 9]
[5 3 4 7 6 8 9 2 1 0]
[8 2 5 6 3 1 0 7 4 9]
[5 3 4 7 6 8 9 2 1 0]
[8 2 5 6 3 1 0 7 4 9]
[5 3 4 7 6 8 9 2 1 0]
```

7.4　数组的运算

7.4.1　算术运算与函数运算

数组最常用的运算是算术运算，可以为数组的每个元素加上或乘以某个数值，可以让两个数组对应元素之间做加、减、乘、除运算等。

```
>>>import numpy as np
>>>a=np.array([[1,2,3],[4,5,6]])
>>>a
array([[1, 2, 3],
       [4, 5, 6]])
```

```
>>>a+6          #数组 a 中的每个元素加 6
array([[7,  8,  9],
       [10, 11, 12]])
>>>a*2          #数组 a 中的每个元素乘以 2
array([[2,  4,  6],
       [8, 10, 12]])
>>>b=np.array([[1,2,3],[4,5,6]])
>>>a+b          #a、b 两个数组对应位置上的元素相加
array([[2,  4,  6],
       [8, 10, 12]])
>>>a-b          #a、b 两个数组对应位置上的元素相减
array([[0, 0, 0],
       [0, 0, 0]])
>>>a*b          #a、b 两个数组对应位置上的元素相乘
array([[1,  4,  9],
       [16, 25, 36]])
>>>a/b          #a、b 两个数组对应位置上的元素相除
array([[1.,  1.,  1.],
       [1.,  1.,  1.]])
```

此外，通过在数组和数字之间使用条件运算符，例如大于号，将会得到由布尔值组成的数组，对于原数组中满足条件的元素，布尔数组中处于同等位置的元素为 True。

```
>>>a=np.random.random((4,4))
>>>a
array([[0.87946123,  0.18813443,  0.40653531,  0.16681976],
       [0.47983569,  0.8154622 ,  0.60523502,  0.63313401],
       [0.26820056,  0.01313951,  0.40508807,  0.27654031],
       [0.12925672,  0.16174955,  0.54596369,  0.0266615 ]])
>>>a>0.5
array([[True, False, False, False],
       [False,  True,  True,  True],
       [False, False, False, False],
       [False, False,  True, False]], dtype=bool)
```

直接把 a>0.5 的条件表达式置于方括号中，能抽取所有大于 0.5 的元素，组成一个新数组。

```
>>>b=a[a>0.5]
>>>b
array([0.87946123,  0.8154622,  0.60523502,  0.63313401,  0.54596369])
```

(1) numpy 模块中对一个数组的元素进行算术运算的一元函数如表 7-9 所示。

表 7-9　numpy 模块中对数组的元素进行算术运算的一元函数

函　　数	说　　明
abs()	计算各元素的绝对值
sqrt()	计算各元素的平方根
square()	计算各元素的平方
exp()	计算各元素的指数 e^x
log()、log10()	计算各元素的自然对数、底数为 10 的对数
sign()	计算各元素的正负号：1(正数)、0(零)、−1(负数)
ceil()	对各元素向上取整
floor()	对各元素向下取整
rint()	对各元素四舍五入到正数，保留 dtype
modf()	将数组的小数和整数部分以两个独立数组的形式返回
cos()、sin()、tan()	对各元素进行三角函数求值
arccos()、arcsin()、arctan()	对各元素进行反三角函数求值

```
>>>import numpy as np
>>>a=np.array([[1,2,3],[4,5,6]])
>>>np.sqrt(a)               #计算各元素的平方根
array([[1.        ,  1.41421356,  1.73205081],
       [2.        ,  2.23606798,  2.44948974]])
>>>np.square(a)             #计算各元素的平方
array([[1,  4,  9],
       [16, 25, 36]], dtype=int32)
>>>b=np.array([[1.44,4.84,9],[4,22.5,25]])
>>>b
array([[1.44,   4.84,   9.],
       [4.  ,  22.5 ,  25.]])
>>>np.floor(b)              #向下取整
array([[1.,   4.,   9.],
       [4.,  22.,  25.]])
>>>np.ceil(b)               #向上取整
array([[2.,   5.,   9.],
       [4.,  23.,  25.]])
>>>np.modf(b)               #将数组的小数和整数部分以两个独立数组的形式返回
(array([[0.44,  0.84,  0.],
       [0.  ,  0.5 ,  0.]]), array([[1.,   4.,   9.],
       [4.,  22.,  25.]]))
```

(2) numpy 模块中对两个数组的元素进行算术运算的二元函数如表 7-10 所示。

表 7-10 numpy 模块中对两个数组的元素进行算术运算的二元函数

函 数	说 明
add(a,b)	将两个数组中对应的元素相加,a、b 为两个 ndarray 数组
substract(a,b)	将两个数组中对应的元素相减
multiply(a,b)	两个数组中对应的元素相乘
power(a,b)	对第一个数组中的元素 x,第二个数组中的对应位置的元素 y,计算 x 的 y 次方
greate()、greate_equal()、less()、less_equal()、equal()、not_equal()	将两个数组中对应的元素进行比较运算,最终产生布尔型的数组。相当于运算符＞、＞＝、＜、＜＝、＝＝、!＝
logical_and()、logical_or()、logical_not()、logical_xor()	将两个数组中对应的元素进行真值逻辑运算。相当于中缀运算符 &、|、~、^

```
>>>a=np.array([[1,2,3],[4,5,6]])
>>>b=np.array([[1,2,3],[4,5,6]])
>>>np.add(a,b)
array([[2,  4,  6],
       [8, 10, 12]])
>>>np.multiply(a,b)
array([[1,  4,  9],
       [16, 25, 36]])
>>>np.equal(a,b)
array([[True,  True,  True],
       [True,  True,  True]], dtype=bool)
>>>np.logical_and(a,b)
array([[True,  True,  True],
       [True,  True,  True]], dtype=bool)
```

7.4.2 统计计算

ndarray 数组对象的常用统计计算方法如表 7-11 所示,ndarray 数组对象的很多统计计算方法都有一个 axis 参数,它有如下作用。

表 7-11 ndarray 数组对象的常用统计计算方法

常用统计计算方法	功 能
ndarray.max(axis=None,out=None)	返回根据指定的 axis 计算最大值,axis=0 表示求各 column 的最大值,axis=1 表示求各 row 的最大值,out 是 ndarray 对象,用来存放函数返回值,要求其 shape 必须与函数返回值的 shape 一致
ndarray.argmax(axis=None,out=None)	返回根据指定 axis 计算最大值的索引
ndarray.min(axis=None,out=None)	返回根据指定的 axis 计算最小值

续表

常用统计计算方法	功　能
ndarray.argmin(axis=None,out=None)	返回指定 axis 最小元素的索引
ndarray.ptp(axis,out)	返回根据指定 axis 计算最大值与最小值的差
ndarray.clip(min,max,out)	返回数组元素限制在[min,max]的新数组，小于 min 的转为 min，大于 max 的转为 max
ndarray.trace(offset=0,axis1=0,axis2=1,dtype=None,out=None)	返回数组的迹(对角线元素的和)，offset 表示离开主对角线的偏移量
ndarray.sum(axis=None,dtype=None,out=None)	返回指定 axis 的所有元素的和，默认求所有元素的和
ndarray.cumsum(axis=None,dtype=None,out=None)	按照所给定的轴参数返回元素的累计和
ndarray.mean(axis=None,dtype=None,out=None)	返回指定 axis 的数组元素均值
ndarray.var(axis=None,dtype=None,out=None,ddof=0)	根据指定的 axis 计算数组的方差
ndarray.std(axis=None,dtype=None,out=None,ddof=0)	根据指定 axis 计算数组的标准差
ndarray.prod(axis=None,dtype=None,out=None)	返回指定轴的所有元素乘积
ndarray.cumprod(axis=None,dtype=None,out=None)	返回指定轴的累积
ndarray.all(axis,dtype,out)	根据指定 axis 判断所有元素是否全部为真，如果所有元素都为真，那么返回真，否则返回假
ndarray.any(axis,out,keepdims)	根据指定 axis 判断是否有元素为真，只要有一个元素为真则返回真

(1) 当 axis=None(默认)时，数组被当成一个一维数组，**对数组的计算操作是对整个数组进行的**，例如 sum()方法，就是求数组中所有元素的和。

(2) 当 axis 被指定为一个 int 整数时，对数组的计算操作是以提供的 axis 轴进行的，axis=0 表示对 column(列)进行操作，axis=1 表示对 row(行)进行操作。

ndarray 数组对象的常用统计计算方法使用举例。

(1) ndarray.max(axis=None,out=None)。

```
>>>import numpy as np
>>>a=np.array([[2, 3, 4, 9],[8, 7, 6, 5],[4, 3, 5, 8]])
>>>a
array([[2, 3, 4, 9],
       [8, 7, 6, 5],
```

```
       [4, 3, 5, 8]])
>>>a.max()                     #默认将数组看成一维,返回最大值元素
9
>>>o=np.ndarray(shape=3)
>>>a.max(axis=1,out=o)         #axis=1表示求各行的最大值
array([9., 8., 8.])
>>>print(o)
[9. 8. 8.]
>>>a.max(axis=0)               #axis=0表示求各列的最大值
array([8, 7, 6, 9])
```

(2) ndarray.argmax(axis=None,out)。

```
>>>a.argmax(axis=0)            #按列求每列最大值元素的索引
array([1, 1, 1, 0], dtype=int32)
>>>a.argmax(axis=1)            #按行求每行最大值元素的索引
array([3, 0, 3], dtype=int32)
>>>a.argmax()                  #默认将数组看成一维,返回最大值元素的索引
3
```

(3) ndarray.ptp([axis,out])。

```
>>>a.ptp(axis=1)               #返回按行计算每行最大值与最小值的差
array([7, 3, 5])
>>>a.ptp()                     #返回整个数组中最大值与最小值的差
7
```

(4) ndarray.clip(min,max,out)。

```
#返回数组元素限制在[5, 8]的新数组,小于5的转为5,大于8的转为8
>>>a=np.array([[2, 3, 4, 9],[8, 7, 6, 5],[4, 3, 5, 8]])
>>>a.clip(5, 8)
array([[5, 5, 5, 8],
       [8, 7, 6, 5],
       [5, 5, 5, 8]])
```

(5) ndarray.sum(axis=None,dtype=None,out=None)。

```
>>>a=np.array([[2, 3, 4, 9],[8, 7, 6, 5],[4, 3, 5, 8]])
>>>a.sum(axis=1)               #求每行所有元素的和
array([18, 26, 20])
```

(6) ndarray.cumsum(axis=None,dtype=None,out=None)。

```
>>>a=np.array([[2, 3, 4, 9],[8, 7, 6, 5],[4, 3, 5, 8]])
>>>a.cumsum(axis=1)            #按行求累计和
array([[2,  5,  9, 18],
       [8, 15, 21, 26],
       [4,  7, 12, 20]], dtype=int32)
```

(7) ndarray. cumprod(axis=None,dtype=None,out=None)。

```
>>>a=np.array([[2, 3, 4, 9],[8, 7, 6, 5],[4, 3, 5, 8]])
>>>a.cumprod(axis=1)          #得到每行元素的累积
array([[2,    6,   24,   216],
       [8,   56,  336, 1680],
       [4,   12,   60,   480]], dtype=int32)
```

(8) ndarray. all(axis,dtype,out)。

```
>>>a=np.array([[2, 3, 4, 9],[8, 7, 6, 5],[4, 3, 5, 8]])
>>>a.all()
True                               #表明数组 a 的所有元素全为真
```

7.4.3 线性代数运算

在 numpy 中,用 * 进行两个数组相乘是两个数组对应位置上的元素相乘。numpy 用 dot()函数执行一般意义上的矩阵(用 ndarray 数组表示)乘积,矩阵 **A**、**B** 乘积运算时要求矩阵 **A** 的列数必须等于矩阵 **B** 的行数,**A**、**B** 乘积结果是一个矩阵,其第 m 行第 n 列的元素等于矩阵 **A** 的第 m 行的元素与矩阵 **B** 的第 n 列对应元素乘积之和。

```
>>>import numpy as np
>>>A=np.arange(1,10).reshape((3,3))
>>>A
array([[1, 2, 3],
       [4, 5, 6],
       [7, 8, 9]])
>>>B=np.ones(shape=(3,3),dtype=int)  #通过 shape 指定生成 3×3 的全为 1 的数组
>>>B
array([[1, 1, 1],
       [1, 1, 1],
       [1, 1, 1]])
>>>np.dot(A,B)                        #执行两个矩阵的乘积运算
array([[6,  6,  6],
       [15, 15, 15],
       [24, 24, 24]])
```

注意：**A**、**B** 都是一维数组时,dot()函数返回一个标量。

```
>>>a=np.array([1,2,3])
>>>b=np.array([1,2,3])
>>>np.dot(a,b)
14
```

矩阵乘积的另外一种写法是把 dot()函数当作其中一个矩阵对象的方法。

```
>>>A.dot(B)
```

```
array([[6,  6,  6],
       [15, 15, 15],
       [24, 24, 24]])
```

numpy 的 linalg 模块提供了一些进行线性代数运算的函数，使用这个模块，可以计算逆矩阵、求特征值、解线性方程组以及求解行列式等。linalg 模块中常用的函数如表 7-12 所示。

表 7-12 linalg 模块中常用的函数

函　数	描　述
det()	计算矩阵行列式
eig(A)	计算方阵 **A** 的特征值和特征向量
inv(A)	计算方阵 **A** 的逆
svd (A,full_matrices=1, compute_uv=1)	对矩阵进行奇异值分解，该函数返回 3 个矩阵——**U**、Sigma 和 **V**，其中 **U** 和 **V** 是正交矩阵，Sigma 是输入矩阵的奇异值
solve(a,b)	求解形如 $\boldsymbol{AX}=\boldsymbol{B}$ 的线性方程组，其中 **A** 是一个 $N\times N$ 的二维数组，而 **B** 是一个长度为 N 的一维数组，数组 **X** 是待求解的线性方程组的解

1. 求方阵的逆矩阵

设 **A** 是数域上的一个 n 阶矩阵，若存在 n 阶矩阵 **B** 使得 $\boldsymbol{AB}=\boldsymbol{BA}=\boldsymbol{E}$(单位矩阵)，则称 **A** 是可逆矩阵，称 **B** 是 **A** 的逆矩阵。

```
>>>import numpy as np
>>>A=np.array([[1,2,3],[1,0,-1],[0,1,1]])
>>>A
array([[1,  2,  3],
       [1,  0, -1],
       [0,  1,  1]])
>>>B=np.linalg.inv(A)
>>>B
array([[0.5,  0.5, -1. ],
       [-0.5,  0.5,  2. ],
       [0.5, -0.5, -1. ]])
>>>np.dot(A,B)        #检查原矩阵 A 和求得的逆矩阵 B 相乘的结果是否为单位矩阵
array([[1.,  0.,  0.],
       [0.,  1.,  0.],
       [0.,  0.,  1.]])
```

2. 求解线性方程组

下面给出使用 solve()方法求解线性方程组$\begin{cases}2x+3y-5z=3\\x-2y+z=0\\3x+y+3z=7\end{cases}$的举例。

```
>>>import numpy as np
>>>A=np.array([[2,3,-5],[1,-2,1],[3,1,3]])
>>>A
array([[2,  3, -5],
       [1, -2,  1],
       [3,  1,  3]])
>>>b=np.array([3,0,7])
>>>b
array([3, 0, 7])
>>>c=np.linalg.solve(A,b)    #用 c 存储函数的返回值
>>>c                         #展示求出的解
array([1.42857143,  1.        ,  0.57142857])
```

3. 求解特征值和特征向量

设 $\boldsymbol{A}$ 是 n 阶方阵，若存在 n 维非零向量 x，使 $\boldsymbol{Ax}=\lambda\boldsymbol{x}$，则称数 λ 为 $\boldsymbol{A}$ 的特征值，称 $\boldsymbol{x}$ 为 $\boldsymbol{A}$ 的对应于特征值 λ 的特征向量。$\boldsymbol{Ax}=\lambda\boldsymbol{x}$ 方程的左边就是把向量 $\boldsymbol{x}$ 变到另一个位置，右边是把向量 $\boldsymbol{x}$ 做了一个拉伸。任意给定一个矩阵 $\boldsymbol{A}$，并不是对所有的向量 $\boldsymbol{x}$ 它都能拉长(缩短)。凡是能被矩阵 $\boldsymbol{A}$ 拉长(缩短)的向量 $\boldsymbol{x}$ 就称为矩阵 $\boldsymbol{A}$ 的特征向量；拉长(缩短)的量 λ 就是这个特征向量对应的特征值。

numpy. linalg 模块中，eigvals()函数可以计算矩阵的特征值；eig()函数可以返回一个包含特征值和对应的特征向量的元组，第一列为特征值，第二列为特征向量。

```
>>>A=np.array([[1,2,2],[2,1,2],[2,2,1]])
>>>A
array([[1, 2, 2],
       [2, 1, 2],
       [2, 2, 1]])
>>>np.linalg.eigvals(A)    #调用 eigvals()函数求解特征值
array([-1.,  5., -1.])
>>>np.linalg.eig(A)        #调用 eig()函数求解特征值和特征向量
(array([-1.,  5., -1.]), array([[-0.81649658,  0.57735027,  0.        ],
       [0.40824829,  0.57735027, -0.70710678],
       [0.40824829,  0.57735027,  0.70710678]]))
```

4. 奇异值分解

奇异值分解(Singular Value Decomposition，SVD)不仅可用于降维算法中的特征分解，还可以用于推荐系统，以及自然语言处理等领域。

SVD 对矩阵进行分解，SVD 不要求要分解的矩阵为方阵。假设矩阵 $\boldsymbol{A}$ 是一个 $m\times n$ 的矩阵，矩阵 $\boldsymbol{A}$ 的 SVD 为

$$\boldsymbol{A}=\boldsymbol{U\Sigma V}^{\mathrm{T}}$$

其中，$\boldsymbol{U}$ 是一个 $m\times m$ 的矩阵；$\boldsymbol{\Sigma}$ 是一个 $m\times n$ 的矩阵，除了主对角线上的元素以外全为

0;V 是一个 $n \times n$ 的矩阵。U 和 V 的列分别叫作 A 的左奇异向量和右奇异向量,Σ 的对角线上的值叫作 A 的奇异值。U 和 V 都是正交矩阵,所谓正交矩阵,指的是一个方阵其行与列皆为正交的单位向量,正交矩阵的转置和其逆相等,两个向量正交的意思是两个向量的内积为 0。也就是说 U 和 V 满足:$U^T U = I, V^T V = I, U^T = U^{-1}, V^T = V^{-1}$ 其中 I 是单位矩阵。

求解 SVD 的过程就是求解 U、Σ 和 V 这 3 个矩阵的过程,而求解这 3 个矩阵的过程就是求解特征值和特征向量的过程,其中 U 的列由 AA^T 的单位化过的特征向量构成,V 的列由 $A^T A$ 的单位化过的特征向量构成,Σ 的对角元素来源于 AA^T 或 $A^T A$ 的特征值的平方根,并且是按从大到小的顺序排列的。因此,求解 SVD 就是求 AA^T 的特征值和特征向量,用单位化的特征向量构成 U;求 $A^T A$ 的特征值和特征向量,用单位化的特征向量构成 V;将 AA^T 或 $A^T A$ 的特征值求平方根,然后构成 Σ。

```
>>>import numpy as np
>>>A=np.array([[0,1],[1,1],[1,0]])
>>>A
array([[0, 1],
       [1, 1],
       [1, 0]])
'''使用 svd()函数分解矩阵,返回 U、Σ 和 V这 3 个矩阵(由数组表示),但这里的Σ是由奇异值构成的一维数组,可使用 diag()函数生成完整的奇异值矩阵'''
>>>np.linalg.svd(A)
(array([[-0.40824829,  0.70710678,  0.57735027],
       [-0.81649658,  0.        , -0.57735027],
       [-0.40824829, -0.70710678,  0.57735027]]), array([1.73205081,
       1.        ]), array([[-0.70710678, -0.70710678],
       [-0.70710678,  0.70710678]]))
>>>U,Sigma,V  =np.linalg.svd(A)
>>>U
array([[-0.40824829,  0.70710678,  0.57735027],
       [-0.81649658,  0.        , -0.57735027],
       [-0.40824829, -0.70710678,  0.57735027]])
>>>V
array([[-0.70710678, -0.70710678],
       [-0.70710678,  0.70710678]])
>>>Sigma
array([1.73205081, 1.        ])
>>>np.diag(Sigma)          #使用 diag()函数生成完整的奇异值矩阵,忽略全为 0 的行
array([[1.73205081, 0.        ],
       [0.        , 1.        ]])
```

7.4.4 排序

ndarray 数组对象的排序元素的常用方法如表 7-13 所示。

表 7-13　ndarray 数组对象的排序元素的常用方法

排序元素的方法	方 法 功 能
ndarray. sort(axis=－1,kind='quicksort',order=None)	原地对数组元素进行排序,即排序后改变了原数组,axis 指定排序沿着数组的(轴)方向,0 表示按行,1 表示按列,axis 默认值为－1,表示沿最后的轴排序;kind 指定排序的算法,其取值集合为{'quicksort','mergesort','heapsort'},order 指定元素的排列顺序,默认升序
ndarray. argsort(axis = － 1,kind='quicksort',order=None)	返回对数组进行升序排序之后的数组元素在原数组中的索引

(1) ndarray. sort(axis=－1,kind='quicksort',order=None)。

```
>>>y=np.array([1, 3, 4, 9, 8, 7, 6, 5, 3, 10, 2])
>>>y.sort()  #原地排序
>>>y
array([1,  2,  3,  3,  4,  5,  6,  7,  8,  9, 10])
>>>y1=np.array([[0,15,10,5],[25, 22, 3, 2],[55, 45, 59, 50]])
>>>y1
array([[0, 15, 10,  5],
       [25, 22,  3,  2],
       [55, 45, 59, 50]])
>>>y1.sort()
>>>y1
array([[0,  5, 10, 15],
       [2,  3, 22, 25],
       [45, 50, 55, 59]])
```

(2) ndarray. argsort(axis=－1,kind='quicksort',order=None)。

```
>>>z=np.array([1, 3, 4, 9, 8, 7, 6, 5, 3, 10, 2])
>>>z.argsort()     #返回对数组进行升序排序之后的数组元素在原数组中的索引
array([0, 10,  1,  8,  2,  7,  6,  5,  4,  3,  9], dtype=int32)
```

此外,numpy 模块也提供了 sort()和 argsort()排序方法。

(1) numpy. sort(a,axis=－1,kind='quicksort',order=None)。

函数功能:对数组 a 排序,返回一个排序后的数组(与 a 相同维度),a 不变。

a:要排序的数组,其他参数同 ndarray. sort()。

(2) numpy. argsort(a,axis=－1,kind='quicksort',order=None)。

函数功能:对数组 a 排序,返回一个排序后的数组元素在原数组中的索引,a 不变。

a:要排序的数组,其他参数同 ndarray. argsort()。

7.4.5　数组拼接与切分

有时候需要用已有的数组创建新数组,有时候需要切分已有数组创建新数组。numpy 提供了一些函数来实现数组的拼接与切分。

1. 数组拼接

1）垂直拼接

vstack(tup)用来将列数相同的数组序列 tup 中的数组进行竖直方向的拼接，即把数组序列 tup 中后一个数组作为行追加到前一个数组的下边，数组向竖直方向上生长。参数 tup 的类型可以是元组、列表或者 numpy 数组，返回结果为 numpy 数组。

```
>>>a=np.array([1, 2, 3])
>>>b=np.array([2, 3, 4])
>>>np.vstack((a,b))
array([[1, 2, 3],
       [2, 3, 4]])
```

可将两个数组通过 reshape 转换为列数相同的数组后再进行 vstack 拼接。

```
>>>a=np.arange(16).reshape(4,4)
>>>b=np.arange(12).reshape(3,4)
>>>np.vstack((a,b))
array([[0,  1,  2,  3],
       [4,  5,  6,  7],
       [8,  9, 10, 11],
       [12, 13, 14, 15],
       [0,  1,  2,  3],
       [4,  5,  6,  7],
       [8,  9, 10, 11]])
```

2）水平拼接

hstack(tup)用来将行数相同的数组序列 tup 中的数组进行水平方向的拼接，即把数组序列 tup 中后一个数组作为列追加到前一个数组的右边，数组向水平方向上生长。参数 tup 的类型可以是元组、列表或者 numpy 数组，返回结果为 numpy 的数组。

```
>>>a=np.array([1, 2, 3]).reshape(3,1)
>>>b=np.array([4, 5, 6]).reshape(3,1)
>>>a
array([[1],
       [2],
       [3]])
>>>b
array([[4],
       [5],
       [6]])
>>>np.hstack((a,b))
array([[1, 4],
       [2, 5],
       [3, 6]])
```

2. 数组切分

1）水平切分

numpy 提供了函数 hsplit()用来水平方向上切分数组，水平切分是把数组按照宽度切分为两部分，例如把 4×4 的数组切分为两个 4×2 的数组。hsplit()的语法格式如下：

```
hsplit(ary, indices_or_sections)
```

参数说明如下。

ary：表示待切分的数组。

indices_or_sections：可以是一个整数，表示平均切分的个数，必须要均等分，否则会报错，也可是一个数组元素递增的整数一维数组，如[2,3]表示要将 ary 分成 ary[：2]、ary[2：3]、ary[3：]三个子数组。

```
>>>a=np.arange(16).reshape(4,4)
>>>a
array([[0,  1,  2,  3],
       [4,  5,  6,  7],
       [8,  9, 10, 11],
       [12, 13, 14, 15]])
>>>x,y,z=np.hsplit(a,[2,3]) #返回三个子数组
>>>x
array([[0,  1],
       [4,  5],
       [8,  9],
       [12, 13]])
>>>y
array([[2],
       [6],
       [10],
       [14]])
>>>z
array([[3],
       [7],
       [11],
       [15]])
```

2）竖直切分

numpy 提供了函数 vsplit(ary,indices_or_sections)用来竖直方向上切分数组。

```
>>>a=np.arange(16).reshape(4,4)
>>>a
array([[0,  1,  2,  3],
       [4,  5,  6,  7],
       [8,  9, 10, 11],
```

```
        [12, 13, 14, 15]])
>>>np.vsplit(a, 2)
[array([[0, 1, 2, 3],
        [4, 5, 6, 7]]), array([[8,  9, 10, 11],
        [12, 13, 14, 15]])]
```

7.5 读写数据文件

numpy 提供了读写文件的函数，可以把数据分析结果方便地写入文本文件或二进制文件中，也可以从文件中读取数据并将其转换为数组。

7.5.1 读写二进制文件

numpy 中的 save()函数以二进制格式保存数组到一个文件中，文件的扩展名为 npy，该扩展名是由系统自动添加的。numpy 中的 load()函数从二进制文件中读取数据。save()函数的语法格式如下：

```
numpy.save(file, arr)
```

参数说明如下。

file：用来保存数组的文件名或文件路径，是字符串类型。

arr：要保存的数组。

```
>>>import numpy as np
>>>A=np.arange(16).reshape(2,8)
>>>A
array([[0,  1,  2,  3,  4,  5,  6,  7],
       [8,  9, 10, 11, 12, 13, 14, 15]])
>>>np.save("C:/workspace/Python/A.npy",A)
#如果文件路径末尾没有扩展名 npy,系统会自动添加该扩展名
>>>B=np.load("C:/workspace/Python/A.npy") #load()用来读取二进制文件
>>>B
array([[0,  1,  2,  3,  4,  5,  6,  7],
       [8,  9, 10, 11, 12, 13, 14, 15]])
```

如果想要将多个数组保存到一个文件中，可以使用 numpy.savez()函数。savez()函数的第一个参数是文件名，其后的参数都是需要保存的数组，也可以使用关键字参数为数组起一个名字，非关键字参数传递的数组会自动起名为 arr_0、arr_1 等。savez()函数的输出是一个压缩文件(扩展名为 npz)，其中每个文件都是一个 save()函数保存的 npy 文件，一个文件名对应一个数组名。load()函数自动识别 npz 文件，并返回一个类似于字典的对象，可以通过保存时为数组起的名字作为关键字获取相应数组的内容。

```
>>>import numpy as np
>>>A=np.arange(16).reshape(2,8)
```

```
>>>B=np.arange(15).reshape(3,5)
>>>np.savez("C:/workspace/Python/C.npz",A,B)
>>>D=np.load("C:/workspace/Python/C.npz")
>>>D['arr_0']
array([[0,  1,  2,  3,  4,  5,  6,  7],
       [8,  9, 10, 11, 12, 13, 14, 15]])
>>>D['arr_1']
array([[0,  1,  2,  3,  4],
       [5,  6,  7,  8,  9],
       [10, 11, 12, 13, 14]])
```

7.5.2　读写文本文件

numpy 中的 savetxt()函数用于将数组中的数据存放到文本文件中，savetxt()的语法格式如下：

```
numpy.savetxt(filename, arr, fmt='%.18e', delimiter=' ', newline='\n')
```

参数说明如下。

filename：存放数据的文件名。

arr：要保存的数组。

fmt：指定数据存入的格式。

delimiter：数据列之间的分隔符，数据类型为字符串，默认值为' '。

newline：数据行之间的分隔符。

```
>>>a=np.arange(0,10).reshape(2,5)
>>>a
array([[0, 1, 2, 3, 4],
       [5, 6, 7, 8, 9]])
#以空格分隔将数组 a 存放到文本文件中
>>>np.savetxt("C:/workspace/Python/a.txt",a)
```

numpy. loadtxt()函数用于从文本文件中读取数据到数组中，其语法格式如下：

```
numpy.loadtxt(fname, dtype=<class 'float'>, delimiter=None, converters=None)
```

参数说明如下。

fname：文件名/文件路径。

dtype：要读取的数据类型。

delimiter：读取数据时的数据列之间的分隔符，数据类型为字符串。

converters：读取数据时的数据行之间的分隔符。

注意：根据 numpy. savetxt()定制的保存格式，相应的加载数据的函数 numpy .loadtxt()也得相应变化。

```
>>>np.loadtxt("C:/workspace/Python/a.txt")
```

```
array([[0.,  1.,  2.,  3.,  4.],
       [5.,  6.,  7.,  8.,  9.]])
>>>b=np.arange(0,10,0.5).reshape(2,10)
#将数组元素保存为浮点数,以逗号分隔
>>>np.savetxt("C:/workspace/Python/b.txt",b,fmt="%f",delimiter=",")
#导入时也要指定以逗号分隔,指定要读取的数据类型为浮点型
>>>np.loadtxt("C:/workspace/Python/b.txt",dtype="f",delimiter=",")
array([[0. , 0.5, 1. , 1.5, 2. , 2.5, 3. , 3.5, 4. , 4.5],
       [5. , 5.5, 6. , 6.5, 7. , 7.5, 8. , 8.5, 9. , 9.5]], dtype=float32)
```

第8章

pandas 库

pandas 是 Python 的一个非常强大的数据分析库，提供了高性能易用的数据类型，以及大量能使人们快速便捷地处理数据的函数和方法。pandas 的核心数据结构有两种，即一维数组的 Series 对象和二维表格型的 DataFrame 对象，数据分析相关的所有事务都是围绕这两种对象进行的。可通过 pip install pandas 安装 pandas 扩展库。

8.1 Series 对象

Series 对象

8.1.1 Series 对象创建

Series 对象是一维数组结构，Series 对象与 numpy 中的一维数组 ndarray 类似，二者与 Python 基本的数据结构 list 也很相近，其区别是 list 中的元素可以是不同的数据类型，而一维数组 ndarray 和 Series 中则只允许存储同一数据类型的数据，这样可以更有效地使用内存，批量操作元素时速度更快。

Series 对象的内部结构如表 8-1 所示，由两个相互关联的数组组成，其中一个是数据（也称为元素，本章将这两个概念等同）数组 values，用来存放数据，数组 values 中的每个数据都有一个与之关联的索引（标签），这些索引存储在另外一个叫作 index 的索引数组中。

表 8-1 Series 数据对象的存储结构

Series			
index	values	index	values
0	'a'	2	'c'
1	'b'	3	'd'

创建 Series 对象最常用的方法是使用 pandas 的 Series ()构造函数。

创建一个 Series 对象的最基语法格式如下：

```
pandas.Series(data=None, index=None, dtype=None, name=None)
```

返回值：返回一个 Series 对象。

参数说明如下。

data：创建 Series 对象的数据，可以是一个 Python 列表，index 与列表元素个数一致；也可以是字典，将"键:值"对中的值作为 Series 对象的数据，将键作为索引；也可是一个标量值，这种情况下必须设置索引，标量值会重复来匹配索引的长度。

index：为 Series 对象的每个数据指定索引。

dtype：为 Series 对象的数据指定数据类型。

name：为 Series 对象起个名字。

因此，根据 data 的数据类型不同，有如下创建 Series 对象的方式。

1. 用一维 ndarray 数组创建 Series 对象

```
>>>import numpy as np         #本章中出现的 np 默认均是这个含义
>>>import pandas as pd        #本章中出现的 pd 默认均是这个含义
>>>s=pd.Series(data=np.arange(0,5,2))
>>>s
0    0
1    2
2    4
dtype: int32
```

从 Series 对象的输出可以看到，左侧是一列索引，右侧是索引对应的数据。创建 Series 对象时，若不用 index 明确指定索引，pandas 默认使用从 0 开始依次递增的整数值作为索引。

```
>>>s1=pd.Series(np.arange(0,5,2),index=['a', 'b', 'c']) #通过 index 指定索引
>>>s1
a    0
b    2
c    4
dtype: int32
```

如果想分别查看组成 Series 对象的两个数组，可通过调用它的两个属性 index(索引)和 values(数据)来得到。

```
>>>s1.values
array([0, 2, 4])
>>>s1.index
Index(['a', 'b', 'c'], dtype='object')
```

2. 用标量值创建 Series 对象

```
>>>import pandas as pd
>>>s2=pd.Series(25,index=['a', 'b','c'])
>>>s2
a    25
```

```
b    25
c    25
dtype: int64
```

3. 用字典创建 Series 对象

"键:值"对中的键是用来作为 Series 对象的索引,"键:值"对中的值作为 Series 对象的数据。

```
>>>dict1={'Alice':'2341', 'Beth':'9102','Cecil':'3258'}
>>>sd=pd.Series(dict1)
>>>sd
Alice    2341
Beth    9102
Cecil    3258
dtype: object
```

4. 用列表创建 Series 对象

```
>>>import pandas as pd
>>>s3=pd.Series([1,2,3],index=['Java','C','Python'])
>>>s3
Java      1
C         2
Python    3
dtype: int64
```

8.1.2　Series 对象的属性

1. shape 属性获取 Series 对象的形状

```
>>>s=pd.Series([1,3,5],index=['a', 'b', 'c'])
>>>s.shape
(3,)
```

2. dtype 属性获取 Series 对象的数据数组中的数据的数据类型

```
>>>s.dtype
dtype('int64')
```

3. values 属性获取 Series 对象的数据数组

```
>>>s.values
array([1, 3, 5], dtype=int64)
```

4. index 属性获取 Series 对象的数据数组的索引

```
>>>s.index
Index(['a', 'b', 'c'], dtype='object')
```

5. Series 对象本身及索引的 name 属性

```
>>>s.name='data' #为 Series 对象 s 命名'data'
>>>s.name
'data'
>>>s.index.name='idx'
>>>s.index.name
'idx'
```

8.1.3 Series 对象的数据查看和修改

Series 对象包括索引数组 index 和数据数组 values 两部分，Series 类型的操作类似 numpy 的 ndarray 类型、Python 的字典类型。

1. 通过索引和切片查看 Series 对象的数据

可以使用数据索引以“Series 对象[id]”方式访问 Series 对象的数据数组中索引为 id 的数据。

```
>>>s=pd.Series(data=[1,2,3],index=['Java','C','Python'])
>>>s['C']
2
```

可通过默认索引来读取。

```
>>>s[1]
2
```

通过截取(切片)的方式读取多个元素。

```
>>>s[0:2]
Java    1
C       2
dtype: int64
```

使用多个数据对应的索引来一次读取多个元素，注意索引要放在一个列表中。

```
>>>s[['Python','C','Java']]
Python    3
C         2
Java      1
dtype: int64
```

根据筛选条件读取数据。

```
>>>s[s>1]          #获取数据值大于 1 的元素
C         2
Python    3
```

```
dtype: int64
```

2. Series 对象中数据的修改

Series 对象中的数据可以重新被赋值以实现数据的修改，可以用索引或下标的方式选取数据后进行赋值。

```
>>>s=pd.Series([1,2,3],index=['Java','C','Python'])
>>>s['Python']=5
>>>s
Java      1
C         2
Python    5
dtype: int64
```

8.2 Series 对象的基本运算

8.2.1 算术运算与函数运算

1. 算术运算

适用于 numpy 数组的运算符(+、−、*、/)或其他数学函数，也适用于 Series 对象。可以将 Series 对象的数据数组与标量进行+、−、*、/等算术运算。

```
>>>import pandas as pd
>>>s=pd.Series([2,4,6],index=["a","b","c"])
>>>s
a    2
b    4
c    6
dtype: int64
>>>s+2
a    4
b    6
c    8
dtype: int64
>>>s*2
a     4
b     8
c    12
dtype: int64
```

2. 函数运算

```
>>>import pandas as pd
>>>import numpy as np
```

```
>>>s=pd.Series([2,4,6],index=["a","b","c"])
>>>np.sqrt(s)                              #计算各数据的平方根
a    1.414214
b    2.000000
c    2.449490
dtype: float64
>>>np.square(s)                            #计算各数据的平方
a     4
b    16
c    36
dtype: int64
>>>s1=pd.Series([2,4,6,8,2,4],index=["a","b","c","d",'e','f'])
>>>s1
a    2
b    4
c    6
d    8
e    2
f    4
dtype: int64
>>>s1.unique()                             #返回 s1 包含的不同元素
array([2, 4, 6, 8], dtype=int64)
>>>s1.count()                              #返回 s1 包含的元素个数
6
>>>s1.divide(2)                            #返回 s1 除以 2 的结果
a    1.0
b    2.0
c    3.0
d    4.0
e    1.0
f    2.0
dtype: float64
```

Series 对象的 isin()函数用来判断所属关系,也就是判断给定的一列数据是否包含在 Series 对象中,isin()函数返回布尔值,可用于筛选 Series 对象中的数据。

```
>>>s1.isin([2,4])                          #判断给定的一列数据[2,4]是否在 s1 中
a    True
b    True
c    False
d    False
e    True
f    True
dtype: bool
>>>s1.drop(labels=['a','c','f'])    #删除 s1 中索引为'a'、'c'、'f'的元素,s1 不变
b    4
d    8
```

```
e    2
dtype: int64
```

从返回结果可以看出：将剩下的元素作为 Series 对象返回。

8.2.2　Series 对象之间的运算

Series 对象之间也可进行+、-、*、/等运算，不同 Series 对象运算的时候，能够通过识别索引进行匹配计算，即只有索引相同的元素才会进行相应的运算操作。

```
>>>s5=pd.Series([10,20],index=['c','d'])
>>>s6=pd.Series([2,4,6,8],index=['a','b','c','d'])
>>>s5+s6                                  #相同索引值的元素相加
a    NaN
b    NaN
c    16.0
d    28.0
dtype: float64
```

上述运算得到一个新 Series 对象，其中只有索引相同的元素才求和，其他只属于任何一个 Series 对象的索引也被添加到新对象中，只不过它们的值为 NaN(Not a Number，非数值)，pandas 数据结构中若字段为空或者不符合数字的定义时，就用这个特定的值来表示。通常来讲，NaN 表示的数据是有问题的，如从某些数据源抽取数据时遇到了问题、数据源缺失也会产生 NaN 值这类数据。此外，对一个负数求平方根、求对数时，也可能产生这样的结果。

8.3　DataFrame 对象

8.3.1　DataFrame 对象创建

DataFrame 对象创建

DataFrame 是一个表格型的数据结构，既有行索引(保存在 index)又有列索引(保存在 columns)，是 Series 对象从一维到多维的扩展。DataFrame 对象每列相同位置处的元素共用一个行索引，每行相同位置处的元素共用一个列索引。DataFrame 对象各列的数据类型可以不相同。

DataFrame 对象的内部组成如图 8-1 所示。

columns

	course	scores
0	'C'	80
1	'Java'	96
2	'Python'	90
3	'Hadoop'	88

index

图 8-1　DataFrame 对象的内部组成

DataFrame 对象可以理解为一个由多个 Series 对象组成的字典，其中每一列的名称称为字典的键，形成 DataFrame 列的 Series 对象的数据数组作为字典的值。

创建 DataFrame 对象最常用的方法是使用 pandas 的 DataFrame()构造函数，其语法格式如下：

```
DataFrame(data=None, index=None, columns=None, dtype=None)
```

返回值：DataFrame 对象。

参数说明如下。

data：创建 DataFrame 对象的数据，其类型可以是字典、嵌套列表、元组列表、numpy 的 ndarray 对象、其他 DataFrame 对象。

index：行索引，创建 DataFrame 对象的数据时，如果没有提供行索引，默认赋值为 arange(n)。

columns：列索引，没有提供列索引时，默认赋值为 arange(n)。

dtype：用来指定元素的数据类型，如果为空，自动推断类型。

(1) 可将一个字典对象传递给 DataFrame()函数来生成一个 DataFrame 对象，字典的键作为 DataFrame 对象的列索引，字典的值作为列索引对应的列值，pandas 也会自动为其添加一列从 0 开始的数值作为行索引。

```
>>>import pandas as pd
>>>data={'course':['C','Java','Python','Hadoop'],'scores':[82,96,92,88],
'grade':['B','A','A','B']}
>>>df=pd.DataFrame(data)
>>>df
   course  grade  scores
0       C      B      82
1    Java      A      96
2  Python      A      92
3  Hadoop      B      88
```

(2) 可以只选择字典对象的一部分数据来创建 DataFrame 对象，只需在 DataFrame 构造函数中，用 columns 选项指定需要的列即可，新建的 DataFrame 对象各列顺序与指定的列顺序一致。

```
>>>df1=pd.DataFrame(data,columns=['course','grade'])
>>>df1
   course  grade
0       C      B
1    Java      A
2  Python      A
3  Hadoop      B
```

(3) 创建 DataFrame 对象时，如果没有用 index 数组明确指定行索引，pandas 也会自动为其添加一列从 0 开始的数值作为行索引。如果想用自己定义的行索引，则要把定义的索引放到一个数组中，赋值给 index 选项。

```
>>>df2=pd.DataFrame(data,index=['一','二','三','四'])
>>>df2
   course  grade  scores
一       C      B      82
二    Java      A      96
三  Python      A      92
四  Hadoop      B      88
```

(4) 创建 DataFrame 对象时，可以同时指定行索引和列索引，这时候就需要传递三个参数给 DataFrame()构造函数，三个参数的顺序是数据、index 选项和 columns 选项。将存放行索引的数组赋给 index 选项，将存放列索引的数组赋给 columns 选项。

```
>>>df3=pd.DataFrame([[1,2,3,4],[5,6,7,8],[9,10,11,12],[13,14,15,16]], index=
['一','二','三','四'],columns=['A','B','C','D'])
>>>df3
    A   B   C   D
一  1   2   3   4
二  5   6   7   8
三  9  10  11  12
四 13  14  15  16
```

(5) 以字典的字典或 Series 的字典的结构创建 DataFrame 对象，pandas 会将外边的键解释成列名称，将里面的键解释成行索引。

```
>>>import pandas as pd
>>>data={"name":{'one':"Jack",'two':"Mary",'three':"John",'four':"Alice"},
       "age":{'one':10,'two':20,'three':30,'four':40},
       "weight":{'one':30,'two':40,'three':50,'four':65}}
>>>df=pd.DataFrame(data)
>>>df
       age   name  weight
four    40  Alice      65
one     10   Jack      30
three   30   John      50
two     20   Mary      40
```

用键值为 Series 的字典创建 DataFrame：

```
>>>import pandas as pd
>>>import numpy as np
>>>d={'one' : pd.Series([1., 2., 3.], index=['a', 'b', 'c']),'two' : pd
.Series([1., 2., 3., 4.], index=['a', 'b', 'c', 'd'])}
>>>df=pd.DataFrame(d)
>>>df
```

```
   one  two
a  1.0  1.0
b  2.0  2.0
c  3.0  3.0
d  NaN  4.0
```

可以看到 d 是一个字典，其中键 one 的键值为含有 3 个元素的 Series 对象，而键 two 的键值为含有 4 个元素的 Series 对象。由 d 构建的为一个 4 行 2 列的 DataFrame 对象。其中 one 只有 3 个值，因此 d 行 one 列为元素的值为 NaN，看作是一个缺失值。

(6) 用键值为列表的字典构建 DataFrame，其中每个列表(list)代表的是一个列，字典的名字则是列索引。这里要注意的是每个列表中的元素数量应该相同，否则会报错。

```
>>>data1={"name":["Jack","Mary","John"],
       "age":[10,20,30],
       "weight":[30,40,50]}
>>>df=pd.DataFrame(data1)
>>>df
   age  name  weight
0   10  Jack      30
1   20  Mary      40
2   30  John      50
```

(7) 以字典的列表构建 DataFrame，其中每个字典代表的是每条记录(DataFrame 中的一行)，字典中各个键的"键:值"对应的是这条记录的相关属性。

```
>>>d=[{'one' : 1,'two':1},{'one' : 2,'two' : 2},{'one' : 3,'two' : 3},{'two' :
4}]
>>>df=pd.DataFrame(d,index=['a','b','c','d'],columns=['one','two'])
>>>df
   one  two
a  1.0    1
b  2.0    2
c  3.0    3
d  NaN    4
```

8.3.2 DataFrame 对象的属性

DataFrame 对象的常用属性如表 8-2 所示。

表 8-2 DataFrame 对象的常用属性

属 性 名	功 能 描 述
T	行列转置
columns	查看列索引名，可得到各列的名称
dtypes	查看各列的数据类型

续表

属性名	功能描述
index	查看行索引名
shape	查看 DataFrame 对象的形状
size	返回 DataFrame 对象包含的元素个数，为行数、列数大小的乘积
values	获取存储在 DataFrame 对象中的数据，返回一个 numpy 数组
ix	用 ix 属性和行索引可获取 DataFrame 对象指定行的内容
ix[[x,y,…],[x,y,…]]	对行重新索引，然后对列重新索引
index. name	行索引的名称
columns. name	列索引的名称
loc	通过行索引获取行数据
iloc	通过行号获取行数据

```
>>>import pandas as pd
>>>df=pd.DataFrame({'city':[ '上海市', '北京市', '广州市', '深圳市'],'GDP':
[13908.57,12406.8,9891.48,9709.02]},columns=['city','GDP'])
>>>df
  city      GDP
0  上海市   13908.57
1  北京市   12406.80
2  广州市    9891.48
3  深圳市    9709.02
>>>df.T                    #转置
         0         1          2         3
city   上海市    北京市     广州市     深圳市
 GDP   13908.6   12406.8   9891.48   9709.02
>>>df.index            #查看行索引名
RangeIndex(start=0, stop=4, step=1)
>>>df.columns          #查看行列索引名
Index(['city', 'GDP'], dtype='object')
>>>df.shape            #查看 DataFrame 对象的形状
(4, 2)
>>>df.values           #查看 DataFrame 对象的数据
array([['上海市', 13908.57],
       ['北京市', 12406.8],
       ['广州市', 9891.48],
       ['深圳市', 9709.02]], dtype=object)
#要想获取 DataFrame 对象某一列的内容，只需把这一列的名称作为索引
>>>df['city']
0     上海市
```

```
1    北京市
2    广州市
3    深圳市
Name: city, dtype: object
#也可以通过将列名称作为 DataFrame 对象的属性来获取该列的内容
>>>df.GDP
0    13908.57
1    12406.80
2     9891.48
3     9709.02
Name: GDP, dtype: float64
>>>df.ix[2]          #获取行号为 2 这一行的内容
city     广州市
GDP     9891.48
Name: 2, dtype: object
>>>df.ix[[2,3]]      #用一个列表指定多个索引就可获取多行的内容
  city     GDP
2  广州市  9891.48
3  深圳市  9709.02
>>>df[1:3]           #通过指定索引范围来获取多行内容,1 为起始索引值,3 为结束索引值
  city      GDP
1  北京市  12406.80
2  广州市   9891.48
>>>df.loc[1]         #通过行索引获取行数据
city     北京市
GDP     12406.8
Name: 1, dtype: object
>>>df.size           #返回 DataFrame 对象包含的元素个数
8
#对行重新索引,然后对列重新索引
>>>df.ix[[3, 2,1, 0],['GDP','city']]
       GDP    city
3   9709.02  深圳市
2   9891.48  广州市
1  12406.80  北京市
0  13908.57  上海市
>>>df.iloc[0:2,:2] #获取前 2 行、前 2 列的数据
    city     GDP
0  上海市  13908.57
1  北京市  12406.80
```

8.3.3 查看和修改 DataFrame 对象的元素

1. 查看 DataFrame 对象中的元素

要想获取存储在 DataFrame 对象中的一个元素,需要依次指定元素所在的列名称、

行名称(索引)。

```
>>>import pandas as pd
>>>data={ "name":["Jack","Mary","John","Alice"],
        "age":[10,20,30,40],
        "weight":[30,40,55,65] }
>>>df=pd.DataFrame(data)
>>>df
  age  name  weight
0  10  Jack     30
1  20  Mary     40
2  30  John     55
3  40  Alice    65
>>>df['age'][1]
20
```

可以通过指定条件筛选 DataFrame 对象的元素。

```
>>>df[df.weight>35]          #获取 weight 大于 35 的行
  age  name  weight
1  20  Mary     40
2  30  John     55
3  40  Alice    65
>>>df[df>35]                 #获取 DataFrame 对象中数值大于 35 的所有元素
   age  name  weight
0  NaN  Jack    NaN
1  NaN  Mary   40.0
2  NaN  John   55.0
3 40.0  Alice  65.0
```

返回的 DataFrame 对象只包含所有大于 35 的数值,各元素的位置保持不变,不符合条件的数值元素被替换为 NaN。

2. 修改 DataFrame 对象中的元素

可以用 DataFrame 对象的 name 属性为 DataFrame 对象的列索引 columns 和行索引 index 指定别的名称,以便于识别。

```
>>>df.index.name='id'
>>>df.columns.name='item'
>>>df
item  age  name  weight
id
0      10  Jack     30
1      20  Mary     40
2      30  John     55
```

```
3      40  Alice     65
```

可以为 DataFrame 对象添加新的列,指定新列的名称并为新列赋值。

```
>>>df['new']=10     #添加新列,并将新列的所有元素都赋值为 10
>>>df
item  age  name  weight  new
id
0      10  Jack      30   10
1      20  Mary      40   10
2      30  John      55   10
3      40  Alice     65   10
```

从显示结果可以看出,DataFrame 对象新增了名称为 new 的列,它的各个元素都为 10。

如果想更新一列的内容,需要把一列数赋给这一列。

```
>>>df['new']=[11,12,13,14]
>>>df
item  age  name  weight  new
id
0      10  Jack      30   11
1      20  Mary      40   12
2      30  John      55   13
3      40  Alice     65   14
```

修改单个元素的方法:选择元素,为其赋新值即可。

```
>>>df['weight'][0]=25
>>>df
item  age  name  weight  new
id
0      10  Jack      25   11
1      20  Mary      40   12
2      30  John      55   13
3      40  Alice     65   15
```

8.3.4 判断元素是否属于 DataFrame 对象

可通过 DataFrame 对象的方法 isin()判断一组元素是否属于 DataFrame 对象。

```
>>>df
      age  name  weight
four  40   Alice   65
one   10   Jack    30
three 30   John    50
two   20   Mary    40
```

```
>>>df.isin(['Jack',30])
        age   name  weight
four   False  False   False
one    False   True    True
three   True  False   False
two    False  False   False
```

返回结果是一个只包含布尔值的 DataFrame 对象,其中只有满足从属关系所在处的元素为 True。如果把上述结果作为选取元素的索引,将得到一个新的 DataFrame 对象,其中只包含满足条件的元素。

```
>>>df[df.isin(['Jack',30])]
       age  name  weight
four   NaN   NaN   NaN
one    NaN  Jack  30.0
three 30.0   NaN   NaN
two    NaN   NaN   NaN
```

8.4　DataFrame 对象的基本运算

数据筛选

8.4.1　数据筛选

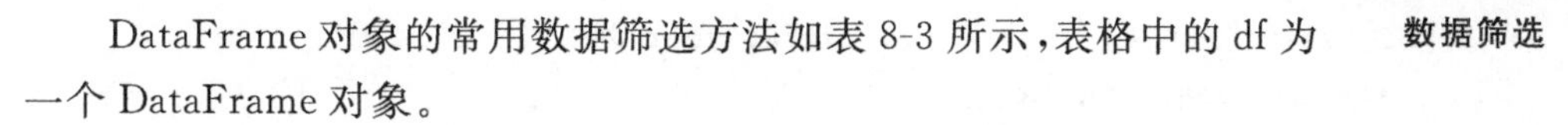
DataFrame 对象的常用数据筛选方法如表 8-3 所示,表格中的 df 为一个 DataFrame 对象。

表 8-3　DataFrame 对象的常用数据筛选方法

数据筛选方法	描　述
df. head(N)	返回前 N 行
df. tail(M)	返回后 M 行
df[m:n]	切片,选取 m～n－1 行
df[df['列名']>value]	选取满足条件的行
df. query('列名> value')	选取满足条件的行
df. query('列名==[v1,v2,…]')	选取列名列的值等于 v1,v2,…的行
df. ix[:,'colname']	选取 colname 列的所有行
df. ix[row,col]	选取某一元素
df['col']	获取 col 列,返回 Series

```
>>>import pandas as pd
>>>import numpy as np
>>>data={'index':[1,2,3,4,5],'year':[2012,2013,2014,2015,2016], 'status':
['good','good','well','well','wonderful']}
```

```
>>>df=pd.DataFrame(data, columns=['status','year','index'], index=['one',
'two','three','four', 'five'])
>>>df
          status  year  index
one         good  2012      1
two         good  2013      2
three       well  2014      3
four        well  2015      4
five   wonderful  2016      5
>>>df.head(3)                              #获取前 3 行
      status  year  index
one     good  2012      1
two     good  2013      2
three   well  2014      3
>>>df.tail(2)                              #获取后 2 行
         status  year  index
four       well  2015      4
five wonderful  2016      5
>>>df[2:4]                                 #获取 2～3 行
      status  year  index
three   well  2014      3
four    well  2015      4
>>>df[df['year']>2014]                     #获取'year'列值大于 2014 的行
         status  year  index
four       well  2015      4
five wonderful  2016      5
>>>df.query('year>2014')                   #获取'year'列值大于 2014 的行
         status  year  index
four       well  2015      4
five wonderful  2016      5
>>>df.query('year%2000>index * 5')  #选取满足条件的行
    status  year  index
one   good  2012      1
two   good  2013      2
>>>df.query('year==[2013,2014]')    #选取满足条件的行
      status  year  index
two     good  2013      2
three   well  2014      3
>>>df.ix[1]                                #获取行号为 1 的行,采用默认的行索引
status    good
year      2013
index        2
Name: two, dtype: object
>>>df.ix['two']                            #获取行索引为 two 的行,采用自定义的行索引
```

```
status    good
year      2013
index        2
Name: two, dtype: object
>>>df.ix[1:4,'year']                    #获取'year'列的1~3行
two       2013
three     2014
four      2015
Name: year, dtype: int64
>>>df.ix[1:4]                           #获取1~3行
      status  year  index
two     good  2013      2
three   well  2014      3
four    well  2015      4
>>>df.ix[1,2]                           #获取默认行索引为1、默认列索引为2的元素
2
>>>df['year']                           #返回'year'列
one       2012
two       2013
three     2014
four      2015
five      2016
Name: year, dtype: int64
```

8.4.2 数据预处理

DataFrame对象的数据预处理方法如表8-4所示，表格中的df是一个DataFrame对象。

表8-4 DataFrame对象的数据预处理方法

数据预处理方法	描　述
df.duplicated(subset=None,keep='first')	针对某些列，返回用布尔序列表示的重复行
df.drop_duplicates(subset=None,keep='first',inplace=False)	df.drop_duplicates()用于删除df中的重复行，并返回删除重复行后的结果
df.fillna(value=None,method=None,axis=None,inplace=False,limit=None)	使用指定的方法填充NA/NaN缺失值
df.drop(labels=None,axis=0,index=None,columns=None,inplace=False)	删除指定轴上的行或列，它不改变原有的DataFrame对象中的数据，而是返回另一个DataFrame对象来存放删除后的数据
df.dropna(axis=0,how='any',thresh=None,subset=None,inplace=False)	删除指定轴上的缺失值

续表

数据预处理方法	描　述
del df['col']	直接在 df 对象上删除 col 列
df. columns=col_lst	重新命名列名，col_lst 为自定义列名列表
df. rename(index={'row1':'A'},columns={'col1':'A1'})	重命名行索引名和列索引名
df. reindex(index=None,columns=None,fill_value='NaN')	改变索引，返回一个重新索引的新对象，index 用作新行索引，columns 用作新列索引，将缺失值填充为 fill_value
df. replace (to_replace = None, value = None,inplace=False,limit=None,regex=False,method='pad')	用来把 to_replace 所列出的且在 df 对象中出现的元素值替换为 value 所表示的值
df. merge(right,how='inner',on=None,left_on=None,right_on=None)	通过行索引或列索引进行两个 DataFrame 对象的连接
pandas. concat(objs,axis=0,join='outer',join_axes=None,ignore_index=False,keys=None)	以指定的轴将多个对象堆叠到一起，concat()不会去重对象中重复的记录
df. stack(level=-1,dropna=True)	将 df 的列旋转成行
df. unstack(level=-1,fill_value=None)	将 df 的行旋转为列

1. 重复行处理

1) df. duplicated(subset=None,keep='first')

作用：针对某些列，返回用布尔序列表示的重复行，即用来标记行是否重复，重复的行标记为 True，不重复的行标记为 False。

参数说明如下。

subset：用于识别重复的列索引，默认所有列索引。

keep：{'first','last',False}，默认为'first'，keep='frist'表示除了第一次出现外，其余相同的被标记为重复；keep='last'表示除了最后一次出现外，其余相同的被标记为重复；keep=False 表示所有相同的都被标记为重复。

```
>>>import numpy as np
>>>import pandas as pd
>>>df=pd.DataFrame({'col1': ['one', 'one', 'two', 'two', 'two', 'three', 'four'],
'col2': [3, 2, 3, 2, 3, 3, 5],'col3':['一','二','三','四','五','六','七']},
index=['a', 'a', 'b', 'c', 'b', 'a','c'])
>>>df
    col1  col2 col3
a    one     3    一
a    one     2    二
```

```
b    two     3    三
c    two     2    四
b    two     3    五
a  three     3    六
c   four     5    七
>>>df.duplicated()          #默认所有列,标记重复行
a    False
a    False
b    False
c    False
b    False
a    False
c    False
dtype: bool
#针对'col1'列标记重复的行,subset='col1'与'col1'的效果等同
>>>df.duplicated('col1')
a    False
a     True
b    False
c     True
b     True
a    False
c    False
dtype: bool
>>>df.duplicated(['col1','col2'])                        #第 5 行被标记为重复
a    False
a    False
b    False
c    False
b     True
a    False
c    False
dtype: bool
>>>df.duplicated(['col1','col2'],keep='last')     #第 3 行被标记为重复
a    False
a    False
b     True
c    False
b    False
a    False
c    False
dtype: bool
```

2) df.index.duplicated(keep='last')

作用：根据行索引标记重复行。

```
>>>df.index.duplicated(keep='last')                #第 1、2、3、4 四被标记为重复
array([True,  True,  True,  True, False, False, False], dtype=bool)
```

3) df.drop_duplicates(subset=None,keep='first',inplace=False)

作用：用于删除 DataFrame 中重复行，并返回删除重复后的结果。

参数说明如下。

subset：用于识别重复的列索引，默认所有列索引。

keep：keep='first'表示保留第一次出现的重复行，是默认值；keep 另外两个取值为"last"和 False，分别表示保留最后一次出现的重复行和去除所有重复行。

inplace：inplace=True 表示在原 DataFrame 上执行删除操作，inplace=False 返回一个副本。

```
>>>df.drop_duplicates('col1')      #删除 df.duplicated('col1')标记的重复记录
    col1  col2 col3
a    one     3    一
b    two     3    三
a  three     3    六
c   four     5    七
#inplace=False 返回一个删除重复行的副本
>>>df.drop_duplicates('col2',keep='last',inplace=False)
    col1  col2 col3
c    two     2    四
a  three     3    六
c   four     5    七
```

2. 缺失值处理

```
df.fillna(value=None, method=None, axis=None, inplace=False, limit=None)
```

作用：用于按指定的方法填充 NA/NaN 缺失值。

参数说明如下。

value：用于填充缺失值的标量值或字典对象。

method：插值方式，可选值集合为{'bfill','ffill',None}，默认为 None，ffill 表示用前一个非缺失值去填充该缺失值，bfill 表示用下一个非缺失值填充该缺失值，None 表示指定一个值去替换缺失值。

axis：待填充的轴，默认 axis=0，表示 index 行。

limit：对于前向或后向填充，可以连续填充的最大数量。

```
>>>import numpy as np
>>>import pandas as pd
>>>df=pd.DataFrame([[np.nan, 2, np.nan, 0],[5, 4, np.nan, 1],[np.nan, np.nan,
```

```
np.nan, 3],[np.nan, 5, np.nan, 4]],columns=list('ABCD'))
>>>df
     A    B    C  D
0  NaN  2.0  NaN  0
1  5.0  4.0  NaN  1
2  NaN  NaN  NaN  3
3  NaN  5.0  NaN  4
>>>df.fillna('missing')              #用字符串'missing'填充缺失值
         A        B        C  D
0  missing        2  missing  0
1        5        4  missing  1
2  missing  missing  missing  3
3  missing        5  missing  4
>>>df.fillna(method='ffill')          #ffill：用前一个非缺失值去填充该缺失值
     A    B   C    D
0  NaN  2.0  NaN  0
1  5.0  4.0  NaN  1
2  5.0  4.0  NaN  3
3  5.0  5.0  NaN  4
>>>values={'A': 0, 'B': 1, 'C': 2, 'D': 3}
#将'A'、'B'、'C'和'D'列中的 NaN 元素分别替换为 0、1、2 和 3
>>>df.fillna(value=values)
     A    B    C  D
0  0.0  2.0  2.0  0
1  5.0  4.0  2.0  1
2  0.0  1.0  2.0  3
3  0.0  5.0  2.0  4
>>>df.fillna(value=values, limit=1)   #替换各列的第一个 NaN 元素
     A    B    C  D
0  0.0  2.0  2.0  0
1  5.0  4.0  NaN  1
2  NaN  1.0  NaN  3
3  NaN  5.0  NaN  4
```

3. 删除指定的行或列

```
df.drop(labels=None, axis=0, index=None, columns=None, inplace=False)
```

作用：删除指定的行或列。

参数说明如下。

labels：拟要删除的行或列索引，用列表给定。

axis：指定删除行还是删除列，axis=0 表示删除行，axis=1 表示删除列。

index：直接指定要删除的行。

columns：直接指定要删除的列。

inplace：inplace=True 表示在原 DataFrame 上执行删除操作，inplace=False 表示返回一个执行删除操作后的新 DataFrame。

```
>>>data={'index':[1,2,3,4,5],'year':[2012,2013,2014,2015,2016], 'status':
['good','very good','well','very well','wonderful']}
>>>df=pd.DataFrame(data, columns=['status','year','index'], index=['one',
'two','three','four', 'five'])
>>>df
           status  year  index
one          good  2012      1
two     very good  2013      2
three        well  2014      3
four    very well  2015      4
five    wonderful  2016      5
>>>df.drop('two', axis=0)                 #删除行索引为'two'的行
           status  year  index
one          good  2012      1
three        well  2014      3
four    very well  2015      4
five    wonderful  2016      5
>>>df.drop('year', axis=1)                #删除列索引为'year'的列,要指定 axis=1
           status  index
one          good      1
two     very good      2
three        well      3
four    very well      4
five    wonderful      5
>>>df.drop(['year','index'], axis=1)    #删除两列
           status
one          good
two     very good
three        well
four    very well
five    wonderful
>>>df.drop(['one','two','three'])        #删除前 3 行
         status  year  index
four  very well  2015      4
five  wonderful  2016      5
```

4. 删除缺失值

```
df.dropna(axis=0,how='any',thresh=None,subset=None,inplace=False)
```

作用：删除含有缺失值的行或列。

参数说明如下。

axis：axis=0 表示删除含有缺失值的行，axis=1 表示删除含有缺失值的列。

how：取值集合{'any','all'}，默认为'any'，how='any'表示删除含有缺失值的行或列，how='all'表示删除全为缺失值的行或列。

thresh：指定要删除的行或列至少含有多少个缺失值。

subset：在哪些列中查看是否有缺失值。

```
>>>df=pd.DataFrame({"name": ['ZhangSan', 'LiSi', 'WangWu',np.nan],"sex": [np
.nan, 'male', 'female',np.nan],"age": [np.nan, 26,21,np.nan]})
>>>df
    age      name     sex
0   NaN  ZhangSan     NaN
1  26.0      LiSi    male
2  21.0    WangWu  female
3   NaN       NaN     NaN
>>>df.dropna()                             #删除含有缺失值的行
    age    name     sex
1  26.0    LiSi    male
2  21.0  WangWu  female
>>>df.dropna(how='all')                    #删除全为缺失值的行
    age      name     sex
0   NaN  ZhangSan     NaN
1  26.0      LiSi    male
2  21.0    WangWu  female
>>>df.dropna(thresh=2)                     #删除至少含有两个缺失值的行
    age    name     sex
1  26.0    LiSi    male
2  21.0  WangWu  female
>>>df.dropna(subset=['name', 'sex'])  #删除时只在'name'和'sex'列中查看缺失值
    age    name     sex
1  26.0    LiSi    male
2  21.0  WangWu  female
```

5. 重新命名列名

```
df.columns=col_lst
```

作用：为 df 对象的列重新命名列名，col_lst 为自定义列名列表。

```
>>>df.columns=['年龄','姓名','性别']
>>>df
     年龄        姓名       性别
0     NaN    ZhangSan      NaN
1    26.0        LiSi     male
2    21.0      WangWu   female
3     NaN         NaN      NaN
```

6. 重命名行名和列名

```
df.rename(index={'row1':'A'}, columns={'col1':'A1'})
```

作用：为 df 对象重新指定行索引名和列索引名。

```
>>>df.rename(index={0:'A',1:'B',2:'C',3:'D'}, columns={'年龄':'年龄 age','姓名':'姓名 name','性别':'性别 sex'})
   年龄 age  姓名 name   性别 sex
A    NaN   ZhangSan     NaN
B   26.0       LiSi    male
C   21.0     WangWu  female
D    NaN        NaN     NaN
```

7. 重新索引

```
df.reindex(index=None, columns=None, fill_value='NaN')
```

作用：改变 DataFrame 对象 df 的索引，创建一个新索引的新对象。

参数说明如下。

index：指定新行索引。

columns：指定新列索引。

fill_value：用于填充缺失值，默认将缺失值填充为 NaN。

```
>>>data={'index':[1,2,3,4,5],'year':[2012,2013,2014,2015,2016], 'status':['good','very good','well','very well','wonderful']}
>>>df=pd.DataFrame(data, columns=['status','year','index'], index=['one','two','three','four', 'five'])
>>>df
          status  year  index
one         good  2012      1
two    very good  2013      2
three       well  2014      3
four   very well  2015      4
five   wonderful  2016      5
#对 df 重新行索引
>>>df.reindex(index=['two','four','one','five','three','six'], fill_value='NaN')
          status  year  index
two    very good  2013     2
four   very well  2015     4
one         good  2012     1
five   wonderful  2016     5
three       well  2014     3
six          NaN   NaN   NaN
```

```
#同时改变行索引和列索引
>>>df.reindex(index=['two','four','one','five','three'], columns=['year',
'status', 'index'])
       year     status   index
two     2013  very good      2
four    2015  very well      4
one     2012       good      1
five    2016  wonderful      5
three   2014       well      3
```

8. 数据替换

```
df.replace(to_replace=None, value=None, inplace=False, limit=None, regex=
False, method='pad')
```

作用：把 to_replace 所列出的且在 df 对象中出现的元素替换为 value 所表示的值。

参数说明如下。

to_replace：为待被替换的值，其类型可以是 str、regex（正则表达式）、list、dict、Series、int、float 或 None。

value：把 df 出现在 to_replace 中的元素用 value 替换，value 的数据类型可以是 dict、list、str、regex（正则表达式）、None。

regex：是否将 to_replace、value 参数解释为正则表达式，默认 False。

```
>>>import numpy as np
>>>import pandas as pd
>>>df=pd.DataFrame({'A':[0, 1, 2, 3, 4],'B':[5, 6, 7, 8, 9],'C':['a', 'b', 'c',
'd', 'e']})
>>>df
   A  B  C
0  0  5  a
1  1  6  b
2  2  7  c
3  3  8  d
4  4  9  e
#单值替换
>>>df.replace(0,np.nan)                  #用 np.nan 替换 0
     A  B  C
0  NaN  5  a
1  1.0  6  b
2  2.0  7  c
3  3.0  8  d
4  4.0  9  e
>>>df.replace([0, 1, 2, 3], np.nan)      #把 df 出现在列表中的元素用 np.nan 替换
     A  B  C
```

```
0  NaN  5  a
1  NaN  6  b
2  NaN  7  c
3  NaN  8  d
4  4.0  9  e
#把 df 出现在第一个列表中的元素用第二个列表中的相应元素替换
>>>df.replace([1, 2, 3], [11, 22, 33])    #1 替换为 11,2 替换为 22,3 替换为 33
    A  B  C
0   0  5  a
1  11  6  b
2  22  7  c
3  33  8  d
4   4  9  e
#用字典表示 to_replace 参数,将 0 替换为 10,1 替换为 100
>>>df.replace({0:10, 1:100})
     A  B  C
0   10  5  a
1  100  6  b
2    2  7  c
3    3  8  d
4    4  9  e
#将 A 列的 0、B 列的 5 替换为 100
>>>df.replace({'A': 0, 'B': 5}, 100)
     A    B  C
0  100  100  a
1    1    6  b
2    2    7  c
3    3    8  d
4    4    9  e
#将 A 列的 0 替换为 100、4 替换为 400
>>>df.replace({'A': {0: 100, 4: 400}})
     A  B  C
0  100  5  a
1    1  6  b
2    2  7  c
3    3  8  d
4  400  9  e
>>>df1=pd.DataFrame({'A':['a1e','a2e','a0e'],'B':['abe','ace','ade']})
>>>df1
     A    B
0  a1e  abe
1  a2e  ace
2  a0e  ade
#'a\de'可以匹配'a1e'、'a2e'等,regex=True 将'a\de'解释为正则表达式
```

```
#\d 匹配 0~9 的任一数字
>>>df1.replace(to_replace='a\de', value='good', regex=True)
      A    B
0  good  abe
1  good  ace
2  good  ade
#把 regex 匹配到的元素用'new'替换
>>>df1.replace(regex='a\de', value='new')
     A    B
0  new  abe
1  new  ace
2  new  ade
#把 regex 中的正则表达式匹配到的元素都用'good'替换
>>>df1.replace(regex=['a\de', 'a[bcd]e'], value='good')
      A     B
0  good  good
1  good  good
2  good  good
#把 regex 中的两个正则表达式匹配到的元素分别用'good'和'better'替换
>>>df1.replace(regex={'a\de':'good', 'a[bcd]e':'better'})
      A       B
0  good  better
1  good  better
2  good  better
```

9. 两个 DataFrame 对象的连接

```
df1.merge(df2, how='inner', on=None, left_on=None, right_on=None, left_index
=False, right_index=False, sort=False, suffixes=('_x', '_y'))
```

作用：通过行索引或列索引进行两个 DataFrame 对象的连接。

参数说明如下。

df2：拟被合并的 DataFrame 对象。

how：{'left','right','outer','inner'}。连接的方式：how＝left 表示只使用 df1 的键，how＝right 表示只使用 df2 的键，how＝outer 表示使用两个 DataFrame 对象中的键的联合，how＝inner 表示使用来自两个 DataFrame 对象的键的交集。

on：指的是用于连接的列索引或行索引名称，必须存在两个 DataFrame 对象中，如果 on 没有指定且不以行的方式合并，则以两个 DataFrame 的列名交集作为连接键。

left_on：df1 中用作连接键的列名。

right_on：df2 中用作连接键的列名。

left_index：将 df1 行索引用作连接键。

right_index：将 df2 行索引用作连接键。

sort＝False：根据连接键对合并后的数据按字典顺序对行排列，默认为 True。

suffixes：对两个数据集中出现的重复列，新数据集中加上后缀_x，_y进行区别。

```
>>>df1=pd.DataFrame({'key1':['k1', 'k1', 'k2', 'k3'], 'key2':['k1', 'k2',
'k1', 'k2'],'A':['a1', 'a2', 'a3', 'a4'],'B':['b1', 'b2', 'b3', 'b4']})
>>>df2=pd.DataFrame({'key1':['k1', 'k2', 'k2', 'k3'],'key2':['k1', 'k1', 'k1',
'k1'],'C':['c1', 'c2', 'c3', 'c4'],'D':['d1', 'd2', 'd3', 'd4']})
>>>df1
    A   B key1 key2
0  a1  b1   k1   k1
1  a2  b2   k1   k2
2  a3  b3   k2   k1
3  a4  b4   k3   k2
>>>df2
    C   D key1 key2
0  c1  d1   k1   k1
1  c2  d2   k2   k1
2  c3  d3   k2   k1
3  c4  d4   k3   k1
#how没指定,默认使用inner,使用'key1'、'key2'作为键进行内连接
>>>df1.merge(df2, on=['key1', 'key2'])      #只保留两个表中公共部分的信息
    A   B key1 key2   C   D
0  a1  b1   k1   k1  c1  d1
1  a3  b3   k2   k1  c2  d2
2  a3  b3   k2   k1  c3  d3
#how='left',只保留df1的所有数据
>>>df1.merge(df2, how='left', on=['key1', 'key2'])
    A   B key1 key2    C    D
0  a1  b1   k1   k1   c1   d1
1  a2  b2   k1   k2  NaN  NaN
2  a3  b3   k2   k1   c2   d2
3  a3  b3   k2   k1   c3   d3
4  a4  b4   k3   k2  NaN  NaN
#how='right',只保留df2的所有数据
>>>df1.merge(df2, how='right', on=['key1', 'key2'])
     A    B key1 key2   C   D
0   a1   b1   k1   k1  c1  d1
1   a3   b3   k2   k1  c2  d2
2   a3   b3   k2   k1  c3  d3
3  NaN  NaN   k3   k1  c4  d4
#how='outer',保留df1和df2的所有数据
>>>df1.merge(df2, how='outer', on=['key1', 'key2'])
    A   B key1 key2    C    D
0  a1  b1   k1   k1   c1   d1
1  a2  b2   k1   k2  NaN  NaN
```

```
2   a3   b3   k2   k1   c2   d2
3   a3   b3   k2   k1   c3   d3
4   a4   b4   k3   k2  NaN  NaN
5  NaN  NaN   k3   k1   c4   d4
```

10. 按指定的列索引或行索引连接两个 DataFrame 对象

```
pandas.merge(left, right, how='inner', on=None, left_on=None, right_on=None,
sort=True)
```

作用：按指定的列索引或行索引连接两个 DataFrame 对象 left 和 righ，用法与 df.merge()方法类似。

参数说明如下。

left、right：两个 DataFrame 对象。

sort：在合并后的 DataFrame 对象中，根据合并键按字典顺序对行排序。

```
>>>import pandas as pd
>>>df1=pd.DataFrame({'lkey':['Java','C','C++','Python'],'value':[1,2,3,
4]})
>>>df2=pd.DataFrame({'rkey':['Python','Java','C','Basic'], 'value':[5,6,7,
8]})
>>>df1
     lkey  value
0    Java      1
1       C      2
2     C++      3
3  Python      4
>>>df2
     rkey  value
0  Python      5
1    Java      6
2       C      7
3   Basic      8
>>>pd.merge(df1,df2,on='value')          #没用公共部分,返回空 DataFrame 对象
Empty DataFrame
Columns: [lkey, value, rkey]
Index: []
>>>pd.merge(df1,df2,left_on='lkey', right_on='rkey', how='outer')
     lkey  value_x    rkey  value_y
0    Java      1.0    Java      6.0
1       C      2.0       C      7.0
2     C++      3.0     NaN      NaN
3  Python      4.0  Python      5.0
4     NaN      NaN   Basic      8.0
#sort='True'表示对合并后的 DataFrame 对象,根据合并关键字按字典顺序对行排序
```

```
>>>pd.merge(df1,df2,left_on='lkey', right_on='rkey', how='outer',sort=
'True')
    lkey  value_x    rkey  value_y
0    NaN      NaN   Basic      8.0
1      C      2.0       C      7.0
2    C++      3.0     NaN      NaN
3   Java      1.0    Java      6.0
4 Python      4.0  Python      5.0
#how='inner'内连接,只保留两个表中公共部分的信息
>>>pd.merge(df1,df2,left_on='lkey', right_on='rkey', how='inner')
    lkey  value_x    rkey  value_y
0   Java        1    Java        6
1      C        2       C        7
2 Python        4  Python        5
```

11. 按指定轴连接多个 DataFrame 对象

```
pandas.concat(objs, axis=0, join='outer', join_axes=None, ignore_index=
False, keys=None)
```

作用：以指定的轴将多个对象堆叠到一起,concat()不会去重重复的记录。

参数说明如下。

objs：需要连接的对象集合,其类型可以是 Series、DataFrame、列表或字典。

axis：连接方向,axis=0,对行操作,纵向连接;axis=1,对列操作,横向连接。

join：连接的方式,join='outer',取并集;join='inner',取交集。

join_axes：指定根据哪个表的轴来对齐数据。

keys：创建层次化索引,以标识数据来自不同的连接对象。

ignore_index：ignore_index=False,保留原索引;ignore_index=True,忽略原索引,重建索引。

```
>>>import pandas as pd
>>>df1=pd.DataFrame({'A':['A0','A1','A2','A3'],'B':['B0','B1','B2','B3'],
'C':['C0','C1','C2','C3']})
>>>df2=pd.DataFrame({'A':['A0','A4','A5'],'B':['B0','B4','B5'],'C':['C0',
'C4','C5']})
>>>df3=pd.DataFrame({'A':['A5','A6'],'B':['B5','B6'],'C':['C5','C6']})
>>>pd.concat([df2,df3])
    A   B   C
0  A0  B0  C0
1  A4  B4  C4
2  A5  B5  C5
0  A5  B5  C5
1  A6  B6  C6
#ignore_index=True,忽略 df2、df3 的行索引,重新索引
```

```
>>>pd.concat([df2,df3],ignore_index=True)
    A  B  C
0  A0  B0  C0
1  A4  B4  C4
2  A5  B5  C5
3  A5  B5  C5
4  A6  B6  C6
#参数 key 增加层次索引,以标识数据源来自哪张表
>>>pd.concat([df2,df3],keys=['x','y'])
      A  B  C
x 0  A0  B0  C0
  1  A4  B4  C4
  2  A5  B5  C5
y 0  A5  B5  C5
  1  A6  B6  C6
#axis=1,横向表拼接
>>>pd.concat([df1, df2,df3], axis=1)
    A   B   C    A    B    C    A    B    C
0  A0  B0  C0   A0   B0   C0   A5   B5   C5
1  A1  B1  C1   A4   B4   C4   A6   B6   C6
2  A2  B2  C2   A5   B5   C5  NaN  NaN  NaN
3  A3  B3  C3  NaN  NaN  NaN  NaN  NaN  NaN
#join 为'inner'时得到的是两表的交集,join 为'outer'时得到的是两表的并集
>>>pd.concat([df1,df2], axis=1,join='inner')
    A   B   C   A   B   C
0  A0  B0  C0  A0  B0  C0
1  A1  B1  C1  A4  B4  C4
2  A2  B2  C2  A5  B5  C5
>>>pd.concat([df1,df2], axis=1,join='outer')
    A   B   C    A    B    C
0  A0  B0  C0   A0   B0   C0
1  A1  B1  C1   A4   B4   C4
2  A2  B2  C2   A5   B5   C5
3  A3  B3  C3  NaN  NaN  NaN
#join_axes=[df2.index], 保留与 df2 的行索引一样的数据,配合 axis=1 一起用
>>>pd.concat([df1, df2], axis=1, join_axes=[df2.index])
    A   B   C   A   B   C
0  A0  B0  C0  A0  B0  C0
1  A1  B1  C1  A4  B4  C4
2  A2  B2  C2  A5  B5  C5
```

12. 列旋转为行

```
df.stack(level=-1, dropna=True)
```

作用：用来将 df 的列旋转成行，也就是列名变为行索引名，操作的结果是将 df 变成具有多层行索引的 Series。

参数说明如下。

level：数据类型为 int、str、list 等，默认－1，从列转换为行的层次。

dropna：dropna＝True 删除含有缺失值的行。

```
>>>df1=pd.DataFrame([[69, 175], [50, 170]],index=['ZhangSan', 'LiSi'],columns
=['weight', 'height'])  #单层次的列,即列名只有一层
>>>df1
          weight  height
ZhangSan      69     175
LiSi          50     170
>>>df1.stack()
ZhangSan  weight     69
          height    175
LiSi      weight     50
          height    170
dtype: int64
>>>multicol=pd.MultiIndex.from_tuples([('weight', 'kg'),('height', 'cm')])
>>>df2=pd.DataFrame([[69, 175], [50, 170]],index=['ZhangSan', 'LiSi'],columns
=multicol)     #得到含有两层列名的 DataFrame 对象 df2
>>>df2
        weight height
            kg     cm
ZhangSan    69    175
LiSi        50    170
>>>df2.stack(0)   #height、weight 层转换为行
                     cm     kg
ZhangSan height   175.0    NaN
        weight      NaN   69.0
LiSi     height   170.0    NaN
        weight      NaN   50.0
>>>df2.stack([0, 1])       #两个层次的列都分别转换为行
ZhangSan  height  cm    175.0
          weight  kg     69.0
LiSi      height  cm    170.0
          weight  kg     50.0
dtype: float64
>>>df3=pd.DataFrame([[69, 175], [50, 170],[60,np.nan]],index=['ZhangSan',
'LiSi','WangWu'],columns=['weight', 'height'])
>>>df3.stack(dropna=False)
ZhangSan  weight    69.0
          height   175.0
LiSi      weight    50.0
```

```
          height    170.0
WangWu     weight    60.0
          height     NaN
dtype: float64
>>>df3.stack(dropna=True)     #删除含有缺失值的行
ZhangSan  weight    69.0
          height   175.0
LiSi       weight    50.0
          height   170.0
WangWu     weight    60.0
dtype: float64
```

13. 行旋转为列

```
df.unstack(level=-1, fill_value=None)
```

作用：用来将 DataFrame 对象 df 的行旋转为列，也就是行名变为列名。如果是多层索引，默认针对内层索引进行转换。

参数说明如下。

level：数据类型为 int、str、list 等，默认−1，从行转换为列的层次。

fill_value：如果 unstack()操作产生了缺失值，用 fill_value 指定的值填充。

```
>>>import pandas as pd
>>>index=pd.MultiIndex.from_tuples([('one', 'a'), ('one', 'b'),('two', 'a'),
('two', 'b')])            #生成多层索引标签
>>>index
MultiIndex(levels=[['one', 'two'], ['a', 'b']],
           labels=[[0, 0, 1, 1], [0, 1, 0, 1]])
#得到含有两层行名的 DataFrame 对象 s
>>>s=pd.Series(np.arange(1.0, 5.0), index=index)
>>>s
one  a    1.0
     b    2.0
two  a    3.0
     b    4.0
dtype: float64
>>>s.unstack()             #内层行转换为列
     a    b
one  1.0  2.0
two  3.0  4.0
>>>s.unstack(level=0)  #one、two 层转换为列
   one  two
a  1.0  3.0
b  2.0  4.0
```

8.4.3 数据运算与排序

DataFrame 对象的数据运算与排序方法如表 8-5 所示，表格中的 df 表示一个 DataFrame 对象。

表 8-5 DataFrame 对象的数据运算与排序方法

数据运算与排序方法	描 述
df.T	df 的行列转置
df * N	df 的所有元素乘以 N
df1+df2	将 df1 和 df2 的行名和列名都相同的元素相加，其他位置的元素用 NaN 填充
df1.add(other,axis='columns',level=None,fill_value=None)	将 df1 中的元素与 other 中的元素相加，other 的类型可以是 scalar(标量)、sequence(序列)、Series、DataFrame 等形式
df1.sub(other,axis='columns',level=None,fill_value=None)	将 df1 中的元素与 other 中的元素相减
df1.div(other,axis='columns',level=None,fill_value=None)	将 df1 中的元素与 other 中的元素相除
df1.mul(other,axis='columns',level=None,fill_value=None)	将 df1 中的元素与 other 中的元素相乘
df.apply(func,axis=0)	将 func 函数应用到 df 的行或列所构成的一维数组上
df.applymap(func)	将 func 函数应用到各个元素上
df.sort_index(axis=0,ascending=True)	按行索引进行升序排序
df.sort_values(by,axis=0,ascending=True)	按指定的列或行进行值排序
df.rank(axis=0,method='average',ascending=True)	沿着行计算元素值的排名，对于相同的两个元素值，沿着行顺序排在前面的数据排名高，返回各个位置上元素值从小到大排序对应的序号

部分数据运算与排序方法如下。

1. df.T

作用：df 的行列转置。

```
>>>import pandas as pd
>>>d1={'姓名':['李明','王华'],'物理成绩':[89, 85], '化学成绩':[92, 94]}
>>>df=pd.DataFrame(d1,columns=['姓名','物理成绩','化学成绩'])
>>>df
   姓名  物理成绩  化学成绩
```

```
0  李明      89      92
1  王华      85      94
>>>df.T
         0     1
姓名      李明  王华
物理成绩  89    85
化学成绩  92    94
```

2. df1+df2

作用：将df1和df2的行名和列名都相同的元素相加，其他位置的元素用NaN填充。

```
>>>import pandas as pd
>>>import numpy as np
>>>df1=pd.DataFrame(np.arange(9).reshape((3,3)),columns=list('bcd'), index
=['A','B','C'])
>>>df2=pd.DataFrame(np.arange(12).reshape((4,3)),columns=list('bde'), index
=['A','D','B','E'])
>>>df1
   b  c  d
A  0  1  2
B  3  4  5
C  6  7  8
>>>df2
   b   d   e
A  0   1   2
D  3   4   5
B  6   7   8
E  9  10  11
>>>df1+df2    #行名和列名都相同的元素相加,其他位置的元素用NaN填充
     b    c     d    e
A  0.0  NaN   3.0  NaN
B  9.0  NaN  12.0  NaN
C  NaN  NaN   NaN  NaN
D  NaN  NaN   NaN  NaN
E  NaN  NaN   NaN  NaN
```

3. df1.add(other,axis='columns',level=None,fill_value=None)

作用：若df1和other对象的行名和列名都相同的位置上的元素都存在时，直接将相应的元素相加；同一行名和列名处，若其中一个对象在该处不存在元素，则先用fill_value指定的值填充，然后相加；若同一行名和列名处，两个对象都不存在元素，则相加的结果用NaN填充。

参数说明如下。

other：取值集合{scalar(标量)，sequence(序列)，Series，DataFrame}。

axis：取值集合{ 'index'或 'columns'}，axis=0 或 'index'表示按行比较，axis=1 或 'columns'表示按列比较。

level：int 或 name，选择不同的索引，一个 DataFrame 对象可能有两个索引。

fill_value：用于填充缺失值，默认将缺失值填充为 NaN。

```
>>>df1.add(10)          #other 为标量 5
   b   c   d
A  10  11  12
B  13  14  15
C  16  17  18
>>>df1.add([5,5,5])     #other 为列表
   b   c   d
A   5   6   7
B   8   9  10
C  11  12  13
>>>df1.add(df2)         #与 df1+df2 的计算结果一样
     b   c     d   e
A  0.0 NaN   3.0 NaN
B  9.0 NaN  12.0 NaN
C  NaN NaN   NaN NaN
D  NaN NaN   NaN NaN
E  NaN NaN   NaN NaN
>>>df1.add(df2, fill_value=100)
       b      c      d      e
A    0.0  101.0    3.0  102.0
B    9.0  104.0   12.0  108.0
C  106.0  107.0  108.0    NaN
D  103.0    NaN  104.0  105.0
E  109.0    NaN  110.0  111.0
```

4. df.apply(func,axis=0)

作用：将 func 函数应用到 DataFrame 对象 df 的行或列所构成的一维数组上。

参数说明如下。

func：应用到行或列上的函数。

axis：axis=0，对每一列应用 func 函数；axis=1，对每一行应用 func 函数。

```
>>>df=pd.DataFrame(np.arange(16).reshape((4,4)),columns=list('abcd'), index
=['A','B','C','D'])
>>>df
   a  b   c   d
A  0  1   2   3
B  4  5   6   7
C  8  9  10  11
```

```
D  12  13  14  15
>>>def f(x):                #计算数组元素的取值间隔
    return x.max()-x.min()
>>>df.apply(f,axis=0)       #求每一列元素的取值间隔
a    12
b    12
c    12
d    12
dtype: int64
>>>df.apply(f,axis=1)
A    3
B    3
C    3
D    3
dtype: int64
```

apply()函数可一次执行多个函数,作用于行或列时,一次返回多个结果。

```
>>>def f1(x):
    return pd.Series([x.max(),x.min()],index=['max','min'])
>>>df.apply(f1,axis=0) #返回一个 DataFrame 对象
      a   b   c   d
max  12  13  14  15
min   0   1   2   3
```

5. df.applymap(func)

作用：将 func 函数应用到各个元素上。

```
>>>df
    a   b   c   d
A   0   1   2   3
B   4   5   6   7
C   8   9  10  11
D  12  13  14  15
>>>def f2(x):
    return 2*x+1
>>>df.applymap(f2)
    a   b   c   d
A   1   3   5   7
B   9  11  13  15
C  17  19  21  23
D  25  27  29  31
```

6. df.sort_index(axis=0,ascending=True)

作用：按行索引进行升序排序。

参数说明如下。

axis：axis=0,对行进行排序;axis=1,对列进行排序。

ascending：ascending=True,升序排序;ascending=False,降序排序。

```
>>>df=pd.DataFrame({ 'col1' :['A', 'A', 'B',  'D', 'C'],'col2' :[2, 9, 8, 7, 4],
'col3':[1, 9, 4, 2, 3],})
>>>df
  col1  col2  col3
0    A     2     1
1    A     9     9
2    B     8     4
3    D     7     2
4    C     4     3
>>>df.sort_index(ascending=False)              #按行索引进行降序排序
  col1  col2  col3
4    C     4     3
3    D     7     2
2    B     8     4
1    A     9     9
0    A     2     1
>>>df.sort_index(axis=1,ascending=False)       #按列索引进行降序排列
   col3  col2 col1
0     1     2    A
1     9     9    A
2     4     8    B
3     2     7    D
4     3     4    C
```

7. df.sort_values(by,axis=0,ascending=True)

作用：按指定的列或行进行值排序。

参数说明如下。

by：指定某些行或列作为排序的依据。

axis：axis=0,对行进行排序;axis=1,对列进行排序。

```
>>>df.sort_values(by=['col1'])                 #按 col1 进行排序
  col1  col2  col3
0    A     2     1
1    A     9     9
2    B     8     4
4    C     4     3
3    D     7     2
>>>df.sort_values(by=['col1','col2'])          #按 col1、col2 进行排序
  col1  col2  col3
0    A     2     1
```

```
1    A    9    9
2    B    8    4
4    C    4    3
3    D    7    2
```

8. df.rank(axis=0,method='average',ascending=True)

作用：沿着行计算元素值的排名，对于相同的两个元素值，沿着行顺序排在前面的数据排名高，返回各个位置上元素值从小到大排序对应的序号。

参数说明如下。

axis：为 0 时沿着行计算元素值的排名，为 1 时沿着列计算元素值的排名。

method：method='average'，在相等分组中，为各个值分配平均排名；method='min'，使用整个分组的最小排名；method='max'，使用整个分组的最大排名；method='first'，按值在原始数据中的出现顺序分配排名。

ascending：boolean，默认值为 True，True 为升序排名，False 为降序排名。

```
>>>df=pd.DataFrame({'a':[4,2,3,2],'b':[15,21,10,13]},index=['one','two',
'three','four'])
>>>df
       a  b
one    4  15
two    2  21
three  3  10
four   2  13
>>>df.rank(method='first')      #为每个位置分配从小到大排序后其元素对应的序号
       a    b
one    4.0  3.0
two    1.0  4.0
three  3.0  1.0
four   2.0  2.0
#将在两个 2 这一分组的排名 1 和 2 的最大排名 2 作为两个 2 的排名
>>>df.rank(method='max')
       a    b
one    4.0  3.0
two    2.0  4.0
three  3.0  1.0
four   2.0  2.0
#将两个 2 这一分组的排名 1 和 2 的平均值 1.5 作为两个 2 的排名
>>>df.rank(method='average')
       a    b
one    4.0  3.0
two    1.5  4.0
three  3.0  1.0
four   1.5  2.0
```

8.4.4 数学统计

DataFrame 对象的常用数学统计方法如表 8-6 所示,其中 df 表示一个 DataFrame 对象。

表 8-6 DataFrame 对象的常用数学统计方法

数学统计方法	描 述
df. count(axis=0,level=None)	统计每列或每行非 NaN 的元素个数
df. describe (percentiles = None, include = None, exclude=None)	生成描述性统计,总结数据集分布的中心趋势、分散和形状,不包括 NaN 值
df. max(axis=0)	axis=0 表示返回每列的最大值,axis=1 表示返回每行的最大值
df. min(axis=0)	axis=0 表示返回每列的最小值,axis=1 表示返回每行的最小值
df. sum(axis=None,skipna=None,level=None)	返回指定轴上元素值的和
df. mean(axis=None,skipna=None,level=None)	返回指定轴上元素值的平均值
df. median(axis=None,skipna=None,level=None)	返回指定轴上元素值的中位数
df. var(axis=None,skipna=None,level=None)	返回指定轴上元素值的均方差
df. std(axis=None,skipna=None,level=None)	返回指定轴上元素值的标准差
df. cov()	计算 df 的列与列之间的协方差,不包括空值
df. corr(method='pearson')	计算 df 的列与列之间的相关系数,返回相关系数矩阵
df1. corrwith(df2)	计算 df1 与 df2 的行或列之间的相关性
df. cumsum(axis=0,skipna=True)	对 df 求累加和,计算结果是与 df 形状相同的 DataFrame 对象
df. cumprod(axis=None,skipna=True)	返回 df 指定轴的元素的累计积

部分数学统计方法介绍如下。

1. df. count(axis=0,level=None)

参数说明如下。

axis:axis=0,统计每列非 NaN 的元素个数;axis=1,统计每行非 NaN 的元素个数。

level:如果索引有多层,level 指定按什么层次统计。

```
>>>import pandas as pd
>>>import numpy as np
>>>df=pd.DataFrame({"Name":["John", "Myla", None, "John", "Myla"], "Age":
[24., np.nan, 21., 33, 26],"Grade":['A', 'A', 'B', 'B', 'A']},columns=["Name","
```

```
Age","Grade"])
>>>df
   Name   Age Grade
0  John  24.0     A
1  Myla   NaN     A
2  None  21.0     B
3  John  33.0     B
4  Myla  26.0     A
>>>df.count()                #统计每列非 NaN 的元素个数
Name     4
Age      4
Grade    5
>>>df.count(axis=1)          #统计每行非 NaN 的元素个数
0    3
1    2
2    2
3    3
4    3
```

2. df.describe(percentiles=None,include=None,exclude=None)

参数说明如下。

percentiles：是一个数字列表，指定输出结果中包含的百分位数，默认输出 25%、50%、75%百分位数。

include：指定处理结果中要包含的数据类型。

Exclude：指定处理结果中要排除的数据类型。

```
>>>data={'index':[1,2,3,4,5],'year':[2012,2013,2014,2015,2016], 'status':
['good','very good','well','very well','wonderful']}
>>>df=pd.DataFrame(data, columns=['status','year','index'], index=['one',
'two','three','four', 'five'])
>>>df
          status  year  index
one         good  2012      1
two    very good  2013      2
three       well  2014      3
four   very well  2015      4
five   wonderful  2016      5
>>>df.describe()             #一次性产生多个汇总统计
              year     index
count     5.000000  5.000000
mean   2014.000000  3.000000
std       1.581139  1.581139
min    2012.000000  1.000000
```

```
25%    2013.000000  2.000000
50%    2014.000000  3.000000
75%    2015.000000  4.000000
max    2016.000000  5.000000
```

注意：describe()默认情况下只返回数字字段的统计结果，要描述 DataFrame 的所有列，而不管数据类型如何，需要将 include='all'。

describe()函数的返回结果包括 count、mean、std、min、max 以及百分位数。默认情况下，百分位数分三档：25%、50%、75%，其中 50%就是中位数，第 p 百分位数是这样一个值，它使得至少有 p%的数据项小于或等于这个值，且至少有(100－p)%的数据项大于或等于这个值。

count：这一组数据中包含数据的个数。

mean：这一组数据的平均值。

std：这一组数据的标准差。

min：这一组数据的最小值。

max：这一组数据的最大值。

```
>>>df.describe(include='all')
           status        year      index
count           5    5.000000   5.000000
unique          5         NaN        NaN
top     very good         NaN        NaN
freq            1         NaN        NaN
mean          NaN 2014.000000  33.000000
std           NaN    1.581139   1.581139
min           NaN 2012.000000   1.000000
25%           NaN 2013.000000   2.000000
50%           NaN 2014.000000   3.000000
75%           NaN 2015.000000   4.000000
max           NaN 2016.000000   5.000000
```

3. df.max(axis=0)

```
>>>df1=pd.DataFrame(np.arange(20).reshape(5,4),index=list('abcde'), columns
=['one','two','three','four'])
>>>df1
   one  two  three  four
a    0    1      2     3
b    4    5      6     7
c    8    9     10    11
d   12   13     14    15
e   16   17     18    19
>>>df1.max(axis=1)          #返回每行的最大值
a    3
```

```
b      7
c     11
d     15
e     19
dtype: int32
>>>df1.max(axis=0)          #返回每列的最大值
one      16
two      17
three    18
four     19
dtype: int32
```

4. df.sum(axis=None,skipna=None,level=None)

参数说明如下。

axis：axis=0 表示对列进行求和，axis=1 表示对行进行求和。

skipna：布尔值，默认为 True，表示跳过 NaN 值；如果整行/列都是 NaN，那么结果也就是 NaN。

```
>>>df.sum()                 #默认返回 df 对象每列元素的和
status    goodvery goodwellvery wellwonderful
year                                    10070
index                                      15
dtype: object
>>>df.sum(axis=1)           #返回 df 对象每行可求和元素的和
one       2013              #1 和 2012 的和
two       2015
three     2017
four      2019
five      2021              #5 和 2016 的和
```

5. df.var(axis=None,skipna=None,level=None)

```
>>>df1.var(axis=0)          #按列计算方差
one       40.0
two       40.0
three     40.0
four      40.0
dtype: float64
>>>df1.var(axis=1)          #按行计算方差
a     1.666667
b     1.666667
c     1.666667
d     1.666667
e     1.666667
```

```
dtype: float64
```

6. df.std(axis=None,skipna=None,level=None)

```
>>>df1.std()
one      6.324555
two      6.324555
three    6.324555
four     6.324555
dtype: float64
```

7. df.cov()

协方差只表示线性相关的方向,取值从正无穷到负无穷。也就是说,协方差为正值,说明一个变量变大另一个变量也变大;取负值说明一个变量变大另一个变量变小,取0说明两个变量没有相关关系。

```
>>>df2=pd.DataFrame([(1, 2), (0, 3), (2, 0), (1, 1)],columns=['dogs', 'cats'])
>>>df2
   dogs  cats
0     1     2
1     0     3
2     2     0
3     1     1
>>>df2.cov()          #计算df2的列与列之间的协方差
          dogs      cats
dogs  0.666667 -1.000000
cats -1.000000  1.666667
```

8. df.corr(method='pearson')

参数说明如下。

method:指定求何种相关系数,可选值为{'pearson','kendall','spearman'},'pearson'相关系数用来衡量两个数据集合是否在一条线上面,即针对线性数据的相关系数计算;'kendall'用于反映分类变量相关性的指标,即针对无序序列的相关系数;'spearman'表示非线性的、非正态分析的数据的相关系数。

线性相关系数不仅表示线性相关的方向,还表示线性相关的程度,取值为[-1,1]。也就是说,相关系数为正值,说明一个变量变大另一个变量也变大;取负值说明一个变量变大另一个变量变小,取0说明两个变量没有相关关系。同时,相关系数的绝对值越接近1,线性关系越显著。

```
>>>import pandas as pd
>>>data=pd.DataFrame({ 'x':[0,1,2,4,7,10], 'y':[0,3,2,4,5,7], 's':[0,1,2,3,4,
5], 'c':[5,4,3,2,1,0]},index=['p1','p2','p3','p4','p5','p6'])
>>>data
```

```
    c  s   x  y
p1  5  0   0  0
p2  4  1   1  3
p3  3  2   2  2
p4  2  3   4  4
p5  1  4   7  5
p6  0  5  10  7
>>>data.corr()         #计算 pearson 相关系数
          c         s         x         y
c  1.000000 -1.000000 -0.972598 -0.946256
s -1.000000  1.000000  0.972598  0.946256
x -0.972598  0.972598  1.000000  0.941729
y -0.946256  0.946256  0.941729  1.000000
```

9. df.corrwith(other,axis=0)

参数说明如下。

other：DataFrame 对象或 Series 对象。

axis：axis=0 表示按列进行计算,axis=1 表示按行进行计算。

```
>>>import pandas as pd
>>>df2=pd.DataFrame({'a':[1,2,3,6],'b':[5,6,8,10],'c':[9,10,12,13], 'd':[13,
14,15,18]})
>>>df2
   a   b   c   d
0  1   5   9  13
1  2   6  10  14
2  3   8  12  15
3  6  10  13  18
>>>df2.corrwith(pd.Series([1,2,3,4]))      #计算 df2 的列与 Series 对象之间的相关性
a    0.956183
b    0.989778
c    0.989949
d    0.956183
dtype: float64
>>>df3=pd.DataFrame({'a':[1,2,3,4],'b':[5,6,7,8],'c':[9,10,11,12], 'd':[13,
14,15,16]})
>>>df3
   a  b   c   d
0  1  5   9  13
1  2  6  10  14
2  3  7  11  15
3  4  8  12  16
>>>df2.corrwith(df3)                    #计算 df2 与 df3 列与列之间的相关性
```

```
a    0.956183
b    0.989778
c    0.989949
d    0.956183
dtype: float64
>>>df2.corrwith(df3,axis=1)        #传入 axis=1 可按行进行计算
0    1.000000
1    1.000000
2    0.993808
3    0.995429
dtype: float64
```

10. df.cumsum(axis=0,skipna=True)

参数说明如下。
axis：axis=0 表示对列求累加和;axis=1 表示对行求累加和。
skipna：skipna=True,忽略空值。

```
>>>df3.cumsum(axis=0)              #对列求累加和
    a   b   c   d
0   1   5   9  13
1   3  11  19  27
2   6  18  30  42
3  10  26  42  58
>>>df3.cumsum(axis=1)              #对行求累加和
   a   b   c   d
0  1   6  15  28
1  2   8  18  32
2  3  10  21  36
3  4  12  24  40
```

11. df.cumprod(axis=None,skipna=True)

```
>>>df3.cumprod(axis=0)             #按列求累计积
    a     b      c      d
0   1     5      9     13
1   2    30     90    182
2   6   210    990   2730
3  24  1680  11880  43680
>>>df3.cumprod(axis=1)             #按行求累计积
   a   b    c     d
0  1   5   45   585
1  2  12  120  1680
2  3  21  231  3465
3  4  32  384  6144
```

8.4.5　数据分组与聚合

对数据集进行分组并对各分组应用函数是数据分析中的重要环节。在 pandas 中，分组运算主要通过 groupby()函数来完成，聚合操作主要通过 agg()函数来完成。

1. 数据分组

groupby()对数据进行数据分组运算的过程分为三个阶段：分组、用函数处理分组和分组结果合并。

(1) 分组。按照键(key)或者分组变量将数据分组。分组键可以有多种形式且类型不必相同：①列表或数组，其长度与待分组的轴一样；②DataFrame 对象的某个列名；③字典或 Series，给出待分组轴上的值与分组名之间的对应关系；④函数，用于处理轴索引或索引中的各个标签。

(2) 用函数处理。对于每个分组应用我们指定的函数，这些函数可以是 Python 自带函数，也可以是自定义的函数。

(3) 合并分组处理结果。把每个分组的计算结果合并起来。

对数据进行分组求和运算的流程如图 8-2 所示。

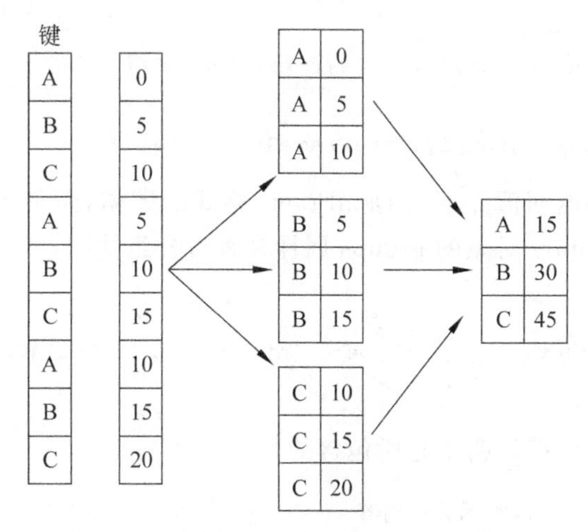

图 8-2　对数据进行分组求和运算的流程

groupby()函数的语法格式如下：

```
df.groupby(by=None, axis=0, level=None, as_index=True, sort=True, group_keys
=True, squeeze=False)
```

作用：通过指定列索引或行索引，对 DataFrame 对象 df 的数据元素进行分组。

参数说明如下。

by：用于指定分组的依据，其数据形式可以是映射、函数、索引以及索引列表。

axis：默认 axis=0 按行分组，可指定 axis=1 对列分组。

level：int 值，默认为 None，如果 axis 是一个 MultiIndex(分层索引)，则按特定的级别分组。

as_index：对于聚合输出，返回带有组标签的对象作为索引。as_index＝False 实际上是 SQL 风格分组输出，boolean 值，默认为 True。

sort：排序。boolean 值，默认为 True。

group_keys：当调用 apply 时，添加 group_keys 索引来识别片段。

squeeze：尽可能减少返回类型的维度，否则返回一致的类型。

1）按列分组

```
>>>import pandas as pd
>>>from numpy import random
>>>df=pd.DataFrame({'key1':['a','a','b','b','a'],'key2':['one','two','one',
'two','one'],'data1':random.randint(1,6,5),'data2':random.randint(1,6,5)})
>>>df
   data1  data2 key1 key2
0      5      2    a  one
1      5      4    a  two
2      3      5    b  one
3      4      3    b  two
4      1      2    a  one
>>>group=df.groupby('key1')      #按'key1'进行分组
>>>type(group)
<class 'pandas.core.groupby.DataFrameGroupBy'>
```

groupby()方法的返回值并不是 DataFrame 格式的数据，而是 groupby 类型的对象，此时，可通过调用 groupby 对象的 groups 属性来查看分组情况。

```
>>>group.groups
{'a': Int64Index([0, 1, 4], dtype='int64'), 'b': Int64Index([2, 3], dtype=
'int64')}
```

如上所示，每个分组都指明了它所包含的行。

```
>>>for x in group:  #显示分组内容
   print(x)

('a',    data1  data2 key1 key2
0      5      2    a  one
1      5      4    a  two
4      1      2    a  one)
('b',    data1  data2 key1 key2
2      3      5    b  one
3      4      3    b  two)
```

既可依据单个列名'key1'进行分组，也可依据多个列名进行分组。

```
>>>group1=df.groupby(['key1','key2']) #依据两个列名['key1','key2']进行分组
```

```
>>>for x in group1:   #对数据进行迭代输出
    print(x)

(('a', 'one'),    data1  data2 key1 key2
0      5      2    a   one
4      1      2    a   one)
(('a', 'two'),    data1  data2 key1 key2
1      5      4    a   two)
(('b', 'one'),    data1  data2 key1 key2
2      3      5    b   one)
(('b', 'two'),    data1  data2 key1 key2
3      4      3    b   two)
```

2) 通过字典进行分组

```
>>>people=pd.DataFrame(np.random.rand(5, 5),columns=['a', 'b', 'c', 'd',
'e'],index=['Joe', 'Steve', 'Wes', 'Jim', 'Travis'])
>>>people
               a         b         c         d         e
Joe     0.848172  0.974520  0.273986  0.149582  0.896612
Steve   0.827622  0.050503  0.262741  0.936242  0.470282
Wes     0.118550  0.243571  0.419201  0.617766  0.717359
Jim     0.429525  0.579634  0.895218  0.072886  0.990689
Travis  0.552533  0.715262  0.116545  0.049255  0.547945
>>>mapping={'a': 'red', 'b': 'red', 'c': 'blue', 'd': 'blue', 'e': 'red'}
                                                      #对列名建立字典
>>>by_columns=people.groupby(mapping,axis=1)          #依据 mapping 进行分组
>>>for x in by_columns:                               #显示分组内容
    print(x)

('blue',        c         d
Joe     0.273986  0.149582
Steve   0.262741  0.936242
Wes     0.419201  0.617766
Jim     0.895218  0.072886
Travis  0.116545  0.049255)
('red',         a         b         e
Joe     0.848172  0.974520  0.896612
Steve   0.827622  0.050503  0.470282
Wes     0.118550  0.243571  0.717359
Jim     0.429525  0.579634  0.990689
Travis  0.552533  0.715262  0.547945)
>>>by_columns.mean()               #对每行的各个分组求平均值
            blue       red
Joe     0.211784  0.906435
```

```
Steve   0.599492  0.449469
Wes     0.518484  0.359827
Jim     0.484052  0.666616
Travis  0.082900  0.605247
```

3）将 groupby 分类结果转化成字典

```
>>>list(group1)
[(('a', 'one'),    data1  data2 key1 key2
0       5       2     a   one
4       1       2     a   one), (('a', 'two'),    data1  data2 key1 key2
1       5       4     a   two), (('b', 'one'),    data1  data2 key1 key2
2       3       5     b   one), (('b', 'two'),    data1  data2 key1 key2
3       4       3     b   two)
>>>pieces=dict(list(group1))   #将 groupby 分类结果转化成字典
>>>pieces
{('a', 'one'):    data1  data2 key1 key2
0       5       2     a   one
4       1       2     a   one, ('a', 'two'):    data1  data2 key1 key2
1       5       4     a   two, ('b', 'one'):    data1  data2 key1 key2
2       3       5     b   one, ('b', 'two'):    data1  data2 key1 key2
3       4       3     b   two}
>>>pieces[('a', 'one')]
   data1  data2 key1 key2
0       5       2     a   one
4       1       2     a   one
>>>pieces[('b', 'one')]
   data1  data2 key1 key2
2       3       5     b   one
```

4）按照列的数据类型进行分组

```
>>>df.dtypes
data1     int32
data2     int32
key1     object
key2     object
dtype: object
>>>group3=df.groupby(df.dtypes,axis=1) #按照列的数据类型进行分组
>>>for x in group3:   #显示分组内容
    print(x)

(dtype('int32'),    data1  data2
0       5       2
1       5       4
2       3       5
```

```
3      4      3
4      1      2)
(dtype('O'),   key1 key2
0     a   one
1     a   two
2     b   one
3     b   two
4     a   one)
```

5）通过函数进行分组

相较于字典，Python 函数在定义分组映射关系时可以更为抽象。任何被当作分组依据的函数都会在各个索引值上被调用一次，其返回值就会被用作分组名称。

具体点说，以下面的 DataFrame 对象 student 为例，其索引值为人的名字。假设要根据人名的长度进行分组，可通过向 groupby()函数传入 len()函数来实现。

```
>>>student=pd.DataFrame(np.arange(16).reshape((4,4)),columns=['a', 'b', 'c',
'd'], index=['LiHua', 'XiaoLi', 'Jack', 'LiMing'])
>>>student
         a   b   c   d
LiHua    0   1   2   3
XiaoLi   4   5   6   7
Jack     8   9  10  11
LiMing  12  13  14  15
>>>group4=student.groupby(len)
>>>for x in group4:   #显示分组内容
    print(x)

(4,        a  b   c   d
Jack   8  9  10  11)
(5,         a  b  c  d
LiHua  0  1  2  3)
(6,          a   b   c   d
XiaoLi   4   5   6   7
LiMing  12  13  14  15)
```

6）按分组统计

在 df.groupby()所生成的分组上应用 size()、sum()、count()、mean()等统计函数，能分别统计分组数量、不同列的分组和、不同列的分组数量、分组不同列的平均值。

```
>>>group.size()   #统计分组数量
key1
a    3
b    2
dtype: int64
>>>group.sum()     #求不同列的分组和
```

```
        data1  data2
key1
a          11      8
b           7      8
>>>group.count()  #求不同列的分组数量
        data1  data2  key2
key1
a           3      3     3
b           2      2     2
>>>group.mean()     #求分组不同列的平均值
           data1     data2
key1
a     3.666667  2.666667
b     3.500000  4.000000
#按 key1 进行分组,并计算 data1 列的平均值
>>>grouped=df['data1'].groupby(df['key1']).mean()
>>>print(grouped)
key1
a    3.666667
b    3.500000
Name: data1, dtype: float64
```

2. 数据聚合

对于聚合,一般指的是从数组产生标量值的数据转换过程,常见的聚合运算都有相关的统计函数快速实现,当然也可以自定义聚合运算。聚合操作主要通过 agg()函数来完成,agg()函数的语法格式如下:

```
DataFrame.agg(func, axis=0)
```

作用:通过 func 在指定的轴上进行聚合操作。

参数说明如下。

func:用来指定聚合操作的方式,其数据形式有函数、字符串、字典以及字符串或函数所构成的列表。

axis:axis=0 表示在列上操作,axis=1 表示在行上操作。

1) 在 DataFrame 对象的行或列上执行聚合操作

```
>>>df3=pd.DataFrame([[1, 2, 3],[4, 5, 6],[7, 8, 9],[np.nan, np.nan, np.nan]],
columns=['A', 'B', 'C'])
>>>df3
     A    B    C
0  1.0  2.0  3.0
1  4.0  5.0  6.0
2  7.0  8.0  9.0
3  NaN  NaN  NaN
```

```
>>>df3.agg(['sum', 'min'])          #在 df 的各列上执行'sum'和'min'聚合操作
        A     B     C
sum  12.0  15.0  18.0
min   1.0   2.0   3.0
#在不同列上执行不同的聚合操作
>>>df3.agg({'A':['sum', 'min'], 'B':['min', 'max']})
        A    B
max   NaN  8.0
min   1.0  2.0
sum  12.0  NaN
>>>df3.agg("mean", axis=1)      #在行上执行"mean"操作
0    2.0
1    5.0
2    8.0
3    NaN
dtype: float64
```

2) 在 df.groupby()所生成的分组上应用 agg()

对于分组的某一列或者多个列,应用 agg(func)可以对分组后的数据应用 func 函数。例如,用 group['data1'].agg('key1')对分组后的'data1'列求均值。也可以推广到同时作用于多个列和使用多个函数。

```
>>>dict_data={'key1':['a','b','c','d','a','b','c','d'], 'key2':['one','two',
'three','one','two','three','one','two'], 'data1':np.random.randint(1,10,8),
'data2':np.random.randint(1,10,8)}
>>>df4=pd.DataFrame(dict_data)
>>>df4
   data1  data2 key1   key2
0      1      7    a    one
1      6      2    b    two
2      8      3    c  three
3      7      3    d    one
4      7      4    a    two
5      2      4    b  three
6      8      5    c    one
7      7      4    d    two
>>>group5=df4.groupby('key1')
>>>group5.agg('mean')
      data1  data2
key1
a       4.0    5.5
b       4.0    3.0
c       8.0    4.0
d       7.0    3.5
```

```
>>>df4.groupby('key2').agg(['mean','sum'])        #在每列上使用两个函数
          data1          data2
           mean sum       mean sum
key2
one     5.333333  16  5.000000  15
three   5.000000  10  3.500000   7
two     6.666667  20  3.333333  10
>>>group['data1','data2'].agg(['mean','sum'])      #指定作用的列并用多个函数
         data1          data2
          mean sum       mean sum
key1
a     3.666667  11  2.666667   8
b     3.500000   7  4.000000   8
#自定义聚合函数,用来求每列的最大值与最小值的差
>>>def value_range(df):       #定义求每列的最大值和最小值差的函数
    return df.max()-df.min()
>>>df4.groupby('key1')['data2','data1'].agg(value_range)
      data2  data1
key1
a         3      6
b         2      4
c         2      0
d         1      0
>>>df4.groupby('key1').agg(lambda df:df.max()-df.min())        #使用匿名函数
      data1  data2
key1
a         6      3
b         4      2
c         0      2
d         0      1
```

3）应用 apply()函数执行聚合操作

```
>>>df4.groupby('key2').apply(sum)
       data1  data2 key1          key2
key2
one       16     15  adc   oneoneone
three     10      7   cb  threethree
two       20     10  bad   twotwotwo
```

8.5 pandas 数据可视化

由于人对图像信息的解析效率比文字更高，可视化能使数据更直观，更易了解，从而使决策变得高效，所以信息可视化对数据分析来说就显得尤为重要。

pandas 自带作图功能，令 df 是一个 DataFrame 对象，df 通过调用它的 plot()方法，可以快速地将 df 的数据绘制成各种类型的图，plot()方法的语法格式如下：

```
df.plot(x=None, y=None, kind='line', ax=None, subplots=False, sharex=None,
sharey=False, layout=None,figsize=None, use_index=True, title=None, grid=
None, legend=True, style=None, logx=False, logy=False,loglog=False, xticks=
None, yticks=None, xlim=None, ylim=None, rot=None, fontsize=None, alpha)
```

作用：将 DataFrame 对象的数据绘制成图。

参数说明如下。

x：设置 x 轴标签或位置，默认情况下，plot 会将行索引作为 x 轴标签。

y：设置 y 轴标签或位置，默认情况下，plot 会将列索引作为 y 轴标签。

kind：所要绘制的图类型，kind='line'，绘制折线图；kind='bar'，绘制条形图；kind='barh'，绘制横向条形图；kind='hist'，绘制直方图(柱状图)；kind='box'，绘制箱线图；kind='kde'，绘制 Kernel 的密度估计图，主要对柱状图添加 Kernel 概率密度线；kind='density'，绘制的图与 kind='kde'的图相同；kind='area'，绘制区域图；kind='pie'，绘制饼图；kind='scatter'，绘制散点图。

ax：要在其上进行绘制的 matplotlib subplot 对象。如果没有设置，则使用当前 matplotlib subplot。

subplots：判断图片中是否有子图。

sharex：如果有子图，子图共用 x 轴刻度、标签。

sharey：如果有子图，子图共用 y 轴刻度、标签。

layout：子图的行列布局，用(rows，columns)设置子图的行列布局。

figsize：图片尺寸大小。

use_index：默认用索引做 x 轴。

title：图片的标题。

grid：图片是否有网格。

legend：子图的图例。

style：对每列折线图设置线的类型。

logx：设置 x 轴刻度是否取对数。

loglog：同时设置 x 轴、y 轴刻度是否取对数。

xticks：设置 x 轴刻度值，序列形式(如列表)。

yticks：设置 y 轴刻度值，序列形式(如列表)。

xlim：设置 x 坐标轴的范围，列表或元组形式。

ylim：设置 y 坐标轴的范围，列表或元组形式。

rot：设置轴标签(轴刻度)的显示旋转度数。

fontsize：设置轴刻度的字体大小。

alpha：设置图表填充的不透明(0～1)度。

8.5.1 绘制折线图

```
>>>import pandas as pd
>>>import numpy as np
>>>import matplotlib.pyplot as plt
>>>list_l=[[1, 3, 3, 5, 4], [11, 7, 15, 13, 9], [4, 2, 7, 9, 3], [15, 11, 12, 6, 11]]
>>>date_range=pd.date_range(start='20180101',end='20180104')
>>>df=pd.DataFrame(list_l, index=date_range, columns=list("abcde"))
>>>df
             a   b   c   d   e
2018-01-01   1   3   3   5   4
2018-01-02  11   7  15  13   9
2018-01-03   4   2   7   9   3
2018-01-04  15  11  12   6  11
#title='fenbu'用来设置图片的标题,figsize=[5,5]用来设置图片尺寸大小
>>>df.plot(kind='line',figsize=[5,5],legend=True,title='fenbu')
<matplotlib.axes._subplots.AxesSubplot object at 0x000000000BFEECF8>
>>>plt.show()          #显示 df.plot()绘制的折线图如图 8-3 所示
```

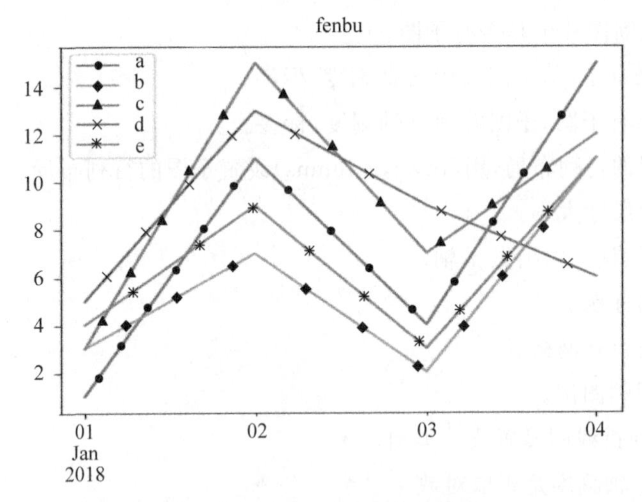

图 8-3 df.plot()绘制的折线图

可以选择 df 中的部分列进行图像绘制，绘制 df 的'a'、'c'列的程序代码如下：

```
>>>df[['a','c']].plot(kind='line',figsize=[5,5],legend=True,title='fenbu')
<matplotlib.axes._subplots.AxesSubplot object at 0x00000000107E0438>
>>>plt.show()          #显示用 df 中的'a'、'c'列绘制的折线图,如图 8-4 所示
```

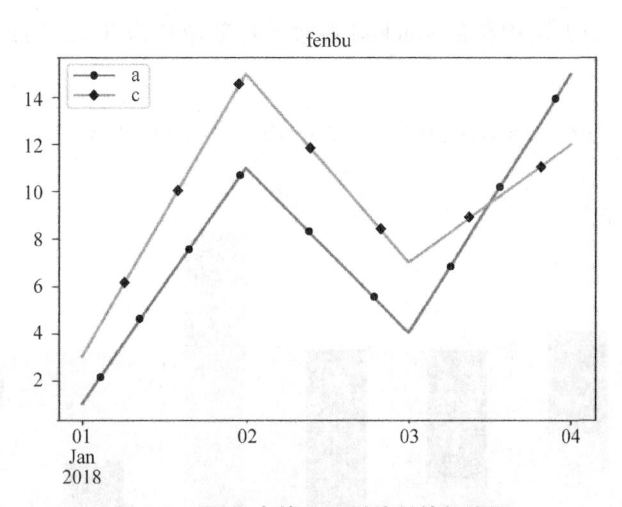

图 8-4　用 df 中的'a'、'c'列绘制的折线图

8.5.2　绘制条形图

```
import matplotlib.pyplot as plt
import pandas as pd
import numpy as np
df=pd.DataFrame(np.random.rand(6, 4),
            index=['one', 'two', 'three', 'four', 'five', 'six'],
            columns=pd.Index(['A', 'B', 'C', 'D'], name='classification'))
df.plot(kind='bar',figsize=(10, 6),fontsize=15,rot=45)
plt.xlabel('classification',fontsize=15)           #添加 x 轴标签并指定标签字体大小
plt.ylabel('sizes of the numbers', fontsize=15)    #添加 y 轴标签
plt.title('Bar', fontsize=15)                      #指定条形图的标题
plt.show()                                         #显示绘制的垂直条形图
```

运行上述代码得到的条形图如图 8-5 所示。

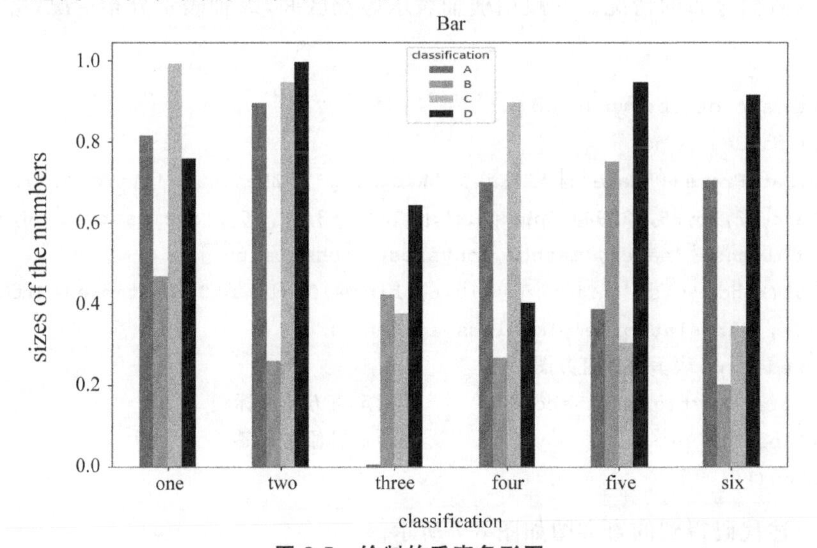

图 8-5　绘制的垂直条形图

通过在 df.plot()方法中添加 stacked 参数并将其值置为 True,可绘制堆积条形图如图 8-6 所示。

```
df.plot(kind='bar', stacked=True, figsize=(10, 6), fontsize=15, rot=45)
```

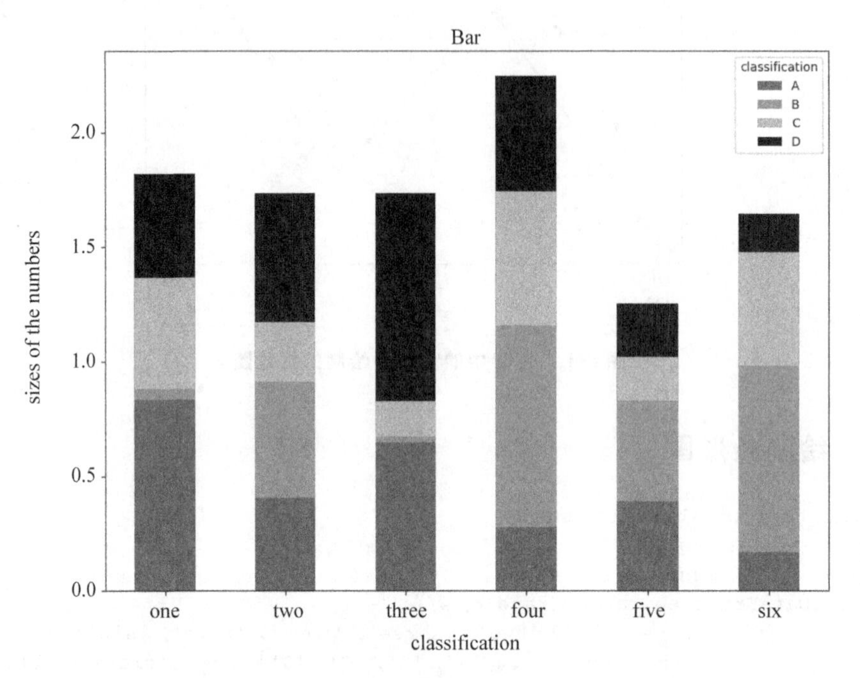

图 8-6 堆积条形图

8.5.3 绘制直方图

直方图(Histogram)又称为质量分布图,是一种统计报告图,由一系列高度不等的纵向条纹表示数据分布的情况。一般用横轴表示等长区间,纵轴表示分布情况(落在该区间的频数)。

```
import matplotlib.pyplot as plt
import pandas as pd
df=pd.DataFrame({'name':['LiHua','WangMing','ZhengLi','SunFei','ZhangFei'],
'maths':[82,85,88,92,94],'physics':[89,75,83,82,86],'chemistry':[86,87,80,82,
92]}, columns=['name','maths','physics', 'chemistry'])
df.plot(kind='hist', figsize=(10,6),bins=10,alpha=0.8, stacked=True,color=
['coral','darkslateblue','mediumseagreen'])
#stacked=True 表示叠加直方图
plt.title('Histogram of score')          #指定直方图的标题
plt.xlabel('score')                      #给 x 轴添加标签
plt.show()
```

运行上述代码得到的直方图如图 8-7 所示。

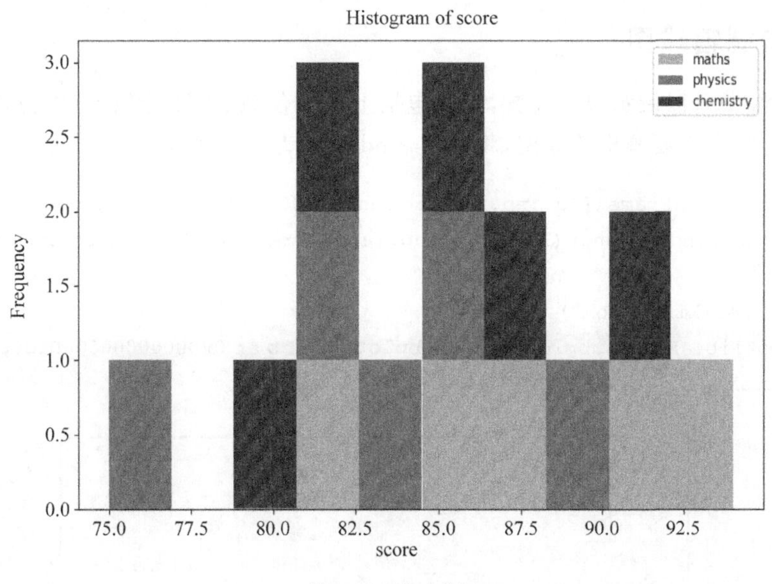

图 8-7　直方图

此外,可通过 df. hist()方法为每列绘制不同的直方图,代码如下:

```
import pandas as pd
import numpy as np
import matplotlib.pyplot as plt
df=pd.DataFrame({'a':np.random.randn(1000)+2,'b':np.random.randn(1000)+1,'c':
np.random.randn(1000),'d':np.random.randn(1000)-1}, columns=['a', 'b', 'c','d'])
df.hist(bins=20)
plt.show()
```

运行上述代码得到每列的直方图如图 8-8 所示。

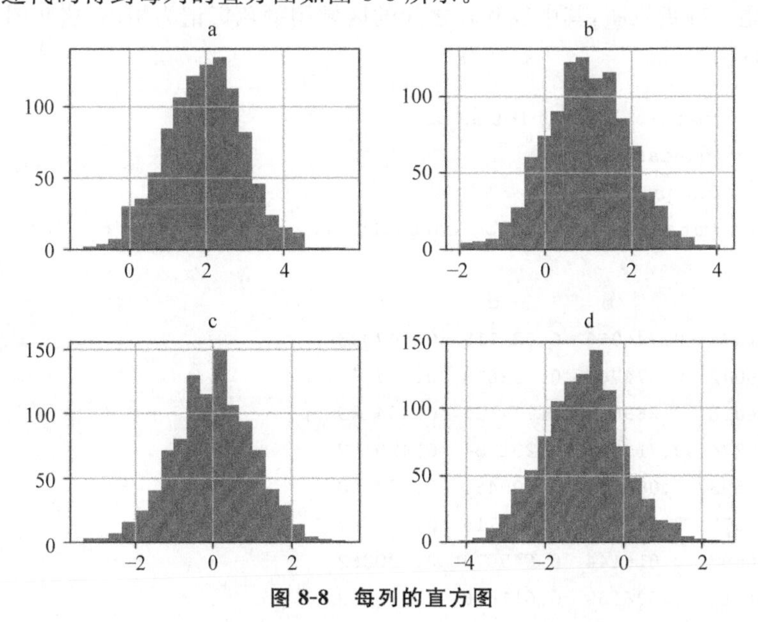

图 8-8　每列的直方图

8.5.4 绘制箱线图

通过箱线图可以展示出分位数，具体包括上四分位数、下四分位数、中位数以及上下5%的极值。如果想要画出箱线图，将参数 kind 设置为 box 即可。

```
>>>df=pd.DataFrame({'a':np.random.randn(1000)+2, 'b':np.random.randn(1000)
+1,'c':np.random.randn(1000),'d':np.random.randn(1000)-1}, columns=['a', 'b',
'c','d'])
>>>df.plot(kind="box")
<matplotlib.axes._subplots.AxesSubplot object at 0x000000000C0D1CF8>
>>>plt.show()      #显示绘制的箱线图如图 8-9 所示
```

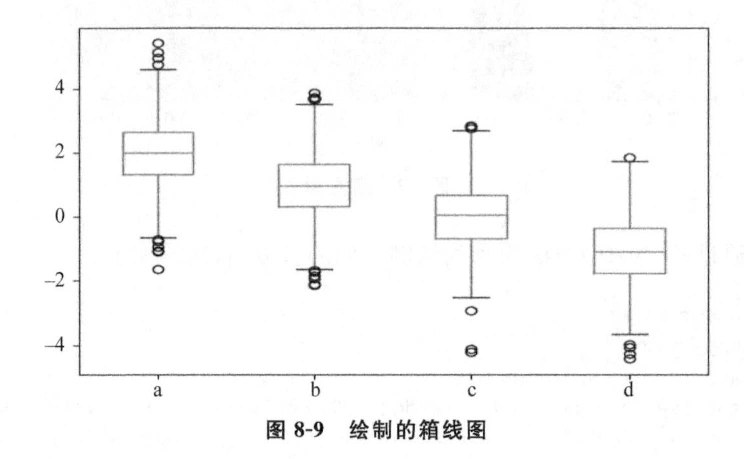

图 8-9 绘制的箱线图

8.5.5 绘制区域图

区域图是一种折线图，其中线和轴之间的区域用颜色标记为阴影，这些图表通常用于表示累计合计。

```
>>>import matplotlib.pyplot as plt
>>>import pandas as pd
>>>import numpy as np
>>>df=pd.DataFrame(np.random.rand(10, 4), columns=['a', 'b', 'c', 'd'])
>>>df
          a         b         c         d
0  0.721873  0.744056  0.922115  0.347943
1  0.886042  0.574766  0.132610  0.097605
2  0.674016  0.269607  0.777125  0.494149
3  0.437274  0.715205  0.291754  0.429157
4  0.436593  0.087703  0.100466  0.107748
5  0.375575  0.281472  0.362715  0.707687
6  0.366597  0.016144  0.645673  0.730062
7  0.771116  0.696150  0.611636  0.861009
```

```
8  0.589853  0.565190  0.574012  0.914027
9  0.586576  0.384761  0.081383  0.245726
>>>df.plot(kind='area')                   #生成堆积图
<matplotlib.axes._subplots.AxesSubplot object at 0x000000000C5C0588>
>>>plt.show()                             #显示绘制的堆积区域图如图 8-10 所示
>>>df.plot(kind='area',stacked=False) #生成非堆积区域图
<matplotlib.axes._subplots.AxesSubplot object at 0x0000000010C59438>
>>>plt.show()                             #显示绘制的非堆积区域图如图 8-11 所示
```

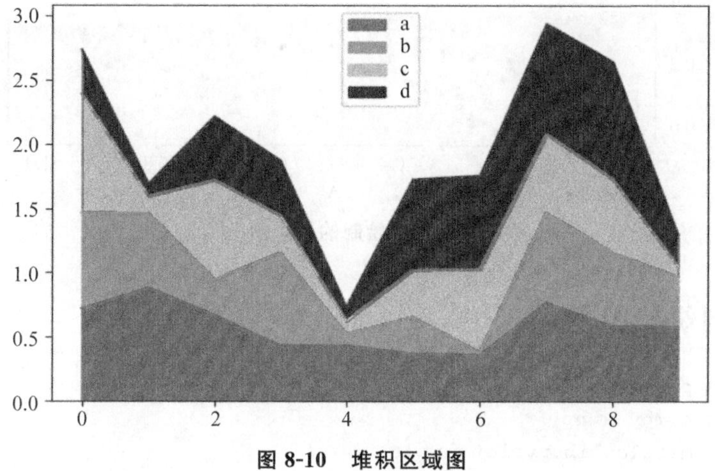

图 8-10　堆积区域图

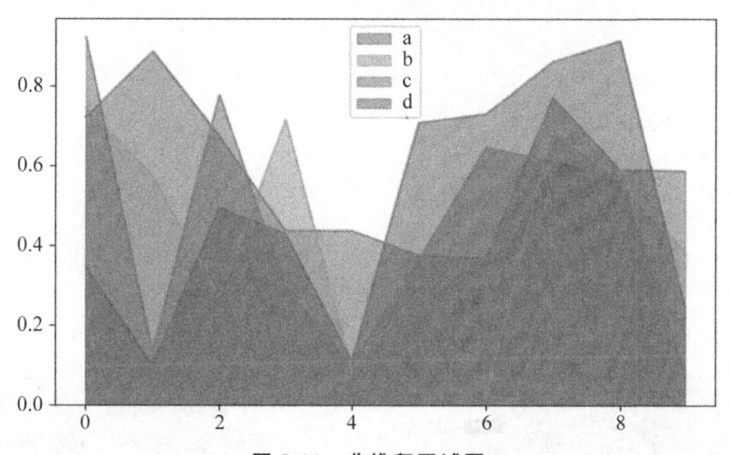

图 8-11　非堆积区域图

8.5.6　绘制散点图

```
>>>import matplotlib.pyplot as plt
>>>import pandas as pd
>>>import numpy as np
>>>df=pd.DataFrame(np.random.rand(300,2), columns=['A', 'B'])
>>>df.plot(kind='scatter', x='A', y='B')
```

```
<matplotlib.axes._subplots.AxesSubplot object at 0x000000000BFE71D0>
>>>plt.show()            #显示绘制的散点图如图 8-12 所示
```

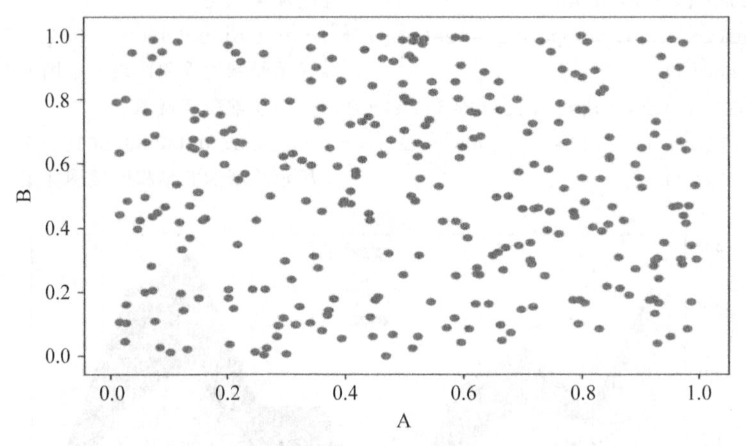

图 8-12　绘制的散点图

8.5.7　绘制饼状图

```
>>>import pandas as pd
>>>import numpy as np
>>>import matplotlib.pyplot as plt
>>>df=pd.DataFrame(3 * np.random.rand(4,2),index=['a', 'b', 'c', 'd'],
columns=['x', 'y'])
>>>df
          x         y
a  0.934451  1.415920
b  1.667728  1.467860
c  2.080061  1.875914
d  1.926433  1.688255
>>>df.plot(kind='pie',subplots=True,autopct='%2.0f%%',figsize=(8, 4))
>>>plt.show()            #显示绘制的饼图如图 8-13 所示
```

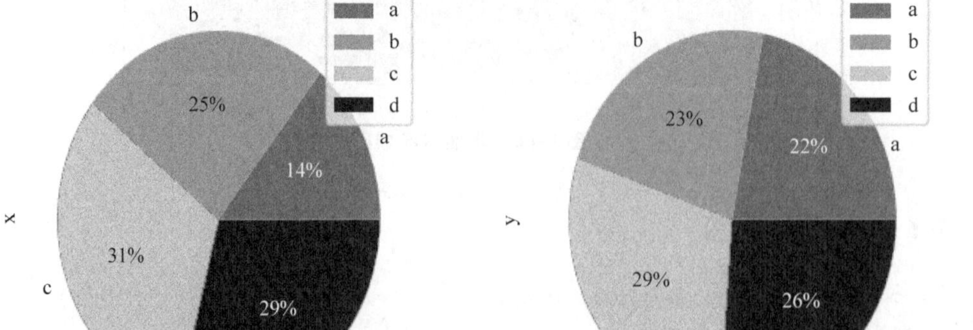

图 8-13　绘制的饼图

8.6 pandas读写数据

从外部文件读写数据是数据分析处理的前提,是数据处理必不可少的部分。在读写数据时可以对数据做一定的处理,为接下来对数据做进一步分析打好基础。pandas常用的读写不同格式文件的函数如表8-7所示。

表8-7 pandas常用的读写不同格式文件的函数

读取函数	写入函数	描述
read_csv()	to_csv()	读写csv格式的数据
read_table()		读取普通分隔符分隔的数据
read_excel()	to_excel()	读写excel格式的数据
read_json()	to_json()	读写json格式的数据
read_html()	to_html()	读写html格式的数据
read_sql()	to_sql()	读写数据库中的数据

下面主要讲解常见的csv文件的读写、txt文本文件的读取、Excel文件的读写。

8.6.1 读写csv文件

1. 读取csv文件中的数据

在讲解读写csv格式的文件之前,我们先在Python的工作目录下创建一个短小的csv文件,将其保存为student.csv,文件内容如下:

```
Name,Math,Physics,Chemistry
WangLi,93,88,90
ZhangHua,97,86,92
LiMing,84,72,77
ZhouBin,97,94,80
```

这个文件以逗号作为分隔符,可使用pandas的read_csv()函数读取它的内容,返回DataFrame格式的文件。

```
>>>csvframe=pd.read_csv('student.csv')      #从csv中读取数据
>>>type(csvframe)
<class 'pandas.core.frame.DataFrame'>
>>>csvframe
       Name  Math  Physics  Chemistry
0    WangLi    93       88         90
1  ZhangHua    97       86         92
2    LiMing    84       72         77
3   ZhouBin    97       94         80
```

csv 文件中的数据为列表数据，位于不同列的元素用逗号隔开，csv 文件被视作文本文件，也可以使用 pandas 的 read_table()函数读取，但需要指定分隔符。

```
>>>pd.read_table('student.csv',sep=',')
       Name  Math  Physics  Chemistry
0    WangLi    93       88         90
1  ZhangHua    97       86         92
2    LiMing    84       72         77
3   ZhouBin    97       94         80
```

pd.read_csv()函数的语法格式如下：

```
pd.read_csv(filepath_or_buffer, sep=',', header='infer', names=None, index_
col=None, usecols=None)
```

作用：读取 csv(逗号分隔)文件到 DataFrame 对象。

参数说明如下。

filepath_or_buffer：拟要读取的文件的路径，可以是本地文件，也可以是 http、ftp、s3 文件。

sep：其类型是 str，默认为','，用来指定分隔符。如果不指定 sep 参数，则会尝试使用逗号分隔。csv 文件中的分隔符一般为逗号分隔符。

header：指定第几行作为列名，默认为 0(第一行)。如果第一行不是列名，是内容，可以设置 header=None，以便不把第一行当作列名。header 参数可以是一个列表，例如[0,2]，这个列表表示将文件中的这些行作为列标题(这样，每一列将有多个标题)，介于中间的行将被忽略掉(例如本例中的第 2 行；本例中的数据中的行号为 0、2 的行将被作为多级标题出现，行号为 1 的行将被丢弃，DataFrame 的数据从行号为 3 的行开始)。

names：用于结果的列名列表，对各列重命名，即添加表头。如果数据有表头，但想用新的表头，可以设置 header=0、names=['a','b']实现新表头的定制。

index_col：默认为 None。用作行索引的列编号或者列名，可使用 index_col=[0,1]来指定文件中的第 1 列和第 2 列为行索引。

usecols：默认为 None。返回一个数据子集，即选取某几列，不读取整个文件的内容，有助于加快速度和降低内存，如 usecols=[1,2]或 usercols=['a','b']。

```
#指定 csv 文件中的行号为 0、2 的行为列标题
>>>csvframe=pd.read_csv('student.csv',header=[0,2])
>>>csvframe
       Name Math Physics Chemistry
   ZhangHua   97      86        92
0    LiMing   84      72        77
1   ZhouBin   97      94        80
>>>pd.read_csv('student.csv',usecols=[1,2]) #读取第 2 列和第 3 列
   Math  Physics
0    93       88
```

```
1    97       86
2    84       72
3    97       94
#设置 header=0, names=['name','maths','physical','chemistry']实现表头定制
>>>pd.read_csv('student.csv',header=0,names=['name','maths','physical',
'chemistry'])
       name  maths  physical  chemistry
0    WangLi     93        88         90
1  ZhangHua     97        86         92
2    LiMing     84        72         77
3   ZhouBin     97        94         80
>>>pd.read_csv('student.csv',index_col=[0,1]) #指定前两列作为行索引
               Physics  Chemistry
Name      Math
WangLi      93        88         90
ZhangHua  97        86         92
LiMing      84        72         77
ZhouBin     97        94         80
```

2. 往 csv 文件写入数据

把 DataFrame 对象中的数据写入 csv 文件，要用到 to_csv()函数，其语法格式如下：

```
DataFrame.to_csv(path_or_buf=None, sep=',', na_rep='', columns=None, header=
True, index=True)
```

作用：以逗号为分隔将 DataFrame 对象中的数据写入 csv 文件中。

参数说明如下。

filepath_or_buffer：拟要写入的文件的路径或对象。

sep：默认字符为','，用来指定输出文件的字段分隔符。

na_rep：字符串，默认为''，缺失数据表示，即把空字段替换为 na_rep 所指定的值。

columns：指定要写入文件的列。

header：是否保存列名，默认为 True，保存。如果给定字符串列表，则将其作为列名的别名。

index：是否保存行索引，默认为 True，保存。

```
>>>import pandas as pd
>>>date_range=pd.date_range(start="20180801", periods=4)
>>>df=pd.DataFrame({'book':[12,13,15,22],'box':[3,8,13,18],'pen': [5,7,12,
15]},index=date_range)
>>>df
            book  box  pen
2018-08-01    12    3    5
2018-08-02    13    8    7
2018-08-03    15   13   12
```

```
2018-08-04    22  18  15
>>>df.to_csv('bbp.csv')      #把 df 中的数据写入默认工作目录下的 bbp.csv 文件
```

生成的 bbp. csv 文件的内容如下：

```
,book,box,pen
2018-08-01,12,3,5
2018-08-02,13,8,7
2018-08-03,15,13,12
2018-08-04,22,18,15
```

由上述例子可知，把 df 中的数据写入文件时，行索引和列名称连同数据一起写入，使用 index 和 header 选项，把它们的值设置为 False，可取消这一默认行为。

```
>>>df.to_csv('bbp1.csv',index=False,header=False)
```

生成的 bbp1. csv 文件的内容如下：

```
12,3,5
13,8,7
15,13,12
22,18,15
#写入时，为行索引指定列标签名
>>>df.to_csv("bbp2.csv",index_label="index_label")
```

bbp2. csv 文件的内容：

```
index_label,book,box,pen
2018-08-01,12,3,5
2018-08-02,13,8,7
2018-08-03,15,13,12
2018-08-04,22,18,15
```

8.6.2 读取 txt 文件

txt 文件是一种常见的文本文件，可以把一些数据保存在 txt 文件里面，用的时候再读取出来。pandas 的函数 read_table()可读取 txt 文件。

pd. read_ table()函数的语法格式如下：

```
pandas.read_table(filepath_or_buffer, sep='\t', header='infer', names=None,
index_col=None, skiprows=None, nrows=None, delim_whitespace=False)
```

作用：读取以'\t'分隔的文件，返回 DataFrame 对象。

参数说明如下。

sep：其类型是 str，用来指定分隔符，默认为制表符，可以是正则表达式。

index_col：指定行索引。

skiprows：用来指定读取时要排除的行。

nrows：从文件中要读取的行数。

delim_whitespace：delim_whitespace=True 表示用空格来分隔每行。

首先在工作目录下创建名为 1.txt 的文本文件，其内容如下：

```
C  Python Java
1  4       5
3  3       4
4  2       3
2  1       1
>>>pd.read_table('1.txt')        #读取 1.txt 文本文件
  C  Python Java
0    1  4       5
1    3  3       4
2    4  2       3
3    2  1       1
```

从上面的读取结果可以看出，文件读取后所显示的数据不整齐。读取文本文件时可以通过用 sep 参数指定正则表达式来匹配空格或制表符，即用通配符"\s *"，其中"\s"匹配空格或制表符，* 表示这些字符可能有多个。

```
>>>pd.read_table('1.txt',sep='\s * ')
   C  Python  Java
0  1       4     5
1  3       3     4
2  4       2     3
3  2       1     1
```

如上所示，我们得到了整齐的 DataFrame 对象，所有元素均处在与列索引对应的位置上。

当文件较大时，可以一次读取文件的一部分，这时要明确指明要读取的行号，要用到 nrows 和 skiprows 参数选项，skiprows 指定读取时要排除的行，nrows 指定从起始行开始向后读取多少行。

```
>>>pd.read_table('1.txt',sep='\s * ',skiprows=[1],nrows=2)
   C  Python  Java
0  3       3     4
1  4       2     3
```

在接下来这个例子中，2.txt 文件中数字和字母杂糅在一起，需要从中抽取数字部分，2.txt 文件的内容如下：

```
0BEGIN11NEXT22A32
1BEGIN12NEXT23A33
2BEGIN13NEXT23A34
```

2.txt 文件显然没有表头，用 read_table()读取时需要将 header 选项设置为 None。

```
>>>pd.read_table('2.txt',sep='\D * ',header=None)
```

```
   0   1   2   3
0  0  11  22  32
1  1  12  23  33
2  2  13  23  34
```

8.6.3 读写 Excel 文件

在数据分析处理中，用 Excel 表格文件存放列表形式的数据也非常常见，为此 pandas 提供了 read_excel()函数来读取 Excel 文件，用 to_excel()函数在 Excel 文件写入数据。

1. 读取 Excel 文件中的数据

pandas. read_excel()函数的语法格式如下：

```
pandas.read_excel(io, sheet_name=0, header=0, names=None, index_col=None,
usecols=None, skiprows=None, skip_footer=0)
```

作用：读取 Excel 文件中的数据，返回一个 DataFrame 对象。

参数说明如下。

io：Excel 文件路径，是一个字符串。

sheet_name：返回指定的 sheet(表)，如果将 sheet_name 指定为 None，则返回全表；如果需要返回多个表，可以将 sheet_name 指定为一个列表，例如['sheet1','sheet2']；可以根据 sheet 的名字字符串或索引值指定所要选取的 sheet，例如[0,1,'sheet5']将返回第一、第二和第五个表；默认返回第一个表。

header：指定作为列名的行，默认为 0，即取第一行，数据为列名行以下的数据；若数据不含列名，则设定 header=None。

names：指定所生成的 DataFrame 对象的列的名字，传入一个 list 数据。

index_col：指定某列为行索引。

usecols：通过名字或索引值读取指定的列。

skiprows：省略指定行数的数据。

skip_footer：int，默认值为 0，读取数据时省略最后 skip-footer 行。

首先在工作目录下创建名为 chengji. xlsx 的 Excel 文件，Sheet1 的内容如图 8-14 所示。

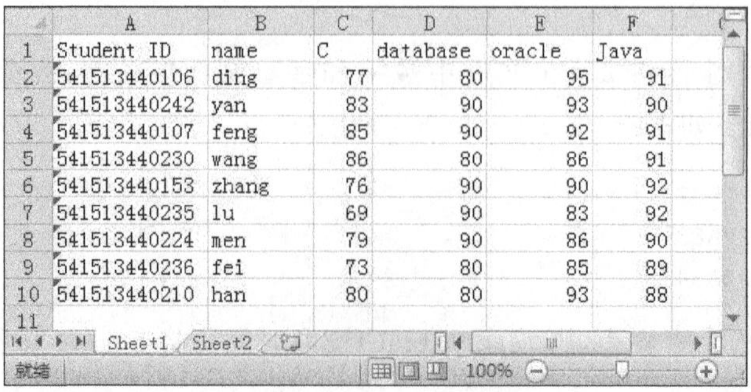

	A	B	C	D	E	F
1	Student ID	name	C	database	oracle	Java
2	541513440106	ding	77	80	95	91
3	541513440242	yan	83	90	93	90
4	541513440107	feng	85	90	92	91
5	541513440230	wang	86	80	86	91
6	541513440153	zhang	76	90	90	92
7	541513440235	lu	69	90	83	92
8	541513440224	men	79	90	86	90
9	541513440236	fei	73	80	85	89
10	541513440210	han	80	80	93	88
11						

Sheet1 Sheet2 就绪 100%

图 8-14 Sheet1 的内容

Sheet2 的内容如图 8-15 所示。

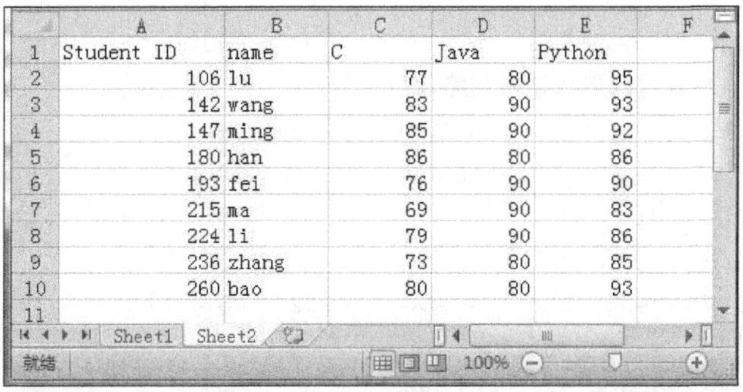

	A	B	C	D	E	F
1	Student ID	name	C	Java	Python	
2	106	lu	77	80	95	
3	142	wang	83	90	93	
4	147	ming	85	90	92	
5	180	han	86	80	86	
6	193	fei	76	90	90	
7	215	ma	69	90	83	
8	224	li	79	90	86	
9	236	zhang	73	80	85	
10	260	bao	80	80	93	
11						

Sheet1　Sheet2

就绪　100%

图 8-15　Sheet2 的内容

接下来通过 pandas 的 read_excel()方法来读取 chengji. xlsx 文件。

```
>>>pd.read_excel('chengji.xlsx')
     Student ID   name   C  database  oracle  Java
0  541513440106   ding  77        80      95    91
1  541513440242    yan  83        90      93    90
2  541513440107   feng  85        90      92    91
3  541513440230   wang  86        80      86    91
4  541513440153  zhang  76        90      90    92
5  541513440235     lu  69        90      83    92
6  541513440224    men  79        90      86    90
7  541513440236    fei  73        80      85    89
8  541513440210    han  80        80      93    88
#将 chengji.xlsx 的列名作为所生成的 DataFrame 对象的第一行数据,并重新生成索引
>>>pd.read_excel('chengji.xlsx',header=None)
              0      1   2         3       4     5
0    Student ID   name   C  database  oracle  Java
1  541513440106   ding  77        80      95    91
2  541513440242    yan  83        90      93    90
3  541513440107   feng  85        90      92    91
4  541513440230   wang  86        80      86    91
5  541513440153  zhang  76        90      90    92
6  541513440235     lu  69        90      83    92
7  541513440224    men  79        90      86    90
8  541513440236    fei  73        80      85    89
9  541513440210    han  80        80      93    88
#skiprows 指定读取数据时要忽略的行,这里忽略第 1~3 行
>>>pd.read_excel('chengji.xlsx',skiprows=[1,2,3])
     Student ID   name   C  database  oracle  Java
0  541513440230   wang  86        80      86    91
1  541513440153  zhang  76        90      90    92
2  541513440235     lu  69        90      83    92
```

```
3  541513440224    men  79        90        86     90
4  541513440236    fei  73        80        85     89
5  541513440210    han  80        80        93     88
#skip_footer=4,表示读取数据时忽略最后 4 行
>>>pd.read_excel('chengji.xlsx',skip_footer=4)
     Student ID   name   C  database  oracle  Java
0  541513440106   ding  77        80      95    91
1  541513440242    yan  83        90      93    90
2  541513440107   feng  85        90      92    91
3  541513440230   wang  86        80      86    91
4  541513440153  zhang  76        90      90    92
#index_col="Student ID"表示指定 Student ID 为行索引
>>>pd.read_excel('chengji.xlsx',skip_footer=4,index_col="Student ID")
               name   C  database  oracle  Java
Student ID
541513440106   ding  77        80      95    91
541513440242    yan  83        90      93    90
541513440107   feng  85        90      92    91
541513440230   wang  86        80      86    91
541513440153  zhang  76        90      90    92
#names 参数用来重新命名列名称
>>>pd.read_excel('chengji.xlsx',skip_footer=5,names=["a","b","c","d","e",
"f"])
                 a     b   c   d   e   f
0  541513440106  ding  77  80  95  91
1  541513440242   yan  83  90  93  90
2  541513440107  feng  85  90  92  91
3  541513440230  wang  86  80  86  91
#sheet_name=[0,1]表示同时读取 Sheet1 和 Sheet2
>>>pd.read_excel('chengji.xlsx',skip_footer=5,sheet_name=[0,1])
OrderedDict([(0,      Student ID  name   C  database  oracle  Java
0  541513440106  ding  77        80      95    91
1  541513440242   yan  83        90      93    90
2  541513440107  feng  85        90      92    91
3  541513440230  wang  86        80      86    91), (1,    Student ID  name   C
  Java  Python
0         106    lu  77    80      95
1         142  wang  83    90      93
2         147  ming  85    90      92
3         180   han  86    80      86)])
```

2. 往 Excel 文件写入数据

把 DataFrame 对象 df 中的数据写入 Excel 文件的函数为 df. to_excel()。

df.to_excel()的语法格式如下：

```
df.to_excel()(excel_writer, sheet_name='Sheet1', na_rep='', columns=None,
header=True, index=True, index_label=None,startrow=0, startcol=0, engine=
None)
```

作用：将 df 对象中的数据写入 Excel 文件。

参数说明如下。

excel_writer：输出路径。

sheet_name：将数据存储在 Excel 的哪个 Sheet 页面，如 Sheet1 页面。

na_rep：缺失值填充。

colums：选择输出的列。

header：指定列名，布尔或字符串列表，默认为 Ture，如果给定字符串列表，则假定它是列名称的别名。header=False 则不输出题头。

index：布尔型，默认为 True，显示行索引(名字)，当 index=False，则不显示行索引(名字)。

注意：使用 to_excel()函数之前，需要先通过 pip install openpyxl 安装 openpyxl 模块。

```
>>>df=pd.DataFrame({'course':['C','Java','Python','Hadoop'],'scores':[82,
96,92,88], 'grade':['B','A','A','B']})
>>>df
  course grade  scores
0      C     B      82
1   Java     A      96
2 Python     A      92
3 Hadoop     B      88
'''sheet_name="sheet2"表示将 df 存储在 Excel 的 sheet2 页面, columns=["course",
"grade"]表示选择"course"、"grade"两列进行输出'''
>>> df.to_excel(excel_writer='cgs.xlsx', sheet_name="sheet2", columns=
["course","grade"])
```

生成的 cgs.xlsx 文件表其内容如图 8-16 所示。

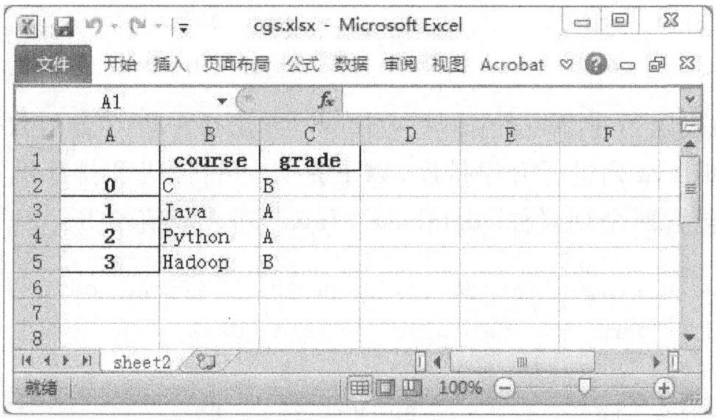

图 8-16 生成的 cgs.xlsx 文件表

8.7 筛选和排序数据实例

筛选和排序是 Excel 中使用频率最多的功能，通过这个功能可以很方便地对数据表中的数据使用指定的条件进行筛选和计算，以获得需要的结果。在 pandas 中通过 DataFrame 对象的 sort_values()和 query('列名>value')也可以实现这两个功能。

```
>>>import pandas as pd
>>>df=pd.DataFrame(pd.read_excel('chengji.xlsx'))
>>>df
     Student ID   name  C  database  oracle  Java
0  541513440106   ding 77        80      95    91
1  541513440242    yan 83        90      93    90
2  541513440107   feng 85        90      92    91
3  541513440230   wang 86        80      86    91
4  541513440153  zhang 76        90      90    92
5  541513440235     lu 69        90      83    92
6  541513440224    men 79        90      86    90
7  541513440236    fei 73        80      85    89
8  541513440210    han 80        80      93    88
```

创建 DataFrame 对象 df 后，使用 df 的 sort_values()方法对 df 的数据进行排序操作。

```
>>>df.sort_values(by='Student ID',ascending=True) #按 Student ID 升序排序
     Student ID   name  C  database  oracle  Java
0  541513440106   ding 77        80      95    91
2  541513440107   feng 85        90      92    91
4  541513440153  zhang 76        90      90    92
8  541513440210    han 80        80      93    88
6  541513440224    men 79        90      86    90
3  541513440230   wang 86        80      86    91
5  541513440235     lu 69        90      83    92
7  541513440236    fei 73        80      85    89
1  541513440242    yan 83        90      93    90
```

除了对单列数据进行排序以外，sort_values()方法还可以对多列数据进行排序操作。下面对 database 和 Java 列进行升序排序，以下是具体的代码和排序结果，与单列数据排序的代码相比，将包含两个列名称['database','Java']列表赋值给 by。

```
>>>df.sort_values(by=['database','Java'])     #按 database 和 Java 进行升序排序
     Student ID   name  C  database  oracle  Java
8  541513440210    han 80        80      93    88
7  541513440236    fei 73        80      85    89
0  541513440106   ding 77        80      95    91
```

```
3  541513440230   wang  86        80       86    91
1  541513440242    yan  83        90       93    90
6  541513440224    men  79        90       86    90
2  541513440107   feng  85        90       92    91
4  541513440153  zhang  76        90       90    92
5  541513440235     lu  69        90       83    92
```

在完成了对数据表排序的操作后，可以对数据表进行简单的筛选，例如获取 C 分数最小的前 5 名数据。具体的方法是先对 df 数据表按 C 升序排序，然后取前 5 名的数据。与前面单列升序排序的代码相比只在结尾增加了 head()方法。

```
>>>df.sort_values(by='C').head(5) #获取 C 分数最小的前 5 名数据
     Student ID   name  C  database  data structure  oracle  Java
5  541513440235     lu  69       90              88      83    92
7  541513440236    fei  73       80              87      85    89
4  541513440153  zhang  76       90              85      90    92
0  541513440106   ding  77       80              92      95    91
6  541513440224    men  79       90              83      86    90
>>>df.query('C>80').head(2) #获取 C 分数大于 80 的最小的前 2 名数据
     Student ID   name   C  database  oracle  Java
1  541513440242    yan  83        90      93    90
2  541513440107   feng  85        90      92    91
```

很多时候我们只关注数据表中某几列的数据，这时可以在前面筛选代码的基础上增加要显示的列名称和显示顺序，下面是具体的代码和筛选结果。代码部分与之前相比增加了要显示的列名称['Student ID','C','oracle','Java']。从筛选结果的数据表中可以看到仅显示了我们在代码中列出的三列。

```
#获取 C 分数大于 80 的最小的前 3 名数据，显示 Student ID、C、oracle、Java 列
>>>df[['Student ID','C','oracle','Java']].query('C>80').head(3)
     Student ID  C  oracle  Java
1  541513440242 83      93    90
2  541513440107 85      92    91
3  541513440230 86      86    91
```

数据质量分析

数据质量分析是数据分析(也称为数据挖掘)中数据准备过程的重要环节,是数据预处理的前提,也是数据分析结论有效性和准确性的基础,没有可信的高质量数据,数据分析构建的模型将是空中楼阁。数据质量分析的主要任务是检查原始数据中是否存在脏数据,脏数据一般是指不符合要求且不能直接进行相应分析的数据,具体包括缺失值、异常值、不一致的值、重复数据及含有特殊符号的数据。

9.1 缺失值分析

缺失值不仅包括数据库中的 NULL 值,也包括用于表示数值缺失的特殊数值。造成数据缺失的原因是多方面的,主要有以下几种。

(1) 有些信息暂时无法获取。例如在医疗数据库中,并非所有病人的所有临床检验结果都能在给定的时间内得到,这就致使一部分属性值空缺出来。

(2) 有些信息是被遗漏的。可能是因为输入时认为不重要、忘记填写了或对数据理解错误而遗漏,也可能是由于数据采集设备的故障、存储介质的故障、传输媒介的故障、一些人为因素等原因而丢失了。

(3) 有些对象的某个或某些属性是不可用的。也就是说,对于这些对象来说,某些属性值是不存在的,如未婚者的配偶姓名、儿童的固定收入状况等。

(4) 有些信息(被认为)是不重要的,如数据库的设计者并不在乎某个属性的取值。

(5) 获取这些信息的代价太大。

缺失值的存在,对数据分析主要造成三方面的影响:系统丢失了大量的有用信息;系统中所表现出的不确定性更加显著,系统中蕴涵的确定性成分更难把握;包含空值的数据会使数据分析过程陷入混乱,导致不可靠的输出。对缺失值的处理,要具体问题具体分析,因为属性缺失有时并不意味着数据缺失,缺失本身是包含信息的,所以需要根据不同应用场景下缺失值可能包含的信息,对缺失值进行合理处置。

缺失值分析包括查看含有缺失值的记录和属性,以及包含缺失值的观测总数和缺失率。

```
>>>import numpy as np
>>>import pandas as pd
>>>df=pd.DataFrame([[89, 78, 92, np.nan],[70, 86, 97, np.nan],[80, 90, 85, np.
nan],[92,95,89,np.nan],[np.nan,np.nan,np.nan,np.nan]], columns=list('ABCD'))
>>>df
      A     B     C   D
0  89.0  78.0  92.0 NaN
1  70.0  86.0  97.0 NaN
2  80.0  90.0  85.0 NaN
3  92.0  95.0  89.0 NaN
4   NaN   NaN   NaN NaN
>>>df.isnull().sum()                    #统计空值情况,可以看出每列都存在缺失值
A    1
B    1
C    1
D    5
dtype: int64
>>>df.isnull().any()                    #查找存在缺失值的列,可以看出每列中都存有缺失值
A     True
B     True
C     True
D     True
dtype: bool
>>>df.isnull().all()                    #查找均为缺失值的列,发现 D 列全为空
A     False
B     False
C     False
D     True
dtype: bool
>>>nan_lines=df.isnull().any(1) #查找存在缺失值的行
>>>nan_lines.sum()                      #统计有多少行存在缺失值
5
>>>df[nan_lines]                        #查看有缺失值的行信息
      A     B     C   D
0  89.0  78.0  92.0 NaN
1  70.0  86.0  97.0 NaN
2  80.0  90.0  85.0 NaN
3  92.0  95.0  89.0 NaN
4   NaN   NaN   NaN NaN
```

9.2　异常值分析

异常值分析

异常值分析是检验数据是否有录入错误以及含有不合常理的数据。异常值是指样本中的明显偏离其余观测值的个别值,异常值也称为离群点。忽视异常值的存在是十分危险的,不加剔除地把异常值包括进数据

的计算分析过程中，对结果会产生不良影响。重视异常值的出现，分析其产生的原因，常常成为发现问题进而改进决策的契机。异常值的分析也称为离群点分析。

根据使用的主要技术路线的不同，可将异常值检测方法分为基于统计的方法、基于距离的方法、基于偏差的方法、基于箱形图分析的方法、基于密度的方法和基于聚类的方法等。

下面介绍基于统计的方法、基于偏差的方法和基于箱形图分析的方法。

1. 基于统计的方法

统计方法是基于模型的方法，即为数据创建一个模型，并且根据数据拟合模型的情况来评估它们。最常用的统计方法是最大值和最小值方法，用来判断数据集的最大值和最小值的取值是否超出合理的范围。例如，人的身高的最大值为3.3m，则该变量的取值存在异常。

2. 基于偏差的方法

基于偏差的方法的基本思想是通过检查一组数据的主要特性来确定数据是否异常，如果一个数据的特性与给定的描述过分偏离，则该数据被认为是异常数据。基于偏差的异常值检测方法最常采用的技术是序列异常技术。序列异常技术的核心是要构建一个相异度函数，如果样本数据间的相似度较高，相异度函数的值就比较小，反之，如果样本数据间的相异度越大，相异度函数的值就越大(例如，方差就是满足这种要求的函数)。这种方法，多是该数据服从正态分布，异常值被定义为一组测定值中与平均值的偏差超过三倍标准差的值。在正态分布下，距离平均值 3σ 之外的值出现的概率为 $P(|x-\mu|>3\sigma)\leqslant 0.003$，属于极个别的小概率事件。

3. 基于箱形图分析的方法

箱形图又称为盒式图、盒状图或箱线图，是一种用作显示一组数据分散情况的统计图，因形状如箱子而得名。一个箱形图举例如图9-1所示，其中应用到了分位数的概念。箱形图的绘制方法：先找出一组数据的中位数、上四分位数、下四分位数、上限、下限；然后，连接两个四分位数画出箱子，中位数在箱子中间。

箱形图提供了识别异常值的一个标准：异常值通常被定义为小于QL－1.5IQR或大于QU＋1.5IQR的值。QL称为下四分位数，表示全部观察值中有四分之一的数据取值比它小；QU称为上四分位数，表示全部观察值中有四分之一的数据取值比它大；IQR称为四分位数间距，是上四分位数QU与下四分位数QL之差，其间包含了全部观察值的一半。上限是非异常范围内的最大值(如定义为QU＋1.5IQR)，下限是非异常范围内的最小值(如定义为QL－1.5IQR)。中位数，即二分之一分位数，计算的方法就是将一组数据按从小到大的顺序，取中间这个数，中位数在箱子中间。

箱形图依据实际数据绘制，没有对数据做任何限制性要求(如服从某种特定的分布形式)，它只是真实直观地表现数据分布的本来面貌。另外，箱形图判断异常值的标准以四分位数和四分位距为基础，四分位数具有一定的鲁棒性，多达25%的数据可以变得任意远而不会很大地扰动四分位数，所以异常值不会影响箱形图的数据形状。由此可见，箱形图识别异常值的结果比较客观，在识别异常值方面有一定的优越性。

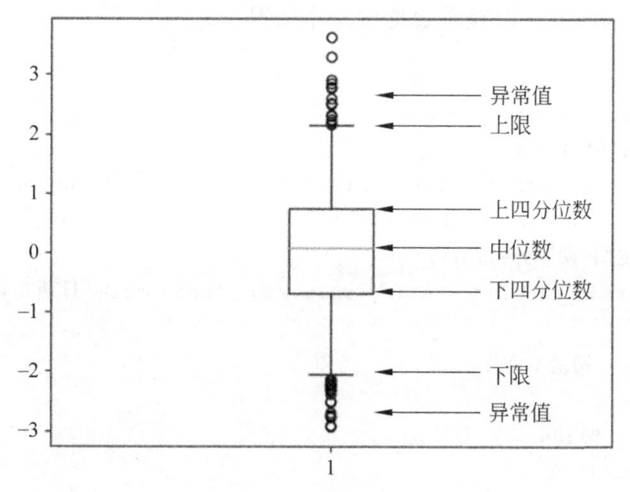

图 9-1　箱形图举例

```
>>>import numpy as np
>>>import matplotlib.pyplot as plt
'''生成一组正态分布的随机数，数量为 1000，loc 为概率分布的均值，对应整个分布的中心centre；scale 为概率分布的标准差，对应于分布的宽度，scale 越大，越矮胖，scale 越小，越瘦高；size 为生成的随机数的数量'''
>>>data=np.random.normal(size=(1000,), loc=0, scale=1)
'''whis 默认是 1.5，通过调整它的数值来设置异常值显示的数量，如果想显示尽可能多的异常值，whis 设置为较小的值，否则设置为较大的值'''
>>>plt.boxplot(data, sym="o", whis=1)      #绘制箱形图，sym 设置异常值点的形状
>>>plt.show()        #绘制的箱形图如图 9-2 所示
```

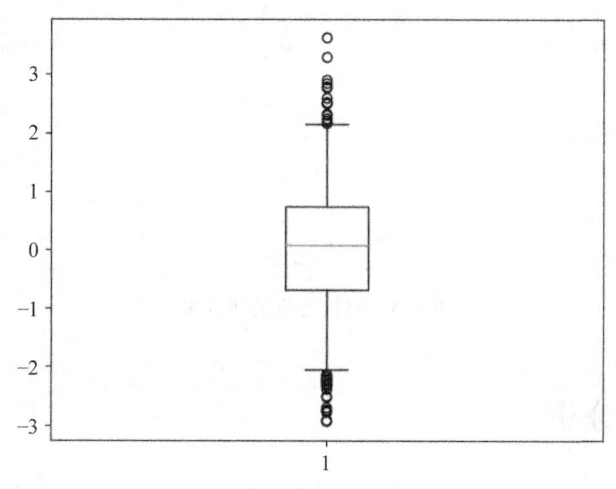

图 9-2　绘制的箱形图

在餐饮系统中的销量额数据可能出现缺失值和异常值，如果数据记录和属性较多，就需要编写程序来检测出缺失值和异常值。在 Python 的 pandas 库中，只需要读入数据，然后使用 describe()函数就可以查看数据的基本情况。

```
>>>import pandas as pd
>>>import matplotlib.pyplot as plt
>>>import matplotlib
>>>matplotlib.rcParams['font.family']='FangSong'    #FangSong是中文仿宋
>>>matplotlib.rcParams['font.size']=15              #设置字体的大小
#读取数据,指定"日期"列为索引列
>>>data=pd.read_excel('catering_sale.xls',index_col='日期')#读取餐饮数据
>>>data
              销量
日期
2018-03-01    51.0
2018-02-28  2618.2
...           ...
2017-08-31  3494.7
2017-08-30  3691.9
>>>data.boxplot()
<matplotlib.axes._subplots.AxesSubplot object at 0x000000000E561A58>
>>>plt.show()          #餐饮数据的箱形图如图 9-3 所示
```

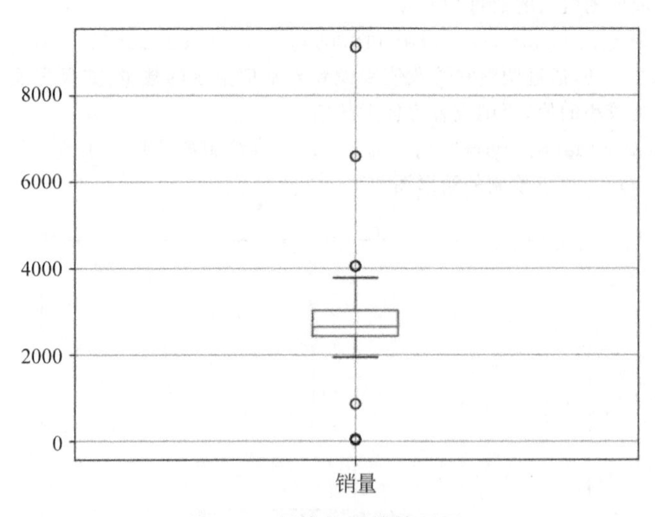

图 9-3 餐饮数据的箱形图

9.3 一致性分析

在数据有多份副本的情况下，如果网络、服务器或者软件出现故障，会导致部分副本写入成功，部分副本写入失败。这就造成各个副本之间的数据不一致，数据内容冲突。在

数据挖掘过程中，数据不一致主要发生在数据集成的过程中，可能是由于数据来自于不同的数据源、对于重复存放的数据未能进行一致性更新造成的。在关系数据库中，不一致性可能存在于单个元组中、同一关系（表）的不同元组之间、不同关系（表）的元组之间。

9.4　数据特征分析

对数据进行质量分析以后，接下来可通过绘制图表、计算某些特征量等手段进行数据的特征分析。主要从分布分析、统计量分析、周期性分析、相关性分析、贡献度分析等角度进行数据的特征分析。

9.4.1　分布分析

分布分析用来揭示数据的分布特征和分布类型，显示其分布情况。分布分析主要分为两种：对定量数据的分布分析和对定性数据的分布分析。

1. 定量数据的分布分析

面对大量的数据，人们通常希望知道数据的大致分布情况，这里可使用直方图图像来描述数据的分布情况。直方图图像由一批长方形构成，通过长方形的面积或高度来代表对应组的数据所占的比例。

直方图有两种类型：当用长方形的面积代表对应组的频数与组距的比时，称为频率分布直方图；当用长方形的高代表对应组的频数时，则称为频数分布直方图。

绘制定量数据的直方图进行分布分析通常按照以下步骤执行。

（1）求极差。

（2）决定组距与组数。

（3）决定分点。

（4）得到频率分布表。

（5）绘制频率分布直方图。

绘制定量数据的直方图应遵循的原则如下。

（1）所有分组必须将所有数据包含在内。

（2）各组的组宽最好相等。

（3）各组相斥。

2. 定性数据的分布分析

对于定性数据，通常根据数据的分类类型来分组，可以采用饼图和条形图来描述定性数据的分布。

9.4.2　统计量分析

数理统计的基本统计量包括描述数据集中趋势的统计值（平均数、中位数和众数）、描述数据离中趋势的统计量（极差、四分位数、平均差、方差、标准差和变异系数）和描述数据分布状况的统计量(偏态系数)。有了这些基本统计量,数据分析人员就掌握了数据的基本特征。通过这些基本统计量对数据进行统计分析后,可以基本确定对数据做进一步分析的方向。

1. 数据集中趋势的统计值

1) 平均数

平均数又称为均值,能反映一组数据的集中趋势,可作为数据代表与另一组数据相比较,以明确两组数据之间的差异状况。平均数的类型包括算术平均数、加权平均数、几何平均数、调和平均数。统计分析中,算术平均数应用最普遍。

(1) 算术平均数:全部数据的总和除以数据总个数所得的商,简称均数(mean)。

① 直接计算法:

$$\bar{x}=\frac{(x_1+x_2+\cdots+x_n)}{n}=\frac{1}{n}\sum_{i=1}^{n}x_i$$

适用于不分组的小样本数据。

② 频数分布表计算法——求算术平均值的近似值。

$$\bar{x}=\frac{(f_1x_1+f_2x_2+\cdots+f_kx_k)}{f_1+f_2+\cdots+f_k}=\frac{1}{N}\sum fX$$

其中,f 表示各组频数;X 表示各组组中值;k 表示组数;N 表示总频数。

适用于已经编制成频数分布表的分组数据。

(2) 加权平均数、几何平均数、调和平均数。

① 加权平均数。

具有不同权重数据的平均数。

加权平均数计算公式 1:

$$\bar{X}_w=\frac{W_1X_1+W_2X_2+\cdots+W_NX_N}{W_1+W_2+\cdots+W_N}=\frac{\sum WX}{\sum W}$$

其中,W_N 表示各观察值的权重;X_N 表示具有不同权重的观察值。

加权平均数计算公式 2:

$$\bar{X}_t=\frac{N_1\bar{X}_1+N_2\bar{X}_2+\cdots+N_K\bar{X}_K}{N_1+N_2+\cdots+N_K}=\frac{\sum N\bar{X}}{\sum N}$$

其中,N_K 表各组数据的频数;$\bar{X}_K$ 表示各组数据的平均值。

② 几何平均数。

N 个数据连乘积的 N 次方根,符号为 $\bar{X}_S$。

$$\bar{X}_g=\sqrt[N]{X_1\cdot X_2\cdot\cdots\cdot X_N}=\sqrt[N]{\prod_{i=1}^{N}X_i}$$

几何平均数的应用:计算入学人数增加率、学校经费增加率、阅读能力提高率等。

③ 调和平均数。

一组数据中每个数据的倒数的算术平均数的倒数,符号为 $\bar{X}_H$。

$$\overline{X}_H = \frac{1}{\frac{1}{N}\left(\frac{1}{X_1}+\frac{1}{X_2}+\cdots+\frac{1}{X_N}\right)} = \frac{N}{\sum\left(\frac{1}{X}\right)}$$

调和平均数的应用：用于计算平均学习速度，如阅读速度、解题速度、识字速度等。

2）中位数

中位数是总体数据中大小处于中间位置的数值。

3）众数

众数是一组数据中出现次数最多的数值，如数据 1、2、3、3、4 的众数是 3。有时众数在一组数中有好几个，如数据 2、3、－1、2、1、3 中，2、3 都出现了两次，它们都是这组数据中的众数。

2. 数据离散趋势的统计量

1）极差

极差＝最大值－最小值。

2）四分位数

把所有数据由小到大排列并分成四等份，处于三个分割点位置的数值就是四分位数。分别记作如下。

处于第一个分割点位置的数据称为第一四分位数（Q_1），又称为较小四分位数。

处于第二个分割点位置的数据称为第二四分位数（Q_2），又称中位数。

处于第三个分割点位置的数据称为第三四分位数（Q_3），又称较大四分位数。

四分位差（QD）$=Q_3-Q_1$，反映了数据中间 50％数据的离散程度，其数值越小，说明中间的数据越集中；其数值越大，说明中间的数据越分散。四分位差的大小在一定程度上可反映中位数对一组数据的代表程度。

3）平均差（MD）

平均差是样本所有数据与其算术平均数的差绝对值的算术平均数。平均差反映各个数据与算术平均数之间的平均差异。平均差越大，表明各个数据与算术平均数的差异程度越大，该算术平均数的代表性就越小；平均差越小，表明各个数据与算术平均数的差异程度越小，该算术平均数的代表性就越大。

数据的平均差的计算公式为

$$\mathrm{MD} = \frac{1}{N}\sum \mid X-\overline{X} \mid$$

其中，X 为变量；$\overline{X}$ 为算术平均数；N 为变量值的个数。

4）方差（variance）

统计中的方差是每个样本值与全体样本值的平均数之差的平方值的平均数。在统计描述中，方差用来计算每一个变量与总体均数之间的差异，统计中的方差计算公式：

$$\sigma^2 = \frac{\sum(X-\overline{X})^2}{N}$$

其中，σ^2 为统计方差；X 为变量；$\overline{X}$ 为总体均值；N 为样本总数。

5）标准差(standard deviation)

标准差是方差的算术平方根，标准差能反映一个数据集的离散程度。平均数相同的两组数据，标准差未必相同。

6）变异系数(coefficient of variation)

变异系数指的是标准差与算术平均数的百分比：$cv=\frac{\sigma}{\bar{X}}\times 100\%$。

变异系数的用途：比较单位不同的数据的差异程度；比较单位相同但平均数差异很大的两组数据的差异程度；判断特殊差异情况，cv 值通常为 5%～35%，如果 cv 值大于 35%，可怀疑所求平均数是否失去意义；如果 cv 值小于 5%，可怀疑平均数与标准差是否计算错误。

3. 数据分布状况的统计量

数据分布的不对称性称为偏态。偏态系数以平均值与中位数之差对标准差之比率来衡量偏斜的程度，用 SK 表示偏态系数。

偏态系数的取值为 0 时，表示数据为完全的对称分布；

偏态系数的取值为正数时，表示数据为正偏态或右偏态；

偏态系数的取值为负数时，表示数据为负偏态，或左偏态。

对 Java 考试成绩进行统计量分析，其 Python 代码如下：

```
import pandas as pd
df=pd.read_csv('Java.csv')
data=df['Java']
statistics=data.describe()                                          #保存基本统计量
statistics['range']=statistics['max']-statistics['min']            #增加极差
statistics['cv']=statistics['std']/statistics['mean']              #增加变异系数
statistics['QD']=statistics['75%']-statistics['25%']               #增加四分位差
#统计结果中增加偏态系数'Cs'
statistics['Cs']=(statistics['mean']-data.median())/statistics['std']
print(statistics)
```

运行上面的程序，可以得到下面的结果，此结果为 Java 考试成绩的统计量情况。

```
count    105.000000
mean      80.780952
std        7.617012
min       61.000000
25%       76.000000
50%       81.000000
75%       87.000000
max       96.000000
range     35.000000
cv         0.094292
QD        11.000000
```

```
Cs          -0.028758
```

9.4.3　周期性分析

周期性分析是探索某个变量是否随着时间变化而呈现出某种周期变化趋势。根据周期时间长短的不同分为年度周期性趋势、季节性周期趋势、月度周期性趋势、周周期性趋势、天周期性趋势、小时周期性趋势等。

例如，要对航空旅客数量进行预测，可以先分析旅客数量的时序图来直观地估计旅客数量的变化趋势。

图 9-4 是 1949 年 1 月至 1960 年 12 月某航空公司运载的旅客数量的时序图，总体来看，每年内运送的旅客数量呈周期性变化，各年运送的总旅客数量呈递增趋势。

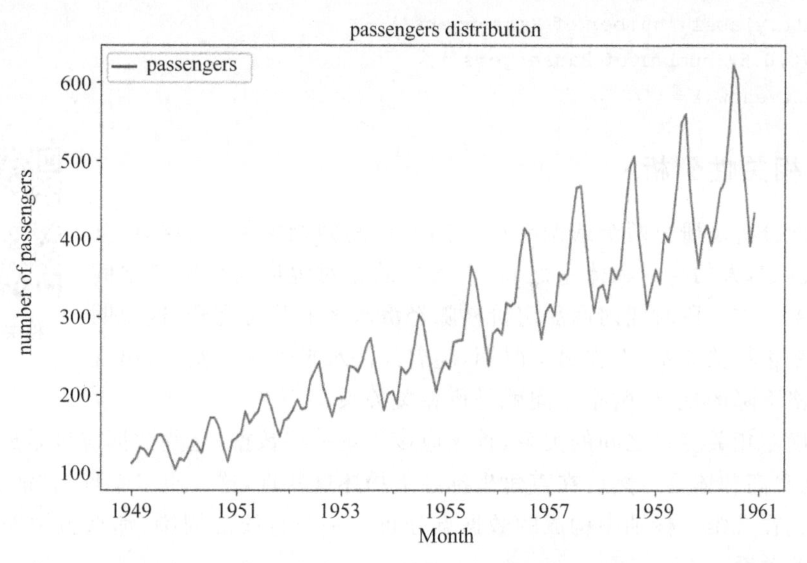

图 9-4　1949 年 1 月至 1960 年 12 月某航空公司运载的旅客数量的时序图

图 9-4 的实现代码如下：

```
>>>import pandas as pd
>>>import matplotlib.pylab as plt
>>>#导入航空旅客数据
>>>data=pd.read_csv("D:\\mypython\\AirPassengers.csv")
>>>data.head()
     Month  Passengers
0  1949-01         112
1  1949-02         118
2  1949-03         132
3  1949-04         129
4  1949-05         121
#将读取的日期转为 datatime 格式
>>>data['Month']=pd.to_datetime(data['Month'],format='%Y-%m-%d')
```

```
>>>df=data.set_index(['Month'])      #将 data 中的列 Month 设置成索引 index
>>>df.head()
            Passengers
Month
1949-01-01        112
1949-02-01        118
1949-03-01        132
1949-04-01        129
1949-05-01        121
>>>df['Passengers'].plot(kind='line',figsize=[10,5],legend=True, title=
'Passengers distribution')
<matplotlib.axes._subplots.AxesSubplot object at 0x000000001081C9E8>
>>>plt.ylabel('number of Passengers')
Text(0,0.5,'number of Passengers')
>>>plt.show()
```

9.4.4 相关性分析

相关性分析

相关性分析是研究两个或两个以上的变量间的相关关系的统计分析方法。例如，人的身高和体重之间、空气中的相对湿度与降雨量之间的相关关系。在一段时期内商品房价格随经济水平上升而上升，这说明两指标间是正相关关系；而在另一时期，随着经济水平进一步发展，出现商品房价格下降的现象，两指标间就是负相关关系。

为了确定相关变量之间的关系，首先应该收集一些数据，这些数据应该是成对的。例如，每人的身高和体重。然后在直角坐标系上描述这些点，这一组点集称为"散点图"。如果这些数据在二维坐标轴中构成的数据点分布在一条直线的周围，那么就说明变量间存在线性相关关系。

相关系数是变量间关联程度的最基本测度之一，如果我们想知道两个变量之间的相关性，那么就可以计算相关系数来进行判定。相关系数 r 的取值在 $-1\sim1$。正相关时，r 值在 $0\sim1$，散点图是斜向上的，这时一个变量增加，另一个变量也增加；负相关时，r 值在 $-1\sim0$，散点图是斜向下的，此时一个变量增加，另一个变量将减少。r 的绝对值越接近 1，两变量的关联程度越强；r 的绝对值越接近 0，两变量的关联程度越弱。

相关系数则是由协方差除以两个变量的标准差而得到，相关系数的取值会在 $[-1,1]$，-1 表示完全负相关，1 表示完全相关。相关系数 r 的计算公式表示如下：

$$r=\frac{\operatorname{cov}(X,Y)}{\sqrt{\operatorname{var}(X)\operatorname{var}(Y)}}=\frac{E\{[X-E(X)][Y-E(Y)]\}}{\sigma_x\sigma_y}$$

其中，$\operatorname{cov}(X,Y)$ 为 X 与 Y 的协方差；$\operatorname{var}(X)$ 为 X 的方差；$\operatorname{var}(Y)$ 为 Y 的方差。

一家软件公司在全国有许多代理商，为研究它的财务软件产品的广告投入与销售额的关系，统计人员随机选择 10 家代理商进行观察，搜集到年广告投入费和月平均销售额的数据，并编制成相关表如表 9-1 所示。

表 9-1 广告费与月平均销售额相关表 (单位：万元)

年广告费投入	月均销售额	年广告费投入	月均销售额
12.5	21.2	34.4	43.2
15.3	23.9	39.4	49.0
23.2	32.9	45.2	52.8
26.4	34.1	55.4	59.4
33.5	42.5	60.9	63.5

```
>>>import pandas as pd
>>>import matplotlib.pylab as plt
>>>import matplotlib
>>>matplotlib.rcParams['font.family']='FangSong'      #设置字体显示格式
>>>matplotlib.rcParams['font.size']='15'              #设置字体大小
>>>data=pd.read_csv("D:\\mypython\\ad-sales.csv")     #读取代理商数据
>>>print(data.corr())                                 #输出相关系数矩阵
         年广告费投入   月均销售额
年广告费投入  1.000000   0.994198
月均销售额    0.994198   1.000000
#绘制代理商数据的散点图
>>>data.plot(kind='scatter', x='年广告费投入', y='月均销售额', figsize=[5,5],
title='相关性分析')
<matplotlib.axes._subplots.AxesSubplot object at 0x0000000010BB69E8>
>>>plt.show()          #散点图如图 9-5 所示
```

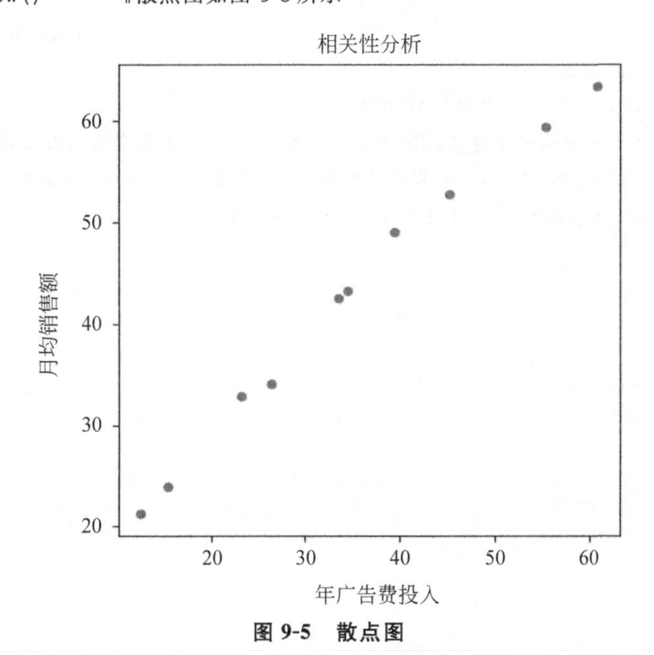

图 9-5 散点图

'年广告费投入'与'月均销售额'的相关系数为 0.994 198，说明广告投入费与月平均销售额之间有高度的线性正相关关系。

9.4.5 贡献度分析

贡献度分析又称为帕累托分析，它的原理是帕累托法则，又称为 80/20 定律。帕累托法则认为：原因和结果、投入和产出、努力和报酬之间存在着无法解释的不平衡。若以数学方式测量这个不平衡，得到的基准线是一个 80/20 关系；结果、产出或报酬的 80%取决于 20%的原因、投入或努力。也就是说，80%的产出源自 20%的投入，80%的结论源自 20%的起因，80%的收获源自 20%的努力。

使用 80/20 原则的艺术在于确认哪些现实中的因素正在起作用，并尽可能地利用这些因素。80/20 这一数据仅仅是一个比喻和实用基准，真正的比例未必正好是 80%：20%。

当一家公司发现自己 80%的利润来自于 20%的顾客时，就该努力让那 20%的顾客乐意与公司合作。这样做，不但比把注意力平均分散给所有的顾客更容易，也更值得。再者，如果公司发现 80%的利润来自于 20%的产品，那么这家公司应该全力来销售这些高利润的产品。另外，帕累托分析法要求公司对 80%的投入只产出 20%的生产状况进行改进，使之发挥有效作用。

对餐饮企业来讲，应用贡献度分析可以重点改善某菜系盈利最高的前 80%的菜品。这种结果可以通过帕累托图直观地呈现出来。

某月菜品盈利数据(catering_dish_profit.xls)如图 9-6 所示。

1	菜品名	盈利
2	A1	9173
3	A2	5729
4	A3	4811
5	A4	3594
6	A9	1877
7	A10	1782
8	A5	3195
9	A6	3026
10	A7	2378
11	A8	1970

图 9-6 某月菜品盈利数据

```
>>>import pandas as pd
>>>import matplotlib.pyplot as plt
>>>dish_profit='catering_dish_profit.xls'        #餐饮菜品盈利数据
#从 catering_dish_profit.xls 文件读取数据,并指定行索引名为'菜品名'
>>>data=pd.read_excel(dish_profit, index_col='菜品名')
>>>data
        盈利
菜品名
A1     9173
A2     5729
A3     4811
A4     3594
A9     1877
A10    1782
A5     3195
A6     3026
A7     2378
A8     1970
```

```
>>>data=data[u'盈利'].copy()
>>>data=data.sort_values(ascending=False)   #按照盈利额降序排序
>>>data
菜品名
A1     9173
A2     5729
A3     4811
A4     3594
A5     3195
A6     3026
A7     2378
A8     1970
A9     1877
A10    1782
Name: 盈利, dtype: int64
>>>plt.rcParams['font.family']=['SimHei']        #用来正常显示中文标签
>>>plt.figure()
<matplotlib.figure.Figure object at 0x0000000011225E48>
>>>data.plot(kind='bar')                          #条形图
<matplotlib.axes._subplots.AxesSubplot object at 0x000000000E2C2D30>
>>>plt.ylabel(u'盈利(元)')
Text(0,0.5,'盈利(元)')
#获取菜品盈利累计占比,乘以 1.0,使 p 为浮点数
>>>p=1.0 * data.cumsum()/data.sum()
>>>p
菜品名
A1     0.244385
A2     0.397016
A3     0.525190
A4     0.620940
A5     0.706061
A6     0.786679
A7     0.850033
A8     0.902518
A9     0.952524
A10    1.000000
Name: 盈利, dtype: float64
#次纵坐标
>>>p.plot(color='r', secondary_y=True, style='-o',linewidth=2)
<matplotlib.axes._subplots.AxesSubplot object at 0x000000000E460748>
#将排名第 7 的 A7 的数据 0.850033 标示在折线 A7 对应的位置上
>>>plt.annotate(format(p[6], '.4%'), xy=(6, p[6]), xytext=(6 * 0.9, p[6] * 0.9),
arrowprops=dict(arrowstyle='->', connectionstyle='arc3, rad=.2'))
```

```
Text(5.4,0.76503,'85.0033%')
>>>plt.ylabel(u'盈利(比例)')
Text(0,0.5,'盈利(比例)')
>>>plt.show()  #显示菜品盈利的帕累托图如图 9-7 所示
```

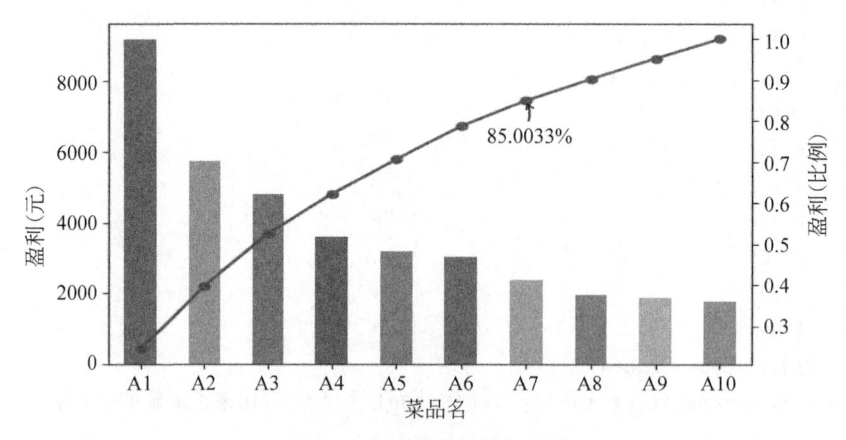

图 9-7　菜品盈利的帕累托图

第10章

数据预处理

数据分析工作始终是以数据为中心开展的,分类、聚类、回归、关联分析以及可视化等工作的顺利进行完全是建立在良好的输入数据的基础之上。采集到的原始数据通常来自多个异构数据源,数据在准确性、完整性和一致性等方面存在多种多样的问题。在数据分析和数据挖掘之前,首先要做的就是对数据进行预处理,处理数据中的"脏数据",从而提高数据分析的准确性和有效性。"脏数据"的主要表现形式为数据缺失、数据重复、数据错误、数据不可用等。数据预处理有多种方法,如数据清洗、数据集成、数据规范化、数据离散化、数据归约等。

10.1 数据清洗

人工输入错误、仪器设备测量精度以及数据收集过程机制缺陷等都会造成采集的数据存在质量问题,具体包括测量误差、数据收集错误、噪声、离群点、缺失值、不一致值、重复数据等。数据清洗阶段的主要任务就是填写缺失值、光滑噪声数据、删除离群点和解决属性的不一致性。

10.1.1 处理缺失值

处理缺失值

数据的收集过程很难做到数据全部完整,如数据库表格中的列值不会全部强制性不为空,问卷调查对象不想回答某些选项,数据采集设备异常,数据录入遗漏等。处理缺失值的方法主要有三类:删除元组、数据补齐和不处理。

1. 删除元组

也就是将存在遗漏属性值的对象(也称为元组、记录)删除,从而得到一个完备的信息表。这种方法简单易行,在对象有多个属性缺失值、被删除的含缺失值的对象与信息表中的数据量相比非常小的情况下是非常有效的。然而,这种方法有很大的局限性,它是以减少历史数据来换取信息的完备,会造成数据资源的浪费,丢弃了大量隐藏在这些对象中的信息。在信息表中本来包含的对象很少的情况下,删除少量对象就足以严重影响信息表信息的客观性和结果的正确性。因此，当遗漏数据所占比例较大，特别当遗漏数据非随机分布时，这种方法可能导致数据发生偏离，从而得出错误的结论。

2. 数据补齐

数据补齐使用一定的值对缺失属性值进行填充补齐，从而使信息表完备化。在数据挖掘中，面对的通常是大型的数据库，它的属性有几十个甚至上百个，因为一个属性值的缺失而放弃大量的其他属性值，这种删除是对信息的极大浪费，因此产生了以可能值对缺失值进行补齐的思想与方法，常用的有如下几种方法。

1) 均值补齐

数据的属性分为数值型和非数值型。如果缺失值是数值型的，就以该属性存在值的平均值来补齐缺失的值；如果缺失值是非数值型的，就根据统计学中的众数原理，用该属性的众数(即出现频率最高的值)来补齐缺失的值。

2) 利用同类均值补齐

同类均值补齐首先利用聚类方法预测缺失记录所属种类，然后使用与存在缺失值的记录属于同一类的其他记录的平均值来填充空缺值。

3) 就近补齐

对于一个包含空值的对象，就近补齐法在完整数据中找到一个与它最相似的对象，然后用这个相似对象的值来进行填充。不同的问题可能会选用不同的标准来对相似进行判定。该方法的缺点在于难以定义相似标准，主观因素较多。

4) 拟合补齐

基于完整的数据集，建立拟合曲线。对于包含空值的对象，将已知属性值代入拟合曲线来估计未知属性值，以此估计值来进行填充。

(1) 多项式曲线拟合。

曲线拟合是指用连续曲线近似地刻画或比拟平面上一组离散点所表示的坐标之间的函数关系，是一种用解析表达式逼近离散数据的方法。数据分析中经常会遇到某些记录的个别字段出现缺失值的情况，若能根据记录数据集在该字段的已经存在的值找到一个连续的函数(也就是曲线)，使得该字段的已经存在的这些值与曲线能够在最大程度上近似吻合，然后就可以根据拟合曲线函数估算缺失值。

polyfit()函数是 numpy 中用于最小二乘多项式拟合的一个函数。最小二乘多项式拟合的主要思想：假设有一组实验数据(x_i, y_i)，事先知道它们之间应该满足某函数关系$y_i=f(x_i)$，通过这些已知信息来确定函数 f 的一些参数。例如，如果函数 f 是线性函数$f(x)=kx+b$，那么参数 k 和 b 就是需要确定的值。如果用 p 表示函数中需要确定的参数，那么目标就是找到一组 p，使得下面关于 p 的 s 函数的函数值最小：

$$s(p)=\sum_{i=1}^{m}[y_i-f(x_i,p)]^2$$

numpy.polyfit()函数的语法格式如下：

```
numpy.polyfit(x, y, deg)
```

作用：numpy.polyfit()用来使用拟合度为 deg 的多项式 p(x)=p[0] * x**deg+…+p[deg]拟合一组离散点(x,y)，返回具有最小平方误差的拟合函数 p(x)的系数向量(含有 deg+1 个数)，第一个数是最高次幂的系数。实际上是根据已知点的坐标确定拟合度为 deg 的多项式的系数。

参数说明如下。

x：为数据点对应的横坐标，可为行向量、矩阵。

y：为数据点对应的纵坐标，可为行向量、矩阵。

deg：为要拟合的多项式的阶数，一阶为直线拟合，二阶为抛物线拟合，并非阶次越高越好，看拟合情况而定。一般而言，拟合次数越大，误差越小，但往往会增大表达式的复杂程度，还有可能出现过拟合，所以要在误差和表达式简洁程度方面综合考虑，确定最佳阶数，一般 3～5 阶最佳。

numpy.polyval(p,x)函数用来计算 p 所对应的多项式在 x 处的函数值。

若 p 是长度为 N 的向量，numpy.polyval(p,x)函数返回的值：

p[0] * x**(N-1) + p[1] * x**(N-2) + … + p[N-2] * x + p[N-1]

① 直线拟合。

```
>>>import matplotlib.pyplot as plt
>>>import numpy as np
>>>x=np.linspace(100,200,30)       #返回 30 个[100,200]内均匀间隔的数字序列
#random_integers(5,20,30)生成[5,20]上离散均匀分布的 30 个整数值
>>>y=x+np.random.random_integers(5,20,30)
>>>p=np.polyfit(x,y,deg=1)         #直线拟合,p 为一次多项式的系数
>>>p
array([ 1.05535484,  4.83010753])
>>>q=np.polyval(p, x)              #计算 p 所指定的一次多项式在 x 处的函数值
>>>plt.plot(x, y, 'o')             #o 表示数据点用实心圈标记
[<matplotlib.lines.Line2D object at 0x000000000ED29048>]
>>>plt.plot(x, q,'k')              #绘制拟合的直线
[<matplotlib.lines.Line2D object at 0x000000000B5726A0>]
>>>plt.show()                      #显示直线拟合的绘图结果如图 10-1 所示
```

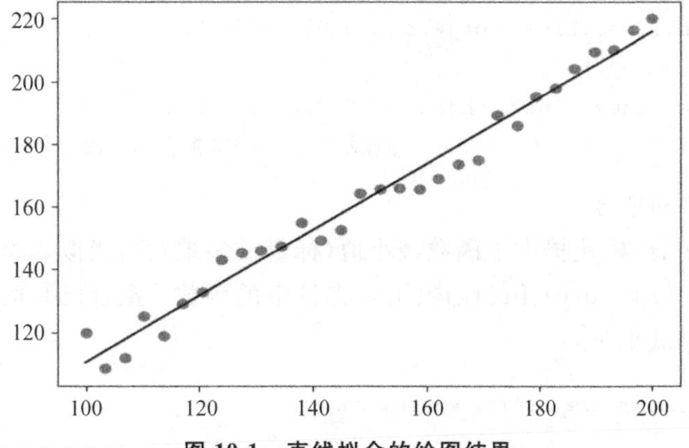

图 10-1　直线拟合的绘图结果

② 抛物线拟合。

下面给出抛物线拟合的程序代码：

```
>>>p1=np.polyfit(x,y,deg=2)          #抛物线拟合
>>>q1=np.polyval(p1, x)              #计算 p1 所对应的二次多项式在 x 处的函数值
>>>plt.plot(x, y, 'o')
[<matplotlib.lines.Line2D object at 0x000000000EF74FD0>]
>>>plt.plot(x, q1,'k')
[<matplotlib.lines.Line2D object at 0x000000000DA5F908>]
>>>plt.show()                        #显示抛物线拟合的绘图结果如图 10-2 所示
```

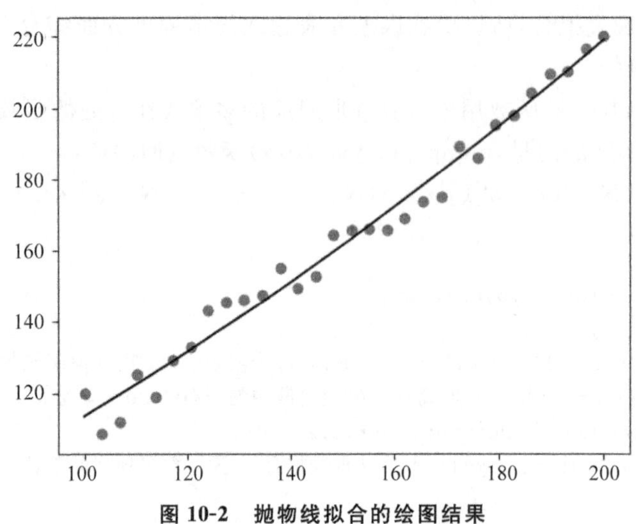

图 10-2 抛物线拟合的绘图结果

③ 3 阶多项式拟合。

下面给出进行 3 阶多项式拟合的程序代码：

```
>>>p2=np.polyfit(x, y, deg=3)        #3 阶多项式拟合
>>>q2=np.polyval(p2, x)              #计算 p2 所指定的三次多项式在 x 处的函数值
>>>plt.plot(x, y, 'o')
[<matplotlib.lines.Line2D object at 0x000000000EFE1B38>]
>>>plt.plot(x, q2,'k')
[<matplotlib.lines.Line2D object at 0x000000000E8C9B00>]
>>>plt.show()                        #显示 3 阶多项式拟合的绘图结果如图 10-3 所示
```

(2) 各种函数的拟合。

scipy 的 optimize 模块提供了函数最小值(标量或多维)、曲线拟合和寻找等式的根的函数。optimize 模块的 curve_fit()函数用来将设定的函数 f 拟合已知的数据集。curve_fit()函数的语法格式如下：

```
scipy.optimize.curve_fit(f, xdata, ydata)
```

作用：使用非线性最小二乘法将函数 f 拟合到数据。

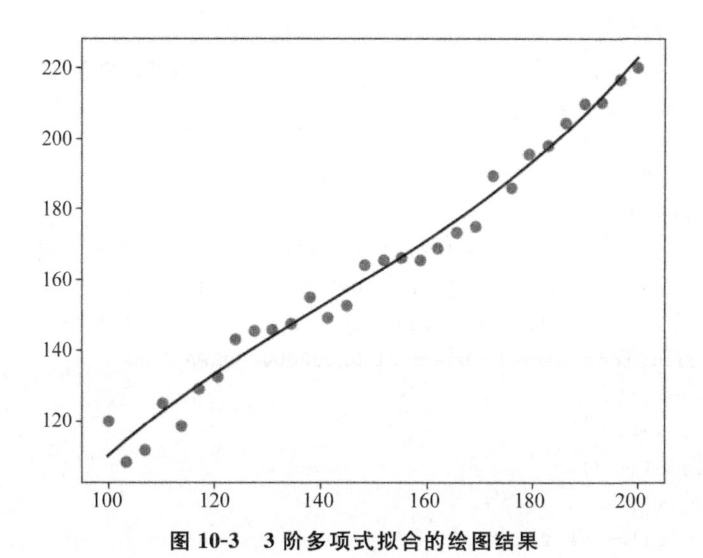

图 10-3　3 阶多项式拟合的绘图结果

参数说明如下。

f：用来拟合数据的函数，它必须将自变量作为函数 f 第一个参数，函数待确定的系数作为独立的剩余参数。

xdata：自变量。

ydata：xdata 自变量对应的函数值。

① e 的 b/x 次方拟合。

下面采用 scipy 的 optimize 模块提供的 curve_fit()函数进行 e 的 b/x 次方拟合。利用 curve_fit()函数拟合数据的核心步骤如下。

第 1 步：定义需要拟合的函数。例如：

```
def func(x, a, b):
    return a * np.exp(b/x)
```

第 2 步：进行函数拟合，获取 popt 里面的拟合系数。

```
popt, pcov=curve_fit(func, x, y)            #进行函数拟合
```

得到的拟合系数存储在 popt 中，a 的值存储在 popt[0]中，b 的值存储在 popt[1]中。pcov 存储的是最优参数的协方差估计矩阵。

```
>>>import numpy as np
>>>import matplotlib.pyplot as plt
>>>from scipy.optimize import curve_fit
>>>def func(x, a, b):
    return a * np.exp(b/x)
>>>x=np.arange(1, 11, 1)                              #定义 x、y 散点坐标
>>>y=np.array([3.98, 5.1, 5.85, 6.4, 7.4,8.6, 10, 10.2, 13.1, 14.5])
>>>popt, pcov=curve_fit(func, x, y)                   #函数拟合
>>>a=popt[0]                                          #获取 popt 里面的拟合系数
```

```
>>>b=popt[1]
>>>y1=func(x,a,b)                                    #获取拟合值
>>>print('系数 a:', a)
系数 a: 16.036555526
>>>print('系数 b:', b)
系数 b: -2.9088756676
>>>plt.plot(x, y, 'o',label='original values')     #绘制(x、y)点
[<matplotlib.lines.Line2D object at 0x00000000143064E0>]
>>>plt.plot(x, y1, 'k',label='polyfit values')     #绘制拟合曲线
[<matplotlib.lines.Line2D object at 0x000000000EFA8D68>]
>>>plt.xlabel('x')
Text(0.5,0,'x')
>>>plt.xlabel('y')
Text(0.5,0,'y')
>>>plt.title('curve_fit')
Text(0.5,1,'curve_fit')
>>>plt.legend(loc=4)          #指定 legend 的位置在右下角
<matplotlib.legend.Legend object at 0x0000000014306F98>
>>>plt.show()                 #显示 e 的 b/x 次方拟合的绘图结果如图 10-4 所示
```

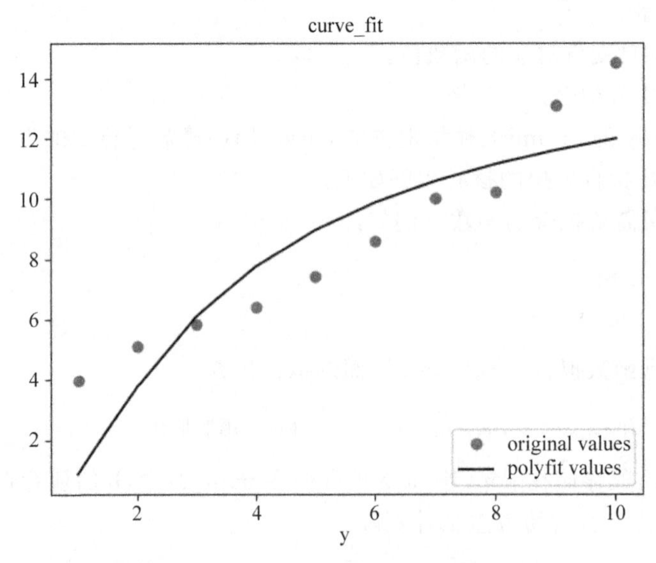

图 10-4　e 的 b/x 次方拟合的绘图结果

② a * e**(b/x)+c 的拟合。

```
>>>import numpy as np
>>>import matplotlib.pyplot as plt
>>>from scipy.optimize import curve_fit
>>>def func(x, a, b, c):
    return a * np.exp(-b * x)+c
>>>x=np.linspace(0, 4, 50)
```

```
>>>y=func(x, 2.5, 1.3, 0.5)
>>>y1=y+0.2 * np.random.normal(size=len(x))        #为数据加入噪声
>>>plt.plot(x, y1, 'o', label='original values')
[<matplotlib.lines.Line2D object at 0x0000000013B9E710>]
>>>popt, pcov=curve_fit(func, x, y1)
>>>plt.plot(x, func(x, *popt), 'k--', label='fit')
[<matplotlib.lines.Line2D object at 0x000000000ED56B70>]
>>>plt.xlabel('x')
Text(0.5,0,'x')
>>>plt.ylabel('y')
Text(0,0.5,'y')
>>>plt.legend()
<matplotlib.legend.Legend object at 0x0000000013B9EDD8>
>>>plt.show()                    #显示 a*e**(b/x)+c 的拟合的绘图结果如图 10-5 所示
```

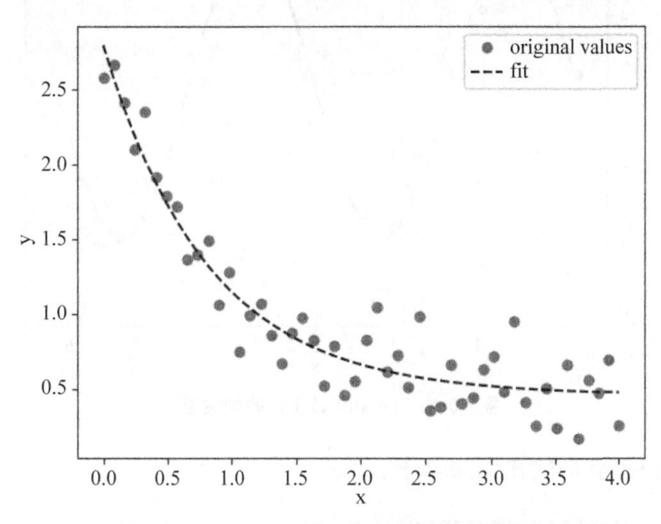

图 10-5　a*e(b/x)+c 的拟合的绘图结果**

③ a*sin(x)+b 的拟合。

```
import numpy as np
from matplotlib import pyplot as plt
from scipy.optimize import curve_fit
def f(x):
    return 2*np.sin(x)+3
def f_fit(x,a,b):
    return a*np.sin(x)+b
x=np.linspace(-2*np.pi,2*np.pi)
y=f(x)+0.5*np.random.randn(len(x))                 #加入了噪声
popt,pcov=curve_fit(f_fit,x,y)                     #曲线拟合
print('最优参数:',popt)                              #最优参数
print(pcov)                                        #输出最优参数的协方差估计矩阵
```

```
a=popt[0]
b=popt[1]
y1=f_fit(x,a,b)                                          #获取拟合值
plt.plot(x,f(x),'r',label='original')
plt.scatter(x,y,c='g',label='original values')  #散点图
plt.plot(x,y1,'b--',label='fitting')
plt.xlabel('x')
plt.ylabel('y')
plt.legend()
plt.show()              #显示绘制 a * sin(x)+b 的拟合图如图 10-6 所示
```

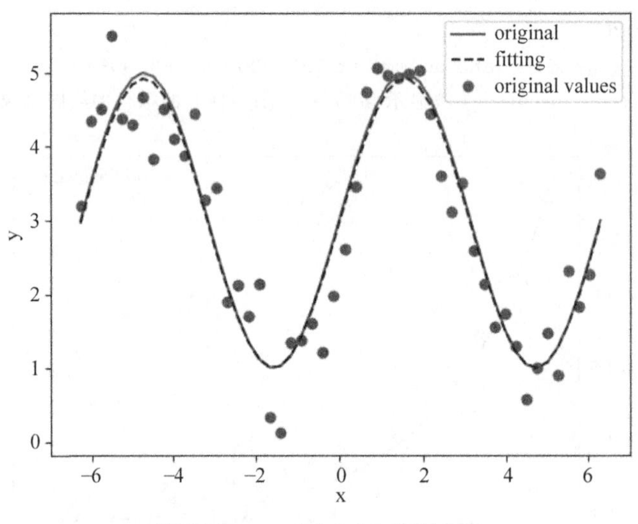

图 10-6　a * sin(x)＋b 的拟合图

运行上述代码得到的输出结果如下：

```
最优参数:[1.95980894 2.96039244]
最优参数的协方差估计矩阵:
[[1.19127360e-02 4.32976874e-13]
[4.32976874e-13 5.83724065e-03]]
```

5）插值补齐

插值法是函数逼近的重要方法之一，插值法就是用给定的函数 $f(x)$（$f(x)$ 函数可以未知，只需已知若干点上的值）的若干点上的函数值来构造 $f(x)$ 的近似函数 $\varphi(x)$，要求 $\varphi(x)$ 与 $f(x)$ 在给定点的函数值相等，这里的 $\varphi(x)$ 称为 $f(x)$ 的插值函数。插值法有多种，以拉格朗日插值和牛顿插值为代表的多项式插值法最有特点，即插值函数是多项式。

（1）拉格朗日插值法。

设 $y=f(x)$ 是定义在 $[a,b]$ 上的函数，在互异点 $x_0,x_1,\cdots,x_n$ 处的函数值分别为 $f(x_0),f(x_1),\cdots,f(x_n)$，求构造 n 次多项式 $p_n(x)$ 使得

$$p_n(x_i)=f(x_i),\quad i=0,1,\cdots,n$$

函数 $p_n(x)$ 为 $f(x)$ 的插值函数，称 $x_0,x_1,\cdots,x_n$ 为插值结点，$p_n(x_i)=f(x_i)$ 称为插值条

件。构造的 n 次多项式可表示为

$$p_n(x) = a_0 + a_1 x + a_2 x^2 + \cdots + a_n x^n$$

构造出 $p_n(x)$，对 $f(x)$ 在 $[a,b]$ 上函数值的计算，就转化为 $p_n(x)$ 在对应点上的计算。

首先来看线性插值，即给定两个点 (x_0, y_0)、(x_1, y_1)，$x_0 \neq x_1$，确定一个一次多项式插值函数，简称线性插值。可使用待定系数法求出该一次多项式插值函数，设一次多项式插值函数 $L_1(x) + a_0 + a_1 x$，将插值点代入 $L_1(x)$，得到

$$\begin{cases} a_0 + a_1 x_0 = y_0 \\ a_0 + a_1 x_1 = y_1 \end{cases}$$

当 $x_0 \neq x_1$ 时，方程组的解存在且唯一，解之得

$$a_0 = \frac{x_0 y_1 - x_1 y_0}{x_0 - x_1}, \quad a_1 = \frac{y_0 - y_1}{x_0 - x_1}$$

因此，$L_1(x) = \frac{x_0 y_1 - x_1 y_0}{x_0 - x_1} + \frac{y_0 - y_1}{x_0 - x_1} x = \frac{x - x_1}{x_0 - x_1} y_0 + \frac{x - x_0}{x_1 - x_0} y_1$。

推广到一般的 n 次情况，拉格朗日差值函数为 $L_n(x) = \sum_{i=0}^{n} y_i l_i(x)$，其中，

$$l_i(x) = \frac{(x - x_0)\cdots(x - x_{i-1})(x - x_{i+1})\cdots(x - x_n)}{(x_i - x_0)\cdots(x_i - x_{i-1})(x_i - x_{i+1})\cdots(x_i - x_n)}$$

下面是拉格朗日的使用举例：

```
>>>x=[-2,0,1,2]                #生成已知点的 x 坐标
>>>y=[17,1,2,17]               #生成已知点的 y 坐标
>>>def Lagrange(x,y,a):
    t=0.0
    for i in range(len(y)):
        c=y[i]
        for j in range(len(y)):
            if j !=i:
                c *= (a-x[j])/(x[i]-x[j])
        t+=c
    return t
>>>y2=Lagrange(x,y,0.6)         #求插值函数在 0.6 处的函数值
>>>print(y2)
0.256
```

Python 的 scipy 库提供了拉格朗日插值函数，因此，可通过直接调用拉格朗日插值函数来实现插值计算。

```
from scipy.interplotate import lagrange
a=lagrange(x,y)
```

直接调用 lagrange(x,y)这个函数即可，结果返回一个对象。参数 x、y 分别是对应各个点的 x 值和 y 值。直接输出 a 对象，就能看到插值函数。a.order 得到插值函数的阶，a[]得到插值函数的系数，a(b)得到插值函数在 b 处的值。

```
from scipy.interpolate import lagrange
x=[-2,0,1,2]           #生成已知点的 x 坐标
y=[17,1,2,17]          #生成已知点的 y 坐标
a=lagrange(x,y)        #四个点返回 3 阶拉格朗日插值多项式
print('插值函数的阶: '+str(a.order))
print('插值函数的系数: '+str(a[3])+':'+str(a[2])+':'+str(a[1])+':'+str(a[0]))
print(a)
print(a(0.6))          #插值函数在 0.6 处的值
```

执行上述代码得到的输出如下。

```
插值函数的阶: 3
插值函数的系数: 1.0:4.0:-4.0:1.0
   3     2
1 x+4 x-4 x+1
0.2559999999999999
```

拉格朗日插值公式紧凑,但在插值结点增减时,插值多项式就会随之变化,这在实际计算中是很不方便的,为了克服这一缺点,提出了牛顿插值法。

(2) 牛顿插值法。

牛顿插值法求解过程主要包括三个步骤。

步骤 1:求已知点对的所有阶差商。

一阶差商:$f(x)$关于点 x_0、x_1 的一阶差商记为 $f[x_0,x_1]$,即

$$f[x_0,x_1]=\frac{f(x_0)-f(x_1)}{x_0-x_1}$$

$f(x)$关于点 x_0、x_1、x_2 的二阶差商记为 $f[x_0,x_1,x_2]$,即

$$f[x_0,x_1,x_2]=\frac{f[x_0,x_1]-f[x_1,x_2]}{x_0-x_2}$$

n 阶差商 $f[x_0,x_1,\cdots,x_{n-1},x_n]$定义为

$$f[x_0,x_1,\cdots,x_{n-1},x_n]=\frac{f[x_0,x_1,\cdots,x_{n-1}]-f[x_1,x_2,\cdots,x_n]}{x_0-x_n}$$

步骤 2:根据差商建立插值多项式。

线性插值:给定两个插值点$(x_0,f(x_0))$、$(x_1,f(x_1))$,$x_0\neq x_1$,设

$$N_1(x)=a_0+a_1(x-x_0)$$

代入插值点得

$$a_0=f(x_0),\quad a_1=\frac{f(x_0)-f(x_1)}{x_0-x_1}=f[x_0,x_1]$$

于是得线性 Newton 插值公式:

$$N_1(x)=f(x_0)+f[x_0,x_1](x-x_0)$$

同理,给定三个互异插值点$(x_0,f(x_0))$、$(x_1,f(x_1))$、$(x_2,f(x_2))$,可得二次 Newton 插值公式:

$$N_2(x)=f(x_0)+f[x_0,x_1](x-x_0)+f[x_0,x_1,x_2](x-x_0)(x-x_1)$$

更一般的 n 次牛顿插值公式为

$$N_n(x) = f(x_0) + (x - x_0)f[x_0, x_1] + (x - x_0)(x - x_1)f[x_0, x_1, x_2] + \cdots + (x - x_0)(x - x_1)\cdots(x - x_{n-1})f[x_0, x_1, \cdots, x_n]$$

步骤 3：将缺失的函数值对应的点 x 代入插值多项式得到缺失值的近似值。

牛顿插值法也是多项式插值，但采用了另一种构造插值多项式的方法，从本质上说，两者给出的结果是一样的（相同次数、相同系数的多项式），只是表示的形式不同而已。

6）多重填补补齐

多重填补的思想来源于贝叶斯估计，认为待填补的值是随机的，它的值来自于已观测到的值。实际操作时，通常是估计出待插补的值，然后再加上不同的噪声，形成多组可选填补值。根据某种选择依据，选取最合适的填补值。多重填补方法分为三个步骤。

（1）为每个空值产生一套可能的填补值，这些值反映了无响应模型的不确定性；每个值都可以被用来填补数据集中的缺失值，产生若干个完整数据集合。

（2）每个填补数据集合都用针对完整数据集的统计方法进行统计分析。

（3）对来自各个填补数据集的结果，根据评分函数进行选择，产生最终的填补值。

7）使用所有可能的值填充补齐

用空缺属性值的所有可能的属性取值来填充，能够得到较好的补齐效果。但是，当数据量很大或者遗漏的属性值较多时，其计算的代价很大，可能的测试方案很多。

8）特殊值填充补齐

将空值作为一种特殊的属性值来处理，它不同于其他的任何属性值。例如，所有的空值都用 unknown 填充，可能导致严重的数据偏离，一般不推荐使用。对于数据表中“驾龄”属性值的缺失，没有填写这一项的用户可能是没有车，为它填充为 0 较为合理。再如“本科毕业时间”属性值的缺失，没有填写这一项的用户可能是没有上大学，为它填充正无穷比较合理。

3. 不处理

直接在包含空值的数据上进行数据挖掘，这类方法有贝叶斯网络和人工神经网络等。贝叶斯网络是用来表示变量间连接概率的图形模式，它提供了一种自然的表示因果信息的方法，用来发现数据间的潜在关系。在这个网络中，用结点表示变量，有向边表示变量间的依赖关系。贝叶斯网络仅适合于对领域知识具有一定了解的情况，至少对变量间的依赖关系较清楚的情况。人工神经网络可以有效地对付空值，而现阶段人工神经网络方法在数据挖掘中的应用仍很有限。

10.1.2 噪声数据处理

噪声是一个测量变量中的随机错误或偏差，包括错误值或偏离期望的孤立点值。造成这种误差有多方面原因，如数据收集工具的问题、数据输入、传输错误和技术限制等。噪声检查中比较常见的方法如下。

（1）通过寻找数据集中与其他观测值及均值差距最大的点作为异常。

（2）聚类方法检测，将类似的取值组织成“群”或“簇”，落在“簇”集合之外的值被视为离群点。

进行噪声检查后，通常采用分箱、聚类、回归、正态分布 3σ 原则等方法去掉数据中的噪声。

1. 分箱方法

分箱法是指通过考察“邻居”（周围的值）来平滑存储数据的值。所谓分箱，就是按照属性值划分的子区间，如果一个属性值处于某个子区间范围内，就把该属性值归属于这个子区间所代表的“箱子”内。把待处理的数据（某列属性值）按照一定的规则放进一些箱子中，然后考察每一个箱子中的数据，采用某种方法分别对各个箱子中的数据进行处理。在采用分箱技术时，需要解决两个问题：如何分箱以及如何对每个箱子中的数据进行平滑处理。数据平滑方法：按平均值平滑，对同一箱子中的数据求平均值，用平均值替代该箱子中的所有数据；按边界值平滑，箱中的最大值和最小值被视为箱边界，箱中的每一个值都被最近的边界值替换；按中值平滑，取箱子的中值，用来替代箱子中的所有数据。

分箱的方法主要有等深分箱法、等宽分箱法、用户自定义区间法等。

等深分箱法：将数据集按记录行数分箱，每箱具有相同的记录数，每箱记录数称为箱子的深度。

等宽分箱法：等宽指每个箱子的取值范围相同。

用户自定义区间法：用户可以根据需要自定义区间，当用户明确希望观察某些区间范围内的数据分布时，使用这种方法可以方便地帮助用户达到目的。

【例 10-1】 职员奖金（单元为元）排序后的值：2200 2300 2400 2500 2500 2800 3000 3200 3500 3800 4000 4500 4700 4800 4900 5000，按不同方式进行分箱的结果如下。

等深分箱法：设定箱子深度为 4，分箱后如下。

箱 1：2200　2300　2400　2500

箱 2：2500　2800　3000　3200

箱 3：3500　3800　4000　4500

箱 4：4700　4800　4900　5000

等宽分箱法：设定箱子宽度为 1000 元，分箱后如下。

箱 1：2200　2300　2400　2500　2500　2800　3000　3200

箱 2：3500　3800　4000　4500

箱 3：4700　4800　4900　5000

用户自定义法：如将客户收入划分为 3000 元以下、3000～4000 元、4001～5000 元。

2. 聚类去噪

簇是一组数据对象集合，同一簇内的所有对象具有相似性，不同簇间对象具有较大差异性。聚类用来将物理的或抽象对象的集合分组为不同簇，聚类之后可找出那些落在簇之外的值（孤立点），这些孤立点被视为噪声，清除这些点。聚类去噪通过直接形成簇并对簇进行描述，不需要任何先验知识。

3. 回归去噪

发现两个相关的变量之间的变化模式，通过使数据适合一个回归函数来平滑数据，即利用回归函数对数据进行平滑。

4. 正态分布 3σ 原则去噪

正态分布是连续随机变量概率分布的一种，自然界、人类社会、心理、教育中大量现象均按正态分布，如能力的高低、学生成绩的好坏都属于正态分布，我们可以把数据集的分布理解成一个正态分布。正态分布的概率密度函数如下：

$$f(x)=\frac{1}{\sqrt{2\pi\sigma}}\exp\left(-\frac{(x-\mu)^2}{2\sigma^2}\right)$$

其中，σ 表示数据集的标准差；μ 代表数据集的均值；x 代表数据集的数据。相对于正常数据，噪声数据可以理解为小概率数据。正态分布具有这样的特点：x 落在$(\mu-3\sigma,\mu+3\sigma)$以外的概率小于千分之三。根据这一特点，可以通过计算数据集的均值和标准差，把离开均值三倍于数据集的标准差的点设想为噪声数据排除。

10.2 数据集成

数据集成就是对各种异构数据提供统一的表示、存储和管理，逻辑地或物理地集成到一个统一的数据集合中。数据源包括关系数据库、数据仓库和一般文件。数据集成的核心任务是要将互相关联的分布式异构数据源集成到一起，使用户能够以透明的方式访问这些数据。集成是指维护数据源整体上的数据一致性、提高信息共享利用的效率；透明是指用户不必考虑底层数据模型不同、位置不同等问题，能够通过一个统一的查询界面实现对网络上异构数据源的灵活访问。

数据集成的关键是以一种统一的数据模式描述各数据源中的数据，屏蔽它们的平台、数据结构等异构性，实现数据的无缝集成。在数据集成时，不同数据源的数据对同一实体的表达形式可能是不一样的，这就需要考虑实体识别、属性冗余、元组重复和数据值冲突问题，在集成之前对源数据进行形式转换和数据提炼。

10.2.1 实体识别问题

在多个数据源中，同一个现实世界实体可能具有多种描述方式。同一实体具有不同描述的问题在各种应用领域的信息系统中普遍存在，例如，重量属性在一个系统中采用公制，而在另一个系统中却采用英制；价格属性不同地点采用不同货币单位。

在不同的应用领域，可能采用不同的方法来描述实体。在单数据源中，实体使用唯一标识符或特征属性精确匹配来区别。在分布式系统中，由于不同的设计目的和角度，现实世界中的同一个实体也不可能有相同的标识符或者是相同的特征属性，因此，必须采用合适的方法实现实体识别。例如，数据分析者或计算机如何才能确信一个数据源中的 customer_id 与另一个数据源的 cust_number 指的是相同的属性？元数据可以用来帮助避免模式集成的错误，因为每个属性的元数据通常包括名字、含义、数据类型和属性的允许取值范围，以及处理空白、零或 NULL 值的空值规则。

实体识别包括预处理阶段、特征向量的选取、比较函数的选取、搜索空间的优化、决策模型的选取和结果评估六个阶段。

(1) 预处理阶段是实体识别过程的关键阶段，在该阶段中要实现数据的标准化处理，包括空格处理、字符大小写转换、复杂数据结构的解析和格式转换、上下文异构的消除等。

(2) 特征向量是指能够识别实体的属性的集合。

(3) 决策模型是指在搜索空间中进行特征向量比较中判断实体是否匹配的模型。决策模型主要分类两类：一类是概率模型；另一类是基于经验的模型，即根据领域专家的经验来决策判断。

(4) 评估结果有匹配、不匹配和可能匹配。不能确定的匹配结果需要人工进行评审，对评审过程中发现的问题进行调整。

10.2.2 属性冗余问题

冗余是数据集成的另一个重要问题。如果一个属性(如年收入)可以由其他属性或它们的组合导出，那么这个属性可能是冗余的。数据集成往往导致数据冗余，例如，同一属性多次出现，同一属性命名不一致导致重复。

要解决属性冗余问题，需要对属性间的相关性进行检测。对于数值属性，通过计算两个属性之间的相关系数来估计它们的相关度，即评估一个属性的值如何随另一个变化。对于离散数据，可以使用卡方(χ^2)检验来做类似计算，根据置信水平来判断两个属性独立假设是否成立。前面章节介绍了相关系数，下面给出离散数据的 χ^2 相关检验的介绍。

对于离散数据，属性 A 和属性 B 之间的相关度可以通过 χ^2 检验来评测。假设 A 有 m 个不同值 $a_1,a_2,\cdots,a_m$，B 有 n 个不同值 $b_1,b_2,\cdots,b_n$。用 A 和 B 的数据构成一个二维表，其中 A 的 m 个值构成列，B 的 n 个值构成行。令(A_i,B_j)表示属性 A 取值 a_i、属性 B 取值 b_j 的联合事件，即$(A=a_i,B=b_j)$。每个可能的(A_i,B_j)联合事件都在表中有自己的单元。χ^2 值可以用下式计算：

$$\chi^2=\sum_{i=1}^{n}\sum_{j=1}^{n}\frac{(o_{ij}-e_{ij})^2}{e_{ij}} \tag{10.1}$$

其中，o_{ij}是联合事件(A_i,B_j)的观测频度(即实际计数)；e_{ij}是(A_i,B_j)的期望频度，e_{ij}可以用下式计算：

$$e_{ij}=\frac{\text{count}(A=a_i)\times\text{coun}(B=b_j)}{k}$$

其中，k 是数据元组的个数；$\text{count}(A=a_i)$是 A 上具有值 a_i 的元组个数；$\text{count}(B=b_j)$是 B 上具有值 b_j 的元组个数。式 10.1 中的求和在所有 $m\times n$ 个单元上计算。

注意：对 χ^3 值贡献最大的单元是实际计数与期望计数差异较大的单元。

10.2.3 元组重复问题

除了检测属性间的冗余外，还应当检测元组重复，这是因为对同一实体可能存在两个或多个相同的元组。元组重复通常出现在各种不同的副本之间，由于不正确的数据输入，或者由于更新了数据的某些出现，但未更新所有的出现。例如，如果订单数据库包含订货人的姓名和地址属性，而这些信息不是在订货人数据库中的码，则重复就可能出现，同一订货人的名字可能以不同的地址出现在订单数据库中。

10.2.4 属性值冲突问题

属性值的表示、规格单位、编码不同，也会造成现实世界相同的实体，在不同的数据源中属性值不相同。例如，分别以千克和克为单位表示的数值；性别中男性用 M 和 male 表示。此外，虽然属性名称相同，但表示的含义可能不相同，例如，总费用属性一个可能包含运费，另一个可能不包含运费。来自不同数据源的属性间的语义和数据结构等方面的差异，给数据集成带来很大困难。

10.3 数据规范化

数据采用不同的度量单位，可能导致不同的数据分析结果。通常，用较小的度量单位表示属性值将导致该属性具有较大的值域，该属性往往具有较大的影响或较大的权重。为了使数据分析结果避免对度量单位选择的依赖性，这就需要对数据进行规范化或标准化，使之落入较小的共同区间，如[−1,1]或[0,1]。

数据规范化一方面可以简化计算，提升模型的收敛速度；另一方面，在涉及一些距离计算的算法时防止较大初始值域的属性与具有较小初始值域的属性相比权重过大，可以有效提高结果精度。常见的数据规范化方法有三种：最小-最大规范化、z 分数规范化和小数定标规范化。在下面的讨论中，令 A 是数值属性，具有 n 个观测值 $v_1,v_2,\cdots,v_n$。

10.3.1 最小-最大规范化

最小-最大规范化是对原始数据进行线性变换，假定 min_A、max_A 分别为属性 A 的最小值和最大值。最小-最大规范化的计算公式如下：

$$v_i'=\frac{v_i-\text{min}_A}{\text{max}_A-\text{min}_A}(\text{new\_max}_A-\text{new\_min}_A)+\text{new\_min}_A$$

将 A 的值 v_i 转换到区间[new_min_A,new_max_A]中的 v_i'。这种方法的缺陷是当有新的数据加入时，如果该数据落在 A 的原数据值域[min_A,max_A]之外，这时候需要重新定义 min_A 和 max_A 的值。另外，如果要做 0-1 规范化，上述式子简化为

$$v_i'=\frac{v_i-\text{min}_A}{\text{max}_A-\text{min}_A}$$

下面使用 sklearn 库的 preprocessing 子库下的 MinMaxScaler 类对 Iris 数据集的数据进行最小-最大规范化处理。sklearn 是第三方提供的非常强力的机器学习库，它包含了从数据预处理到训练模型的各个方面。sklearn 的基本功能主要分为 6 部分：数据预处理、数据降维、模型选择、分类、回归与聚类。对于具体的机器学习问题，通常可以分为三个步骤：数据准备与预处理、模型选择与训练、模型验证与参数调优。Iris 数据集是常

用的分类实验数据集，由 Fisher 于 1936 年收集整理得到。Iris 数据集也称为鸢尾花卉数据集，包含 150 个数据，分为 3 类，分别是 setosa（山鸢尾）、versicolor（变色鸢尾）和 virginica（弗吉尼亚鸢尾），鸢尾花卉数据集的部分数据如表 10-1 所示。每类 50 个数据，每个数据包含 4 个划分属性和一个类别属性，4 个划分属性分别是 Sep_len、Sep_wid、Pet_len和 Pet_wid，分别表示花萼长度、花萼宽度、花瓣长度、花瓣宽度，类别属性是 Iris_type，表示鸢尾花卉的类别。

表 10-1　鸢尾花卉数据集的部分数据

Sep_len	Sep_wid	Pet_len	Pet_wid	Iris_type
5.1	3.5	1.4	0.2	setosa
4.9	3	1.4	0.2	setosa
4.7	3.2	1.3	0.2	setosa
7	3.2	4.7	1.4	versicolor
6.4	3.2	4.5	1.5	versicolor
6.9	3.1	4.9	1.5	versicolor
6.3	3.3	6	2.5	virginica
5.8	2.7	5.1	1.9	virginica
7.1	3	5.9	2.1	virginica

对 Iris 数据集的数据进行最小-最大规范化处理的代码如下：

```
>>>from sklearn.preprocessing import MinMaxScaler
>>>from sklearn.datasets import load_iris
>>>iris=load_iris()
#获取 Iris(鸢尾花)数据集的前 6 行数据，每行数据为花萼长度、花萼宽度、花瓣长度、花瓣宽度
>>>data=iris.data[0:6]
>>>data
array([[5.1, 3.5, 1.4, 0.2],
       [4.9, 3. , 1.4, 0.2],
       [4.7, 3.2, 1.3, 0.2],
       [4.6, 3.1, 1.5, 0.2],
       [5. , 3.6, 1.4, 0.2],
       [5.4, 3.9, 1.7, 0.4]])
#返回值为缩放到[0, 1]区间的数据
>>>MinMaxScaler().fit_transform(data)
array([[0.625     , 0.55555556, 0.25      , 0.        ],
       [0.375     , 0.        , 0.25      , 0.        ],
       [0.125     , 0.22222222, 0.        , 0.        ],
       [0.        , 0.11111111, 0.5       , 0.        ],
       [0.5       , 0.66666667, 0.25      , 0.        ],
       [1.        , 1.        , 1.        , 1.        ]])
```

10.3.2　z 分数规范化

z 分数规范化也叫标准差标准化、零均值规范化，经过处理的数据符合标准正态分布，即均值为 0、标准差为 1。属性 A 的值基于 A 的均值 $\overline{A}$ 和标准差 σ_A 规范化，转化函数为

$$v_i' = \frac{v_i - \overline{A}}{\sigma_A}$$

其中，$\overline{A} = \frac{1}{N}(v_1 + v_2 + \cdots + v_n)$ 为原始数据的均值；σ_A 为原始数据的标准差。

使用 preprocessing 库的 StandardScaler 类对数据进行标准化的代码如下：

```
>>>from sklearn.preprocessing import StandardScaler
>>>from sklearn.datasets import load_iris
>>>iris=load_iris()
#获取 Iris(鸢尾花)数据集的前 6 行数据,每行数据为花萼长度、花萼宽度,花瓣长度、花瓣宽度
>>>data=iris.data[0:6]
#标准化,返回值为标准化后的数据
>>>StandardScaler().fit_transform(data)
array([[ 0.57035183,  0.37257241, -0.39735971, -0.4472136 ],
       [-0.19011728, -1.22416648, -0.39735971, -0.4472136 ],
       [-0.95058638, -0.58547092, -1.19207912, -0.4472136 ],
       [-1.33082093, -0.9048187 ,  0.39735971, -0.4472136 ],
       [ 0.19011728,  0.69192018, -0.39735971, -0.4472136 ],
       [ 1.71105548,  1.64996352,  1.98679854,  2.23606798]])
```

10.3.3　小数定标规范化

通过移动属性 A 的值的小数点位置进行规范化。小数点的移动位数取决于属性 A 的最大绝对值。A 的值 v_i 被规范为 v_i'，通过下式计算：

$$v_i' = \frac{v_i}{10^j}$$

其中，j 是使得 $\max(|v_i'|)<1$ 的最小整数。

10.4　数据离散化

有些数据挖掘算法，要求数据属性是标称类别，当数据中包含数值属性时，为了使用这些算法需要将数值属性转换成标称属性。通过采取各种方法将数值属性的值域划分成一些小的区间，并将这些连续的小区间与离散的值关联起来，每个区间看作一个类别。例如，年龄属性一种可能的类别划分：[0,11]→儿童，[12,17]→青少年，[18,44]→青年，[45,69]→中年，[69,∞]→老年。这种将连续数据划分成不同类别的过程通常称为数据离散化。

有效的离散化能够减少算法的时间和空间开销，提高算法对样本的聚类能力，增强算

法抗噪音数据的能力以及提高算法的精度。

离散化技术可以根据如何对数据进行离散化加以分类：如果首先找出一个点或几个点(称为分裂点或割点)来划分整个属性区间，然后在结果区间上递归地重复这一过程直到达到指定数目的区间数，则称它为自顶向下离散化或分裂；自底向上离散化或合并正好相反，首先将所有的连续值看作可能的分裂点，通过合并相邻域的值形成区间，然后递归地应用这一过程于结果区间。

数据离散化过程按是否使用类信息可分为无监督离散化和监督离散化。在离散化过程中使用类信息的方法是监督的，而不使用类信息的方法是无监督的。

10.4.1 无监督离散化

无监督离散化方法中最简单的方法是等宽离散化和等频离散化。等宽离散化将排好序的数据从最小值到最大值均匀划分成 n 等份，每份的间距是相等的。假设 A 和 B 分别是属性值的最小值和最大值，那么划分间距为 $w=(B-A)/n$，每个类别的划分边界将为 $A+w, A+2w, A+3W, \cdots, A+(n-1)W$。这种方法的缺点对异常点比较敏感，倾向于不均匀地把数据分布到各个箱中。等频离散化将数据总记录数均匀分为 n 等份，每份包含的数据个数相同。如果 $n=10$，那么每一份中将包含大约 10% 的数据对象，这两种方法都需要人工确定划分区间的个数。

假设属性的取值空间为 $X=\{X_1, X_2, \cdots, X_n\}$，离散化之后的类标号是 $Y=\{Y_1, Y_2, \cdots, Y_K\}$。以下介绍几种常用的无监督离散化方法。

1. 等宽离散化

根据用户指定的区间数目 K，将属性的值域 $[K_{\min}, K_{\max}]$ 划分成 K 个区间，并使每个区间的宽度相等，即都等于 $\frac{X_{\max}-X_{\min}}{K}$。等宽离散化的缺点是容易受离群点的影响而使性能不佳。

```
>>>import pandas as pd
>>>x=[1,2,5,10,12,14,17,19,3,21,18,28,7]
>>>x=pd.Series(x)
>>>s=pd.cut(x,bins=[0,10,20,30])#此处是等宽离散化方法,bins 表示区间的间距
>>>s              #获取每个数据的类标号
0       (0, 10]
1       (0, 10]
2       (0, 10]
3       (0, 10]
4      (10, 20]
5      (10, 20]
6      (10, 20]
7      (10, 20]
8       (0, 10]
9      (20, 30]
```

```
10    (10, 20]
11    (20, 30]
12     (0, 10]
dtype: category
Categories (3, interval[int64]): [(0, 10]< (10, 20]< (20, 30]]
```

2. 等频离散化

等频离散化也是根据用户自定义的区间数目，将属性的值域划分成 K 个小区间，要求落在每个区间的对象数目相等。如果属性的取值区间内共有 M 个点，划分成 K 个区间，每个区间含有 $\frac{M}{K}$ 个点。

3. k-means(k 均值)离散化

从包含 n 个数据对象的数据集中随机地选择 k 个对象，每个对象初始的值代表一个簇的平均值或质心或中心，其中 k 是用户指定的参数，即所期望的要划分成的簇的个数；对剩余的每个数据对象点根据其与各个簇中心的距离，将它指派到最近的簇；然后，根据指派到簇的数据对象点，更新每个簇的质心；重复指派和更新步骤，直到簇不发生变化，或等价地，直到质心不发生变化，这时我们就说 n 个数据被划分为 k 类。

10.4.2　监督离散化

无监督离散化通常比不离散化好，但是使用附加的信息(如类标号)常常能够产生更好的结果，因为未使用类标号知识所构成的区间常常包含混合的类标号。为了解决这一问题，一些基于统计学的方法用每个属性值来分隔区间，并通过合并(类似于根据统计检验得出的相邻区间)来创造较大的区间，基于熵的方法便是这类离散化方法之一。

熵是一种基于信息的度量。设 k 是类标号的个数，m_i 是第 i 个划分区间中的值的个数，而 m_{ij} 是区间 i 中类 j 的值的个数。第 i 个区间的熵 e_i 由如下等式给出：

$$e_i = -\sum_{j=1}^{k} p_{ij} \log_2 p_{ij}$$

其中，$p_{ij}=\frac{m_{ij}}{m_i}$是第 i 个区间中类 j 的概率(值个数的比例)。该划分的总熵 e 是每个区间的熵的加权平均，即

$$e_i = \sum_{j=1}^{k} p_{ij} \log_2 p_{ij}$$

其中，m 是值的个数；$w_i=\frac{m_i}{m}$是第 i 个区间的值个数的比例；n 是区间个数。如果一个区间只包含一个类的值，则熵为 0。如果一个区间中的值类出现的频率相等，则其熵最大。

基于熵划分连续属性的步骤：假定区间包含有序值的集合，一开始，将初始值切分成两部分，让两个结果区间产生最小熵，该技术只需要把每个值看作可能的分割点即可；然后，取一个区间，通常选取具有最大熵的区间，重复此分割过程，直到区间的个数达到用户

指定的个数,或者满足终止条件。

10.5 数据归约

用于数据分析的原始数据集属性数目可能会有几十个,甚至更多,其中大部分属性可能与数据分析任务不相关,或者是冗余的。例如,数据对象的 ID 号通常对于挖掘任务无法提供有用的信息;生日属性和年龄属性相互关联存在冗余,因为可以通过生日日期推算出年龄。不相关和冗余的属性增加了数据量,可能会减慢数据分析挖掘过程,降低数据分析挖掘的准确率或导致发现很差的模式。

数据归约(也称为数据消减、特征选择)技术用于帮助从原有庞大数据集中获得一个精简的数据集合,并使这一精简数据集保持原有数据集的完整性。

数据归约必须满足两个准则：一是用于数据归约的时间不应当超过或“抵消”在归约后的数据上挖掘节省的时间;另一个是归约得到的数据比原数据小得多,但可以产生相同或几乎相同的分析结果。

数据归约策略包括维归约、数量归约和数据压缩。下面重点介绍维归约,维归约指的是减少所考虑的属性个数,体现在两个方面：一是通过创建新属性,将一些旧属性合并在一起来降低数据集的维度;二是通过选择属性的子集得到新属性,这种归约称为属性子集选择或特征选择。

数据归约的好处：如果维度(数据属性的个数)较低,许多数据挖掘算法的效果就会更好,这是因为维归约可以删除不相关的特征并降低噪声;维归约可以使模型更容易理解,因为模型可以只涉及较少的属性;此外,维归约可让数据可视化更容易。

根据特征选择形式的不同,可将属性(特征)选择方法又分为 3 种类型。

Filter：过滤法,按照发散性或者相关性对各个特征进行评分,设定阈值,进行选择特征。

Wrapper：包装法,根据目标函数(通常是预测效果评分),每次选择若干特征,或者排除若干特征。

Embedded：嵌入法,先使用某些机器学习的算法和模型进行训练,得到各个特征的权值系数,根据系数从大到小选择特征。类似于 Filter 方法,但是是通过训练来确定特征的优劣。

10.5.1 过滤法

1. 方差选择法

使用方差选择法,先要计算各个特征的方差,然后根据阈值,选择方差大于阈值的特征。使用 feature_selection 库的 VarianceThreshold 类实现方差选择特征的代码如下：

```
>>>from sklearn.feature_selection import VarianceThreshold
>>>from sklearn.datasets import load_iris
```

```
>>>iris=load_iris()
#方差选择,返回值为特征选择后的数据,参数 threshold 为方差的阈值
>>>VarianceThreshold(threshold=0.2).fit_transform(iris.data)[0:5]
array([[5.1, 1.4, 0.2],
       [4.9, 1.4, 0.2],
       [4.7, 1.3, 0.2],
       [4.6, 1.5, 0.2],
       [5. , 1.4, 0.2]])
```

从返回结果可以看出：方差阈值设置为 0.2 时，方差大于 0.2 的特征有 3 个，即第 1 个、第 3 个和第 4 个特征。

2. 相关系数法

使用相关系数法，先要计算各个特征对目标值的相关系数以及相关系数的 P 值。用 feature_selection 库的 SelectKBest 类结合相关系数来选择特征的代码如下：

```
>>>from sklearn.feature_selection import SelectKBest
>>>import numpy as np
>>>from scipy.stats import pearsonr
>>>from sklearn.datasets import load_iris
>>>iris=load_iris()
>>>iris.data[0:5]             #显示前 5 行花的特征数据
array([[5.1, 3.5, 1.4, 0.2],
       [4.9, 3. , 1.4, 0.2],
       [4.7, 3.2, 1.3, 0.2],
       [4.6, 3.1, 1.5, 0.2],
       [5. , 3.6, 1.4, 0.2]])
>>>iris.target[0:5]           #显示前 5 行花的类别数据
array([0, 0, 0, 0, 0])
'''选择 k 个最好的特征,返回选择特征后的数据;第一个参数为计算评估特征是否好的函数,该
函数输入特征矩阵和目标向量,输出二元组(评分,P 值)的数组,数组第 i 项为第 i 个特征的评分
和 P 值,在此定义为计算相关系数;参数 k 为选择的特征个数'''
>>>m=SelectKBest(lambda X,Y:np.array(list(map(lambda x:pearsonr(x, Y), X.
T))).T[0], k=2).fit_transform(iris.data, iris.target)
>>>m[0:5]                     #获取选择的特征
array([[1.4, 0.2],
       [1.4, 0.2],
       [1.3, 0.2],
       [1.5, 0.2],
       [1.4, 0.2]])
```

3. 卡方检验法

经典的卡方检验是检验定性自变量对定性因变量的相关性。假设自变量有 N 种取值，因变量有 M 种取值，考虑自变量等于 i 且因变量等于 j 的样本频数的观察值与期望

的差距，构建统计量，这个统计量的含义就是自变量对因变量的相关性。用 feature_selection 库的 SelectKBest 类结合卡方检验来选择特征的代码如下：

```
>>>from sklearn.datasets import load_iris
>>>from sklearn.feature_selection import SelectKBest
>>>from sklearn.feature_selection import chi2
>>>iris=load_iris()
#选择 K 个最好的特征，返回选择特征后的数据，这里只显示前 5 行数据
>>>SelectKBest(chi2, k=2).fit_transform(iris.data, iris.target)[0:5]
array([[1.4, 0.2],
       [1.4, 0.2],
       [1.3, 0.2],
       [1.5, 0.2],
       [1.4, 0.2]])
```

从返回结果可以看出选择出的两个特征是花瓣长度、花瓣宽度。

4. 最大信息系数法

最大信息系数(Maximal Information Coefficient，MIC)用于检测变量之间的相关性。使用 feature_selection 库的 SelectKBest 类结合最大信息系数来选择特征的代码如下：

```
>>>from sklearn.feature_selection import SelectKBest
>>>from minepy import MINE
>>>from sklearn.datasets import load_iris
>>>iris=load_iris()
'''由于 MINE 的设计不是函数式的，定义 mic()方法将其转为函数式的，返回一个二元组，二元
组的第 2 项设置成固定的 P 值 0.5 '''
>>>def mic(x, y):
    m=MINE()
    m.compute_score(x, y)
    return (m.mic(), 0.5)
#选择 k 个最好的特征，返回特征选择后的数据，这里只显示前 5 行数据
>>>SelectKBest(lambda X, Y: np.array(list(map(lambda x:mic(x, Y), X.T))).T[0],
k=2).fit_transform(iris.data, iris.target)[0:5]
array([[1.4, 0.2],
       [1.4, 0.2],
       [1.3, 0.2],
       [1.5, 0.2],
       [1.4, 0.2]])
```

从返回结果可以看出选择出的两个特征是花瓣长度、花瓣宽度。

10.5.2 包装法

包装法把最终将要使用的学习器的性能作为特征子集的评价准则。

包装法中最常用的方法是递归消除特征法，递归消除特征法使用一个学习模型进行多轮训练，每轮训练后，消除若干权值系数对应的特征，再基于新特征集进行下一轮训练，再消除若干权值系数对应的特征，重复上述过程直到剩下的特征数满足需求为止。使用 feature_selection 库的 RFE 类来选择特征的代码如下：

```
>>>from sklearn.feature_selection import RFE
>>>from sklearn.linear_model import LogisticRegression
>>>from sklearn.datasets import load_iris
>>>iris=load_iris()
#递归特征消除法，返回特征选择后的数据，参数 estimator 用来指定学习模型
#参数 n_features_to_select 为选择的特征个数
>>>RFE(estimator=LogisticRegression(), n_features_to_select=2).fit_
transform(iris.data,iris.target)[0:5]
array([[3.5, 0.2],
       [3. , 0.2],
       [3.2, 0.2],
       [3.1, 0.2],
       [3.6, 0.2]])
```

10.5.3 嵌入法

1. 基于惩罚项的特征选择法

使用带惩罚项的学习模型，除了筛选出特征外，同时也进行了降维。使用 feature_selection 库的 SelectFromModel 类结合带 L1 惩罚项的逻辑回归模型，来选择特征的代码如下：

```
>>>from sklearn.feature_selection import SelectFromModel
>>>from sklearn.linear_model import LogisticRegression
>>>from sklearn.datasets import load_iris
>>>iris=load_iris()
#带 L1 惩罚项的逻辑回归作为基模型的特征选择
>>>SelectFromModel(LogisticRegression(penalty="l1", C=0.1)).fit_transform
(iris.data, iris.target)[0:5]
array([[5.1, 3.5, 1.4],
       [4.9, 3. , 1.4],
       [4.7, 3.2, 1.3],
       [4.6, 3.1, 1.5],
       [5. , 3.6, 1.4]])
```

实际上，L1 惩罚项降维的原理在于保留多个对目标值具有同等相关性的特征中的一个，没选到的特征不代表不重要。

2. 基于树模型的特征选择法

梯度提升决策树(Gradient Boosting Decision Tree，GBDT)也可用来作为学习模型

进行特征选择,使用 feature_selection 库的 SelectFromModel 类结合 GBDT 模型,来选择特征的代码如下:

```
>>>from sklearn.feature_selection import SelectFromModel
>>>from sklearn.ensemble import GradientBoostingClassifier
>>>from sklearn.datasets import load_iris
>>>iris=load_iris()
>>>SelectFromModel(GradientBoostingClassifier()).fit_transform(iris.data,
iris.target)[0:5]
array([[1.4, 0.2],
       [1.4, 0.2],
       [1.3, 0.2],
       [1.5, 0.2],
       [1.4, 0.2]])
```

10.6 数据降维

数据降维

特征选择完成后,如果特征矩阵非常大,也会导致计算量非常大,因此降低特征矩阵维度也是必不可少的。常见的降维方法有主成分分析法(PCA)和线性判别分析法(LDA)。PCA 和 LDA 有很多的相似点,其本质都是要将原始的样本映射到维度更低的样本空间中,但是 PCA 和 LDA 的映射目标不一样,PCA 是为了让映射后的样本具有最大的发散性,而 LDA 是为了让映射后的样本有最好的分类性能。所以说 PCA 是一种无监督的降维方法,而 LDA 是一种有监督的降维方法。

10.6.1 主成分分析

PCA 的目标是在高维数据中找到最大方差的方向,并将数据映射到一个维度小得多的新子空间上。借助于正交变换,将其分量相关的原随机向量转化成其分量不相关的新随机向量。在代数上表现为将原随机向量的协方差阵变换成对角形阵,在几何上表现为将原坐标系变换成新的正交坐标系,使之指向样本点散布最开的几个正交方向。

PCA 通过创建一个替换的、更小的变量集来组合属性的基本要素,去掉了一些不相关的信息和噪声,数据得到了精简的同时又尽可能多地保存了原数据集的有用信息。PCA 的基本操作步骤如下。

(1) 对所有属性数据规范化,每个属性都落入相同的区间,这有助于确保具有较大定义域的属性不会支配具有较小定义域的属性。

(2) 计算样本数据的协方差矩阵。

(3) 求出协方差矩阵的特征值。前 k 个较大的特征值就是前 k 个主成分对应的方差。计算 k 个标准正交向量,作为规范化输入数据的基。这些向量称为主成分,输入数据是主成分的线性组合。

(4) 对主成分按"重要性"降序排序。主成分本质上充当数据的新坐标系,提供关于方差的重要信息。也就是说，对坐标轴进行排序，使得第一个坐标轴显示数据的最大方差，第二个坐标轴显示数据的次大方差，如此下去。

(5) 由于主成分是根据"重要性"降序排列，因此可以通过去掉较弱的成分(即方差较小的那些)来归约数据，这样就完成了约简数据的任务。

使用 decomposition 库的 PCA 类选择特征降维的代码如下：

```
>>>from sklearn.datasets import load_iris
>>>from sklearn.decomposition import PCA
>>>iris=load_iris()
#主成分分析法，返回降维后的数据，参数 n_components 为主成分数目
>>>PCA(n_components=2).fit_transform(iris.data)[0:5]
array([[-2.68420713,  0.32660731],
       [-2.71539062, -0.16955685],
       [-2.88981954, -0.13734561],
       [-2.7464372 , -0.31112432],
       [-2.72859298,  0.33392456]])
```

10.6.2 线性判别分析法

PCA 和 LDA 都可以用于降维。两者没有绝对的优劣之分，使用两者的原则实际取决于数据的分布。由于 LDA 可以利用类别信息，因此某些时候比完全无监督的 PCA 会更好。

```
>>>import matplotlib.pyplot as plt
>>>from sklearn.datasets import load_iris
>>> from sklearn.discriminant_analysis import LinearDiscriminantAnalysis
as LDA
>>>iris=load_iris()
#利用 LDA 将原始数据降至二维，因为 LDA 要求降维后的维数小于或等于分类数-1
>>>X_lda=LDA(n_components=2).fit_transform(iris.data, iris.target)
>>>X_lda[0:5]        #显示降维后的前 5 行数据
array([[8.0849532,   0.32845422],
       [7.1471629,  -0.75547326],
       [7.51137789, -0.23807832],
       [6.83767561, -0.64288476],
       [8.15781367,  0.54063935]])
#将降至二维的数据进行绘图
>>>fig=plt.figure()
>>>plt.scatter(X_lda[:, 0], X_lda[:, 1], marker='o',c=iris.target)
<matplotlib.collections.PathCollection object at 0x000000001B6F06D8>
>>>plt.show()     #显示对降至二维的数据进行绘图的绘图结果如图 10-7 所示
```

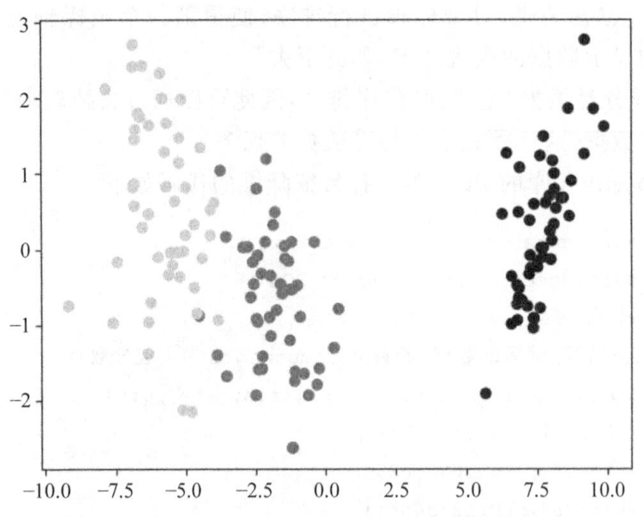

图 10-7 对降至二维的数据进行绘图的绘图结果

10.7 数据预处理举例

【例 10-2】 数据规范化。

```
>>>import pandas as pd
>>>import numpy as np
>>>data=pd.read_excel(r'D:\Python\chengji.xlsx',header=None)      #读取数据
>>>data
              0       1   2        3       4     5
0   Student ID     name   C  database  oracle  Java
1  541513440106    ding  77       80      95    91
2  541513440242     yan  83       90      93    90
3  541513440107    feng  85       90      92    91
4  541513440230    wang  86       80      86    91
5  541513440153   zhang  76       90      90    92
6  541513440235      lu  69       90      83    92
7  541513440224     men  79       90      86    90
8  541513440236     fei  73       80      85    89
9  541513440210     han  80       80      93    88
>>>data=data.iloc[:,2:]  #获取第 2 列之后的所有列
>>>data
   2        3       4     5
0  C  database  oracle  Java
1  77       80      95    91
2  83       90      93    90
… …       …       …     …
8  73       80      85    89
```

```
9  80        80      93    88
>>>data=data[1:10]        #获取第 1~9 行数据
>>>data
   2   3   4   5
1  77  80  95  91
2  83  90  93  90
... ...  ...  ...  ...
8  73  80  85  89
9  80  80  93  88
>>>print((data-data.min())/(data.max()-data.min()))          #最小-最大规范化
         2  3         4    5
1  0.470588  0         1  0.75
2  0.823529  1  0.833333  0.5
... ...       ... ...      ...
8  0.235294  0  0.166667  0.25
9  0.647059  0  0.833333     0
>>>print((data-data.mean())/data.std())                     #标准差标准化
          2          3           4          5
1  -0.298142  -1.05409    1.34533     0.416667
2    0.77517  0.843274    0.879637   -0.333333
...   ...        ...        ...          ...
8   -1.01368   -1.05409  -0.983124   -1.08333
9   0.238514  -1.05409    0.879637   -1.83333
>>>print(data/10**np.ceil(np.log10(data.abs().max())))      #小数定标规范化
      2     3     4     5
1  0.77   0.8  0.95  0.91
2  0.83   0.9  0.93  0.9
...  ...   ...   ...   ...
8  0.73   0.8  0.85  0.89
9   0.8   0.8  0.93  0.88
```

【例 10-3】 数据预处理综合实战。

```
>>>import pandas as pd
>>>import numpy as np
>>>data=pd.read_csv(r'D:\Python\chengji.csv')                #读取数据
>>>data
    name    sex   C  database  oracle  Java
0   ding  female  77        80      95  91.0
1    yan  female  83        90      93  90.0
2   feng  female  85        90      92  91.0
3   wang    male  86        80      86  91.0
4  zhang    male  76        90      90  92.0
5     lu  female  69        90      83  92.0
6   meng    male  79        90      86   NaN
```

```
7    fei  female  73          80       85  89.0
8    han    male  80          80       93  88.0
>>>data_statistics=data.describe().T  #产生多个列的汇总统计,T表示转置
>>>data_statistics
          count       mean       std  min    25%   50%    75%   max
C           9.0  78.666667  5.590170  69.0  76.00  79.0  83.00  86.0
database    9.0  85.555556  5.270463  80.0  80.00  90.0  90.00  90.0
oracle      9.0  89.222222  4.294700  83.0  86.00  90.0  93.00  95.0
Java        8.0  90.500000  1.414214  88.0  89.75  91.0  91.25  92.0
>>>data_statistics['null']=len(data)-data_statistics['count'] #统计空值记录
>>>data_statistics
          count       mean       std  min    25%   50%    75%   max  null
C           9.0  78.666667  5.590170  69.0  76.00  79.0  83.00  86.0   0.0
database    9.0  85.555556  5.270463  80.0  80.00  90.0  90.00  90.0   0.0
oracle      9.0  89.222222  4.294700  83.0  86.00  90.0  93.00  95.0   0.0
Java        8.0  90.500000  1.414214  88.0  89.75  91.0  91.25  92.0   1.0
>>>data_max_min=data_statistics[['max','min']]   #获取'max'、'min'两列的内容
>>>data_max_min
           max   min
C         86.0  69.0
database  90.0  80.0
oracle    95.0  83.0
Java      92.0  88.0
#选取oracle成绩大于85且Java成绩大于90的学生
>>>data[(data['oracle']>85)&(data['Java']>90)]
    name     sex   C  database  oracle  Java
0   ding  female  77        80      95  91.0
2   feng  female  85        90      92  91.0
3   wang    male  86        80      86  91.0
4  zhang    male  76        90      90  92.0
>>>data.sort_values(['C','Java'],ascending=True) #按'C'、'Java'进行升序排列
    name     sex   C  database  oracle  Java
5     lu  female  69        90      83  92.0
7    fei  female  73        80      85  89.0
4  zhang    male  76        90      90  92.0
0   ding  female  77        80      95  91.0
6   meng    male  79        90      86   NaN
8    han    male  80        80      93  88.0
1    yan  female  83        90      93  90.0
2   feng  female  85        90      92  91.0
3   wang    male  86        80      86  91.0
>>>data.groupby('sex').size()          #按'sex'列分组
sex
female    5
```

```
male      4
dtype: int64
>>>data.groupby('sex').count()          #按'sex'列分组
       name  C  database  oracle  Java
sex
female    5  5         5       5     5
male      4  4         4       4     3
>>>data.groupby('sex').agg({'C': np.sum})        #按'sex'列分组并对'C'列求和
         C
sex
female  387
male    321
>>>data.groupby('sex').agg({'C': np.max})
       C
sex
female  85
male    86
>>>sex_mapping={  'female': 1,  'male': 2}
>>>data['sex']=data['sex'].map(sex_mapping)  #应用map()函数
>>>data
   name  sex   C  database  oracle  Java
0  ding    1  77        80      95  91.0
1   yan    1  83        90      93  90.0
…  …       …  …         …       …   …
6  meng    2  79        90      86   NaN
7   fei    1  73        80      85  89.0
8   han    2  80        80      93  88.0
#应用apply()函数
>>>data['C']=data['C'].apply(lambda x: x+10 if x>=85 else x)
>>>data
   name  sex   C  database  oracle  Java
0  ding    1  77        80      95  91.0
1   yan    1  83        90      93  90.0
…  …       …  …         …       …   …
6  meng    2  79        90      86   NaN
7   fei    1  73        80      85  89.0
8   han    2  80        80      93  88.0
>>>df=data.dropna()          #删除含有缺失值的行
>>>df
   name  sex   C  database  oracle  Java
0  ding    1  77        80      95  91.0
…  …       …  …         …       …   …
5    lu    1  69        90      83  92.0
7   fei    1  73        80      85  89.0
```

```
8    han    2  80         80      93  88.0
>>>df1=data.fillna(0)      #用 0 填补所有缺失值
>>>df1
    name  sex   C  database  oracle  Java
0   ding    1  77        80      95  91.0
...  ...    ...  ...      ...      ...   ...
6   meng    2  79        90      86   0.0
7    fei    1  73        80      85  89.0
8    han    2  80        80      93  88.0
>>>df2=data.fillna(method='ffill')      #使用前一个观察值填充缺失值
>>>df2
    name  sex   C  database  oracle  Java
0   ding    1  77        80      95  91.0
...  ...    ...  ...      ...      ...   ...
6   meng    2  79        90      86  92.0
7    fei    1  73        80      85  89.0
8    han    2  80        80      93  88.0
#使用均值填充指定列的缺失值
>>>df3=data.fillna({'Java':int(data['Java'].mean())})
>>>df3
    name  sex   C  database  oracle  Java
0   ding    1  77        80      95  91.0
...  ...    ...  ...      ...      ...   ...
6   meng    2  79        90      86  90.0
7    fei    1  73        80      85  89.0
8    han    2  80        80      93  88.0
#数据分箱(离散化)
>>>bins=[60, 70, 80, 90,100]                    #分箱的边界
>>>cats=pd.cut(list(data['C']), bins)  #使用 cut()函数进行数据分箱
>>>cats                                         #显示分箱结果
[(70, 80], (80, 90], (90, 100], (90, 100], (70, 80], (60, 70], (70, 80], (70, 80],
(70, 80]]
Categories (4, interval[int64]): [(60, 70]< (70, 80]< (80, 90]< (90, 100]]
>>>cats.codes                                   #获取分箱编码
array([1, 2, 3, 3, 1, 0, 1, 1, 1], dtype=int8)
>>>cats.categories                              #返回分箱便捷索引
IntervalIndex([(60, 70], (70, 80], (80, 90], (90, 100]]
              closed='right',
              dtype='interval[int64]')
>>>pd.value_counts(cats)                        #统计箱中元素的个数
(70, 80]     5
(90, 100]    2
(80, 90]     1
(60, 70]     1
```

```
dtype: int64
#进行带标签的分箱
>>>group_names=['pass', 'medium', 'good', 'excellent']
>>>cats1=pd.cut(list(data['C']), bins, labels=group_names)
>>>cats1                    #查看带标签的分箱结果
[medium, good, excellent, excellent, medium, pass, medium, medium, medium]
Categories (4, object):[pass<medium<good<excellent]
>>>cats1.get_values()
array(['medium', 'good', 'excellent', 'excellent', 'medium', 'pass', 'medium',
      'medium', 'medium'], dtype=object)
```

第11章

数据分析方法

不同的人对数据分析有不同的定义，常见的定义：从大量数据中提取出想要的信息就是数据分析；有针对性地搜集、加工、整理数据并采用统计、数据挖掘技术分析和解释数据就是数据分析；基于行业目的，有目的地搜集、整理、加工和分析数据，提炼有价值的信息就是数据分析。综合上述定义，数据分析是指用适当的数据整合方法对收集来的大量数据进行整合，为从中发现因果关系、内部联系和业务规律而对数据加以详细研究和概括总结。

11.1 相似度和相异度的度量

相似性和相异性是数据分析中两个非常重要的概念。两个对象之间的相似度(Similarity)是这两个对象相似程度的数值度量，通常在0(不相似)和1(完全相似)之间取值。两个对象之间的相异度(Dissimilarity)是这两个对象差异程度的数值度量，两个对象越相似，它们的相异度就越低，通常用“距离”作为相异度的同义词。数据对象之间相似性和相异性的度量有很多，如何选择度量方法依赖于对象的数据类型、数据的量值是否重要以及数据的稀疏性等。

11.1.1 数据对象之间的相异度

人们通常所说的相异度其实就是距离。距离越小，相异度越低，则对象越相似。度量对象间差异性的距离形式有闵氏距离、马氏距离、汉明距离和杰卡德距离。

1. 闵氏距离

在 m 维欧氏空间中，每个点是一个 m 维实数向量，两个点 $x_i=(x_{i1},x_{i2},\cdots,x_{im})$ 与 $y_i=(y_{j1},y_{j2},\cdots,y_{jm})$ 之间的闵氏距离 L_r 定义如下：

$$d(x_i,y_j)=\left(\sum_{k=1}^{m}|x_{ik}-y_{jk}|^r\right)^{1/r}$$

当 $r=2$ 时，又称为 L_2 范式距离、欧几里得距离或欧氏距离，两个点 $x_i=(x_{i1},x_{i2},\cdots,x_{im})$ 与 $y_i=(y_{j1},y_{j2},\cdots,y_{jm})$ 之间的欧氏距离 $d(x_i,y_j)$ 定义如下：

$$d(x_i, y_j) = \sqrt{\sum_{k=1}^{m} | x_{ik} - y_{jk} |^2}$$

另一个常用的距离是 L_1 范式距离，又称为曼哈顿距离，两个点的曼哈顿距离为每维距离之和。之所以称为曼哈顿距离，是因为这里在两个点之间行进时必须要沿着网格线前进，就如同沿着城市（如曼哈顿）的街道行进一样。

另一个有趣的距离形式是 L_∞ 范式距离，即切比雪夫距离，也就是当 r 趋向无穷大时 L_r 范式的极限值。当 r 增大时，只有那个具有最大距离的维度才真正起作用，因此，通常 L_∞ 范式距离定义为在所有维度下 $|x_i - y_i|$ 中的最大值。

考虑二维欧氏空间（即通常所说的平面）上的两个点(2,5)和(5,9)。它们的 L_2 范式距离为 $\sqrt{(2-5)^2+(5-9)^2}=5$，L_1 范式距离为 $|2-5|+|5-9|=7$，而 L_∞ 范式距离为 $\max(|2-5|,|5-9|)=\max(3,4)=4$。

距离（如欧几里得距离）具有一些众所周知的性质。如果 $d(x,y)$ 表示两个点 x 和 y 之间的距离，则如下性质成立。

(1) $d(x,y) \geqslant 0$（距离非负），当且仅当 $x=y$ 时，$d(x,y)=0$（只有点到自身的距离为 0，其他的距离都大于 0）。

(2) $d(x,y)=d(y,x)$（距离具有对称性）。

(3) $d(x,y) \leqslant d(x,z)+d(z,y)$（三角不等式）。

2. 马氏距离

马氏距离为数据的协方差距离，它是一种有效的计算两个未知样本集的相似度的方法，与欧氏距离不同的是，它考虑各种特性之间的联系，并且是尺度无关的（独立于测量尺度）。马氏距离定义如下：

$$d(x_i, y_j) = \sqrt{(x_i - y_j)^{\mathrm{T}} \boldsymbol{S}^{-1} (x_i - y_j)}$$

其中，$\boldsymbol{S}$ 为协方差矩阵，若 $\boldsymbol{S}$ 为单位矩阵，则马氏距离变为欧氏距离。

3. 汉明距离

两个等长字符串之间的汉明距离是两个字符串对应位置的不同字符的个数。换句话说，它就是将一个字符串变换成另外一个字符串所需要替换的字符个数。例如：

"1011101"与"1001001"之间的汉明距离是 2。

"2143896"与"2233796"之间的汉明距离是 3。

"toned"与"roses"之间的汉明距离是 3。

4. 杰卡德距离

杰卡德距离（Jaccard Distance）用于衡量两个集合的差异性，它是杰卡德相似度的补集，被定义为 1 减去 Jaccard 相似度。Jaccard 相似度用来度量两个集合之间的相似性，它被定义为两个集合交集的元素个数除以并集的元素个数，即集合 A 和 B 的相似度 sim(A,B)为

$$\text{sim}(A,B)=\frac{|A\cap B|}{|A\cup B|}$$

集合 A、B 的杰卡德距离 $d_J(A,B)$为

$$d_J(A,B)=1-\text{sim}(A,B)$$

有些相异度不满足一个或多个距离性质，如集合差。

设有两个集合 A 和 B，A 和 B 的集合差 $A-B$ 定义为由所有属于 A 且不属于 B 的元素组成的集合。例如，如果 $A=\{1,2,3,4\}$，而 $B=\{2,3,4\}$，则 $A-B=\{1\}$，而 $B-A=$空集。若将两个集合 A 和 B 之间的距离定义为 $d(A,B)=\text{size}(A-B)$，其中 size 是一个函数，它返回集合元素的个数。该距离是大于或等于零的整数值，但不满足非负性的第二部分，也不满足对称性，同时还不满足三角不等式。然而，如果将相异度修改为 $d(A,B)=\text{size}(A-B)+\text{size}(B-A)$，则这些性质都可以成立。

11.1.2 数据对象之间的相似度

对象(或向量)之间的相似度可用距离和相似系数来度量。距离常用来度量对象之间的相似性，距离越小相似性越大。相似系数常用来度量向量之间的相似性，相似系数越大，相似性越大。

将距离用于相似度大小度量时，距离的三角不等式(或类似的性质)通常不成立，但是对称性和非负性通常成立。更明确地说，如果 $s(x,y)$是数据点 x 和 y 之间的相似度，则相似度具有如下典型性质。

(1) 仅当 $x=y$ 时 $s(x,y)=1$。($0\leqslant s\leqslant 1$)

(2) 对于所有 x 和 y，$s(x,y)=s(y,x)$。(对称性)

对于相似度，没有三角不等式性质。然而，有时可以将相似度简单地变换成一种度量距离，余弦相似性度量和 Jaccard 相似性度量就是这样的两个例子。

令 $\boldsymbol{x}_i$、$\boldsymbol{x}_j$ 是 m 维空间中的两个向量，$\boldsymbol{r}_{ij}$是 $\boldsymbol{x}_i$ 和 $\boldsymbol{x}_j$ 之间的相似系数，$\boldsymbol{r}_{ij}$通常满足以下条件。

(1) $\boldsymbol{r}_{ij}=1\Leftrightarrow\boldsymbol{x}_i=\boldsymbol{x}_j$。

(2) $\forall\,\boldsymbol{x}_i,\boldsymbol{x}_j,\boldsymbol{r}_{ij}\in[0,1]$。

(3) $\forall\,\boldsymbol{x}_i,\boldsymbol{x}_j,\boldsymbol{r}_{ij}=\boldsymbol{r}_{ji}$。

常用的相似系数度量方法有相关系数法、夹角余弦法。

1. 二元数据的相似性度量

两个仅包含二元属性的对象之间的相似性度量也称为相似系数，并且通常在 0 和 1 之间取值，值为 1 表明两个对象完全相似，值为 0 表明对象一点也不相似。

设 x 和 y 是两个对象，都由 n 个二元属性组成。这样的两个对象(即两个二元向量)的比较可生成如下四个量(频率)：

$f_{00}=x$ 取 0 并且 y 取 0 的属性个数；

$f_{01}=x$ 取 0 并且 y 取 1 的属性个数；

$f_{10}=x$ 取 1 并且 y 取 0 的属性个数；

$f_{11}=x$ 取 1 并且 y 取 1 的属性个数。

一种常用的相似性系数是简单匹配系数(Simple Matching Coefficient,SMC),定义如下:

$$\text{SMC}=\frac{\text{值匹配的属性个数}}{\text{属性个数}}=\frac{f_{11}+f_{00}}{f_{01}+f_{10}+f_{11}+f_{00}}$$

该度量对出现和不出现都进行计数。因此,SMC 可以在一个仅包含是非题的测验中用来发现回答问题相似的学生。

Jaccard 系数(Jaccard Coefficient):假定 x 和 y 是两个数据对象,代表一个事务矩阵的两行(两个事务)。如果每个非对称的二元属性对应于商店的一种商品,则 1 表示该商品被购买,而 0 表示该商品未被购买。由于未被顾客购买的商品数远大于被其购买的商品数,因而像 SMC 这样的相似性度量将会判定所有的事务都是类似的。这样,常常使用 Jaccard 系数来处理仅包含非对称的二元属性的对象。Jaccard 系数通常用符号 J 表示,由如下等式定义:

$$J=\frac{\text{匹配的个数}}{\text{不涉及 0-0 匹配的属性个数}}=\frac{f_{11}}{f_{01}+f_{10}+f_{11}}$$

【例 11-1】 SMC 和 J 相似性系数。

为了解释 SMC 和 J 这两种相似性度量之间的差别,我们对如下二元向量计算 SMC 和 J:

$$x=(1,0,0,0,0,0,0,0,0,0)$$
$$y=(0,0,0,0,0,0,1,0,0,1)$$

x 取 0 并且 y 取 1 的属性个数,$f_{01}=2$;
x 取 1 并且 y 取 0 的属性个数,$f_{10}=1$;
x 取 0 并且 y 取 0 的属性个数,$f_{00}=7$;
x 取 1 并且 y 取 1 的属性个数,$f_{11}=0$。

$$\text{SMC}=\frac{f_{11}+f_{00}}{f_{01}+f_{10}+f_{11}+f_{00}}=\frac{0+7}{2+1+0+7}=0.7$$

$$J=\frac{f_{11}}{f_{01}+f_{10}+f_{11}}=\frac{0}{2+1+0}=0$$

2. 相关系数法度量向量之间的相似性

令 $\boldsymbol{x}_i$、$\boldsymbol{x}_j$ 是 m 维空间中的两个向量,$\bar{\boldsymbol{x}}_i=\frac{1}{m}\sum_{k=1}^{m}x_{ik}$,$\bar{\boldsymbol{x}}_j=\frac{1}{m}\sum_{k=1}^{m}x_{jk}$,$\boldsymbol{x}_i$ 和 $\boldsymbol{x}_j$ 之间的相关系数 $r_{ij}=\dfrac{\sum_{k=1}^{m}(x_{ik}-\bar{\boldsymbol{x}}_i)(x_{jk}-\bar{\boldsymbol{x}}_j)}{\sqrt{\sum_{k=1}^{m}(x_{ik}-\bar{\boldsymbol{x}}_i)^2}\times\sqrt{\sum_{k=1}^{m}(x_{jk}-\bar{\boldsymbol{x}}_j)^2}}$,计算两个向量之间的相关度,范围为 $[-1,1]$,其中 0 表示不相关,1 表示正相关,-1 表示负相关。

3. 余弦相似度

余弦相似度也称为余弦距离,是用向量空间中两个向量夹角的余弦值作为衡量两个个体间差异的大小的度量。余弦距离在有维度的空间下才有意义，这些空间有欧氏空间和离散欧氏空间。在上述空间，点可以表示方向，两个点的余弦距离实际上是点所代表的向量之间的夹角的余弦值。

给定向量 $\boldsymbol{x}$ 和 $\boldsymbol{y}$，其夹角 θ 的余弦 $\cos\theta$ 等于它们的内积除以两个向量的 L_2 范式距离(即它们到原点的欧氏距离)乘积：

$$\cos\theta = \frac{\boldsymbol{x} \cdot \boldsymbol{y}}{\|\boldsymbol{x}\| \cdot \|\boldsymbol{y}\|}$$

$\cos\theta$ 的范围为$[-1,1]$，$\cos\theta=0$，即两向量正交时，表示完全不相似。

【例 11-2】 假设新闻 a 和新闻 b 对应的向量分别是 $\boldsymbol{x}(x_1,x_2,\cdots,x_{100})$ 和 $\boldsymbol{y}(y_1,y_2,\cdots,y_{100})$，则新闻 a 和新闻 b 的余弦相似度 $\cos\theta=\dfrac{x_1y_1+x_2y_2+\cdots+x_{100}y_{100}}{\sqrt{x_1^2+x_2^2+\cdots+x_{100}^2}\sqrt{y_1^2+y_2^2+\cdots+y_{100}^2}}$。

当两条新闻向量夹角等于 0°时，这两条新闻完全重复；当夹角接近于 0°时，两条新闻相似；夹角越大，两条新闻越不相关。

4. 编辑距离

编辑距离只适用于比较两个字符串之间的相似性。字符串 $x=x_1,x_2,\cdots,x_n$ 与 $y=y_1,y_2,\cdots,y_m$ 的编辑距离指的是要用最少的字符操作数目将字符串 x 转换为字符串 y。这里所说的字符操作包括：将一个字符替换成另一个字符，插入一个字符，删除一个字符。将字符串 x 变换为字符串 y 所用的最少字符操作数称为字符串 x 到 y 的编辑距离，表示为 $d(x,y)$。一般来说字符串的编辑距离越小，两个串的相似度越大。

【例 11-3】 两个字符串 x=eeba 和 y=abac 的编辑距离为 3。

将 x 转换为 y，需要进行如下操作。

(1) 将 x 中的第一个 e 替换成 a。

(2) 删除 x 中的第二个 e。

(3) 在 x 中最后添加一个 c。

编辑距离具有下面几个性质。

① 两个字符串的最小编辑距离是两个字符串的长度差。

② 两个字符串的最大编辑距离是两个字符串中较长字符串的长度。

③ 只有两个相等的字符串的编辑距离才会为 0。

④ 编辑距离满足三角不等式，即 $d(x,z)\leqslant d(x,y)+d(y,z)$。

11.2 分类分析方法

分类就是确定数据对象属于哪个预定义的目标类，例如银行贷款员需要分析数据，搞清楚哪些贷款申请者是“安全的”，哪些贷款申请者是“不安全的”。分类分析方法分析的数据是记录的集合，每条记录也称为实例或样例，用元组(x,y)表示，其中 x 是属性的集合，y 是一个特殊的属性，指出样例的类标号(也称为分类属性或目标属性)，类标号必须是离散属性，这正是区别分类与回归的关键特征。回归是一种预测建模，其目标属性 y 是连续的。

分类就是通过学习数据对象集得到一个目标函数 f，把每个属性集 x 映射到一个预先定义的类标号 y。目标函数也称为分类模型。常用的分类方法主要有决策树分类方法、贝叶斯分类方法、人工神经网络分类方法、k 近邻分类方法、支持向量机分类方法和基于关联规则的分类方法等。

11.2.1　决策树分类方法

决策树分类方法

决策树分类方法通过对训练样本的学习，建立分类规则，依据分类规则，实现对新样本的分类。决策树分类方法属于有指导（监督）的分类方法。训练样本有两类属性：划分属性和类别属性。决策树是一种类似于流程图的树结构，其中每个内部结点（非树叶结点）表示在一个属性上的测试，每个分支代表一个测试输出，每个树叶代表类或类分布，树的最顶层结点是根结点。决策树就是通过树结构来表示各种可能的决策路径，以及每个路径的结果。

一旦构造了决策树，对新样本进行分类就相当容易。从树的根结点开始，将测试条件用于新样本，根据测试结果选择适当的分支，沿着该分支到达另一个内部结点，使用新的测试条件继续上述过程，直到到达一个叶结点，也就是得到新样本所属的类别。

一棵预测顾客是否会购买计算机的决策树如图 11-1 所示，其中内部结点用矩形表示，树叶结点用椭圆表示，分支表示属性测试的结果。为了对未知的顾客判断其是否会购买计算机，将顾客的属性值在决策树上进行判断，选取相应的分支，直到到达叶子结点，从而得到顾客所属的类别。决策树从根结点到叶结点的一条路径就对应着一条合取规则，对应着样本的一个分类，对应着一条分类规则。

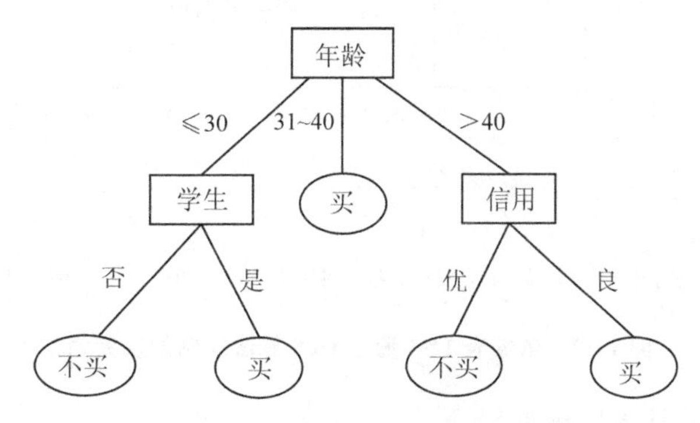

图 11-1　是否会购买计算机的决策树

在沿着决策树从上到下的遍历过程中，在每个结点都有一个测试，不同的测试结果引出不同的分枝，最后会达到一个叶子结点，这一过程就是利用决策树进行分类的过程。

在是否会购买计算机的决策树中包含三种结点：根结点，它没有入边，有 3 条出边；内部结点（非树叶结点），有一条入边和两条或多条出边；叶子结点，只有一条入边，但没有出边。在这个例子中，用来进行类别决策的属性数据为年龄、学生、信用。

1. 概念学习系统(Concept Learning System,CLS)决策树算法

CLS 算法是早期的决策树算法,是许多决策树算法的基础。CLS 的基本思想:从一棵空决策树开始,选择某一属性作为测试属性,并将该测试属性作为决策树中的决策结点。根据该属性的值的不同,可将训练样本分成相应的子集,如果该子集为空,或该子集中的样本属于同一个类,则将该子集作为决策树的叶结点,否则该子集对应于决策树的内部结点,即测试结点,这时候需要选择一个新的分类属性对该子集进行划分,直到所有的子集都为空或者属于同一类。表 11-1 为眼睛颜色、头发颜色与所属人种之间的关系表,依据表 11-1 通过 CLS 算法绘制的决策树如图 11-2 所示。

表 11-1 眼睛颜色、头发颜色与所属人种之间的关系

人 员	眼睛颜色	头发颜色	所属人种
1	黑色	黑色	黄种人
2	蓝色	金色	白种人
3	灰色	金色	白种人
4	蓝色	红色	白种人
5	灰色	红色	白种人
6	黑色	金色	混血
7	灰色	黑色	混血
8	蓝色	黑色	混血

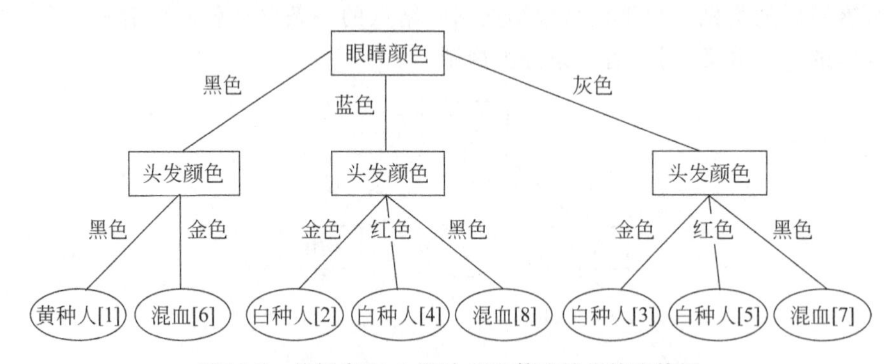

图 11-2 依据表 11-1 通过 CLS 算法绘制的决策树

CLS 算法实现的具体步骤如下。

(1) 生成一棵空决策树和一张训练样本属性表。

(2) 若训练样本集 T 中的所有样本属于同一类,则生成结点 T,并终止学习算法;否则转向步骤(3)。

(3) 根据某种策略从训练样本属性表中选择属性作为测试属性,如选择属性 A,生成测试结点 A。

(4) 若 A 的取值为 $v_1, v_2, \cdots, v_k$,则根据 A 的取值的不同,将 T 划分成 k 个子集 T_1,

$T_2, \cdots, T_k$。

(5) 从训练样本属性表中删除属性 A。

(6) 转步骤(2),对每个子集递归调用 CLS。

CLS 算法存在的问题：在步骤(3)中,根据某种策略从训练样本属性表中选择属性 A 作为测试属性,并没有规定采用何种测试属性。实践表明,测试属性集的组成以及测试属性的先后顺序对决策树的学习具有举足轻重的影响,如第一次选择人种生成的决策树如图 11-3 所示。显然生成的两种决策树的复杂性和分类意义相差很大,由此可见,如何选择测试属性在生成决策树时非常重要。由此引出另一种生成决策树的算法——ID3 算法。

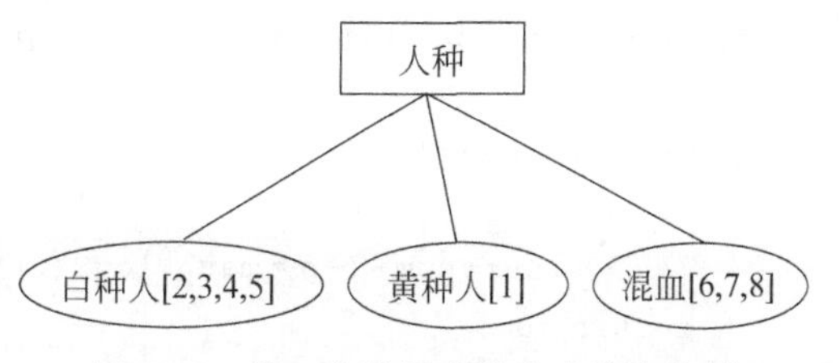

图 11-3 第一次选择人种生成的决策树

2. ID3 算法

ID3 算法由 Ross Quinlan 在 1986 年提出。ID3 决策树可以有多个分支,但是不能处理连续的特征值,连续的特征值必须离散化之后才能处理。ID3 是一种贪心地生成决策树的算法,每次选取的分割数据集的属性都是当前的最佳选择。在 ID3 中,它每次选择当前样本集中具有最大信息熵增益值的属性来分割数据集,并按照该属性的所有取值来切分数据集。也就是说,如果一个属性有 3 种取值,数据集将被切分为 3 份,一旦按某属性切分后,该属性在之后的算法执行中,将不再使用。

ID3 算法的核心是根据“最大信息熵增益”原则选择划分当前数据集的最好属性,信息熵是信息的度量方式,不确定度越大或者说越混乱,熵就越大。在建立决策树的过程中,根据属性划分数据,使得原本“混乱”的数据集的熵(混乱度)减少。按照不同属性划分数据集,熵减少的程度会不一样。在 ID3 中选择熵减少程度最大的属性来划分数据,也就是“最大信息熵增益”原则。

熵用来度量事物的不确定性,越不确定的事物,它的熵就越大。假定有一个数据集 S,每个数据元素都标明了所属的类别,如果所有数据元素都属于同一类别,那么就不存在不确定性了,这就是所谓的低熵情形;如果数据元素均匀地分布在各个类别中,那么不确定性就较大,这时我们说具有较大的熵。具体地,随机变量 X 的熵的表达式为

$$H(X) = -\sum_{i=1}^{n} p_i \log_2 p_i$$

其中,n 代表 X 的 n 种不同的离散取值;p_i 代表 X 取第 i 个值的概率;$\log_2$ 为以 2 为底(也可以以 e 为底)的对数。举个例子,例如 X 有 2 个可能的取值,而这两个取值各为 1/2 时 X 的熵最大,此时 X 具有最大的不确定性,值为

$$H(x) = -\left(\frac{1}{2}\log_2 \frac{1}{2} + \frac{1}{2}\log_2 \frac{1}{2}\right) = \log_2 2$$

如果一个值的概率大于$\frac{1}{2}$,另一个值的概率小于$\frac{1}{2}$,则不确定性减少,对应的熵也会

减少。例如一个概率为 1/3,另一个概率为 2/3,则对应熵为

$$H(x)=-\left(\frac{1}{3}\log_2\frac{1}{3}+\frac{2}{3}\log_2\frac{2}{3}\right)=\log_2 3-\frac{2}{3}\log_2 2<\log_2 2$$

下面给出求随机变量的熵的函数。

```
def entropy(probabilities):                #probabilities 为随机变量取值概率列表
    sum=0
    for p in probabilities:
        if p:
            sum=sum+(-p*math.log2(p))
    return sum
```

在 ID3 算法中用信息增益大小来判断当前结点应该用什么属性来构建决策树,用计算出的信息增益最大的属性来建立决策树的当前结点。

假设 S 是训练样本集合,$|S|$ 是训练样本数,假设 S 的类别属性的不同属性值的个数为 m,即 S 包含 m 个不同的类 $C_1,C_2,\cdots,C_m$,这些类的大小分别标记为 $|C_1|,|C_2|,\cdots,|C_m|$,则任意样本属于类别 C_i 的概率为 $p_i=\frac{|C_i|}{|S|}$。对于样本集合 S,它的信息熵 $H(S)$ 为

$$H(S)=H(C_1,C_2,\cdots,C_m)=-\sum_{i=1}^{m}p_i\log_2 p_i$$

其中,约定 $0\log_2 0=0$,每一个 $-p_i\log_2 p_i$ 项都是非负的,并且当 p_i 接近 0 或 1 时,$-p_i\log_2 p_i$ 的值也接近 0。$y=-x\log_2 x$ 在[0,1]上的图像如图 11-4 所示。

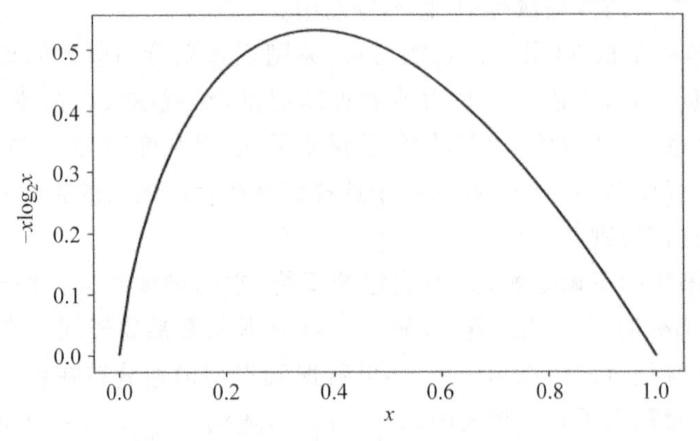

图 11-4 $y=-x\log_2 x$ 在[0,1]上的图像

这就意味着,当每一个 p_i 越接近 0 或 1 时(即当大部分数据元素都属于同一个类别时),熵就越小;当许多 p_i 不接近 0 时(即当数据广泛分布于众多类别时),熵就越大。

设一个属性 A 具有 k 个不同的值 $v_1,v_2,\cdots,v_k$,利用属性 A 可将集合 S 划分为 k 个不同的子集 $S_1,S_2,\cdots,S_k$,其中 S_i 包含集合 S 中属性 A 取值为 v_i 的所有样本。若选择属性 A 划分 S,则这些子集就是从集合 S 的结点生长出来的新的结点。设 v_{ij} 是子集 S_i 中类别为 C_j 的样本数,则根据属性 A 划分 S 的信息熵为

$$E(A) = \sum_{i=1}^{k} \frac{|S_i|}{|S|} H(S_i)$$

其中，$H(S_i) = -\sum_{j=1}^{m} p_{ij} \log_2 p_{ij}$，$p_{ij} = \frac{v_{ij}}{|S_i|}$ 是子集 S_i 中类别为 C_j 的样本的概率。

最后，用属性 A 划分样本集 S 所得的信息增益 $I(S,A)$ 为

$$I(S,A) = H(S) - E(A)$$

显然 $E(A)$ 越小，$I(S,A)$ 的值越大，说明选择属性 A 对于分类提供的信息量越大，进行分类时分类的不确定性程度越小。属性 A 的 k 个不同的值对应样本集 S 的 k 个子集或分支，通过递归调用上述过程（不包括已经选择过的属性），生成其他属性作为结点的子结点和分支来生成整棵决策树。

ID3 算法的具体实现步骤如下。

(1) 对当前样本集合，计算所有属性的信息增益。

(2) 选择信息增益最大的属性作为划分样本集合的划分属性，把划分属性取值相同的样本划分为同一个子样本集。

(3) 若子样本集中所有的样本属于一个类别，则该子集作为叶子结点，标上合适的类别号，并返回调用处；否则对子样本集递归调用本算法。

下面举个应用 ID3 算法的例子。

表 11-2 为 14 个关于是否打羽毛球的样本数据，每个样本中有 4 个关于天气的属性：天气状况、气温、湿度、风力。有两个类别属性：玩（是）或者不玩（否）。

表 11-2　14 个关于是否打羽毛球的样本数据

样本序号	天气状况	气温	湿度	风力	是否玩
1	晴天	热	高	低	否
2	晴天	热	高	高	否
3	阴天	热	高	低	是
4	下雨	适宜	高	低	是
5	下雨	冷	正常	低	是
6	下雨	冷	正常	高	否
7	阴天	冷	正常	高	是
8	晴天	适宜	高	低	否
9	晴天	冷	正常	低	是
10	下雨	适宜	正常	低	是
11	晴天	适宜	正常	高	是
12	阴天	适宜	高	高	是
13	阴天	热	正常	低	是
14	下雨	适宜	高	高	否

根据上述样本数据，依据 ID3 算法生成决策树的过程如下。

首先计算出整个数据集(S)的熵和按每个属性划分数据集以后的熵。样本数据集中有 9 个样本的类别是"是"(适合打羽毛)，5 个样本的类别是"否"(不适合打羽毛球)，它们的概率分布分别为 $P_1=\frac{9}{14}$和 $P_2=\frac{5}{14}$，约定 $\log_2 0=0$，根据熵公式，可得：

$$H(S) =-\left(\frac{9}{14}\log_2\frac{9}{14}+\frac{5}{14}\log_2\frac{5}{14}\right)=0.94$$

$$H(S_{\text{晴天}}) =-\left(\frac{2}{5}\log_2\frac{2}{5}+\frac{3}{5}\log_2\frac{3}{5}\right)=0.971$$

$$H(S_{\text{阴天}}) =-\left(\frac{4}{4}\log_2\frac{4}{4}+0\log_2 0\right)=0$$

$$H(S_{\text{下雨}}) =-\left(\frac{2}{5}\log_2\frac{2}{5}+\frac{3}{5}\log_2\frac{3}{5}\right)=0.971$$

$$\begin{aligned}E(\text{天气状况}) &=\frac{5}{14}\times H(S_{\text{晴天}})+\frac{4}{14}\times H(S_{\text{阴天}})+\frac{5}{14}\times H(S_{\text{下雨}}) \\ &=\frac{5}{14}\times 0.971+\frac{4}{14}\times 0+\frac{5}{14}\times 0.971=0.694\end{aligned}$$

用天气状况划分样本集 S 所得的信息增益 $I(S,\text{天气状况})$为

$$I(S,\text{天气状况})=H(S)-E(\text{天气状况})=0.246$$

采用同样的步骤，可以求出其他几个信息增益：

$$I(S,\text{气温})=0.029$$

$$I(S,\text{湿度})=0.152$$

$$I(S,\text{风力})=0.048$$

由上述各属性的信息增益求解可知按照"天气状况"属性划分获得的信息增益最大，因此用这个属性作为决策树的根结点。不断地重复上面的步骤，会得到一棵如图 11-5 所示的决策树。

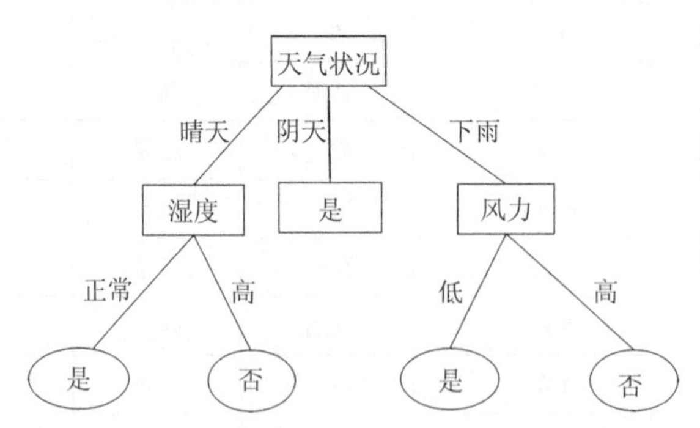

图 11-5　以"天气状况"作为根结点的决策树

ID3 算法的缺点如下。

(1) ID3 决策树算法采用了信息增益作为选择划分属性的标准，会偏向于选择取值较多的属性，即如果数据集中的某个属性值对不同的样本基本上是不相同的，更极端的情况，对于每个样本都是唯一的，如果用这个属性来划分数据集，将会得到很大的信息增益，

但是,这样的属性并不一定是最优属性。

(2) ID3 算法只能处理离散属性,对于连续性属性,在分类前需要对其离散化。

(3) ID3 算法不能处理属性具有缺失值的样本。

为了解决倾向于选择取值较多的属性作为分类属性,可采用信息增益率作为选择划分属性的标准,这样便得到 C4.5 算法。

3. C4.5 算法

C4.5 算法对 ID3 算法主要做了以下几点改进。

(1) 用信息增益率来选择分裂属性,克服了 ID3 算法中通过信息增益倾向于选择拥有多个属性值的属性作为分裂属性的不足。

(2) 能够处理离散型和连续型的属性类型,即能够完成对连续属性的离散化处理。

(3) 在构造过程中或者构造完成之后,对决策树进行剪枝操作。

(4) 能够处理具有缺失属性值的训练数据。

下面,我们用 sklearn 的决策树来分类鸢尾花卉数据集 iris。数据集包含 150 个数据,分为 3 类: setosa(山鸢尾)、versicolor(变色鸢尾)和 virginica(弗吉尼亚鸢尾)。每类 50 个数据,每个数据包含 4 个划分属性和一个类别属性,4 个划分属性分别是 Sep_len、Sep_wid、Pet_len 和 Pet_wid,分别表示花萼长度、花萼宽度、花瓣长度、花瓣宽度,类别属性是 Iris_type,表示鸢尾花卉的类别。可通过 4 个划分属性预测鸢尾花卉属于 setosa、versicolor、virginica 这三个种类中的哪一类。

```
>>>from sklearn import tree
#加载 iris 数据集
>>>from sklearn.datasets import load_iris
>>>iris=load_iris()
>>>iris.data      #iris.data 存放 iris 的划分属性
array([[5.1,  3.5,  1.4,  0.2],
       [4.9,  3. ,  1.4,  0.2],
       [4.7,  3.2,  1.3,  0.2],
         ……
       [6.2,  3.4,  5.4,  2.3],
       [5.9,  3. ,  5.1,  1.8]])
#iris.target 存放 iris 的类别属性,用 0、1、2 分别代表 setosa、versicolor、virginica
>>>iris.target
array([0, 0, 0, 0, 0, 0, 0, 0, 0, 0, …, 1, 1, 1, 1,…, 2, 2, 2,…]
>>>clf=tree.DecisionTreeClassifier()     #建立决策树模型
>>>clf=clf.fit(iris.data, iris.target)   #训练模型
>>>from sklearn.externals.six import StringIO
#用 export_graphviz 将树导出为 Graphviz 格式
>>>with open("iris.dot", 'w') as f:
   f=tree.export_graphviz(clf, out_file=f)
>>>import pydotplus                      #用 pydotplus 生成 iris.pdf
```

```
>>>dot_data=tree.export_graphviz(clf, out_file=None)
>>>graph=pydotplus.graph_from_dot_data(dot_data)
>>>graph.write_pdf("iris.pdf")              #生成决策树的 PDF 文件
True
```

iris. pdf 文件的内容如图 11-6 所示。

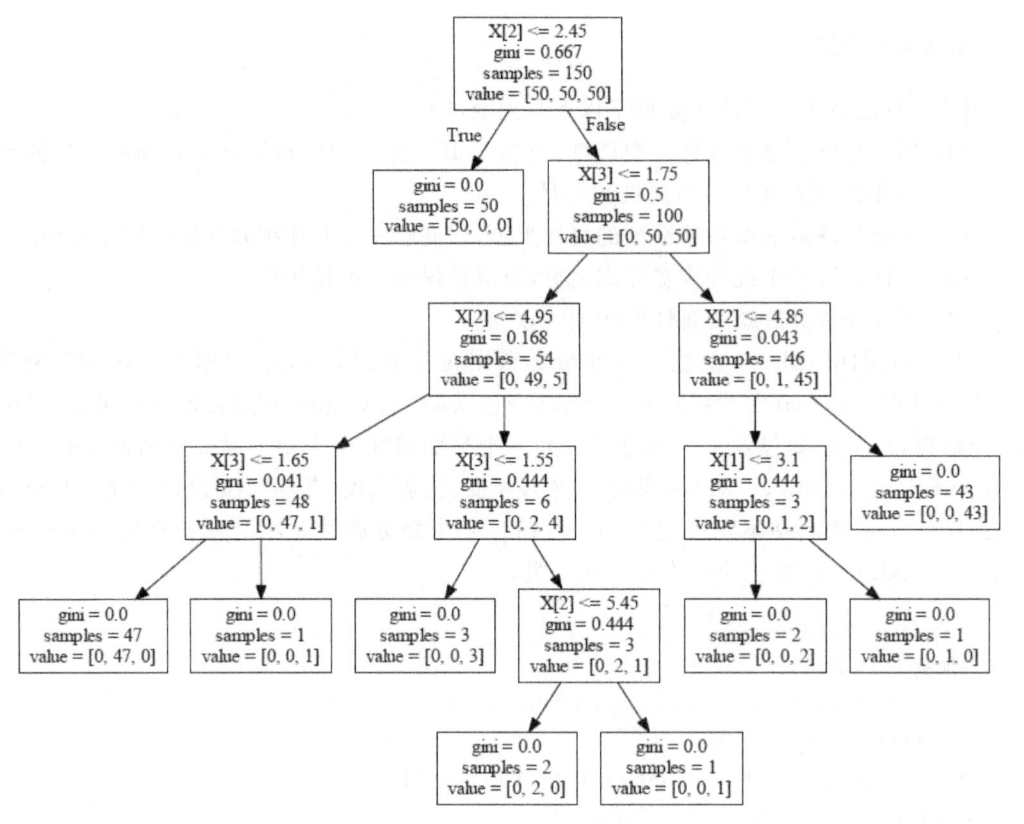

图 11-6　iris. pdf 文件的内容

11. 2. 2　朴素贝叶斯分类方法

贝叶斯分类是统计分类。下面先简要介绍概率论知识。

1. 概率

概率是概率论的基本概念。由随机试验的所有可能结果组成的集合称为它的样本空间,用符号 Ω 来表示。样本空间可以是有限(或无限)多个离散点,也可以是有限(或无限)的区间。

随机事件是由随机试验结果(样本点)组成的集合,一般用大写字母 A、B、… 表示。随机事件里有三个特殊的随机事件：基本事件,仅由一个样本点组成的集合;必然事件,由全部样本点组成的集合,用 Ω 表示;不可能事件,不包含任何样本点的集合,用 Φ 表示。

若事件 A 和 B 满足 $A\cap B=\Phi$,称事件 A 与 B 互斥,也叫互不相容事件,它们没有公共样本点,表示这些事件不会同时发生。

其中必有一个发生的两个互斥事件叫作对立事件。若 A 与 B 是对立事件(互逆),则 A 与 B 互斥且 $A+B$ 为必然事件。事件 A 的对立事件可表示为 $\overline{A}$。

注意:对立必然互斥,互斥不一定会对立。

一般地,对于 Ω 中的一个随机事件 A,人们把刻画其发生可能性大小的数值,称为随机事件 A 发生的概率,记为 $P(A)$。概率从数量上刻画了一个随机事件发生的可能性大小,$P(A)$满足如下条件。

非负性:对任意事件 A,有 $P(A)\geqslant 0$。

规范性:对必然事件 Ω,有 $P(\Omega)=1$。

无穷可加:对任意两两不相容的随机事件 $A_1+A_2+\cdots$,都有

$$P(A_1+A_2+\cdots)=P(A_1)+P(A_2)+\cdots$$

概率的运算性质如下。

性质 1 不可能事件的概率为零:$P(\Phi)=0$。

性质 2 有限可加性:对有限个两两不相容的随机事件 $A_1+A_2+\cdots+A_m$,则有

$$P(A_1+A_2+\cdots+A_m)=P(A_1)+P(A_2)+\cdots+P(A_m)$$

性质 3 对立事件的概率:$P(\overline{A})=1-P(A)$。

性质 4 加法公式:对任意的两个事件 A、B,有 $P(A\cup B)=P(A)+P(B)-P(AB)$。

推论:$P(A\cup B)\leqslant P(A)+P(B)$。

性质 5 设 A、B 是两个事件,若 $A\subset B$,则 $P(A)\leqslant P(B)$。

性质 6 对任意的事件 A,有 $P(A)\leqslant 1$。

2. 乘法公式

乘法公式:$P(AB)=P(A)P(B\mid A)$,其中 $P(A)>0$。

设 $A_1,A_2,\cdots,A_n$ 为一个完备事件组,即它们两两互不相容,其和为全集,对任一事件 B,有 $B=\Omega B=(A_1+A_2+\cdots+A_n)B=A_1B+A_2B+\cdots+A_nB$。

显然 $A_1B,A_2B,\cdots,A_nB$ 也两两互不相容,由概率的可加性及乘法公式,有 $P(B)=P(A_1B+A_2B+\cdots+A_nB)=\sum_{i=1}^{n}P(A_iB)=\sum_{i=1}^{n}P(A_i)P(B\mid A_i)$,这个公式称为全概率公式。

利用全概率公式,可以把较复杂事件概率的计算问题,化为若干互不相容的较简单情形,分别求概率然后求和。

【例 11-4】 一个公司有甲、乙、丙三个分厂生产的同一品牌的产品,已知三个分厂生成的产品所占的比例分别为 30%、20%、50%,且三个分厂的次品率分别为 3%、3%、1%,试求市场上该品牌产品的次品率。

求解:设 A_1、A_2、A_3 分别表示买到一件甲、乙、丙的产品;B 表示买到一件次品,显然 A_1、A_2、A_3 构成一个完备事件组,由题意有 $P(A_1)=0.3$,$P(A_2)=0.2$,$P(A_3)=0.5$,$P(B|A_1)=0.03$,$P(B|A_2)=0.03$,$P(B|A_3)=0.01$,由全概率公式:

$$P(B)=\sum_{i=1}^{3}P(A_i)P(B\mid A_i)$$
$$=0.3\times0.03+0.2\times0.03+0.5\times0.01=0.02$$

3. 条件概率

条件概率是一种带有附加条件的概率，即事件 A 发生的概率随事件 B 是否发生而变化，则在事件 B 已发生的前提下，事件 A 发生的概率。叫作事件 B 发生下事件 A 的条件概率，记为 $P(A|B)$。计算条件概率的公式如下：

$$P(A\mid B)=\frac{P(AB)}{P(B)}$$

从条件概率公式可知：事件 B 发生的前提下，A 发生的条件概率 $P(A|B)$ 等于事件 A 和事件 B 同时发生的概率 $P(AB)$ 除以事件 B 发生的概率 $P(B)$。

人们在生活中经常遇到这种情况：人们可以很容易直接得出 $P(A|B)$，$P(B|A)$ 则很难直接得出，但我们更关心 $P(B|A)$，下面的贝叶斯定理能帮助人们由 $P(A|B)$ 求得 $P(B|A)$。

4. 贝叶斯定理

贝叶斯定理：设 $A_1,A_2,\cdots,A_n$ 为一个完备事件组，$P(A_i)>0$，$i=1,2,\cdots,n$，对任一事件 B，若 $P(B)>0$，有

$$P(A_k\mid B)=\frac{P(A_kB)}{P(B)}=\frac{P(A_k)P(B\mid A_k)}{\sum_{i=1}^{n}P(A_i)P(B\mid A_i)}$$

该公式称为贝叶斯公式，$k=1,2,\cdots,n$。

该公式于 1763 年由贝叶斯给出，他是在观察事件 B 已发生的条件下，寻找导致 B 发生的每个原因 A_k 的概率。

【例 11-5】 已知三家工厂甲、乙、丙的市场占有率分别为 30%、20%、50%，次品率分别为 3%、3%、1%。如果买了一件商品，发现是次品，问它是甲、乙、丙厂生产的概率分别为多少？

求解：设 A_1、A_2、A_3 分别表示买到一件甲、乙、丙的产品；B 表示买到一件次品，显然 A_1、A_2、A_3 构成一个完备事件组，由题意有 $P(A_1)=0.3$，$P(A_2)=0.2$，$P(A_3)=0.5$，$P(B|A_1)=0.03$，$P(B|A_2)=0.03$，$P(B|A_3)=0.01$，

$$P(B)=\sum_{i=1}^{3}P(A_i)P(B\mid A_i)=0.3\times0.03+0.2\times0.03+0.5\times0.01=0.02$$

$$P(A_1\mid B)=\frac{P(A_1)P(B\mid A_1)}{P(B)}=\frac{0.3\times0.03}{0.02}=0.45$$

$$P(A_2\mid B)=\frac{0.2\times0.03}{0.02}=0.3$$

$$P(A_3\mid B)=\frac{0.5\times0.01}{0.02}=0.25$$

由 $P(A_1|B)=0.45$，可知这件商品最有可能是甲厂生产的。

5. 朴素贝叶斯分类的原理与流程

朴素贝叶斯分类是一种十分简单的分类算法，其主要思想：对于给出的待分类项，求解在此项出现的条件下各个类别出现的概率，哪个最大，就认为此待分类项属于哪个类别。

朴素贝叶斯分类的流程如下。

(1) 设 $x=(a_1,a_2,\cdots,a_m)$ 为一个样本数据，而每个 a_i 为 x 的一个特征属性。

(2) 设有类别集合 $C=(c_1,c_2,\cdots,c_n)$。

(3) 计算 $P(c_1|x),P(c_2|x),\cdots,P(c_n|x)$。

(4) 如果 $P(c_k|x)=\max\{P(c_1|x),P(c_2|x),\cdots,P(c_n|x)\}$，则 x 被认为属于类别 c_k。

现在的关键是如何计算第(3)步中的各个条件概率，可以按如下步骤做。

(1) 找到一个已经知道样本数据类别的样本数据集合，这个集合叫作训练样本集。

(2) 统计得到在各类别下各个特征属性的条件概率估计，即 $P(a_1|c_1),P(a_2|c_1),\cdots,P(a_m|c_1);P(a_1|c_2),P(a_2|c_2),\cdots,P(a_m|c_2);\cdots;P(a_1|c_n),P(a_2|c_n),\cdots,P(a_m|c_n)$。

(3) 如果各个特征属性是条件独立的，则根据贝叶斯定理有如下推导：

$$P(c_k \mid x)=\frac{P(x \mid c_k)P(c_k)}{P(x)}$$

因为分母对于所有类别为常数，只需找出分子的最大项即可。又因为各特征属性是条件独立的，所以有

$$P(x \mid c_k)P(c_k)=P(a_1 \mid c_k)P(a_2 \mid c_k)\cdots P(a_m \mid c_k)P(c_k)=P(c_k)\prod_{j=1}^{m}P(a_j \mid c_k)$$

根据上述分析，朴素贝叶斯分类的流程如图 11-7 所示。

可以看到，整个朴素贝叶斯分类分为三个阶段。

第一阶段——分类前的准备。根据具体情况确定特征属性，并对每个特征属性进行适当划分，然后对一部分待分类样本进行分类，形成训练样本集合。这一阶段的输入是所有待分类数据，输出是特征属性和训练样本。分类器的质量很大程度上由特征属性、特征属性划分及训练样本质量决定。

第二阶段——训练分类器。这个阶段的任务是生成分类器，主要工作是计算每个类别在训练样本中的出现频率及每个特征属性对每个类别的条件概率估计。其输入是特征属性和训练样本，输出是分类器。

第三阶段——运用训练好的分类器进行分类。这个阶段的任务是使用分类器对待分类数据进行分类，其输入是分类器和待分类数据，输出是待分类数据与类别的映射关系，以 $P(x|c_k)P(c_k)$ 值最大的项所对应的类别作为待分类数据 x 所属的类别。

朴素贝叶斯的三个常用模型：高斯朴素贝叶斯分类、多项式朴素贝叶斯分类和伯努利朴素贝叶斯分类。在 scikit-learn 中，一共有三个朴素贝叶斯的分类算法，分别是 GaussianNB、MultinomialNB 和 BernoulliNB。其中，GaussianNB 就是先验为高斯分布的朴素贝叶斯，MultinomialNB 就是先验为多项式分布的朴素贝叶斯，而 BernoulliNB 就是先验为伯努利分布的朴素贝叶斯。这三类适用的场景各不相同，主要根据数据类型来

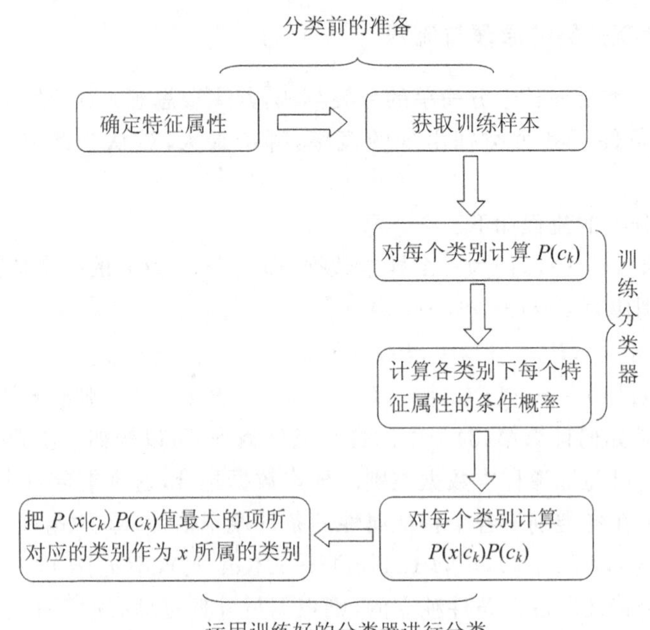

图 11-7 朴素贝叶斯分类的流程

进行模型的选择。一般来说，如果样本特征的分布大部分是连续值，使用 GaussianNB 会比较好；如果样本特征的分布大部分是多元离散值，使用 MultinomialNB 比较合适；如果样本特征是二元离散值或者很稀疏的多元离散值，应该使用 BernoulliNB。

6. 高斯朴素贝叶斯分类

高斯朴素贝叶斯假设特征属性属于某个类别的观测值服从正态分布，即如下式：

$$P(a_j \mid c_k)=\frac{1}{\sqrt{2\pi\sigma_k^2}}\exp\left(-\frac{(a_j-\mu_k)^2}{2\sigma_k^2}\right)$$

其中，c_k 为第 k 类别；μ_k 和 σ_k^2 的值需要从训练集数据估计。

高斯朴素贝叶斯会根据训练集求出 μ_k 和 σ_k^2。μ_k 为在样本类别 c_k 中所有 a_j 的平均值。σ_k^2 为在样本类别 c_k 中所有 a_j 的方差。

GaussianNB()函数的语法格式如下：

```
sklearn.naive_bayes.GaussianNB(priors=None, var_smoothing=1e-09)
```

参数说明如下。

priors：设置先验概率，对应各个类别的先验概率 $P(c_k)$。这个值默认不给出，如果不给出，则 $P(c_k)=\frac{m_k}{m}$，其中 m 为训练集样本总数量，m_k 为第 k 类别的训练集样本数。

var_smoothing：浮点类型，默认值为 1e-9。

在使用 GaussianNB 的 fit 方法拟合(训练)数据后，可以进行预测。此时预测有三种方法，包括 predict()、predict_log_proba()和 predict_proba()。

predict()方法就是最常用的预测方法，直接给出测试集的预测类别输出。

predict_proba()给出测试样本在各个类别上预测的概率，predict_proba()预测出的各个类别概率里的最大值对应的类别就是 predict()方法得到类别。

predict_log_proba()和 predict_proba()类似，它会给出测试样本在各个类别上预测的概率的一个对数转化。predict_log_proba()预测出的各个类别对数概率里的最大值对应的类别就是 predict()方法得到类别。

此外，GaussianNB 另一个重要的功能是其包含 partial_fit()方法，这个方法一般用在训练集数据量非常大、一次不能全部载入内存时。这时可以把训练集分成若干等份，重复调用 partial_fit()来一步步地学习训练集。

```
>>>import numpy as np
>>>X=np.array([[-1, -1], [-2, -1], [-3, -2], [1, 1], [2, 1], [3, 2]])
>>>Y=np.array([1, 1, 1, 2, 2, 2])
>>>from sklearn.naive_bayes import GaussianNB
>>>clf=GaussianNB()                          #建立 GaussianNB 分类器
>>>clf.fit(X, Y)                             #训练(调用 fit()方法)clf 分类器
GaussianNB(priors=None)
>>>print(clf.predict([[-0.8, -1]]))          #预测样本[-0.8,-1]的类别
[1]
#测试样本[-0.8,-1]被预测为类别 1 的概率大于被预测为类别 2 的概率
>>>print(clf.predict_proba([[-0.8,-1]]))
[[  9.99999949e-01   5.05653254e-08]]
>>>print(clf.predict_log_proba([[-0.8,-1]]))
[[ -5.05653266e-08  -1.67999998e+01]]
```

7. 多项式朴素贝叶斯分类

当特征是离散的时候，使用多项式模型。多项式模型在计算先验概率 $P(c_k)$和条件概率 $P(a_i|c_k)$时，会做一些平滑处理，具体公式为

$$P(c_k)=\frac{N_{c_k}+\alpha}{N+n\alpha}$$

其中，N 是总的样本个数；n 是总的类别个数；N_{c_k} 是类别为 c_k 的样本个数；α 是平滑值。

$$P(a_i \mid c_k)=\frac{N_{c_k,a_i}+\alpha}{N_{c_k}+m\alpha}$$

其中，N_{c_k} 是类别为 c_k 的样本个数；m 是特征的维数；N_{c_k,a_i} 是类别为 c_k 的样本中第 i 维特征的值是 a_i 的样本个数；α 是平滑值。

当 $\alpha=1$ 时，称作 Laplace 平滑；当 $0<\alpha<1$ 时，称作 Lidstone 平滑；$\alpha=0$ 时不做平滑。

MultinomialNB 函数的参数比 GaussianNB 函数的参数多，MultinomialNB 函数的语法格式如下：

```
sklearn.naive_bayes.MultinomialNB(alpha=1.0, fit_prior=True, class_prior=
None)
```

参数说明如下。

alpha：即为上面的常数 α，如果没有特别的需要，用默认的值 1 即可。如果发现拟合得不好，需要调优时，可以选择稍大于 1 或者稍小于 1 的数。

fit_prior：布尔参数，表示是否要考虑先验概率，如果是 false，则所有的样本类别输出都有相同的类别先验概率。否则可以自己用第三个参数 class_prior 输入先验概率，或者不输入第三个参数 class_prior 让 MultinomialNB 自己从训练集样本来计算先验概率，此时的先验概率为 $P(c_k)=\frac{m_k}{m}$，其中 m 为训练集样本总数量，m_k 为第 k 类别的训练集样本数。

class_prior：设置各个类别的先验概率。

```
>>>import numpy as np
>>>X=np.random.randint(5,size=(6,10))
>>>X
array([[1, 2, 4, 3, 0, 1, 4, 3, 0, 1],
       [0, 0, 3, 2, 2, 3, 3, 1, 2, 1],
       [4, 0, 0, 0, 1, 0, 3, 2, 3, 1],
       [2, 2, 2, 0, 3, 3, 0, 0, 1, 0],
       [1, 1, 1, 3, 1, 1, 1, 2, 1, 0],
       [4, 3, 0, 4, 2, 1, 4, 0, 1, 4]])
>>>y=np.array([1,2,3,4,5,6])
>>>from sklearn.naive_bayes import MultinomialNB
>>>clf=MultinomialNB()     #建立 MultinomialNB 分类器
>>>clf.fit(X,y)            #训练(调用 fit()方法)clf 分类器
MultinomialNB(alpha=1.0, class_prior=None, fit_prior=True)
>>>print(clf.predict([[1, 1, 1, 2, 1, 1, 1, 2, 1, 0]]))       #预测测试样本的类别
[5]
```

8. 伯努利朴素贝叶斯分类

与多项式模型一样，伯努利模型适用于离散特征的情况，所不同的是，伯努利模型中每个特征的取值只能是 1 和 0。

伯努利模型中，条件概率 $P(a_i|c_k)$的计算方式如下：

当特征值 a_i 为 1 时，$P(a_i|c_k)=P(a_i=1|c_k)$；

当特征值 a_i 为 0 时，$P(a_i|c_k)=1-P(a_i=1|c_k)$。

```
>>>import numpy as np
>>>from sklearn.naive_bayes import BernoulliNB
>>>X=np.random.randint(2,size=(6,100))    #生成 6 行 100 列的二维数组
>>>y=np.array([1,2,3,4,5,6])
>>>clf=BernoulliNB()                      #建立分类器
>>>clf.fit(X,y)                           #训练分类器
BernoulliNB(alpha=1.0, binarize=0.0, class_prior=None, fit_prior=True)
```

```
>>>print(clf.predict([X[2]]))                    #预测样本 X[2]的类别
[3]
```

11.2.3　支持向量机方法

支持向量机(Support Vector Machine,SVM)也是一种备受关注的分类技术,并在许多实际应用(如文本分类、手写数字的识别、人脸识别、语音模式识别等)中显示出优越的性能。支持向量机可以很好地应用于高维数据,避免了维灾难问题。支持向量机使用训练实例的一个子集来表示决策边界,该子集被称作支持向量(Support Vector)。也就是说,支持向量是指那些在间隔区间边缘的训练样本点,这些点在分类过程中起决定性作用。"机"实际上是指一个算法,把算法当成一个机器。支持向量机常用来解决二分类问题,支持向量机的目标是找到一个超平面,使得它能够尽可能多地将两类数据点正确地分开,同时使分开的两类数据点距离分类面最远。

为了解释 SVM 的基本思想,首先介绍最大边缘超平面(Maximal Margin Hyperplane)的概念以及选择它的基本原理。然后,描述在线性可分的数据上怎样训练一个线性的 SVM,从而明确地找到最大边缘超平面。最后,介绍如何将 SVM 方法扩展到非线性可分数据上。

1. 最大边缘超平面

图 11-8 显示了两类数据集,分别用方块和圆圈表示。这个数据集是线性可分的,即可以找到一个超平面,使得所有的方块位于这个超平面的一侧,而所有的圆圈位于它的另一侧。然而,正如图 11-9 所示,可能存在无穷多个那样的超平面,虽然它们的训练误差当前都等于零,但不能保证这些超平面在未知实例上运行得同样好。根据在检验样本上的运行效果,分类器必须从这些超平面中选择一个较好的超平面来表示它的决策边界。

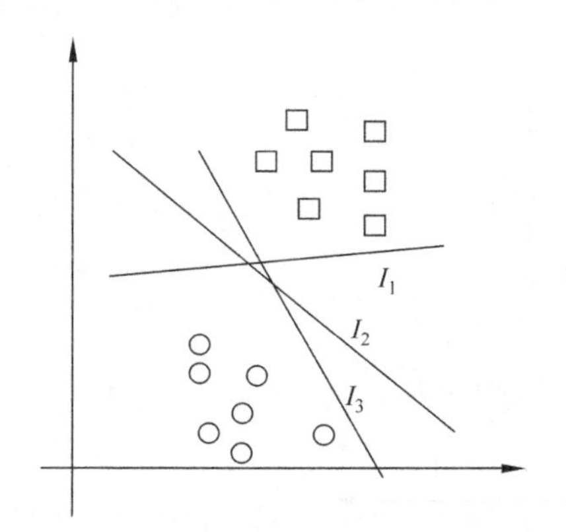

图 11-8　线性可分数据集上的可能决策边界

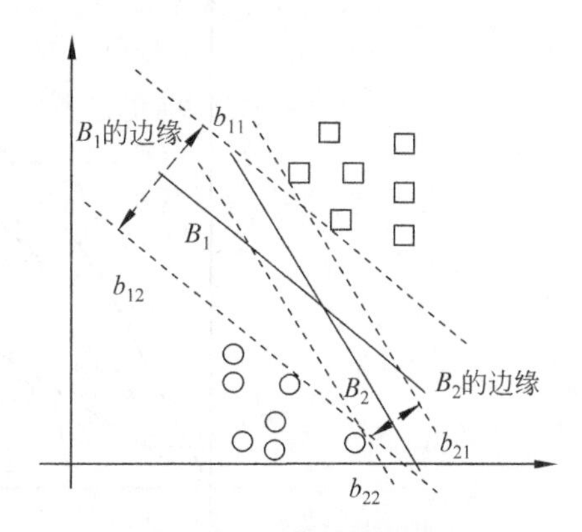

图 11-9　决策边界的边缘

为了更好地理解不同的超平面对泛化误差的影响,考虑两个决策边界 B_1 和 B_2,如图 11-9 所示,这两个决策边界都能准确无误地将训练样本划分到各自的类中。每个决策边界 B_i 都对应着一对超平面 b_{i1} 和 b_{i2}。b_{i1} 是通过平行移动一个与决策边界平行的超平面,直到触到最近的方块为止而得到的。类似地,平行移动一个与决策边界平行的超平面，直到触到最近的圆圈，可以得到 b_{i2}。b_{i1} 和 b_{i2} 这两个超平面之间的距离称为分类器的边缘。通过图 11-9 中的图解，注意到 B_1 的边缘显著大于 B_2 的边缘。在这个例子中，B_1 就是训练样本的最大边缘超平面。

最大边缘的基本原理：具有较大边缘的决策边界比那些具有较小边缘的决策边界具有更好的泛化误差。直觉上，如果边缘比较小，决策边界任何轻微的扰动都可能对分类产生显著的影响。因此，那些决策边界边缘较小的分类器对模型的过分拟合更加敏感，从而在未知的样本上的泛化能力更差。

2. 线性支持向量机

一个线性 SVM 是这样一个分类器，它寻找具有最大边缘的超平面，因此它也经常被称为最大边缘分类器(Maximal Margin Classifier)。为了深刻理解 SVM 是如何学习这样的边界的，下面首先对线性分类器的决策边界和边缘进行介绍。

1) 线性决策边界

考虑一个包含 N 个训练样本的二元分类问题，每个训练样本表示为一个二元组 $(x_i, y_i)(i=1,2,\cdots,N)$，其中 $x_i=(x_{i1},x_{i2},\cdots,x_{id})^{\mathrm{T}}$ 表示第 i 个样本的各个属性。为方便，令 $y_i\in\{-1,1\}$ 表示第 i 个样本的类标号。一个线性分类器的决策边界可以写成如下形式：

$$w \cdot x + b = 0$$

其中，w 和 b 是模型的参数。

图 11-10 显示了包含圆圈和方块的二维训练集，图中的实线表示决策边界，它将训练样本一分为二，划入各自的类中。如果 x_a 和 x_b 是两个位于决策边界上的点，则

$$w \cdot x_a + b = 0$$

$$w \cdot x_b + b = 0$$

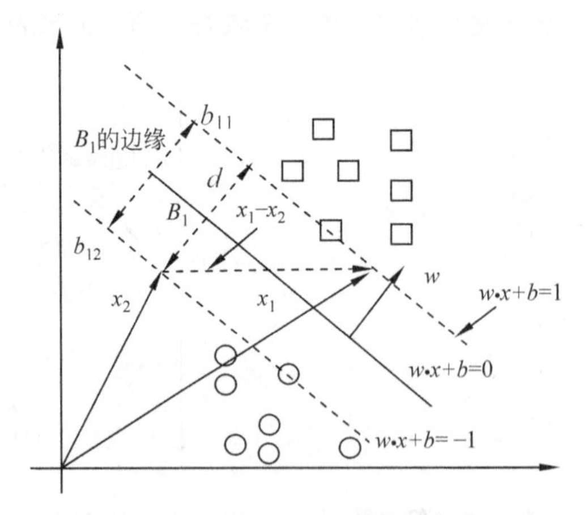

图 11-10 SVM 的决策边界和边缘

两个方程相减便得到：

$$w \cdot (x_a - x_b) = 0$$

其中，$x_a - x_b$ 是一个平行于决策边界的向量，它的方向是从 x_a 到 x_b。由于点积的结果为 0，因此 w 的方向必然垂直于决策边界，如图 11-10 所示。

对于任何位于决策边界上方的方块 x_s，可以证明：

$$w \cdot x_s + b = k$$

其中，$k > 0$。类似地，对于任何位于决策边界下方的圆圈 x_c，可以证明：

$$w \cdot x_c + b = k'$$

其中，$k' < 0$。如果标记所有的方块的类标号为 $+1$，标记所有的圆圈的类标号为 -1，则可以用以下方式预测任何测试样本 z 的类标号 y：

$$y = \begin{cases} +1, & w \cdot z + b > 0 \\ -1, & w \cdot z + b < 0 \end{cases}$$

2）线性分类器的边缘

考虑那些离决策边界最近的方块和圆圈。由于方块位于决策边界的上方，因此，对于某个正值 k，它必然满足公式 $w \cdot x_s + b = k$；对于某个负值 k'，圆圈必然满足公式 $w \cdot x_c + b = k'$。调整决策边界的参数 w 和 b，两个平行的超平面 b_{i1} 和 b_{i2} 可以表示如下：

$$b_{i1}: w \cdot x + b = 1$$

$$b_{i2}: w \cdot x + b = -1$$

决策边界的边缘由这两个超平面之间的距离给定。为了计算边缘，令 x_1 是 b_{i1} 上的一个数据点，令 x_2 是 b_{i2} 上的一个数据点，将 x_1 带入公式 $w \cdot x + b = 1$ 中，将 x_2 带入公式 $w \cdot x + b = -1$ 中，则边缘 d 可以通过两式相减得到：

$$w \cdot (x_1 - x_2) = 2$$

$$\|w\| \times d = 2$$

$$d = \frac{2}{\|w\|}$$

3）训练线性 SVM 模型

SVM 的训练阶段包括从训练数据中估计决策边界的参数 w 和 b，选择的参数必须满足下面两个条件：

如果 $y_i = 1, w \cdot x_i + b \geqslant 1$

如果 $y_i = -1, w \cdot x_i + b \leqslant -1$

这些条件要求所有类标号为 1 的训练数据（即方块）都必须位于超平面 $w \cdot x + b = 1$ 上或位于它的上方，而那些类标号为 -1 的训练实例（即圆圈）都必须位于超平面 $w \cdot x + b = -1$ 上或位于它的下方。这两个不等式可以概括为如下更紧凑的形式：

$$y_i(w \cdot x_i + b) \geqslant 1, \quad i = 1, 2, \cdots, N$$

尽管前面的条件也可以用于其他线性分类器（包括感知器），但 SVM 增加了一个要求，那就是决策边界的边缘必须是最大的。然而，最大化边缘边界等价于最小化下面的目标函数：

$$f(w) = \frac{\|w\|^2}{2}$$

于是，SVM 的学习任务可以形式化地描述为以下被约束的优化问题：

$$\min_w f(w) = \min_w \frac{\|w\|^2}{2}$$

受限于　　$y_i(w \cdot x_i + b) \geqslant 1, i = 1, 2, \cdots, N$

由于目标函数是二次的，而约束在参数 w 和 b 上是线性的，因此这个问题是一个凸优化问题，可以通过拉格朗日乘数（乘子）法进行求解，下面给出求解过程。

首先，把原目标函数 $f(w)$ 改造成为如下形式的新的目标函数，即拉格朗日函数：

$$L(w,b,\lambda)=\frac{1}{2}\|w\|^2-\sum_{i=1}^{N}\lambda_i(y_i(w\cdot x_i+b)-1)$$

其中，参数 λ_i 称为拉格朗日乘子。

为了最小化拉格朗日函数，必须将 $L(w,b,\lambda)$ 关于 w 和 b 求偏导，并令它们等于零：

$$\frac{\partial L(w,b,\lambda)}{\partial w}=0\Rightarrow w=\sum_{i=1}^{N}\lambda_i y_i x_i \tag{11-1}$$

$$\frac{\partial L(w,b,\lambda)}{\partial b}=0\Rightarrow \sum_{i=1}^{N}\lambda_i y_i=0 \tag{11-2}$$

因为拉格朗日乘子是未知的，因此还不能得到 w 和 b 的解。如果 SVM 学习任务的被约束的优化问题只包含等式约束，则可以利用从该等式约束中得到的 N 个方程、$w=\sum_{i=1}^{N}\lambda_i y_i x_i$ 和 $\sum_{i=1}^{N}\lambda_i y_i=0$ 求得 w、b 和 λ_i 的可行解。

注意：等式约束的拉格朗日乘子是可以取任意值的自由参数。

处理不等式约束的一种方法就是把它变换成一组等式约束。只要限制拉格朗日乘子非负，这种变换便是可行的，这样就得到如下拉格朗日乘子约束：

$$\lambda_i\geqslant 0 \tag{11-3}$$

$$\lambda_i[y_i(w\cdot x_i+b)-1]=0 \tag{11-4}$$

这样，应用式(11-4) 给定的约束后，许多拉格朗日乘子都变为零，该约束表明：除非训练数据满足方程 $y_i(w\cdot x_i+b)=1$，否则拉格朗日乘子 λ_i 必须为零。那些 $\lambda_i>0$ 的训练数据位于超平面 b_{i1} 或 b_{i2} 上，称为支持向量。不在这些超平面上的训练数据肯定满足 $\lambda_i=0$。式(11-1)和式(11-4)还表明，定义决策边界的参数 w 和 b 仅依赖于这些支持向量。

对前面的优化问题求解仍是一项十分棘手的任务，因为这涉及大量参数 w、b 和 λ_i。通过将拉格朗日函数变换成仅包含拉格朗日乘子的函数（称作对偶问题），可以简化该问题。为了变换成对偶问题，首先将公式 $w=\sum_{i=1}^{N}\lambda_i y_i x_i$ 和公式 $\sum_{i=1}^{N}\lambda_i y_i=0$ 带入公式 $L(w,b,\lambda)=\frac{1}{2}\|w\|^2-\sum_{i=1}^{N}\lambda_i(y_i(w\cdot x_i+b)-1)$ 中，这将原优化问题转换为如下对偶公式：

$$L_D=\sum_{i=1}^{N}\lambda_i-\frac{1}{2}\sum_{i,j}^{N}\lambda_i\lambda_j y_i y_j x_i\cdot x_j \tag{11-5}$$

对偶拉格朗日函数与原拉格朗日函数的主要区别如下。

(1) 对偶拉格朗日函数仅涉及拉格朗日乘子和训练数据，而原拉格朗日函数除涉及拉格朗日乘子外，还涉及决策边界的参数。尽管如此，这两个优化问题的解是等价的。

(2) 式(11-5)中的二次项前有个负号，这说明原来涉及拉格朗日函数 $L(w,b,\lambda)$ 的最小化问题变换成了涉及对偶拉格朗日函数 L_D 的最大化问题。

对于大型数据集，对偶优化问题可以使用数值计算技术来求解，如使用二次规划。一旦找到一组 λ_i，就可以通过公式 $w=\sum_{i=1}^{N}\lambda_i y_i x_i$ 和公式 $\lambda_i[y_i(w\cdot x_i+b)-1]=0$ 来求得 w 和 b 的可行解。决策边界可以表示成

$$\left(\sum_{i=1}^{N}\lambda_i y_i x_i\cdot x\right)+b=0$$

b 可以通过求解支持向量公式 $\lambda_i[y_i(w\cdot x_i+b)-1]=0$ 得到。由于 λ_i 是通过数值计算得到的，因此可能存在数值误差，计算出的 b 值可能不唯一。实践中，使用 b 的平均值作为决策边界的参数。

4）线性支持向量机代码实现

```
from sklearn import svm
import numpy as np
import matplotlib.pyplot as plt          #Python 中的绘图模块
#平面上的 8 个点
X=[[0.39,0.17],[0.49,0.71],[0.92,0.61],[0.74,0.89],[0.18,0.06], [0.41,0.26],[0.
94,0.81], [0.21,0.01]]
Y=[1,-1,-1,-1,1,1,-1,1]                  #标记数据点属于的类
clf=svm.SVC(kernel='linear')             #建立模型,linear 为小写,指线性核函数
clf.fit(X,Y)                             #训练模型
w=clf.coef_[0]                           #取得 w 值,w 是二维的
a=-w[0]/w[1]                             #计算直线斜率
x=np.linspace(0,1,50)                    #随机产生连续 x 值
y=a * x-(clf.intercept_[0])/w[1]         #根据随机 x 值得到 y 值
#计算与直线相平行的两条直线
b=clf.support_vectors_[0]                #获取一个支持向量
y_down=a * x+(b[1]-a * b[0])
c=clf.support_vectors_[-1]               #获取一个支持向量
y_up=a * x+(c[1]-a * c[0])
print('模型参数 w:',w)
print('边缘直线斜率:',a)
print('打印出支持向量:',clf.support_vectors_)
#画出三条直线
plt.plot(x,y,'k-')
plt.plot(x,y_down,'k--')
plt.plot(x,y_up,'k--')
#绘制散点图
plt.scatter([s[0] for s in X],[s[1] for s in X],c=Y, cmap=plt.cm.Paired)
plt.show()
```

运行上述代码执行的结果如下：

```
模型参数 w:[-1.12374761 -1.65144735]
边缘直线斜率: -0.680462268214
打印出支持向量:[[0.49  0.71]
[0.92  0.61]
[0.74  0.89]
[0.39  0.17]
[0.18  0.06]
[0.41  0.26]]
```

生成的 SVM 图如 11-11 所示。

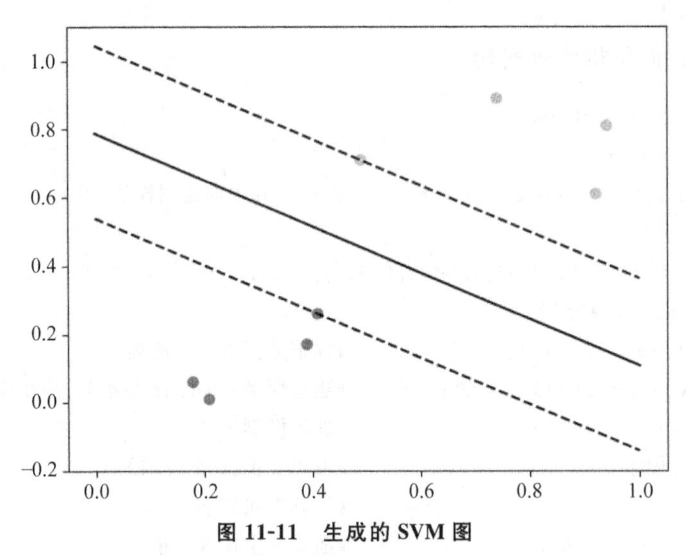

图 11-11 生成的 SVM 图

11.3 回归分析方法

分类算法用于离散型分布预测，前面讲过的决策树、朴素贝叶斯、支持向量机都是分类算法；回归算法用于连续型分布预测，针对的是数值型的样本。回归用于表明一个变量的变化，会导致另一个变量的变化，即有前因后果的变量之间的相关关系。回归分析研究某一随机变量(因变量)与其他一个或几个普通变量(自变量)之间的数量变动的关系。回归的目的就是建立一个回归方程来预测目标值，回归的求解就是求这个回归方程的参数。

回归分析的基本思路：从一组样本数据出发，确定变量之间的数学关系式，对这些关系式的可信程度进行各种统计检验，并从影响某一特定变量的诸多变量中找出哪些变量的影响显著，哪些不显著。然后利用所求的关系式，根据一个或几个变量的取值来预测另一个特定变量的取值。

根据自变量数目的多少，回归模型可以分为一元回归模型和多元回归模型；根据模型中自变量与因变量之间是否线性，可以分为线性回归模型和非线性回归模型；根据回归模型是否带有虚拟变量，回归模型可以分为普通回归模型和带虚拟变量的回归模型。

11.3.1　一元线性回归

一元线性回归

一元线性回归(Linear Regression)只研究一个自变量与一个因变量之间的统计关系，一元线性回归模型可表示为

$$y = \beta_0 + \beta_1 x$$

也称为直线回归方程，其中，β_0 和 β_1 称为模型的回归参数，β_0 是回归直线在 y 轴上的截距；β_1 是直线的斜率，表示当 x 每变动一个单位时，y 的变动值。回归参数 β_0 和 β_1 是未知的，必须利用样本数据去估计。用样本得到 β_0 和 β_1 的估计值 b_0 和 b_1，将 b_0 和 b_1 代替回归方程中的未知参数 β_0 和 β_1，就得到了估计的回归方程：

$$\hat{y} = b_0 + b_1 x$$

其中，b_0 是估计的回归直线在 y 轴上的截距，b_1 是估计的回归直线的斜率。

【例 11-6】 设有 10 个厂家的投入和产出如下，根据这些数据，可以认为投入和产出之间存在线性相关性吗？

厂家	1	2	3	4	5	6	7	8	9	10
投入	20	40	20	30	10	10	20	20	20	30
产出	30	60	40	60	30	40	40	50	30	70

对例 11-6 中两个变量的数据进行线性回归，就是要找到一条直线来适当地代表图中的那些点的趋势。用数据寻找一条直线的过程也叫作拟合一条直线。这里要先确定选择直线的标准，常采用最小二乘法来确定拟合直线。

最小二乘法要求通过数学模型拟合的直线必须满足两点：一是原数列的观测值与模型估计值的离差平方和为最小，此时拟合度最好；二是原数列的观测值与模型估计值的离差总和为 0。

离差：　$e_t = y_t - \hat{y}_t$

离差和：　$\sum_{t=1}^{n} e_t = \sum_{t=1}^{n} (y_t - \hat{y}_t)$

离差平方和：　$\sum_{t=1}^{n} e_i^2 = \sum_{t=1}^{n} (y_t - \hat{y}_t)^2$

最小二乘法是通过使历史数据到拟合直线上的离差平方和最小，从而求得回归模型的参数。对于一元线性回归模型 $y = \beta_0 + \beta_1$，在得到估计的回归方程 $\hat{y} = b_0 + b_1 x$ 中，b_0 和 b_1 是 β_0 和 β_1 的估计值，y 的估计值用 $\hat{y} = b_0 + b_1 x$ 表示。最小二乘法要求求出的待估参数 b_0 和 b_1 使因变量的观察值与估计值之间的离差平方和达到最小，即使 $Q = \sum (y_i - \hat{y})^2 = \sum (y_i - b_0 - b_1 x_i)^2$ 最小。为此，分别求 Q 对 b_0 和 b_1 的偏导数，然后就可以求出符合要求的待估参数 b_0 和 b_1：

$$b_1 = \frac{n \sum x_i y_i - \sum x_i \sum y_i}{n \sum x_i^2 - \left(\sum x_i\right)^2}, \quad b_0 = \frac{\sum y_i}{n} - b_1 \frac{\sum x_i}{n}$$

下面给出使用 sklearn. linear_model 模块下的 LinearRegression 线性回归模型求解例 11-6 投入、产出所对应的回归方程的参数。

```
import matplotlib.pyplot as plt
import matplotlib
import numpy as np
matplotlib.rcParams['font.family']='FangSong'        #指定字体的中文格式
#定义一个画图函数
def runplt():
    plt.figure()
    plt.title('10个厂家的投入和产出',fontsize=15)
    plt.xlabel('投入',fontsize=15)
    plt.ylabel('产出',fontsize=15)
    plt.axis([0,50,0,80])
    plt.grid(True)
    return plt
#投入、产出训练数据
X=[[20],[40],[20],[30],[10],[10],[20],[20],[20],[30]]
y=[[30],[60],[40],[60],[30],[40],[40],[50],[30],[70]]
from sklearn.linear_model import LinearRegression
model=LinearRegression()           #建立线性回归模型
model.fit(X,y)                     #用训练数据进行模型训练
runplt()
X2=[[0],[20],[25],[30],[35],[50]]
#利用通过 fit()训练的模型对输入值的产出值进行预测
y2=model.predict(X2)               #预测数据
plt.plot(X,y,'k.')                 #根据观察到的投入、产出值绘制点
plt.plot(X2,y2,'k-')               #根据 X2、y2 绘制拟合的回归直线
plt.show()                         #显示绘制的一元线性回归图如图 11-12 所示
```

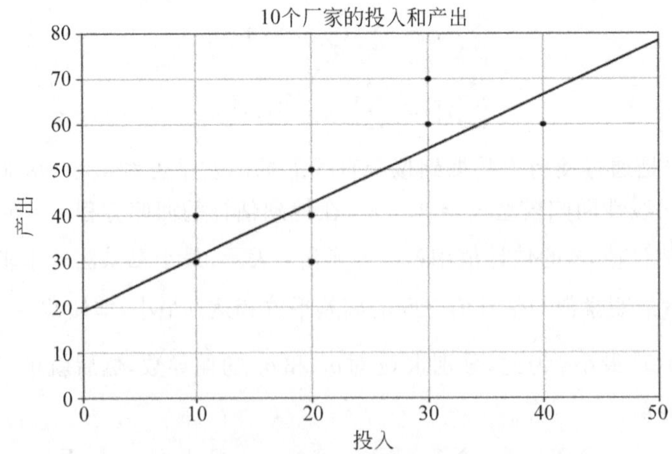

图 11-12 绘制的一元线性回归图

```
#输出 β0 的估计值
print('求得的一元线性回归方程的 b0 值为：%.2f'%model.intercept_)
print('求得的一元线性回归方程的 b1 值为：%.2f'%model.coef_)    #输出 β1 的估计值
print('预测投入 25 的产出值：%.2f'%model.predict([[25]]))    #输出投入 25 的预测值
```

运行上述代码，得到的输出结果如下：

```
求得的一元线性回归方程的 b0 值为：18.95
求得的一元线性回归方程的 b1 值为：1.18
预测投入 25 的产出值：48.55
```

【例 11-7】 使用 sklearn.linear_model 的 LinearRegression 模型拟合波士顿(boston)房价数据集 datasets。

波士顿房价数据集是由 D. Harrison 和 D. L. Rubinfeld 于 1978 年收集的波士顿郊区房屋的信息，数据集包含 506 组数据，每组数据包含 14 个属性，分别是房屋均价及周边犯罪率、是否在河边等相关信息，其中最后一个数据是房屋均价，14 个属性具体描述如下。

CRIM：房屋所在镇的人均犯罪率。

ZN：用地面积超过 25000 平方英尺(1 平方英尺约等于 0.092m^2)的住宅所占比例。

INDUS：房屋所在镇无零售业务区域所占比例。

CHAS：是否邻近查尔斯河，1 是邻近，0 是不邻近。

NOX：一氧化氮浓度(千万分之一)。

RM：每处寓所的平均房间数。

AGE：自住且建于 1940 年前的房屋比例。

DIS：房屋距离波士顿五大就业中心的加权距离。

RAD：距离高速公路的便利指数。

TAX：每一万美元全额财产税金额。

PTRATIO：房屋所在镇的师生比。

B：城镇中黑人所占的比例。

LSTAT：人口中低收入者所占的比例。

MEDV：自住房的平均房价(以 1000 美元为单位)。

在下面的内容中，我们将以房屋价格(MEDV)作为目标变量。

1. 数据集的数据结构分析

```
>>>from sklearn.datasets import load_boston
>>>import pandas as pd
>>>import numpy as np
>>>import matplotlib.pyplot as plt          #Python 中的绘图模块
>>>from sklearn.linear_model import LinearRegression          #导入线性回归模型
>>>boston=load_boston()                    #加载波士顿房价数据集
>>>x=boston.data                           #加载波士顿房价属性数据集
>>>y=boston.target                         #加载波士顿房价数据集
>>>boston.keys()
```

```
dict_keys(['data', 'target', 'feature_names', 'DESCR'])
>>>x.shape
(506, 13)
>>>boston_df=pd.DataFrame(boston['data'],columns=boston.feature_names)
>>>boston_df['Target']=pd.DataFrame(boston['target'],columns=['Target'])
>>>boston_df.head(3)  #显示完整数据集的前 3 行数据
      CRIM    ZN  INDUS  CHAS    NOX     RM   AGE     DIS  RAD    TAX  \
0  0.00632  18.0   2.31   0.0  0.538  6.575  65.2  4.0900  1.0  296.0
1  0.02731   0.0   7.07   0.0  0.469  6.421  78.9  4.9671  2.0  242.0
2  0.02729   0.0   7.07   0.0  0.469  7.185  61.1  4.9671  2.0  242.0

   PTRATIO       B  LSTAT  Target
0     15.3  396.90   4.98    24.0
1     17.8  396.90   9.14    21.6
2     17.8  392.83   4.03    34.7
```

2. 分析数据并可视化

房屋有 13 个属性，也就是说 13 个变量决定了房子的价格，这就需要计算这些变量和房屋价格的相关性。

```
>>>boston_df.corr().sort_values(by=['Target'],ascending=False)
             CRIM        ZN     INDUS      CHAS       NOX        RM       AGE  \
Target  -0.385832  0.360445 -0.483725  0.175260 -0.427321  0.695360 -0.376955
RM      -0.219940  0.311991 -0.391676  0.091251 -0.302188  1.000000 -0.240265
ZN      -0.199458  1.000000 -0.533828 -0.042697 -0.516604  0.311991 -0.569537
B       -0.377365  0.175520 -0.356977  0.048788 -0.380051  0.128069 -0.273534
DIS     -0.377904  0.664408 -0.708027 -0.099176 -0.769230  0.205246 -0.747881
CHAS    -0.055295 -0.042697  0.062938  1.000000  0.091203  0.091251  0.086518
AGE      0.350784 -0.569537  0.644779  0.086518  0.731470 -0.240265  1.000000
RAD      0.622029 -0.311948  0.595129 -0.007368  0.611441 -0.209847  0.456022
CRIM     1.000000 -0.199458  0.404471 -0.055295  0.417521 -0.219940  0.350784
NOX      0.417521 -0.516604  0.763651  0.091203  1.000000 -0.302188  0.731470
TAX      0.579564 -0.314563  0.720760 -0.035587  0.668023 -0.292048  0.506456
INDUS    0.404471 -0.533828  1.000000  0.062938  0.763651 -0.391676  0.644779
PTRATIO  0.288250 -0.391679  0.383248 -0.121515  0.188933 -0.355501  0.261515
LSTAT    0.452220 -0.412995  0.603800 -0.053929  0.590879 -0.613808  0.602339

              DIS       RAD       TAX   PTRATIO         B     LSTAT    Target
Target   0.249929 -0.381626 -0.468536 -0.507787  0.333461 -0.737663  1.000000
RM       0.205246 -0.209847 -0.292048 -0.355501  0.128069 -0.613808  0.695360
ZN       0.664408 -0.311948 -0.314563 -0.391679  0.175520 -0.412995  0.360445
B        0.291512 -0.444413 -0.441808 -0.177383  1.000000 -0.366087  0.333461
DIS      1.000000 -0.494588 -0.534432 -0.232471  0.291512 -0.496996  0.249929
CHAS    -0.099176 -0.007368 -0.035587 -0.121515  0.048788 -0.053929  0.175260
```

```
AGE      -0.747881  0.456022  0.506456  0.261515 -0.273534  0.602339 -0.376955
RAD      -0.494588  1.000000  0.910228  0.464741 -0.444413  0.488676 -0.381626
CRIM     -0.377904  0.622029  0.579564  0.288250 -0.377365  0.452220 -0.385832
NOX      -0.769230  0.611441  0.668023  0.188933 -0.380051  0.590879 -0.427321
TAX      -0.534432  0.910228  1.000000  0.460853 -0.441808  0.543993 -0.468536
INDUS    -0.708027  0.595129  0.720760  0.383248 -0.356977  0.603800 -0.483725
PTRATIO -0.232471  0.464741  0.460853  1.000000 -0.177383  0.374044 -0.507787
LSTAT    -0.496996  0.488676  0.543993  0.374044 -0.366087  1.000000 -0.737663
```

从输出结果可以看出相关系数最高的是 RM，高达 0.69，也就是说房间数和房价是强相关性。下面绘制房间数(RM)与房屋价格(MEDV)的散点图。

```
>>>import matplotlib
>>>matplotlib.rcParams['font.family']='FangSong'  #设置中文字体格式为仿宋
>>>plt.scatter(boston_df['RM'],y)
<matplotlib.collections.PathCollection object at 0x000000001924C550>
>>>plt.xlabel('房间数(RM)',fontsize=15)
Text(0.5,0,'房间数(RM)')
>>>plt.ylabel('房屋价格(MEDV)',fontsize=15)
Text(0,0.5,'房屋价格(MEDV)')
>>>plt.title('房间数(RM)与房屋价格(MEDV)的关系',fontsize=15)
Text(0.5,1,'房间数(RM)与房屋价格(MEDV)的关系')
>>>plt.show()   #显示绘制的房间数与房屋价格的散点图如图 11-13 所示
```

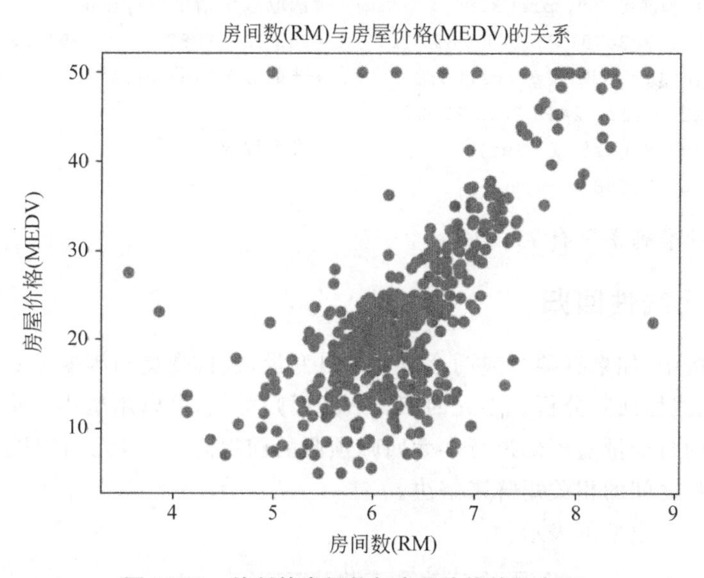

图 11-13　绘制的房间数与房屋价格的散点图

3. 一元线性回归

(1) 去掉一些脏数据，例如去掉房价大于或等于 50 的数据和房价小于或等于 10 的数据。

```
>>>X=boston.data
>>>y=boston.target
>>>X=X[y<50]
>>>y=y[y<50]
>>>X=X[y>10]
>>>y=y[y>10]
>>>X.shape
(466, 13)
>>>y.shape
(466,)
```

(2) 构建线性回归模型。

```
>>>from sklearn.model_selection import train_test_split
#切分数据集,取数据集的 75%作为训练数据,25%作为测试数据
>>>X_train, X_test, y_train, y_test=train_test_split(X, y, random_state=1)
>>>LR=LinearRegression()
>>>LR.fit(X_train,y_train)
LinearRegression(copy_X=True, fit_intercept=True, n_jobs=1, normalize=False)
```

(3) 算法评估。

```
>>>pre=LR.predict(X_test)
>>>print("预测结果", pre[3:8])                #选取 5 个结果进行显示
预测结果 [27.48834701 21.58192891 20.36438243 22.980885   24.35103277]
>>>print(u"真实结果", y_test[3:8])            #选取 5 个结果进行显示
真实结果 [22.  22.  24.3 22.2 21.9]
>>>LR.score(X_test,y_test)                    #模型评分
0.7155555361911698
```

这个模型的准确率只有 71.5%。

11.3.2 多元线性回归

在回归分析中,如果有两个或两个以上的自变量,且自变量与因变量之间存在线性关系,则称为多元线性回归分析。多元回归与一元回归类似,可以用最小二乘法估计模型参数。选择合适的自变量是正确进行多元回归预测的前提之一,多元回归模型自变量的选择可以利用变量之间的相关矩阵来解决。

多元线性回归模型可表示为

$$y=\beta_0+\beta_1x_1+\beta_2x_2+\cdots+\beta_mx_m$$

回归模型中的回归参数(也称为回归系数)$\beta_0,\beta_1,\cdots,\beta_m$ 需要利用样本数据去估计。用样本得到 $\beta_0,\beta_1,\cdots,\beta_m$ 的估计值 $b_0,b_1,\cdots,b_m$,将 $b_0,b_1,\cdots,b_m$ 代替回归方程中的未知参数 $\beta_0,\beta_1,\cdots,\beta_m$,即得到估计的回归方程:

$$\hat{y}=b_0+b_1x_1+b_2x_2+\cdots+b_mx_m$$

由样本数据推算、估计回归方程中的各个回归系数,是多元回归分析中的一个重要方

面，下面介绍回归系数的计算方法。

二元线性回归方程 $\hat{y}=b_0+b_1x_1+b_2x_2$ 中回归系数 b_0、b_1、b_2 可由以下方程组解出：

$$\sum y = nb_0 + b_1 \sum x_1 + b_2 \sum x_2$$

$$\sum x_1 y = b_0 \sum x_1 + b_1 \sum x_1^2 + b_2 \sum x_2^2$$

$$\sum x_2 y = b_0 \sum x_2 + b_1 \sum x_1 x_2 + b_2 \sum x_2^2$$

通过 sklearn.linear_model 模块中的 LinearRegression 线性回归模型可实现多元线性回归。

LinearRegression 线性回归模型的语法格式如下：

```
LinearRegression(copy_X=True, fit_intercept=True, n_jobs=1, normalize=False)
```

作用：用于创建一个回归模型，返回值为 coef_和 intercept_，coef_存储 b_1 到 b_m 的值，与回归模型将来训练的数据集 X 中每条样本数据的维数一致，intercept_存储 b_0 的值。

参数说明如下。

copy_X ：布尔型，默认为 true，copy_X 用来指定是否对训练数据集 X 复制（即经过中心化和标准化后，是否把新数据覆盖到原数据上），如果选择 False，则直接对原数据进行覆盖。

fit_intercept：用来指定是否对训练数据进行中心化，如果该变量为 False，则表明输入的数据已经进行了中心化，在下面的过程里不进行中心化处理；否则，对输入的训练数据进行中心化处理。

n_jobs：整型，默认为 1，n_jobs 用来指定计算时设置的任务个数。如果选择 −1 则代表使用所有的 CPU。

normalize：布尔型，默认为 False，normalize 用来指定是否对数据进行标准化处理。

LinearRegression 线性回归模型对象的主要方法有以下几个。

fit(X,y[,sample_weight])：对训练数据集 X、y 进行训练，ample_weight 为[n_samples]形式的向量，可以指定对于某些样本数据 sample 的权值，如果觉得某些样本数据 sample 比较重要，可以将这些数据的权值设置得大一些。

get_params([deep])：获取回归模型的参数。

predict(X)：使用训练得到的回归模型对 X 进行预测。

score(X,y[,sample_weight])：返回对于以 X 为样本数据、以 y 为实际结果的预测效果评分，最好的得分为 1.0，一般的得分都比 1.0 低，得分越低代表模型的预测结果越差。

set_params(**params)：设置 LinearRegression 模型的参数值。

下面给出使用 sklearn.linear_model 模块中的 LinearRegression 实现多元线性回归的例子。

【例 11-8】 求训练数据集 X=[[0,0],[1,1],[2,2]]、y=[0,1,2]的二元线性回归方程。

```
>>>from sklearn.linear_model import LinearRegression
```

```
>>>clf=LinearRegression()  #建立线性回归模型
>>>X=[[0,0],[1,1],[2,2]]
>>>y=[0,1,2]
>>>clf.fit(X,y)            #对建立的回归模型 clf 进行训练
LinearRegression(copy_X=True, fit_intercept=True, n_jobs=1, normalize=False)
>>>clf.coef_               #获取训练模型的 b1 和 b2
array([ 0.5,  0.5])
>>>clf.intercept_          #获取训练模型的 b0
1.1102230246251565e-16
>>>clf.get_params()        #获取训练所得的回归模型的参数
{'copy_X': True, 'fit_intercept': True, 'n_jobs': 1, 'normalize': False}
>>>clf.predict([[3, 3]])   #使用训练得到的回归模型对[3, 3]进行预测
array([ 3.])
>>>clf.score(X, y)         #返回对于以 X 为样本数据、以 y 为实际结果的预测效果评分
1.0
```

【例 11-9】 为了增加商品销售量,商家通常会在电视、广播和报纸上进行商品宣传,在这三种媒介上的相同投入所带来的销售效果是不同的,如果能分析出广告媒体与销售额之间的关系,就可以更好地分配广告开支并且使销售额最大化。Advertising 数据集包含了 200 个不同市场的产品销售额,每个销售额对应三种广告媒体的投入,分别是 TV、radio 和 newspaper。

分析:数据集一共有 200 个观测值,每一组观测值对应一个市场的情况。

```
import pandas as pd
import matplotlib
matplotlib.rcParams['font.family']='Kaiti' #Kaiti 是中文楷体
from sklearn import linear_model
from sklearn.cross_validation import train_test_split  #这里引用了交叉验证
data=pd.read_csv('D:/Python/Advertising.csv')
feature_cols=['TV', 'radio', 'newspaper'] #指定特征属性
X=data[feature_cols]      #得到数据集的三个属性'TV'、'radio'、'newspaper'列
y=data['sales']           #得到数据集的目标列,即 sales 列
#切分数据集,取数据集的 75%作为训练数据,25%作为测试数据
X_train,X_test, y_train, y_test=train_test_split(X, y, random_state=1)
clf=linear_model.LinearRegression()          #建立线性回归模型
clf.fit(X_train,y_train)                     #训练模型
print('回归方程的非常数项系数 coef_值为: ',clf.coef_)
print('回归方程的常数项 intercept_值为: ',clf.intercept_)
print(list(zip(feature_cols, clf.coef_)))  #输出每个特征相应的回归系数
#模型评价
y_pred=clf.predict(X_test)
print('预测效果评分: ',clf.score(X_test, y_test))
#以图形的方式表示所得到的模型质量
import matplotlib.pyplot as plt
```

```
plt.figure()
plt.plot(range(len(y_pred)),y_pred,'k',label="预测值")
plt.plot(range(len(y_pred)),y_test,'k--',label="测试值")
plt.legend(loc="upper right") #显示图中的标签
plt.xlabel("测试数据序号",fontsize=15)
plt.ylabel('销售额',fontsize=15)
plt.show()          #绘制的预测值与测试值的线性图如图 11-14 所示
```

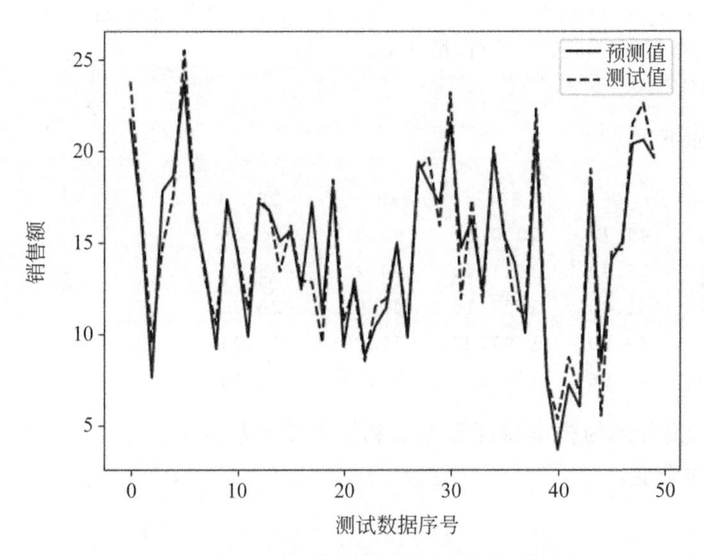

图 11-14　绘制的预测值与测试值的线性图

运行上述程序代码得到的结果如下：

```
回归方程的非常数项系数 coef_值为：[ 0.04656457  0.17915812  0.00345046]
回归方程的常数项 intercept_值为：2.87696662232
[('TV', 0.046564567874150295), ('radio', 0.1791581224508883), ('newspaper', 0.
0034504647111804065)]
预测效果评分：0.915621361379
```

【例 11-10】 对循环发电场的数据进行多元线性回归分析。

(1) 获取数据，定义问题。

我们用 UCI 大学公开的机器学习数据来建模多元线性回归模型，里面有一个循环发电场的数据，共有 9568 个样本数据，每个数据有 5 列，分别是 AT(温度)、V(压力)、AP(湿度)、RH(压强)和 PE(输出电力)。

所求的问题是从数据集中得到一个线性关系，对应的 PE 是样本的输出，而 AT、V、AP、RH 这 4 个是样本特征，所要求解的线性回归模型如下：

$$PE = \theta_0 + \theta_1 * AT + \theta_2 * V + \theta_3 A * P + \theta_4 * RH$$

(2) 整理数据。

这里将下载后的循环发电场的数据文件保存为 csv 格式，文件名为 ccpp.csv，后面我们就用这个 csv 格式的数据来求解线性回归模型的参数。打开这个 csv 文件可以发现数据已经整理好，没有非法数据，但是这些数据并没有归一化。暂时可以不对这些数据进行归一化，后面使用 sklearn 线性回归时进行归一化。

(3) 用 pandas 来读取数据。

```
import matplotlib.pyplot as plt
import numpy as np
import pandas as pd
data=pd.read_csv('ccpp.csv')      #读取 ccpp.csv 文件，其存储在 Python 默认路径下
#读取前五行数据，如果是最后五行，用 data.tail()
data.head()
```

运行结果如下：

```
      AT       V        AP       RH       PE
0    8.34    40.77   1010.84   90.01   480.48
1   23.64    58.49   1011.40   74.20   445.75
2   29.74    56.90   1007.15   41.91   438.76
3   19.07    49.69   1007.22   76.79   453.09
4   11.80    40.66   1017.13   97.20   464.43
```

(4) 将数据集分解为样本特征数据集和样本输出数据集。

查看数据的维度：

```
data.shape
```

运行的结果是(9568,5)，说明数据集有 9568 个样本，每个样本有 5 列。

现在抽取样本特征 X，选用 AT、V、AP 和 RH 这 4 个列作为样本特征。

```
X=data[['AT', 'V', 'AP', 'RH']]      #抽取特征数据集
X.head()                              #查看前 5 条数据
```

可以看到 X 的前 5 条数据，如下所示：

```
      AT       V        AP       RH
0    8.34    40.77   1010.84   90.01
1   23.64    58.49   1011.40   74.20
2   29.74    56.90   1007.15   41.91
3   19.07    49.69   1007.22   76.79
4   11.80    40.66   1017.13   97.20
```

接着抽取样本输出 y，选用 PE 作为样本输出。

```
y=data[['PE']]       #抽取样本输出数据集
y.head()             #查看前 5 条数据
```

可以看到 y 的前 5 条数据，如下：

```
      PE
0    480.48
```

```
1    445.75
2    438.76
3    453.09
4    464.43
```

(5) 划分训练集和测试集。

把 X 和 y 的样本组合划分成两部分：一部分是训练集，一部分是测试集，代码如下：

```
from sklearn.cross_validation import train_test_split
X_train, X_test, y_train, y_test=train_test_split(X, y, random_state=1)
```

查看训练集和测试集的维度：

```
print(X_train.shape)
print(y_train.shape)
print(X_test.shape)
print(y_test.shape)
```

结果如下：

```
(7176, 4)
(7176, 1)
(2392, 4)
(2392, 1)
```

可以看到 75%的样本数据被作为训练集，25%的样本被作为测试集。

(6) 使用 LinearRegression 构建多元线性回归模型。

可以用 sklearn 的线性模型来拟合我们的问题。sklearn 的线性回归算法使用的是最小二乘法来实现的。

```
from sklearn.linear_model import LinearRegression
linreg=LinearRegression()           #建立回归模型
linreg.fit(X_train, y_train)        #训练回归模型
```

查看回归模型的系数：

```
print(linreg.intercept_)            #输出回归方程的常数项
print(linreg.coef_)                 #输出回归方程的非常数项系数
```

输出如下：

```
[447.06297099]
[[-1.97376045 -0.23229086  0.0693515  -0.15806957]]
```

这样我们就得到了在步骤(1)里面需要求得的 5 个值，得到的 PE 和其他 4 个变量的关系如下：

```
PE=447.06297099-1.97376045*AT-0.23229086*V+0.0693515*AP-0.15806957*RH
```

(7) 模型评价。

下面评估所构建的多元线性回归模型的质量，对于线性回归来说，可采用均方误差(Mean Squared Error，MSE)或者均方根误差(Root Mean Squared Error，RMSE)对模型进行评价。

```
from sklearn import metrics
y_pred=linreg.predict(X_test)      #用得到的模型对 25%的测试集进行预测
#获取均方误差
print("MSE:",metrics.mean_squared_error(y_test, y_pred))
#获取均方根误差 RMSE
print("RMSE:",np.sqrt(metrics.mean_squared_error(y_test, y_pred)))
```

输出如下：

```
MSE: 20.0804012021
RMSE: 4.48111606657
```

(8) 画图观察结果。

这里画图观察真实值和预测值的变化关系，离中间的直线 $y=x$ 越近的点代表预测损失越低。代码如下：

```
plt.scatter(y, predicted)
plt.plot([y.min(), y.max()], [y.min(), y.max()], 'k--', lw=4)
plt.xlabel('Measured')        #给 x 轴添加标签
plt.ylabel('Predicted')       #给 y 轴添加标签
plt.show()                    #显示循环发电场数据的多元线性回归图如图 11-15 所示
```

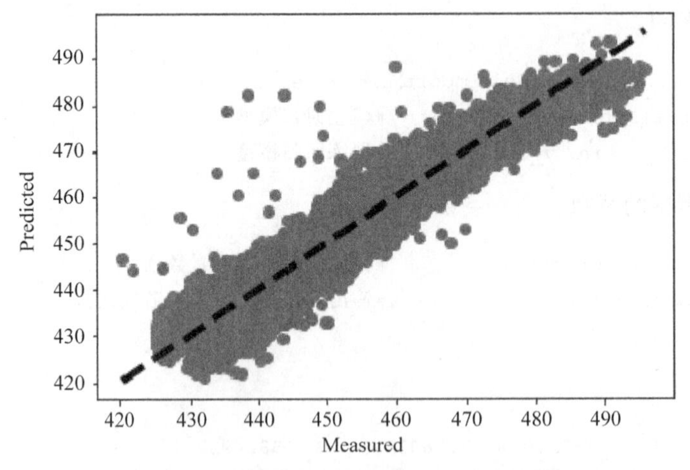

图 11-15 循环发电场数据的多元线性回归图

11.3.3 逻辑回归分析

在前面的线性回归模型中，处理的因变量都是数值型区间变量，建立的模型描述的是因变量与自变量之间的线性关系。在采用回归模型分析实际问题中，所研究的变量往往不全是区间变量，还可能是顺序变量或属性变量，如二项分布问题。通过分析年龄、性别、体质指数、平均血压、疾病指数等指标，判断一个人是否患糖尿病，$Y=0$ 表示未患糖尿病，$Y=1$ 表示患糖尿病，这里的因变量是一个两点（0-1）分布变量，它不能用线性回归函数连续的值来预测因变量 Y，因为 Y 只能取 0 或 1。

总之，线性回归模型通常处理因变量是连续变量的问题，如果因变量是定性变量，线性回归模型就不再适用了，需采用逻辑回归模型解决。

逻辑回归分析是用于处理因变量为分类变量的回归分析。逻辑回归分析根据因变量取值类别不同，又可以分为二分类回归分析和多分类回归分析。二分类回归模型中，因变量 Y 只有“是、否”两个取值，记为 1 和 0，而多分类回归模型中因变量可以取多个值。这里我们只讨论二分类回归，并简称逻辑回归。

1. 逻辑回归模型

二分类问题的概率与自变量之间的关系图形往往是一个 S 型曲线，采用 sigmoid 函数实现，sigmoid 函数图形如图 11-16 所示。

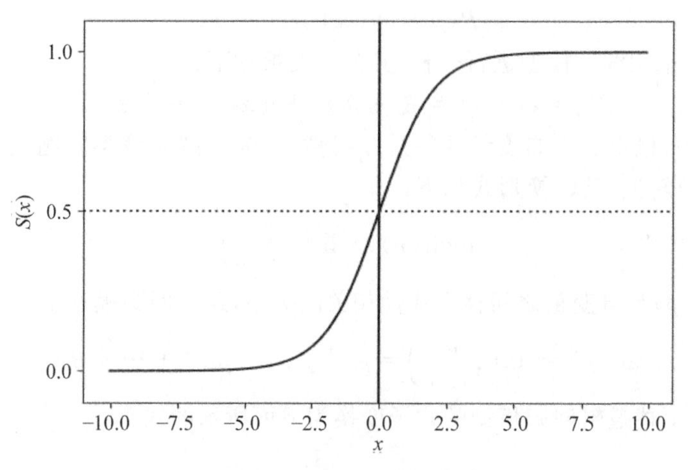

图 11-16　sigmoid 函数图形

sigmoid 函数（也称为 Logistic 函数）的解析式为

$$S(x)=\frac{1}{1+\mathrm{e}^{-x}}$$

绘制 sigmoid 函数图形的代码如下：

```
import matplotlib.pyplot as plt
import numpy as np
def sigmoid(x):
    return 1.0/(1.0+np.exp(-x))
x=np.arange(-10, 10, 0.1)                    #定义 h 的范围，增量为 0.1
s_x=sigmoid(x)                               #sigmoid 为上面定义的函数
plt.plot(x, s_x,'k')
```

```
#在坐标轴上加一条竖直的线,0.0 为竖直线在坐标轴上的位置
plt.axvline(0.0, color='k')
#加水平间距通过坐标轴
plt.axhspan(0.0, 1.0, facecolor='1.0', alpha=1.0, ls='dotted')
plt.axhline(y=0.5, ls='dotted', color='k')    #加水平线通过坐标轴
plt.yticks([0.0, 0.5, 1.0])                   #加 y 轴刻度
plt.ylim(-0.1, 1.1)                           #加 y 轴范围
plt.xlabel('x')
plt.ylabel('S(x)')
plt.show()
```

Sigmoid 函数的定义域为全体实数,值域为[0,1],$S(x)$在 0 处的函数值为 0.5。当 x 取值足够大的时候,可以看成 0 或 1 两类问题,大于 0.5 可以认为是 1 类问题,反之是 0 类问题,而刚好是 0.5,则可以划分至 0 类或 1 类。对于 0-1 型变量,记 y 取 1 的条件概率 $P(y=1|x)$为

$$P(y=1 \mid x)=p$$

y 取 0 的条件概率 $P(y=0|x)$则可以表示成:

$$P(y=0 \mid x)=1-p$$

$P(y=1|x)=p$ 采用线性模型进行分析,其公式变换如下:

$$P(y=1 \mid x)=\beta_0+\beta_1 x_1+\beta_2 x_2+\cdots+\beta_m x_m$$

实际应用中,概率 p 与自变量往往是非线性的,为了解决该类问题,引入 logit 变换,也称为对数单位转换,其转换形式如下:

$$\operatorname{logit}(p)=\ln\left(\frac{p}{1-p}\right)$$

使得 logit(p)与自变量之间存在线性相关的关系,逻辑回归模型定义如下:

$$\operatorname{logit}(p)=\ln\left(\frac{p}{1-p}\right)=\beta_0+\beta_1 x_1+\beta_2 x_2+\cdots+\beta_m x_m$$

通过推导,上述逻辑回归模型的式子变换为下面所示的式子:

$$p=\frac{1}{1+\mathrm{e}^{-(\beta_0+\beta_1 x_1+\beta_2 x_2+\cdots+\beta_m x_m)}}$$

这与 sigmoid 函数相符,也体现了概率 p 与自变量之间的非线性关系,以 0.5 为界限,预测 p 大于 0.5 时,判断此时 y 为 1,否则 y 为 0。得到所需的 sigmoid 函数后,接下来只需要和前面的线性回归一样,拟合出该式中 $m+1$ 个参数 β 即可。

2. 逻辑回归建模步骤

(1) 根据分析目的设置因变量和自变量,然后收集数据集。

(2) 根据数据统计求得 y 取 1 的概率 $p=P(y=1|x)$,y 取 0 的概率为 $1-p$,并用 $\ln\left(\frac{p}{1-p}\right)=\beta_0+\beta_1 x_1+\beta_2 x_2+\cdots+\beta_m x_m$ 列出线性回归方程,同时估计模型中的回归参数。

(3) 进行模型的有效性检验。模型有效性的检验指标有很多,最基本的是正确率。

(4) 模型应用。为求出的模型输入自变量的值,就可以得到因变量的预测值。

sklearn.linear_model 提供了 LogisticRegression 逻辑回归模型来实现逻辑回归，其语法格式如下：

```
LogisticRegression(penalty='l2', class_weight=None, solver='liblinear',
multi_class='ovr')
```

参数说明如下。

penalty：正则化选择参数，str 类型。penalty 参数可选择的值为"l1"和"l2"，分别对应 L1 的正则化和 L2 的正则化，默认是 L2 的正则化。调参的主要目的是为了解决过拟合，一般 penalty 选择 L2 正则化就够了。但是如果选择 L2 正则化发现还是过拟合，即预测效果差的时候，就可以考虑 L1 正则化。另外，如果模型的特征非常多，我们希望一些不重要的特征系数归零，从而让模型系数稀疏化的话，也可以使用 L1 正则化。

solver：优化算法选择参数，solver 参数决定了我们对逻辑回归损失函数的优化方法，有 4 种算法可以选择：liblinear，使用开源的 liblinear 库实现，内部使用了坐标轴下降法来迭代优化损失函数；lbfgs，拟牛顿法的一种，利用损失函数二阶导数矩阵即海森矩阵来迭代优化损失函数；newton-cg，也是牛顿法家族的一种，利用损失函数二阶导数矩阵(即海森矩阵)来迭代优化损失函数；sag，随机平均梯度下降，是梯度下降法的变种，与普通梯度下降法的区别是每次迭代仅仅用一部分的样本来计算梯度，适合于样本数据多的时候。

multi_class：分类方式选择参数，str 类型，可选参数为 ovr 和 multinomial，默认为 ovr。ovr 相对简单，但分类效果相对略差；multinomial 分类相对精确，但是分类速度没有 ovr 快。如果选择了 ovr，则 4 种损失函数的优化方法 liblinear、newton-cg、lbfgs 和 sag 都可以选择；如果选择了 multinomial，则只能选择 newton-cg、lbfgs 和 sag 了。

class_weight：类型权重参数，用于标示分类模型中各种类型的权重，可以是一个字典或者"balanced"字符串，默认为不输入，也就是不考虑权重，即为 None。如果选择输入的话，可以选择 balanced 让类库自己计算类型权重，或者自己输入各个类型的权重，例如对于 0、1 的二元模型，可以定义 class_weight={0:0.9,1:0.1}，这样类型 0 的权重为 90%，类型 1 的权重为 10%。

LogisticRegression 逻辑回归模型对象的常用方法如下。

fix(X,y[,sample_weight])：训练模型。

predict(X)：用训练好的模型对 X 进行预测，返回预测值。

score(X,y[,sample_weight])：返回(X,y)上的预测准确率。

predict_log_proba(X)：返回一个数组，数组的元素依次是 X 预测为各个类别的概率的对数值。

predict_proba(X)：返回一个数组，数组元素依次是 X 预测为各个类别的概率的概率值。

【例 11-11】 对 iris 数据进行逻辑回归分析，实现逻辑回归的二分类。

分析：利用 sklearn 对 iris 数据进行逻辑回归分析，只取划分属性中的花萼长度和花萼宽度作为逻辑回归分析的数据特征，取类别属性中的 0 和 1 作为数据的类别，即前 100

个数据的花卉类型列。

```
from sklearn.datasets import load_iris
from sklearn.linear_model import LogisticRegression as LR
import matplotlib.pyplot as plt
import numpy as np
import matplotlib
from sklearn.cross_validation import train_test_split   #这里引用了交叉验证
matplotlib.rcParams['font.family']='Kaiti'                #Kaiti是中文楷体
#加载数据
iris=load_iris()
data=iris.data
target=iris.target
X=data[0:100,[0,2]]                    #获取前100条数据的前两列
y=target[0:100]                        #获取类别属性数据的前100条数据
label=np.array(y)
index_0=np.where(label==0)             #获取label中数据值为0的索引
#按选取的两个特征绘制散点图
plt.scatter(X[index_0,0],X[index_0,1],marker='x',color='k',label='0')
index_1=np.where(label==1)             #获取label中数据值为1的索引
plt.scatter(X[index_1,0],X[index_1,1],marker='o',color='k',label='1')
plt.xlabel('花萼长度',fontsize=15)
plt.ylabel('花萼宽度',fontsize=15)
plt.legend(loc='lower right')
plt.show()
```

执行上述代码绘制的前100个iris数据的散点图如图11-17所示。

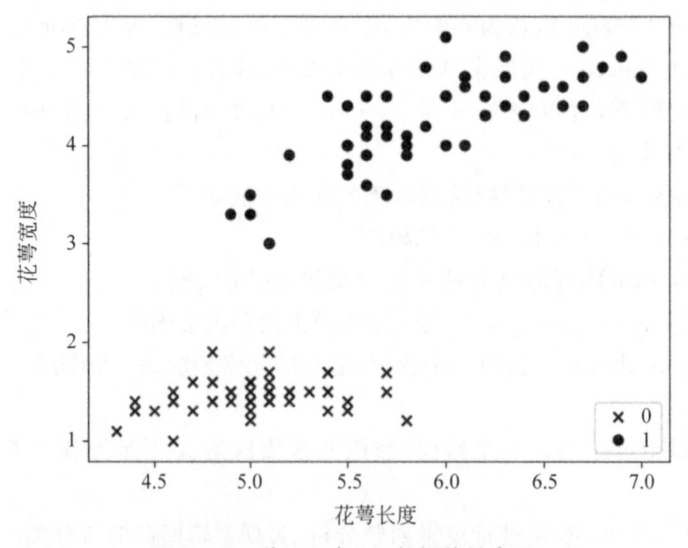

图 11-17 前 100 个 iris 数据的散点图

```
#切分数据集,取数据集的 75%作为训练数据,25%作为测试数据
X_train, X_test, y_train, y_test=train_test_split(X, y, random_state=1)
lr=LR()                        #建立逻辑回归模型
lr.fit(X_train,y_train)  #训练模型
print('模型在(X_test, y_test)上的预测准确率为: ', lr.score(X_test, y_test))
```

执行上述代码得到的输出如下：

```
模型在(X_test, y_test)上的预测准确率为: 1.0
```

11.4　聚类分析方法

11.4.1　聚类分析的概念

聚类分析是将对象的集合分组为由类似的对象组成的多个类的分析过程。聚类是将数据分类到不同的类或者簇这样的一个过程,使得同一个簇中的对象有很大的相似性,而不同簇间的对象有很大的相异性。簇内的相似性越大,簇间差别越大,聚类就越好。

虽然聚类也起到分类的作用,但与大多数分类是有差别的,大多数分类都是人们事先已确定某种事物分类的准则或各类别的标准,分类的过程就是比较分类的要素与各类别标准,然后将各数据对象划归于各类别中。聚类分析是归纳的,不需要事先确定分类的准则来分析数据对象,不考虑已知的类标记。聚类分析算法取决于数据的类型、聚类的目的和应用。按照聚类分析算法的主要思路的不同,聚类算法可以分为划分聚类方法、层次聚类方法、基于密度的聚类方法等。

1. 划分聚类方法

给定一个包含 n 个对象的数据集,划分聚类方法构建数据集的 k 个划分,每个划分表示一个簇,并且 $k \leqslant n$。划分聚类方法首先创建一个初试划分,然后采用一种迭代的重定位技术,尝试通过对象在划分间的移动来改进划分。

2. 层次聚类方法

划分聚类方法获得的是单级聚类,而层次聚类方法是将数据集分解成多级进行聚类,层的分解可以用树状图来表示。根据层次的分解方法不同,层次聚类方法可以分为凝聚层次聚类方法和分裂层次聚类方法。凝聚层次聚类方法也称为自底向上的方法,一开始将每个对象作为单独的一簇,然后不断地合并相近的对象或簇。分裂层次聚类方法也称为自顶向下的方法,一开始将所有的对象置于一个簇中,在迭代的每一步中,一个簇被分裂为更小的簇,直到每个对象在一个单独的簇中,或者达到算法终止条件。

3. 基于密度的聚类方法

绝大多数划分聚类方法基于对象之间的距离进行聚类,这样的方法只能发现球状的类,而在发现任意形状的类上遇到困难。基于密度的聚类算法的主要思想：只要临近区

域的密度(对象或数据点的数目)超过某个阈值就继续聚类。这样的方法可以用来过滤噪声和孤立点数据,发现任意形状的类。

11.4.2 划分聚类方法

划分聚类方法

对于给定的数据集,划分聚类方法首先创建一个初试划分,之后通过迭代过程对聚类的结果进行不断调整,直到使评价聚类性能的评价函数的值达到最优为止。划分方法以距离作为数据集中不同数据间的相似性度量,将数据集划分成多个簇。划分聚类方法是最基本的聚类方法,属于这样的聚类方法有 k 均值(k-means)、k 中心点(k-medoide)等。

划分聚类方法的主要思想:给定一个包含 n 个数据对象的数据集,划分聚类方法将数据对象的数据集进行 k 个划分,每个划分表示一个簇(类),并且 $k \leqslant n$,同时满足下列两个条件,即每个簇至少包含一个对象,每个对象属于且仅属于一个簇。对于给定的要构建的划分的数目 k,划分方法首先给出一个初始的划分,然后采用一种迭代的重定位技术,尝试通过对象在划分间移动来改进划分,使得每一次改进之后的划分方案都较前一次更好。好的划分是指同一簇中的对象之间尽可能"接近",不同簇中的对象之间尽可能"远离"。

划分聚类方法的评价函数:评价划分聚类效果的评价函数着重考虑两方面:每个簇中的对象应该是紧凑的,各个簇间的对象的距离应该尽可能远。实现这种考虑的一种直接方法就是观察聚类 C 的类内差异 $w(C)$ 和类间差异 $b(C)$。类内差异衡量类内的对象之间的紧凑性,类间差异衡量不同类之间的距离。

类内差异可以用距离函数来表示,最简单的就是计算类内的每个对象点到它所属类的中心的距离的平方和,即

$$w(C) = \sum_{i=1}^{k} w(C_i) = \sum_{i=1}^{k} \sum_{x \in C_i} d(x, \bar{x}_i)^2 \tag{11-6}$$

类间差异定义为类中心之间距离的平方和,即

$$b(C) = \sum_{1 \leqslant j < i \leqslant k} d(\bar{x}_j, \bar{x}_i)^2 \tag{11-7}$$

式(11-6)和式(11-7)中的 $\bar{x}_i$、$\bar{x}_j$ 分别是类 C_i、C_j 的类中心。

聚类 C 的聚类质量可用 $w(C)$ 和 $b(C)$ 的一个单调组合来表示,如 $w(C)/b(C)$。

下面着重介绍划分聚类中的 k 均值聚类算法。

k 均值聚类算法是一种最广泛使用的聚类算法。k 均值用质心来表示一个簇,质心就是一组数据对象点的平均值。k 均值算法以 k 为输入参数,将 n 个数据对象划分为 k 个簇,使得簇内数据对象具有较高的相似度。

k 均值算法的算法思想:从包含 n 个数据对象的数据集中随机地选择 k 个对象,每个对象代表一个簇的平均值或质心或中心,其中 k 是用户指定的参数,即所期望的要划分成的簇的个数;对剩余的每个数据对象点根据其与各个簇中心的距离,将它指派到最近的簇;然后,根据指派到簇的数据对象点,更新每个簇的中心;重复指派和更新步骤,直到簇不发生变化,或直到中心不发生变化,或度量聚类质量的目标函数收敛。

k 均值算法的目标函数 E 定义为

$$E = \sum_{i=1}^{k}\sum_{x \in C_i}[d(x, \bar{x}_i)]^2 \tag{11-8}$$

其中，x 是空间中的点，表示给定的数据对象；$\bar{x}_i$ 是簇 C_i 的数据对象的平均值；$d(x,\bar{x}_i)$ 表示 x 与 $\bar{x}_i$ 之间的距离。例如，3 个二维点(1,3)、(2,1)和(6,2)的质心是((1+2+6)/3,(3+1+2)/3)=(3,2)。k 均值算法的目标就是最小化目标函数 E，这个目标函数可以保证生成的簇尽可能紧凑。

算法 11.1　k 均值算法。

输入：所期望的簇的数目 k，包含 n 个对象的数据集 D。

输出：k 个簇的集合。

① 从 D 中任意选择 k 个对象作为初始簇中心。

② 重复。

③ 将每个点指派到最近的中心，形成 k 个簇。

④ 重新计算每个簇的中心。

⑤ 计算目标函数 E。

⑥ until 目标函数 E 不再发生变化或中心不再发生变化。

算法分析：k 均值算法的步骤③和步骤④试图直接最小化目标函数 E，步骤③通过将每个点指派到最近的中心形成簇，最小化关于给定中心的目标函数 E；而步骤④重新计算每个簇的中心，进一步最小化 E。

【例 11-12】　假设要进行聚类的数据集为{2,4,10,12,3,20,30,11,25}，要求簇的数量为 $k=2$。

应用 k 均值算法进行聚类的步骤如下。

第 1 步：初始时用前两个数值作为簇的质心，这两个簇的质心记作：$m_1=2, m_2=4$。

第 2 步：对剩余的每个对象，根据其与各个簇中心的距离，将它指派给最近的簇中，可得 $C_1=\{2,3\}, C_2=\{4,10,12,20,30,11,25\}$。

第 3 步：计算簇的新质心：$m_1=(2+3)/2=2.5$，$m_2=(4+10+12+20+30+11+25)/7=16$。

重新对簇中的成员进行分配可得 $C_1=\{2,3,4\}$ 和 $C_2=\{10,12,20,30,11,25\}$，不断重复这个过程，均值不再变化时最终可得到两个簇：$C_1=\{2,3,4,10,11,12\}$ 和 $C_2=\{20,30,25\}$。

k 均值算法的优点：k 均值算法快速、简单；当处理大数据集时，k 均值算法有较高的效率并且是可伸缩的，算法的时间复杂度是 $O(nkt)$，其中 n 是数据集中对象的数目，t 是算法迭代的次数，k 是簇的数目；当簇是密集的、球状或团状的，且簇与簇之间区别明显时，算法的聚类效果更好。

k 均值算法的缺点：k 是事先给定的，k 值的选定是非常难以估计的，很多时候，事先并不知道给定的数据集应该分成多少个类别才最合适；在 k 均值算法中，首先需要选择 k 个数据作为初始聚类中心来确定一个初始划分，然后对初始划分进行优化，这个初始聚类中心的选择对聚类结果有较大的影响，对于不同的初始值，可能会导致不同的聚类结果；

仅适合对数值型数据聚类，只有当簇均值有定义的情况下才能使用(如果有非数值型数据，需另外处理)；不适合发现非凸形状的簇，因为使用的是欧氏距离，适合发现凸状的簇；对噪声和孤立点数据敏感，少量的该类数据能够对中心产生较大的影响。

可使用 sklearn. cluster 中的 KMeans 模型来实现 *k* 均值算法，KMeans 的语法格式如下：

```
sklearn.cluster.KMeans(n_clusters=8, init='k-means++', n_init=10, max_iter=
300, tol=0.0001, precompute_distances='auto', n_jobs=1)
```

模型参数说明如下。

n_clusters：整型，缺省值为 8，拟打算生成的聚类数，一般需要选取多个 *k* 值进行运算，并用评估标准判断所选 *k* 值的好坏，从中选择最好的 *k*。

init：簇质心初始值的选择方式，有 k-means++ 、random 以及一个 ndarray 三种可选值，默认值为 k-means++ 。k-means++ 用一种巧妙的方式选定初始质心从而能加速迭代过程的收敛。random 随机从训练数据中选取初始质心。如果传递的是一个 ndarray，其形式为(n_clusters，n_features)，并给出初始质心。

n_init：用不同的初始化质心运行算法的次数，这是因为 k-means 算法是受初始值影响的局部最优的迭代算法，因此需要多运行几次以选择一个较好的聚类效果，默认是 10，最后返回最好的结果。

max_iter：整型，缺省值为 300，k-means 算法所进行的最大迭代数。

precompute_distances：三个可选值，即 auto、True 或者 False。预计算距离，计算速度快但占用更多内存。如果取值 auto，如果样本数乘以聚类数大于 12million，则不预先计算距离；如果取值 True，总是预先计算距离；如果取值 False，不预先计算距离。

n_jobs：整型，指定计算所用的进程数。若值为 −1，则用所有的 CPU 进行运算；若值为 1，则不进行并行运算，这样方便调试。

模型的属性说明如下。

cluster_centers_：输出聚类的质心，数据形式是数组。

labels_：输出每个样本点对应的类别。

inertia_：float 型，每个点到其簇的质心的距离的平方和。

模型的方法说明如下。

fit(X)：在数据集 X 上进行 k-means 聚类。

predict(X)：对 X 中的每个样本预测其所属的类别。

fit_predict(X)：计算 X 的聚类中心，并预测 X 中每个样本所属的类别，相当于先调用 fit(X)，再调用 predict(X)。

fit_transform(X[,y])：进行 k-means 聚类模型训练，并将 X 转化到聚类距离空间(方便计算距离)。

score(X[,y])：X 中每一点到聚类中心的距离平方和的相反数。

set_params(**params)：根据传入的 params 构造模型的参数。

transform(X[,y])：将 X 转换到聚类距离空间，在新空间中，每个维度都是到簇中心的距离。

【例 11-13】　使用 k-means 对[[1,2],[1,4],[1,0],[4,2],[4,4],[4,0]]聚类。

```
>>>from sklearn.cluster import KMeans
>>>import numpy as np
>>>X=np.array([[1, 2], [1, 4], [1, 0],[4, 2], [4, 4], [4, 0]])
>>>kmeans=KMeans(n_clusters=2, random_state=0).fit(X)
>>>print('每个样本点对应的类别: ',kmeans.labels_)
每个样本点对应的类别: [0 0 0 1 1 1]
>>>kmeans.predict([[0, 0], [4, 4]])         #预测每个样本所属的类别
array([0, 1])
>>>kmeans.cluster_centers_                  #获取聚类的质心
array([[1., 2.],
      [4., 2.]])
>>>kmeans.inertia_                          #获取每个点到其簇的质心的距离的平方和
16.0
```

【例 11-14】　使用 k-means 对鸢尾花数据集聚类。

```
from sklearn.datasets import load_iris
from sklearn.cluster import KMeans
import matplotlib.pyplot as plt
import numpy as np
import matplotlib
from sklearn.cross_validation import train_test_split  #这里引用了交叉验证
matplotlib.rcParams['font.family']='Kaiti'             #Kaiti 是中文楷体
#加载数据
iris=load_iris()
data=iris.data
target=iris.target
X=data[:,[0,2]]                         #获取第 1 列和第 3 列数据
y=iris.target                           #获取类别属性数据
label=np.array(y)
index_0=np.where(label==0)              #获取类别属性数据中类别为 0 的数据索引
#按选取的两个特征绘制散点
plt.scatter(X[index_0,0],X[index_0,1],marker='o',color='', edgecolors='k',
label='0')
index_1=np.where(label==1)              #获取类别属性数据中类别为 1 的数据索引
plt.scatter(X[index_1,0],X[index_1,1], marker='*', color='k', label='1')
index_2=np.where(label==2)              #获取类别属性数据中类别为 2 的数据索引
plt.scatter(X[index_2,0],X[index_2,1], marker='o', color='k', label='2')
plt.xlabel('花萼长度', fontsize=15)
plt.ylabel('花萼宽度',fontsize=15)
plt.legend(loc='lower right')
plt.show()   #显示按鸢尾花数据集的两个特征绘制的散点图如图 11-18 所示
#切分数据集,取数据集的 75%作为训练数据,25%作为测试数据
X_train, X_test, y_train, y_test=train_test_split(X, y, random_state=1)
```

```
kms=KMeans(n_clusters=3)            #构造聚类模型,设定生成的聚类数为 3
kms.fit(X_train)                    #在数据集 X_train 上进行 k-means 聚类
label_pred=kms.labels_              #获取每个样本点对应的类别
#绘制 k-means 的结果
x0=X_train[label_pred==0]
x1=X_train[label_pred==1]
x2=X_train[label_pred==2]
plt.scatter(x0[:, 0], x0[:, 1], c="", marker='o',edgecolors='k', label='label0')
plt.scatter(x1[:, 0], x1[:, 1], c="", marker='*', edgecolors='k', label='
label1')
plt.scatter(x2[:, 0], x2[:, 1], c="k", marker='o', label='label2')
plt.xlabel('花萼长度',fontsize=15)
plt.ylabel('花萼宽度',fontsize=15)
plt.legend(loc=2)
plt.show()       #显示鸢尾花数据集 k-means 聚类的结果如图 11-19 所示
```

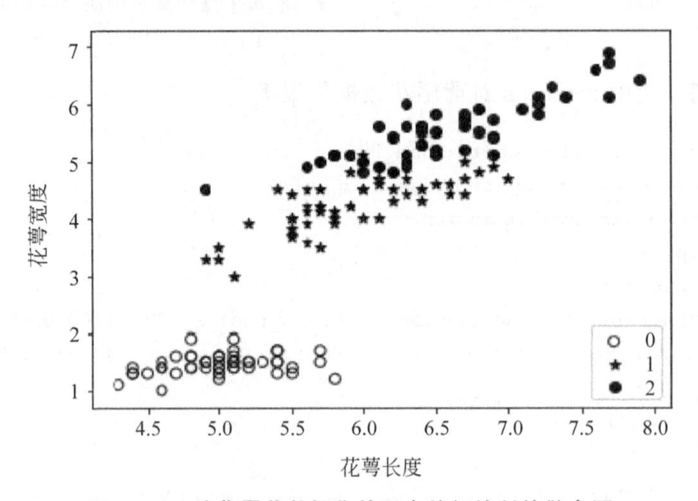

图 11-18 按鸢尾花数据集的两个特征绘制的散点图

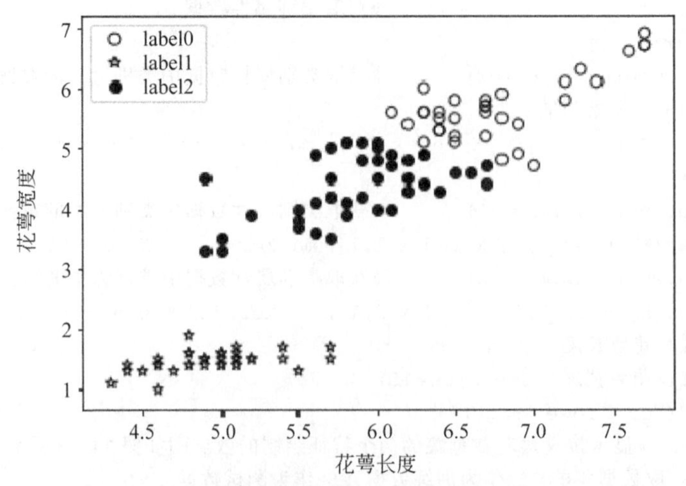

图 11-19 鸢尾花数据集 k-means 聚类的结果

11.4.3　层次聚类方法

1. 层次聚类方法概述

层次聚类是通过递归地对数据对象进行合并或者分裂，直到满足某种终止条件为止。根据层次分解是自底向上(合并)还是自顶向下(分裂)形成，层次聚类方法分为凝聚型聚类方法和分裂型聚类方法。单纯的层次聚类方法无法对已经做的合并或分裂进行调整，如果在某一步没有很好地选择合并或分裂，就可能导致低质量的聚类结果。但是层次聚类算法没有使用准则函数，它所潜含的对数据结构的假设更少，所以它的通用性更强。

(1) 自底向上的凝聚层次聚类方法。这种自底向上的策略首先将每个对象作为一个簇，然后合并这些原子簇为越来越大的簇，直到所有的对象都在一个簇中，或者达到了某个终止条件。绝大多数的层次聚类方法都属于这一类，只是在簇间相似度的定义上有所不同。

(2) 自顶向下的分裂层次聚类方法。这种自顶向下的策略与凝聚的层次聚类相反，它首先将所有对象置于一个簇中，然后逐渐细分为越来越小的簇，直到每个对象自成一簇，或者达到了某个终止条件，例如达到了某个希望的簇数目，或者两个最近的簇之间的距离超过了某个阈值。

图11-20描述了一种凝聚层次聚类算法AGNES(AGglomerative NESting)和一种分裂层次聚类算法DIANA(DIvisive ANAlysis)对一个包含五个数据对象的数据集合{a,b,c,d,e}的处理过程。

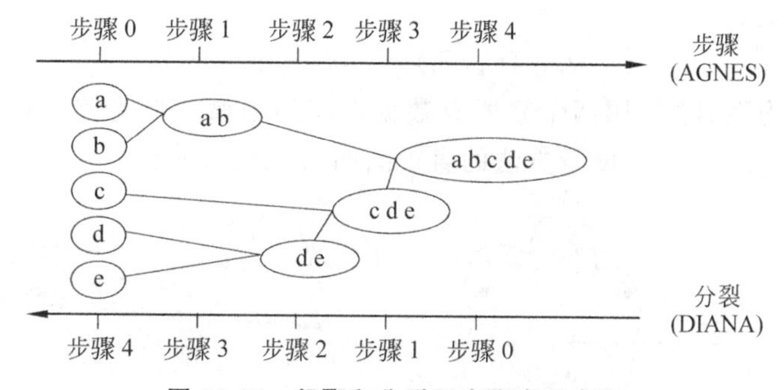

图11-20　凝聚和分裂层次聚类示意图

AGNES算法最初将每个对象看作一个簇，然后将这些簇根据某些准则逐步合并。例如，如果簇C_1中的一个对象和簇C_2中的一个对象之间的距离是所有属于不同簇的对象间欧氏距离中最小的(簇间的相似度用属于不同簇中最近的数据点对之间的欧氏距离来度量)，则合并C_1和C_2，称为簇间最小距离簇合并准则。凝聚层次聚类的合并过程反复进行，直到所有的对象最终合并形成一个簇，或达到规定的簇数目。

在DIANA方法的处理过程中，所有的对象初始都放在一个簇中。根据一些原则(如最邻近的最大欧氏距离)，将该簇分裂。簇的分裂过程反复进行，直到最终每个新的簇只包含一个对象，或达到规定的簇数目。

四个广泛采用的簇间距离度量方法如下，其中p和p'是隶属于两个不同簇的两个数

据对象点，$|p-p'|$表示对象点 p 和 p'之间的距离，m_i 是簇 C_i 中的数据对象点的均值，n_i 是簇 C_i 中数据对象的数目。

（1）簇间最小距离：指用两个簇中所有数据点的最近距离代表两个簇的距离。簇间最小距离度量方法的直观图如图 11-21 所示。

簇间最小距离：

$$d_{\min}(C_i,C_j)=\min_{p\in C_i,p'\in C_j}|p-p'|$$

（2）簇间最大距离：指用两个簇所有数据点的最远距离代表两个簇的距离。簇间最大距离度量方法的直观图如图 11-22 所示。

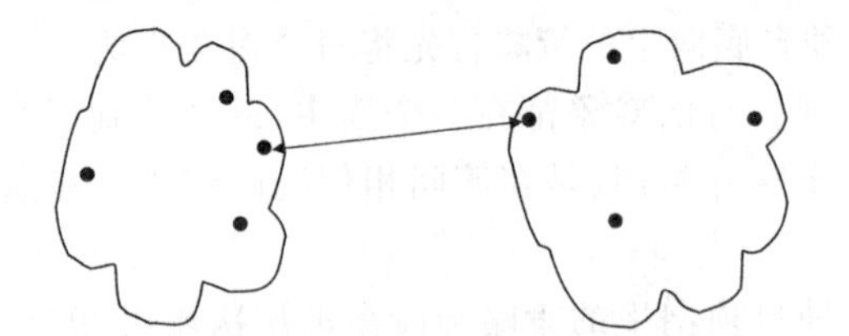

图 11-21 簇间最小距离示意图

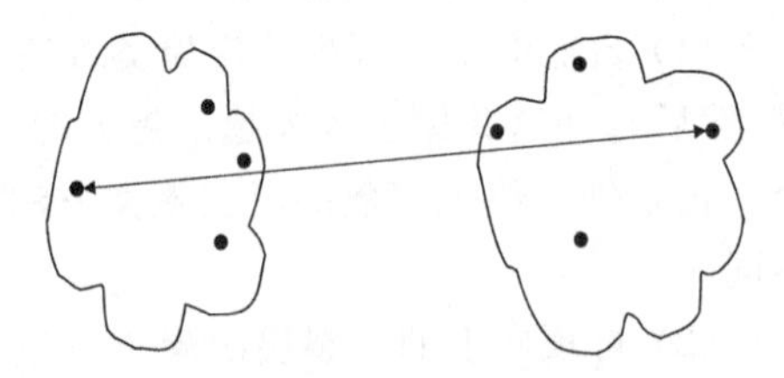

图 11-22 簇间最大距离示意图

簇间最大距离：

$$d_{\max}(C_i,C_j)=\max_{p\in C_i,p'\in C_j}|p-p'|$$

（3）簇间均值距离：指用两个簇各自中心点之间的距离代表两个簇的距离。簇间均值距离度量方法的直观图如图 11-23 所示。

簇间均值距离：

$$d_{\text{mean}}(C_i,C_j)=|m_i-m_j|$$

（4）簇间平均距离：指用两个簇所有数据点间的距离的平均值代表两个簇的距离。簇间平均距离 $d_{\text{average}}(C_i,C_j)$度量方法的直观图如图 11-24 所示。

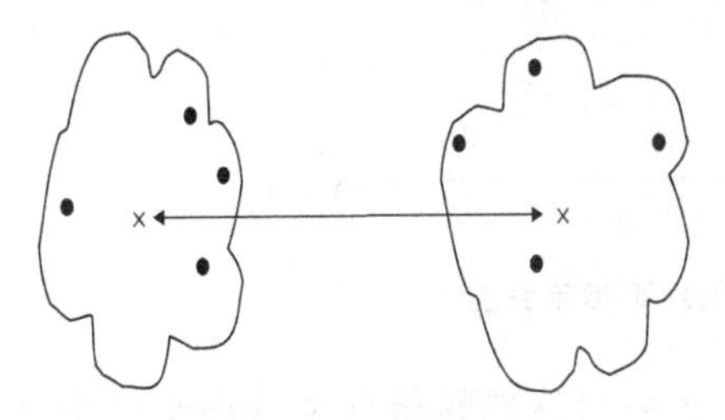

图 11-23 簇间均值距离示意图

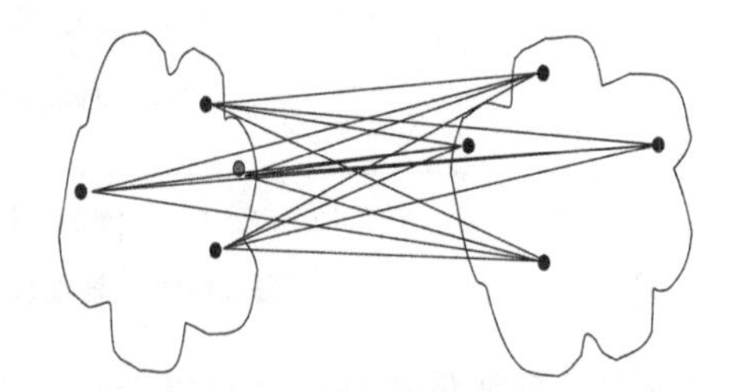

图 11-24 簇间平均距离示意图

簇间平均距离：

$$d_{\text{average}}(C_i,C_j)=\frac{1}{n_i n_j}\sum_{p\in C_i}\sum_{p'\in C_j}|p-p'|$$

当聚类算法使用最小距离 $d_{\min}(C_i,C_j)$衡量簇间距离时，称为最近邻聚类算法，其计算每一对簇中最相似（最接近）两个样本的距离，并合并距离最近的两个样本所属簇。当一个算法使用最大距离 $d_{\max}(C_i,C_j)$度量簇间距离时，称为最远邻聚类算法，其计算两个簇中最不相似两个样本（距离最远的样本）的距离，并合并两个最接近（距离最近）的簇。

最小度量和最大度量代表了簇间距离度量的两个极端，它们趋向对离群点或噪声数据过分敏感。使用均值距离和平均距离是对最小距离和最大距离之间的一种折中方法，而且可以克服离群点敏感性问题。尽管均值距离计算简单，但是平均距离也有它的优势，因为它既能处理数值数据又能处理分类数据。

基于簇间最大距离的凝聚层次聚类主要包括下面几个步骤。

① 计算得到所有样本间的距离矩阵。

② 将每个数据点看作是一个单独的簇。

③ 基于簇间最大距离，合并两个最接近的簇。

④ 更新样本间距离矩阵。

⑤ 重复步骤②到步骤④，直到所有样本合并为一个簇，或达到规定的簇数目为止。

下面给出簇间最大距离的凝聚层次聚类的算法实现：

```
import pandas as pd
import numpy as np
np.random.seed(150)
features=['f1','f2','f3']                   #设置特征的名称
labels=["s0","s1","s2","s3","s4"]           #设置数据样本编号
X=np.random.random_sample([5,3]) * 10       #生成一个(5,3)的数组
#通过 pandas 将数组转换成一个 DataFrame 类型
df=pd.DataFrame(X,columns=features,index=labels)
print(df)                                   #查看生成的数据
```

运行上述代码得到的输出结果如下：

```
        f1        f2        f3
s0  9.085839  2.579716  8.776551
s1  7.389655  6.980765  5.172086
s2  9.521096  9.136445  0.781745
s3  7.823205  1.136654  6.408499
s4  0.797630  2.319660  3.859515
```

下面使用 scipy 库中 spatial. distance 子模块下的 pdist()函数来计算距离矩阵，将矩阵用一个 DataFrame 对象进行保存。

```
'''
pdist: 计算两两样本间的欧氏距离,返回的是一个一维数组
squareform: 将数组转成一个对称矩阵
'''
from scipy.spatial.distance import pdist, squareform
dist_matrix=pd.DataFrame(squareform(pdist(df,metric='euclidean')), columns
=labels, index=labels)
print(dist_matrix)          #查看距离矩阵
```

在上述代码中，基于样本的特征 f1、f2 和 f3，使用欧氏距离计算了两两样本间的距离，运行上述代码得到的结果如下：

```
          s0        s1         s2        s3         s4
s0   0.000000  5.936198  10.348772  3.047023   9.640502
s1   5.936198  0.000000   5.335269  5.989184   8.179458
s2  10.348772  5.335269   0.000000  9.926725  11.490870
s3   3.047023  5.989184   9.926725  0.000000   7.566738
s4   9.640502  8.179458  11.490870  7.566738   0.000000
```

下面通过 scipy 的 linkage()函数，获取一个以簇间最大距离作为距离判定标准的关系矩阵。

```
from scipy.cluster.hierarchy import linkage
#linkage()以簇间最大距离作为距离判断标准，得到一个关系矩阵，实现层次聚类
#linkage()返回长度为 n-1 的数组，其包含每一步合并簇的信息，n 为数据集的样本数
row_clusters=linkage(pdist(df,metric='euclidean'),method="complete")
print(row_clusters)            #输出合并簇的过程信息
```

输出结果如下：

```
[[ 0.          3.           3.04702252  2.        ]
 [ 1.          2.           5.33526865  2.        ]
 [ 4.          5.           9.6405024   3.        ]
 [ 6.          7.          11.49086965  5.        ]]
```

这个矩阵的每一行的格式是[idx1,idx2,dist,sample_count]。在第 1 步[0.
3.   3.04702252   2.   ]中，linkage()决定合并簇 0 和簇 3，因为它们之间的距离为 3.04702252，为当前最短距离。这里的 0 和 3 分别代表簇在数组中的下标。在这一步中，一个具有两个实验样本的簇(该簇在数组中的下标为 5) 诞生了。在第 2 步中，linkage()决定合并簇 1 和簇 2，因为它们之间的距离为 5.33526865，为当前最短距离。在这一步中，另一个具有两个实验样本的簇(该簇在数组中的下标为 6) 诞生了。

```
#将关系矩阵转换成一个 DataFrame 对象
clusters=pd.DataFrame(row_clusters,columns=["label 1","label 2","distance",
"sample size"],index=["cluster %d"%(i+1) for i in range(row_clusters.shape
[0])])
print(clusters)
```

输出结果如下：

```
           label 1  label 2   distance  sample size
cluster 1      0.0      3.0   3.047023          2.0
cluster 2      1.0      2.0   5.335269          2.0
cluster 3      4.0      5.0   9.640502          3.0
cluster 4      6.0      7.0  11.490870          5.0
```

上面输出结果的第一列表示合并过程中新生成的簇，第二列和第三列表示的是两个簇中距离最远的两个样本的编号，第四列表示的是两个样本的欧氏距离，最后一列表示的是合并后的簇中的样本数量。

下面使用 scipy 的 dendrogram 通过关系矩阵绘制层次聚类的树状图，树状图展现了层次聚类中簇合并的顺序以及合并时簇间的距离。

```
from scipy.cluster.hierarchy import dendrogram
import matplotlib.pyplot as plt
dendrogram(row_clusters,labels=labels)
plt.tight_layout()
plt.ylabel('Euclidean distance')
plt.show()          #显示层次聚类的树状图如图 11-25 所示
```

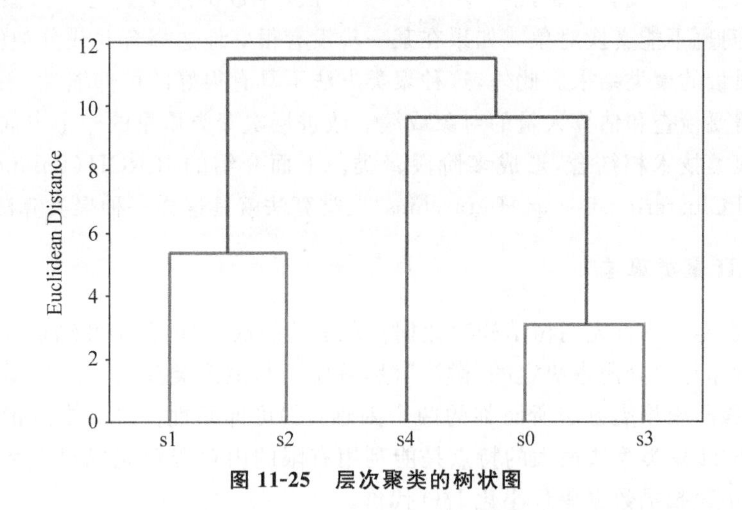

图 11-25 层次聚类的树状图

此树状图描述了采用凝聚层次聚类合并生成不同簇的过程。在树状图中，x 轴上的标记代表数据点，y 轴标明簇间的距离。图中，横线所在高度表明簇合并时的距离。从图中可以看出，首先是 s0 和 s3 合并，接下来是 s1 和 s2 合并。

此外，sklearn.cluster 模块下的 AgglomerativeClustering 也可实现凝聚聚类，可指定返回簇的数量。

```
>>>from sklearn.cluster import AgglomerativeClustering
>>>import numpy as np
>>>X=np.array([[1, 2], [1, 4], [1, 0],[4, 2], [4, 4], [4, 0]])
'''n_clusters: 设置簇的个数
linkage: 设置簇间距离的判定标准,可以是{"ward"(最小化合并的簇的方差), "complete"
(即全连接距离), "average"(即簇间平均距离), "single"(即单连接距离)}中之一, 默认是
"ward"
'''
>>>clustering=AgglomerativeClustering(n_clusters=2,affinity="euclidean",
linkage="complete")                #构建凝聚聚类模型
>>>clustering.fit(X)               #在数据集 X 上进行凝聚聚类
AgglomerativeClustering(affinity='euclidean', compute_full_tree='auto',
            connectivity=None, linkage='complete', memory=None,
            n_clusters=2,
```

```
        pooling_func=<function mean at 0x0000000005B47F28>)
>>>clustering.labels_        #返回每个样本所属的簇标号
array([0, 0, 1, 0, 0, 1], dtype=int64)
```

层次聚类法的优点是可以通过设置不同的相关参数值，得到不同粒度上的层次聚类结构；在聚类形状方面，层次聚类适用于任意形状的聚类，并且对样本的输入顺序是不敏感的。

层次聚类算法的困难在于合并或者分裂点的选择。这样的决定是非常关键的，因为一旦一组对象被合并或者分裂，下一步的处理将在新生成的簇上进行。已做的处理不能被撤销，簇之间也不能交换对象。如果在某一步没有很好地选择合并或分裂的决定，就可能会导致低质量的聚类结果。此外，这种聚类方法不具有很好的可伸缩性，因为合并或者分裂的决定需要检查和估算大量的对象或簇。改进层次聚类质量的一个方向是将层次聚类和其他的聚类技术相结合，形成多阶段聚类。下面介绍的 BIRCH(Balanced Iterative Reducing and Clustering Using Hierarchies)聚类算法就是这样一种聚类算法。

2. BIRCH 聚类算法

BIRCH 聚类算法首先用树结构对数据对象进行层次划分，其中叶结点或低层次的非叶结点可以看作是由分辨率决定的“微簇”，然后使用其他聚类算法对这些微簇进行宏聚类，这可以克服凝聚聚类方法所面临的两个困难：①可伸缩性；②不能撤销前一步所做的工作。BIRCH 聚类算法最大的特点是能利用有限的内存资源完成对大数据集高质量的聚类，通过单遍扫描数据集最小化 I/O 代价。

BIRCH 使用聚类特征来概括一个簇，使用聚类特征树(CF 树)来表示聚类的层次结构，这些结构可帮助聚类方法在大型数据库中取得好的速度和伸缩性，对新对象增量和动态聚类也非常有效。

BIRCH 算法的特点：BIRCH 采用了多阶段聚类技术，数据集的单边扫描产生了一个基本的聚类，一或多遍的额外扫描可以进一步改进聚类质量；BIRCH 是一种增量的聚类方法，因为它对每一个数据点的聚类的决策都是基于当前已经处理过的数据点，而不是基于全局的数据点；如果簇不是球形的，BIRCH 不能很好地工作，因为它用了半径或直径的概念来控制聚类的边界。

1) 聚类特征(Clustering Feature,CF)

给定由 n 个 d 维数据对象或点组成的簇，可以用以下公式定义该簇的质心 x_0、半径 R 和直径 D：

$$x_0 = \frac{\sum_{i=1}^{n} x_i}{n}$$

$$R = \sqrt{\frac{\sum_{i=1}^{n} (x_i - x_0)^2}{n}}$$

$$D=\sqrt{\frac{\sum_{i=1}^{n}\sum_{j=1}^{n}(x_i-x_j)^2}{n(n-1)}}$$

其中,R 是簇中数据对象到质心的平均距离,D 是簇中逐对对象的平均距离。R 和 D 都反映了质心周围簇的紧凑程度。

CF 是 BIRCH 聚类算法的核心,CF 树中的结点都由 CF 组成。考虑一个由 n 个 d 维数据对象或点组成的簇,簇的聚类特征 CF 可用一个三元组来表示 $\mathrm{CF}=<n,\mathrm{LS},\mathrm{SS}>$,这个三元组就代表了簇的所有信息,其中,$n$ 是簇中点的数目,LS 是 n 个点的线性和(即 $\sum_{i=1}^{n}x_i$),SS 是数据点的平方和(即 $\sum_{i=1}^{n}x_i^2$)。

聚类特征本质上是给定簇的统计汇总:从统计学的观点来看,它是簇的零阶矩、一阶矩和二阶矩。使用聚类特征,可以很容易地推导出簇的许多有用的统计量,如簇的质心 x_0、半径 R 和直径 D 分别为

$$x_0=\frac{\sum_{i=1}^{n}x_i}{n}=\frac{\mathrm{LS}}{n}$$

$$R=\sqrt{\frac{\sum_{i=1}^{n}(x_i-x_0)^2}{n}}=\sqrt{\frac{n\mathrm{SS}-2\mathrm{LS}^2}{n^2}}$$

$$D=\sqrt{\frac{\sum_{i=1}^{n}\sum_{j=1}^{n}(x_i-x_j)^2}{n(n-1)}}=\sqrt{\frac{2n\mathrm{SS}-2\mathrm{LS}^2}{n(n-1)}}$$

使用聚类特征概括簇,可以避免存储个体对象或点的详细信息,只需要固定大小的空间来存放聚类特征。

聚类特征是可加的。也就是说,对于两个不相交的簇 C_1 和 C_2,其聚类特征分别为 $\mathrm{CF}_1=<n_1,\mathrm{LS}_1,\mathrm{SS}_1>$ 和 $\mathrm{CF}_2=<n_2,\mathrm{LS}_2,\mathrm{SS}_2>$,那么由 C_1 和 C_2 合并而成的簇的聚类特征就是 $\mathrm{CF}_1+\mathrm{CF}_2=<n_1+n_2,\mathrm{LS}_1+\mathrm{LS}_2,\mathrm{SS}_1+\mathrm{SS}_2>$。

【例 11-15】 假设簇 C_1 中有三个数据点(2,4)、(4,5) 和(5,6),则 $\mathrm{CF}_1=<3,(2+4+5,4+5+6),(2^2+4^2+5^2,4^2+5^2+6^2)>=\{3,(11,15),(45,77)\}$,簇 C_2 的 $\mathrm{CF}_2=<4,(40,42),(100,101)>$,那么,由簇 C_1 和簇 C_2 合并而来的簇 C_3 的聚类特征 CF_3 计算如下:

$$\begin{aligned}\mathrm{CF}_2&=<3+4,(11+40,15+42),(45+100,77+101)>\\&=<7,(51,57),(145,178)>\end{aligned}$$

2) 聚类特征树(CF 树)

CF 树是一棵高度平衡的树,它存储了层次聚类的聚类特征。图 11-26 给出了一个例子。根据定义,树中的非叶结点有后代或子女。非叶结点存储了其子女的 CF 的总和,因而汇总了关于其子女的聚类信息。CF 树有两个参数:分支因子 B 和阈值 T。分支因子定义了每个非叶结点子女的最大数目,而阈值参数 T 给出了存储在树的叶结点中的子簇

的最大直径。这两个参数会影响聚类特征树的大小。

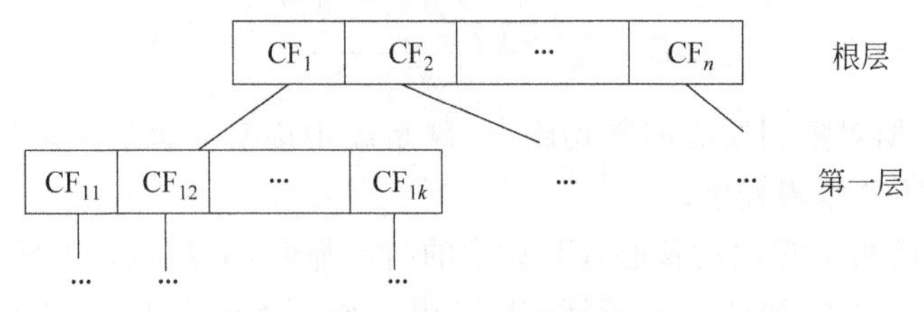

图 11-26 CF 树的结构

从图 11-26 中可以看出，根结点的 CF_1 的三元组的值，可以由它指向的 k 个子结点（CF_{11}，CF_{12}，…，CF_{1k}）的值相加得到，即 $CF_1 = CF_{11} + CF_{12} + \cdots + CF_{1k}$。这样在更新 CF 树的时候，可以很高效。

BIRCH 算法主要包括两个阶段。

阶段一：BIRCH 扫描数据库，建立一棵存放于内存的初始 CF 树，它可以看作数据的多层压缩，试图保留数据的内在的聚类结构。

阶段二：BIRCH 采用某个（选定的）聚类算法对 CF 树的叶结点进行聚类，把稀疏的簇当作离群点删除，而把稠密的簇合并为更大的簇。

在阶段一中，随着对象被插入，CF 树被动态地构造，因而可支持增量聚类。一个对象被插入到最近的叶结点（子簇）。如果在插入后，存储在叶结点中的子簇的直径大于阈值，则该叶结点和其他可能的结点被分裂。新对象插入后，关于该对象的信息向树根结点传递。通过修改阈值，CF 树的大小可以改变。如果存储 CF 树需要的内存大于主存，可以定义较大的阈值，并重建 CF 树。在 CF 树重建过程中，通过利用老树的叶结点来重新构建一棵新树，因而树的重建过程不需要访问所有点，即构建 CF 树只需访问数据一次就行。

可以在阶段二使用任意聚类算法，例如典型的划分方法。

算法 11.2 BIRCH 算法。

输入：数据集$\{x_1, x_2, \cdots, x_n\}$，阈值 T。

输出：m 个簇。

① for each $i \in \{1, 2, \cdots, n\}$。

② 将 x_i 插入到与其最近的一个叶子结点中。

③ if 插入后的簇小于或等于阈值。

④ 将 x_i 插入到该叶子结点，并重新调整从根到此叶子结点路径上的所有三元组。

⑤ else if 插入后结点中有剩余空间。

⑥ 把 x_i 作为一个单独的簇插入并重新调整从根到此叶子路径上的所有三元组。

⑦ else 分裂该结点并调整从根到此叶子结点路径上的三元组。

BIRCH 算法的优点：节约内存，所有的对象都在磁盘上；聚类速度快，只需要一遍扫描训练集就可以建立 CF 树，CF 树的增、删、改都很快；可以识别噪声点，还可以对数据集进行初步分类的预处理。

BIRCH 算法的缺点：由于 CF 树对每个结点的 CF 个数有限制，导致聚类的结果可能和真实的类别分布不同；对高维特征的数据聚类效果不好；如果簇不是球形的，则聚类效果不好。

3）BIRCH 聚类算法的 Python 实现

可用 sklearn.cluster 模块下的 Birch 模型来实现 BIRCH 聚类算法，Birch 模型的语法格式如下：

```
Birch(threshold=0.5,branching_factor=50,n_clusters=3,compute_labels=True)
```

参数说明如下。

threshold：叶子结点每个 CF 的最大样本半径阈值 T，它决定了每个 CF 里所有样本形成的超球体的半径阈值。一般来说，threshold 越小，则 CF 树的建立阶段的规模会越大，即 BIRCH 算法第一阶段所花的时间和内存会越多。但是选择多大以达到聚类效果，则需要通过调参来实现。默认值是 0.5，如果样本的方差较大，则一般需要增大这个默认值。

branching_factor：每个结点中 CF 子簇的最大数目。如果一个新样本加入使得结点中子簇的数目超过 branching_factor，那么该结点将被拆分为两个结点，子簇将在两个结点中重新分布。

n_clusters：类别数 k，在 BIRCH 算法中是可选的，如果类别数非常多，则一般输入 None。但是如果我们有类别的先验知识，则推荐输入这个先验的类别值。默认是 3。

compute_labels：布尔值，表示是否计算数据集中每个样本的类标号，默认是 True。

所训练的 Birch 模型的属性如下。

root_：CF 树的根。

subcluster_labels_：分配给子簇质心的标签。

labels_：返回输入数据集中每个样本所属的类标号。

下面给出一个 Birch 的使用举例。

```
import numpy as np
import matplotlib.pyplot as plt
from sklearn.datasets.samples_generator import make_blobs
from sklearn.cluster import Birch
'''生成样本数据集,X 为样本特征,Y 为样本簇类别,共 1000 个样本,每个样本 2 个特征,共 4 个
簇,簇中心在[-1,-1], [0,0],[1,1], [2,2]'''
X, y=make_blobs(n_samples=1000, n_features=2, centers=[[-1,-1], [0,0], [1,1],
[2,2]], cluster_std=[0.4, 0.3, 0.4, 0.3], random_state=9)
#设置 Birch 聚类模型
birch=Birch(n_clusters=None)
#训练模型并预测每个样本所属的类别
y_pred=birch.fit_predict(X)
#绘制散点图
plt.scatter(X[:, 0], X[:, 1], c=y_pred)
plt.show()    #显示 BIRCH 聚类的结果如图 11-27 所示
```

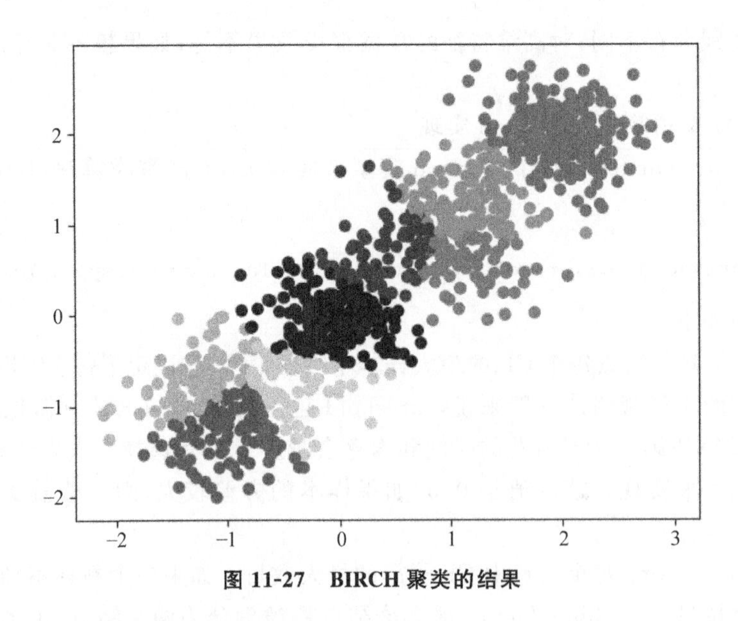

图 11-27 BIRCH 聚类的结果

11.4.4 基于密度的聚类方法

由于层次聚类算法和划分聚类算法往往只能发现"类圆形"的聚类。为弥补这一缺陷，发现各种任意形状的聚类，提出基于密度的聚类算法，该类算法认为在整个样本空间点中，各目标类簇是由一群稠密样本点组成，而这些稠密样本点被低密度区域(噪声)分割，算法的目的就是要过滤低密度区域，发现稠密样本点。基于密度的聚类方法以数据集在空间分布上的稠密程度为依据进行聚类，无须预先设定簇的数量，特别适合对于未知内容的数据集进行聚类。基于密度聚类方法的基本思想：只要一个区域中的点的密度大于某个阈值，就把它加到与之相近的聚类中去，对于簇中的每个对象，在给定的半径 ε 的邻域中至少要包含最小数目(MinPts)个对象。基于密度的聚类方法的代表算法为 DBSCAN(Density-Based Spatial Clustering of Applications with Noise，具有噪声的基于密度的聚类)算法。

DBSCAN 算法将具有足够高密度的区域划分为簇，并在具有噪声的空间数据集中发现任意形状的簇，它将簇定义为密度相连的点的最大集合。DBSCAN 聚类算法所用到的基本术语如下。

对象的 ε 邻域：给定对象半径为 ε 内的区域称为该对象的 ε 邻域。

核心对象：如果给定对象 ε 邻域内的样本点数大于或等于 MinPts，则称该对象为核心对象。如在图 11-28 中，设定 ε=1，MinPts=5，q 是一个核心对象。

边界点：不是核心点，但落在某个核心点的 ε 邻域内。

噪声：不包含在任何簇中的对象被认为是噪声。

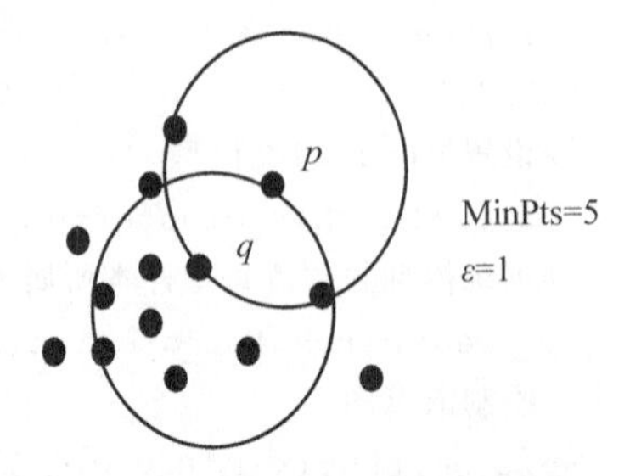

图 11-28 核心点、边界点和噪声点

直接密度可达：给定一个对象集合 D，如果 p 在 q 的 ε 邻域内，而 q 是一个核心对象，则称对象 p 从对象 q 出发是直接密度可达的。

密度可达的：如果存在一个对象链 $p_1, p_2, \cdots, p_n, p_1 = q, p_n = p$，对 $p_i \in D$，$(1 \leqslant i \leqslant n)$，$p_{i+1}$ 是从 p_i 关于 ε 和 MitPts 直接密度可达的，则对象 p 是从对象 q 关于 ε 和 MinPts 密度可达的，如同 11-29 所示。由一个核心对象和其密度可达的所有对象构成一个聚类。

密度相连的：如果对象集合 D 中存在一个对象 o，使得对象 p 和 q 是从 o 关于 ε 和 MinPts 密度可达的，那么对象 p 和 q 是关于 ε 和 MinPts 密度相连的，如图 11-30 所示。

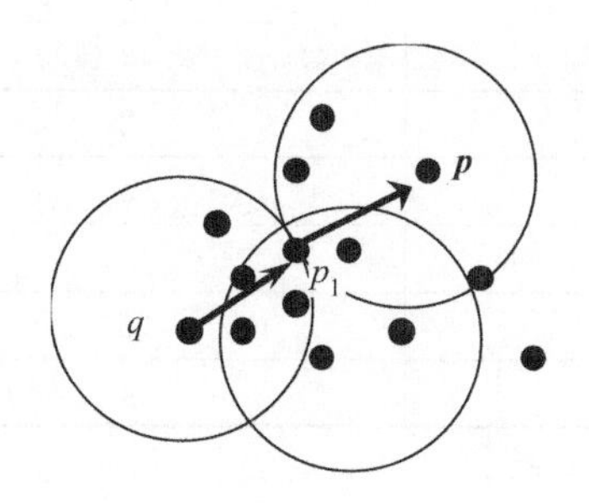

图 11-29　密度可达的

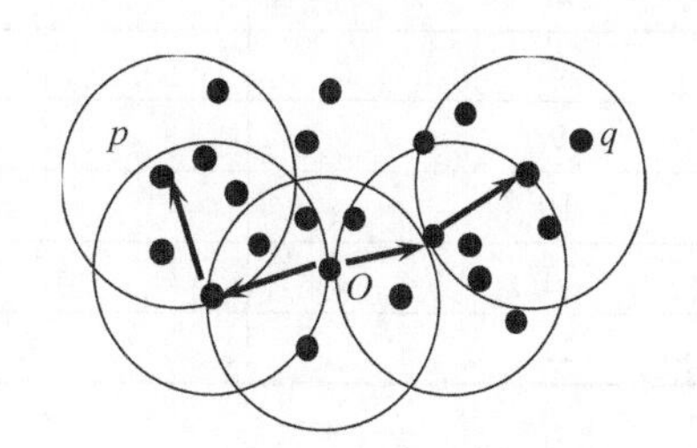

图 11-30　密度相连的

【例 11-16】　假设半径 ε=3，MinPts=3，点 p 的 ε 领域中有点 $\{m, p, p_1, p_2, o\}$，点 m 的 ε 领域中有点 $\{m, q, p, m_1, m_2\}$，点 q 的 ε 领域中有 $\{q, m\}$，点 o 的 ε 领域中有点 $\{o, p, s\}$，点 s 的 ε 领域中有点 $\{o, s, s_1\}$。

那么核心对象有 p、m、o、s（q 不是核心对象，因为它对应的 ε 领域中点数量等于 2，小于 MinPts）；点 m 从点 p 直接密度可达，因为 m 在 p 的 ε 领域内，并且 p 为核心对象；点 q 从点 p 密度可达，因为点 q 从点 m 直接密度可达，并且点 m 从点 p 直接密度可达；点 q 到点 s 密度相连，因为点 q 从点 p 密度可达，并且点 s 从点 p 密度可达。

算法 11.3　DBSCAN 算法。

输入：ε——半径，MinPts——给定点在 ε 邻域内成为核心对象时邻域内至少要包含的数据对象数，D——数据对象集合。

输出：目标簇集合。

① 检测数据对象集合 D 中尚未检查过的对象 p，如果 p 未被处理（归为某个簇或者标记为噪声），则检查其邻域，若包含的对象数不小于 minPts，建立新簇 C，将其中的所有点加入候选集 N。

② 对候选集 N 中所有尚未被处理的对象 q，检查其邻域，若至少包含 MinPts 个对象，则将这些对象加入 N；如果 q 未归入任何一个簇，则将 q 加入 C。

③ 重复步骤②，继续检查 N 中未处理的对象，直到候选集 N 为空。

④ 重复步骤①～③，直到所有对象都归入了某个簇或标记为噪声。

【例 11-17】　下面给出一个样本数据集，其样本数据的属性信息如表 11-3 所示，根据所给的数据通过对其进行 DBSCAN 计算，设 $n=12$，ε=1，MinPts=4。

表 11-3 样本数据集

序　号	属性 1	属性 2
1	2	1
2	5	1
3	1	2
4	2	2
5	3	2
6	4	2
7	5	2
8	6	2
9	1	3
10	2	3
11	5	3
12	2	4

DBSCAN 计算过程如表 11-4 所示。

表 11-4 DBSCAN 计算过程

步骤	选择的点	在 ε 中点的个数	通过计算可达点而找到的新簇
1	1	2	无
2	2	2	无
3	3	3	无
4	4	5	簇 C_1：{1,3,4,5,9,10,12}
5	5	3	已在一个簇 C_1 中
6	6	3	无
7	7	5	簇 C_2：{2,6,7,8,11}
8	8	2	已在一个簇 C_2 中
9	9	3	已在一个簇 C_1 中
10	10	4	已在一个簇 C_1 中
11	11	2	已在一个簇 C_2 中
12	12	2	已在一个簇 C_1 中

sklearn. cluster 提供了 DBSCAN 模型来实现 DBSCAN 聚类，DBSCAN 的语法格式如下：

```
DBSCAN(eps=0.5, min_samples=5, metric='euclidean', algorithm='auto', leaf_
size=30)
```

参数说明如下。

eps：ε 参数，用于确定邻域大小。

min_samples：MinPts 参数，用于判断核心对象。

metric：一个字符串，距离公式，可以用默认的欧氏距离，还可以自己定义距离函数。

algorithm：{'auto','ball_tree','kd_tree','brute'},最近邻搜索算法参数,默认为 auto,brute 是蛮力实现,kd_tree 是 KD 树实现,ball_tree 是球树实现,auto 则会在三种算法中做权衡,选择一个拟合最好的最优算法。

leaf_size：整型,默认为 30,使用 KD 树或者球树时,停止建子树的叶子结点数量的阈值。

DBSCAN 模型的属性如下。

core_sample_indices_：核心样本在原始训练集中的位置。

components_：核心样本的一份副本。

labels_：每个样本所属的簇标记。对于噪声样本,其簇标记为−1。

DBSCAN 模型的方法如下。

fit(X[,y,sample_weight])：训练模型。

fit_predict(X[,y,sample_weight])：训练模型并预测每个样本所属的簇标记。

下面给出 DBSCAN 算法应用举例。

```
from sklearn.cluster import DBSCAN
from sklearn.datasets.samples_generator import make_blobs
from sklearn.preprocessing import StandardScaler
centers=[[1, 1], [-1, -1], [1, -1]]
#生成样本数据
X, labels_true=make_blobs(n_samples=750, centers=centers, cluster_std=0.4)
db=DBSCAN(eps=0.3, min_samples=10,metric='euclidean')
y_db=db.fit_predict(X)
plt.scatter(X[y_db==0,0],X[y_db==0,1],c='', marker='o', edgecolors='k', s=
40, label='cluster 1')
plt.scatter(X[y_db==1,0],X[y_db==1,1],c='',marker='s',edgecolors='k',s=40,
label='cluster 2')
plt.scatter(X[y_db==2,0],X[y_db==2,1],c='',marker='*',edgecolors='k',s=
40,label='cluster 3')
plt.legend()
plt.show()    #显示 DBSCAN 聚类的结果如图 11-31 所示
```

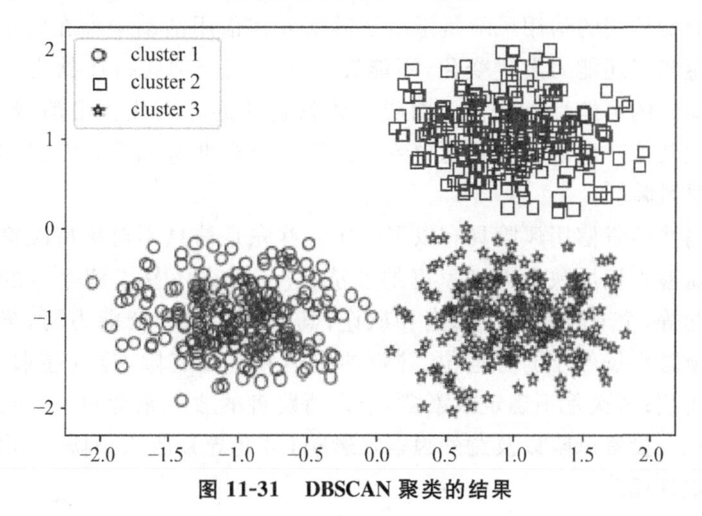

图 11-31　DBSCAN 聚类的结果

第12章

基于信用卡消费行为的银行信用风险分析

市场经济的本质是信用经济,信用是市场经济的基础和生命线。信用对于现代市场经济的发展具有举足轻重的作用。随着现代社会分工的发展和专业化程度的加强,市场竞争日趋激烈,整个社会对个人、企业、政府乃至整个社会体系的信用要求越来越高,高质量的信用水平才能够保证正常的市场秩序,促进市场成熟、稳健地发展。

12.1 背景介绍

在市场经济条件下,严守信用,确保各种契约关系的如期履行,是整个经济体系正常运行的基本前提。银行卡业务在商业银行的诸多业务中,信用风险最为突出。银行卡业务涉及发卡行、受理行、持卡人和商户等多方参与者,业务运营涉及储蓄、结算、信贷等诸多领域,涉及面广,技术含量高,风险较大。银行卡风险是指发卡行、柜面网点、特约商户及持卡人在发卡、受理银行卡及使用银行卡等环节上出现的非正常情况而造成的经济损失的可能性。其中的风险除包括传统商业银行业务所承受的流动性风险和汇率风险以外,最突出的就是信用风险。

消费信贷的信用风险是指由于借款人在信用活动中存在的不确定性,如偿还意愿和偿还能力发生变化,不能履行或不能全部履行还款责任,而使贷款人遭受损失的可能性。这种无力履行还款责任的原因往往是消费者个人的主观原因或其他严重的财务问题导致的。对于贷款业务而言,信用风险是其存在的最重要风险。

消费信贷信用风险具有以下特征：首先是信息不对称情况突出,没有财务报表能够直接反映个人和家庭的经济状况,外人不易了解个人的道德品质、财务状况等,个人容易产生隐瞒和欺诈;其次是个人筹资能力弱,与企业相比,个人在金融市场处于弱势地位,筹资的渠道和手段有限,难以寻求其他资金来源用于还款;再次是不确定因素多,个人消费者的收入来源单一,容易受到市场竞争、就业、投资风险以及意外因素等影响,可能导致收入下降、支出增加,难以履行还款责任。

12.2　数据获取与数据探索分析

12.2.1　数据获取

数据来源于 Kaggle 的 Give Me Some Credit 竞赛项目，其中 cs-training. csv 文件有 15 万条样本数据，包含 11 个变量，数据列的名称及含义如表 12-1 所示。为了简化计算，这里只选取其中的 1000 条样本数据。

表 12-1　cs-training. csv 数据列的名称及含义

变　量　名	描　　述
SeriousDlqin2yrs	超过 90 天或更糟的逾期拖欠
RevolvingUtilizationOfUnsecuredLines	贷款以及信用卡可用额度与总额度比例
age	借款人借款时的年龄
NumberOfTime30-59DaysPastDueNotWorse	35～59 天逾期但不糟糕次数
DebtRatio	负债比率
MonthlyIncome	月收入
NumberOfOpenCreditLinesAndLoans	开放式信贷和贷款数量
NumberOfTimes90DaysLate	90 天逾期次数
NumberRealEstateLoansOrLines	不动产贷款数量
NumberOfTime60-89DaysPastDueNotWorse	借款人在过去两年内有 60～89 天逾期还款但不糟糕的次数
NumberOfDependents	家属数量

12.2.2　数据探索分析

本案例的探索分析是对数据进行缺失值分析与异常值分析，分析出数据的规律以及异常值。通过对数据观察发现原始数据中存在月收入为空值、家属数量为空值、年龄最小值为 0、月收入最小值为 0 的记录。

```
import pandas as pd
datafile='D:\\Python\\cs-training.csv'
data=pd.read_csv(datafile,index_col=[0])          #第一列作为行索引
#产生多个列的汇总统计，T 表示转置
data_statistics=data.describe().T
data_statistics['null']=len(data)-data_statistics['count']      #计算空值记录数
#只选取统计结果中的'count'、'null'、'max'、'min'四列的内容
data_statistics=data_statistics[['count','null','max','min']]
data_statistics.columns=['总样本数','空值数','最大值','最小值'] #重命名列
print(data_statistics)
```

运行上述代码得到的输出结果如下：

```
                                      总样本数  空值数       最大值   最小值
SeriousDlqin2yrs                      1000.0    0.0         1.0    0.0
RevolvingUtilizationOfUnsecuredLines  1000.0    0.0      2340.0    0.0
age                                   1000.0    0.0        97.0   22.0
NumberOfTime30-59DaysPastDueNotWorse  1000.0    0.0        98.0    0.0
DebtRatio                             1000.0    0.0     15466.0    0.0
MonthlyIncome                          819.0  181.0    208333.0    0.0
NumberOfOpenCreditLinesAndLoans       1000.0    0.0        31.0    0.0
NumberOfTimes90DaysLate               1000.0    0.0        98.0    0.0
NumberRealEstateLoansOrLines          1000.0    0.0         8.0    0.0
NumberOfTime60-89DaysPastDueNotWorse  1000.0    0.0        98.0    0.0
NumberOfDependents                     967.0   33.0         6.0    0.0
```

从统计结果可知，MonthlyIncome（月收入）和 NumberOfDependents（家属数量）列都存在缺失值，MonthlyIncome 共有 181 个缺失值，NumberOfDependents 共有 33 个缺失值。

在建立模型之前，也可以通过可视化的方法对数据进行探索性分析，常用的可视化探索性数据分析方法有直方图、散点图和箱线图等。

绘制客户年龄直方图的代码如下。

```
import matplotlib.pyplot as plt
import pandas as pd
import seaborn as sns
datafile='D:\\Python\\cs-training.csv'
data=pd.read_csv(datafile,index_col=[0])        #第一列作为行索引
#对 age 进行直方图分析
age=data['age']
sns.distplot(age)
plt.xlabel('年龄', fontproperties='Kaiti', fontsize=15)
plt.show()        #绘制的客户年龄分布图如图 12-1 所示
```

从图 12-1 可以看出年龄变量大致呈正态分布。

绘制客户月收入直方图代码如下。

```
import matplotlib.pyplot as plt
import pandas as pd
import seaborn as sns
datafile='D:\\Python\\cs-training.csv'
data=pd.read_csv(datafile,index_col=[0])        #第一列作为行索引
#对 MonthlyIncome 进行直方图分析,为使图形更直观,将 x 轴范围设置在 50000 以内
mi=data[data['MonthlyIncome']<50000]['MonthlyIncome']
sns.distplot(mi)
plt.xlabel('月收入', fontproperties='Kaiti', fontsize=15)
```

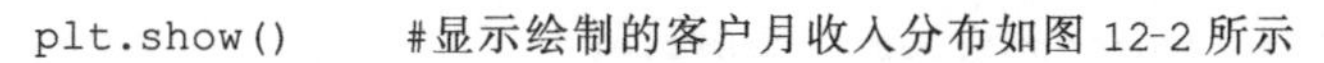

```
plt.show()        #显示绘制的客户月收入分布如图 12-2 所示
```

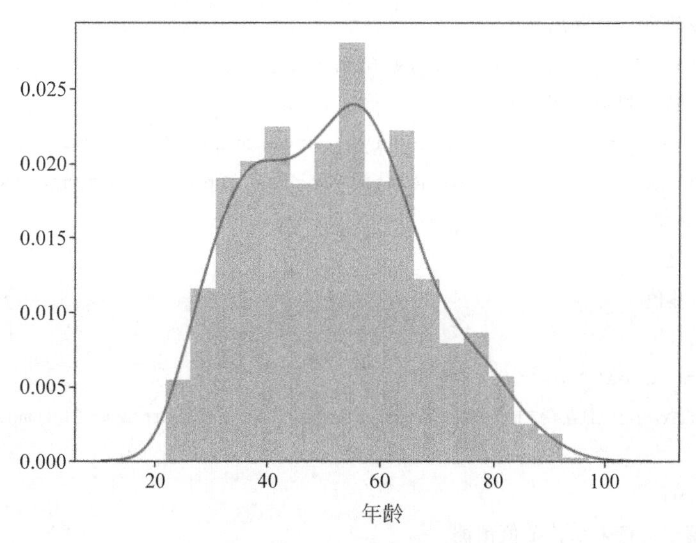

图 12-1　客户年龄分布图

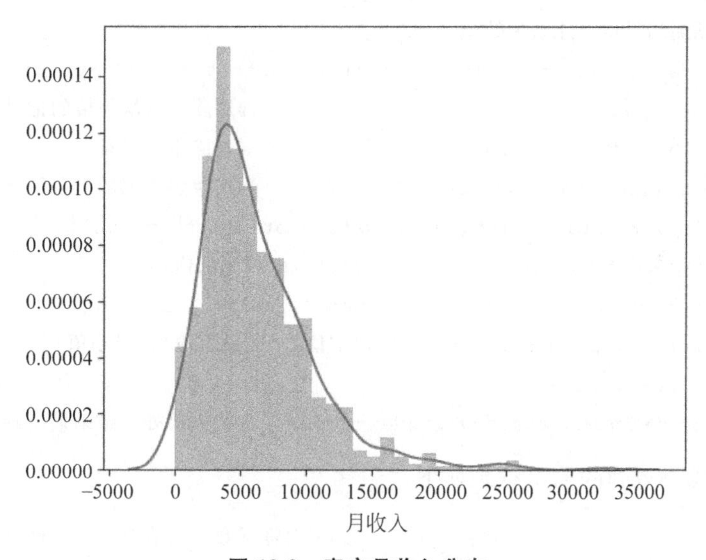

图 12-2　客户月收入分布

12.3　数据预处理

12.3.1　缺失值处理

缺失值处理

由于 MonthlyIncome 缺失值达到 181 条数据，缺失率比较大，因此不能直接删除含有这些缺失值的记录，下面采用随机森林法补充这些缺失值。NumberOfDependents 的缺失较少，对数据影响不大，可直接删除缺失值所在的记录。

```
from sklearn.ensemble import RandomForestClassifier
#把已有的数值型特征取出来
process_df=data.ix[:,[5,0,1,2,3,4,6,7,8,9]]
#分成已知该特征和未知该特征两部分
known=process_df[process_df.MonthlyIncome.notnull()].as_matrix()
unknown=process_df[process_df.MonthlyIncome.isnull()].as_matrix()
#X 为特征属性值
X=known[:, 1:]
#y 为结果标签值
y=known[:, 0]
#建立 RandomForestClassifier 模型
RFC=RandomForestClassifier(random_state=0,n_estimators=200,max_depth=3, n_
jobs=-1)
RFC.fit(X,y)
#用得到的模型进行未知特征值预测
predicted=RFC.predict(unknown[:, 1:]).round(0)
#用得到的预测结果填补原缺失数据
data.loc[(data.MonthlyIncome.isnull()), 'MonthlyIncome']=predicted
data=data.dropna()                          #删除含有缺失值的记录
data=data.drop_duplicates()                 #删除重复记录
data_statistics=data.describe().T           #产生多个列的汇总统计,T 表示转置
data_statistics['null']=len(data)-data_statistics['count']    #计算空值记录数
#只选取统计结果中的'count'、'null'、'max'、'min'四列的内容
data_statistics=data_statistics[['count','null','max','min']]
data_statistics.columns=['总样本数','空值数','最大值','最小值']    #重命名列
print(data_statistics)
data.to_csv('MissingData.csv',index=False)  #缺失值处理结果输出到文件
```

运行上述代码得到的输出结果如下：

```
                                      总样本数  空值数      最大值   最小值
SeriousDlqin2yrs                      967.0   0.0        1.0    0.0
RevolvingUtilizationOfUnsecuredLines  967.0   0.0     2340.0    0.0
age                                   967.0   0.0       92.0   22.0
NumberOfTime30-59DaysPastDueNotWorse  967.0   0.0       98.0    0.0
DebtRatio                             967.0   0.0    15466.0    0.0
MonthlyIncome                         967.0   0.0   208333.0    0.0
NumberOfOpenCreditLinesAndLoans       967.0   0.0       31.0    0.0
NumberOfTimes90DaysLate               967.0   0.0       98.0    0.0
NumberRealEstateLoansOrLines          967.0   0.0        8.0    0.0
NumberOfTime60-89DaysPastDueNotWorse  967.0   0.0       98.0    0.0
NumberOfDependents                    967.0   0.0        6.0    0.0
```

12.3.2 异常值处理

缺失值处理完毕后，还需要进行异常值处理。异常值是指明显偏离大多数抽样数据的数值，例如个人客户的年龄大于 100 或小于 0 时，通常认为该值为异常值；月收入为 0 时，通常认为该值为异常值。找出样本中的异常值，通常采用离群值检测的方法。离群值检测的方法有单变量离群值检测、局部离群值因子检测、基于聚类方法的离群值检测等方法。

对月收入 MonthlyIncome 为 0 的异常值，可直接剔除。

```
data1=pd.read_csv('MissingData.csv')
#对 MonthlyIncome 等于 0 的异常值进行剔除
data1=data1[data1['MonthlyIncome']>0]
#产生多个列的汇总统计,T 表示转置
data1_statistics=data1.describe(include='all').T
#计算空值记录数
data1_statistics['null']=len(data1)-data1_statistics['count']
#只选取统计结果中的'count'、'null'、'max'、'min'四列的内容
data1_statistics=data1_statistics[['count','null','max','min']]
data1_statistics.columns=['总样本数','空值数','最大值','最小值']    #重命名列
print(data1_statistics)
data1.to_csv('AbnormalData.csv',index=False)      #异常值处理结果输出到文件
```

运行上述代码得到的输出结果如下：

```
                                        总样本数  空值数      最大值   最小值
SeriousDlqin2yrs                        809.0   0.0        1.0    0.0
RevolvingUtilizationOfUnsecuredLines    809.0   0.0     2340.0    0.0
age                                     809.0   0.0       92.0   22.0
NumberOfTime30-59DaysPastDueNotWorse    809.0   0.0       98.0    0.0
DebtRatio                               809.0   0.0     2221.5    0.0
MonthlyIncome                           809.0   0.0   208333.0   1.0
NumberOfOpenCreditLinesAndLoans         809.0   0.0       31.0    0.0
NumberOfTimes90DaysLate                 809.0   0.0       98.0    0.0
NumberRealEstateLoansOrLines            809.0   0.0        8.0    0.0
NumberOfTime60-89DaysPastDueNotWorse    809.0   0.0       98.0    0.0
NumberOfDependents                      809.0   0.0        6.0    0.0
```

对于列 NumberOfTime30-59DaysPastDueNotWorse、NumberOfTimes90DaysLate、NumberOfTime60-89DaysPastDueNotWorse，由下面图 12-3 的箱线图可以看出均存在异常值，且由 unique 函数可以得知均存在 96、98 两个异常值。

```
import matplotlib.pyplot as plt
data3=pd.read_csv('AbnormalData.csv')
data4=data3[['NumberOfTime30-59DaysPastDueNotWorse','NumberOfTimes90DaysLate',
'NumberOfTime60-89DaysPastDueNotWorse']]
```

```
data4.columns=['Past','Late','Worse']   #重命名列
data4.boxplot()                          #绘制箱线图
plt.show()                               #显示绘制的箱线图如图 12-3 所示
```

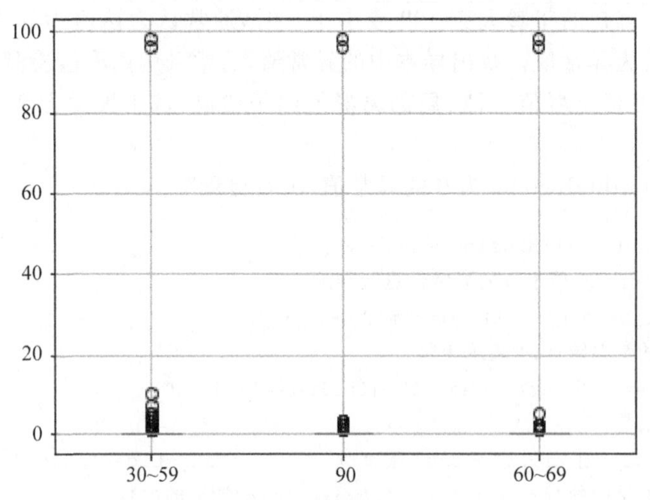

图 12-3 绘制的箱线图

删除异常值所在的行：

```
lst=[]
for x in [96,98]:  #获取异常值所在的行索引
    lst=lst+data4[(data4.Past==x)].index.tolist()
    lst=lst+data4[(data4.Late==x)].index.tolist()
    lst=lst+data4[(data4.Worse==x)].index.tolist()
DeleteAbnormalData=data3.drop(lst)      #删除异常值所在的行
#产生多个列的汇总统计
data2_statistics=DeleteAbnormalData.describe(include='all').T
#计算空值记录数
data2_statistics['null']=len(DeleteAbnormalData)-data2_statistics['count']
#只选取统计结果中的'count'、'null'、'max'、'min'四列的内容
data2_statistics=data2_statistics[['count','null','max','min']]
data2_statistics.columns=['总样本数','空值数','最大值','最小值'] #重命名列
print(data2_statistics)
#异常值处理结果输出到文件
DeleteAbnormalData.to_csv('DeleteAbnormalData.csv',index=False)
```

运行上述代码得到的输出结果如下：

```
                                      总样本数  空值数     最大值   最小值
SeriousDlqin2yrs                      803.0   0.0       1.0    0.0
RevolvingUtilizationOfUnsecuredLines  803.0   0.0    2340.0    0.0
age                                   803.0   0.0      92.0   22.0
NumberOfTime30-59DaysPastDueNotWorse  803.0   0.0      10.0    0.0
```

```
DebtRatio                               803.0    0.0      2221.5    0.0
MonthlyIncome                           803.0    0.0    208333.0    1.0
NumberOfOpenCreditLinesAndLoans         803.0    0.0        31.0    0.0
NumberOfTimes90DaysLate                 803.0    0.0         3.0    0.0
NumberRealEstateLoansOrLines            803.0    0.0         8.0    0.0
NumberOfTime60-89DaysPastDueNotWorse    803.0    0.0         5.0    0.0
NumberOfDependents                      803.0    0.0         6.0    0.0
```

从输出结果可以看出：总记录数又减少 6 个，这是删除异常值所在的行所致。

12.4　数据特征分析

数据特征分析主要分析各变量对输出结果的影响，在本项目中，主要关注的是违约客户与各变量间的关系。

12.4.1　单变量分析

首先来观察是否超过 90 天还款的 SeriousDlqin2yrs 客户的整体情况，数据集中好客户(不超过还款期)为 0，违约客户(超过还款期)为 1。

```
import pandas as pd
data5=pd.read_csv('DeleteAbnormalData.csv')    #读取异常处理后的数据集
grouped=data5['SeriousDlqin2yrs'].groupby(data5['SeriousDlqin2yrs']).count()
print('违约客户占比：%.2f%%'%(100*grouped[1]/(grouped[0]+grouped[1])))
grouped.plot(kind='bar')  #显示 SeriousDlqin2yrs 客户的整体情况如图 12-4 所示
```

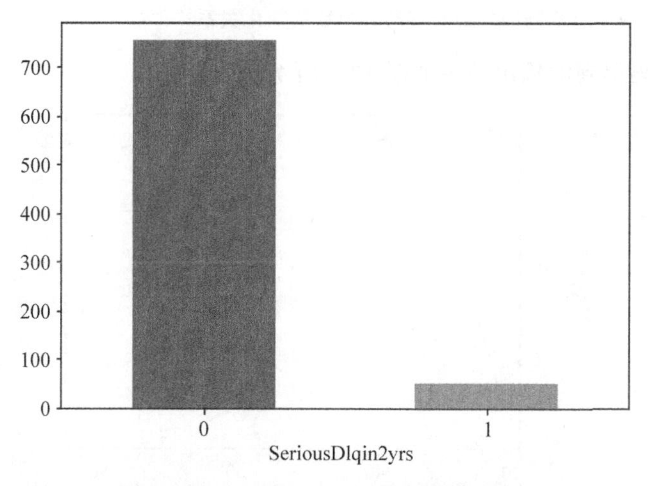

图 12-4　SeriousDlqin2yrs 客户的整体情况

运行上述代码得到的输出结果如下：

```
违约客户占比：5.98%
```

下面给出年龄与违约客户数的变化关系，如图 12-5 所示，由图 12-5 可知，22～42 岁随着年龄的增长，违约客户数在增加，这可能是这个年龄段花费比较多而本身的支付能力有限所导致；此后随着年龄增长，违约客户数在递减，这可能随着年龄的增长客户收入增加了，消费趋于理性了。

下面给出绘制年龄与违约客户数变化关系图的代码。

```
import matplotlib.pyplot as plt
import matplotlib
matplotlib.rcParams['font.family']='FangSong'      #FangSong是中文仿宋
matplotlib.rcParams['font.size']='18'              #设置字体大小
lst1=[]
lst2=[]
data6=data5[['age','SeriousDlqin2yrs']]
lst1=[k for k in range(22,92,10)]
data7=data6[data6.SeriousDlqin2yrs==1]
lst2.append((data7.query('32>age>=22').shape[0]))
lst2.append((data7.query('42>age>=32').shape[0]))
lst2.append((data7.query('52>age>=42').shape[0]))
lst2.append((data7.query('62>age>=52').shape[0]))
lst2.append((data7.query('72>age>=62').shape[0]))
lst2.append((data7.query('82>age>=72').shape[0]))
lst2.append((data7.query('93>age>=82').shape[0]))
plt.plot(lst1, lst2)
plt.xlabel("年龄")
plt.ylabel("违约客户数")
plt.show()  #显示绘制的年龄与违约客户数的变化关系
```

运行上述代码得到的输出结果如图 12-5 所示。

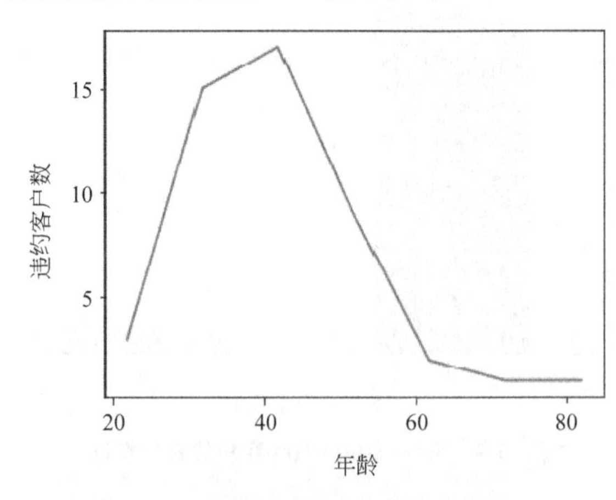

图 12-5 年龄与违约客户数的变化关系

此外，可采用类似的方法分析月收入对违约客户数的影响、家属成员数对违约客户数的影响。

12.4.2　多变量分析

多变量分析主要用于分析变量之间相关的程度，在 pandas 中可采用 corr()函数计算各变量间的相关性，下面的代码用来求各变量间的相关性，其得到的变量间的相关性如表 12-2 所示。由表 12-2 可知，各变量间相关性较小，不存在共线性可能。

```
#重新命名列名
data5.columns=['x0','x1','x2','x3','x4','x5','x6','x7','x8','x9','x10']
data5.corr(method='pearson')  #计算各列之间的相关性
```

运行上述代码得到的输出结果如表 12-2 所示。

表 12-2　变量间的相关性

	x0	x1	x2	x3	x4	x5	x6	x7	x8	x9	x10
x0	1.000000	0.086856	-0.061559	0.234370	-0.014677	-0.018918	0.057867	0.164784	0.067702	0.258952	0.071992
x1	0.086856	1.000000	0.000546	-0.016645	-0.003785	0.002519	-0.013699	0.051121	0.025664	-0.008793	0.032711
x2	-0.061559	0.000546	1.000000	-0.046554	0.024160	0.032737	0.161939	-0.059700	-0.002764	-0.021703	-0.171750
x3	0.234370	-0.016645	-0.046554	1.000000	-0.023959	0.050603	0.100360	0.243810	0.106104	0.460272	0.078893
x4	-0.014677	-0.003785	0.024160	-0.023959	1.000000	-0.056488	0.078882	-0.016457	0.026715	-0.013482	-0.017934
x5	-0.018918	0.002519	0.032737	0.050603	-0.056488	1.000000	0.128977	-0.030871	0.165318	-0.032760	0.108496
x6	0.057867	-0.013699	0.161939	0.100360	0.078882	0.128977	1.000000	-0.077550	0.403188	-0.015653	0.088785
x7	0.164784	0.051121	-0.059700	0.243810	-0.016457	-0.030871	-0.077550	1.000000	-0.071615	0.435709	-0.011679
x8	0.067702	0.025664	-0.002764	0.106104	0.026715	0.165318	0.403188	-0.071615	1.000000	0.005063	0.121877
x9	0.258952	-0.008793	-0.021703	0.460272	-0.013482	-0.032760	-0.015653	0.435709	0.005063	1.000000	0.029190
x10	0.071992	0.032711	-0.171750	0.078893	-0.017934	0.108496	0.088785	-0.011679	0.121877	0.029190	1.000000

12.5　客户信用分析

12.5.1　特征选择

当数据预处理完成后，我们需要选择有意义的特征来构建数据分析模型，好的特征能够构造出较好的分析模型。特征选择主要有两个目的：一是减少特征数量、降维，使模型泛化能力更强，减少过拟合；二是增强对特征和特征值之间的理解。

客户有 10 个属性，也就是说 10 个变量决定了客户信用情况，这就需要计算这些变量和客户信用情况的相关性。

```
data6=pd.read_csv('DeleteAbnormalData.csv')
#重新命名列
data6.columns=['x0','x1','x2','x3','x4','x5','x6','x7','x8','x9','x10']
#获取客户的 10 个属性和信用情况的相关性如表 12-3 所示
data6.corr().sort_values(by=['x0'],ascending=False) #x0 指代 SeriousDlqin2yrs
```

表 12-3 客户的 10 个属性和信用情况的相关性

	x0	x1	x2	x3	x4	x5	x6	x7	x8	x9	x10
x0	1.000000	0.086856	-0.061559	0.234370	-0.014677	-0.018918	0.057867	0.164784	0.067702	0.258952	0.071992
x9	0.258952	-0.008793	-0.021703	0.460272	-0.013482	-0.032760	-0.015653	0.435709	0.005063	1.000000	0.029190
x3	0.234370	-0.016645	-0.046554	1.000000	-0.023959	0.050603	0.100360	0.243810	0.106104	0.460272	0.078893
x7	0.164784	0.051121	-0.059700	0.243810	-0.016457	-0.030871	-0.077550	1.000000	-0.071615	0.435709	-0.011679
x1	0.086856	1.000000	0.000546	-0.016645	-0.003785	0.002519	-0.013699	0.051121	0.025664	-0.008793	0.032711
x10	0.071992	0.032711	-0.171750	0.078893	-0.017934	0.108496	0.088785	-0.011679	0.121877	0.029190	1.000000
x8	0.067702	0.025664	-0.002764	0.106104	0.026715	0.165318	0.403188	-0.071615	1.000000	0.005063	0.121877
x6	0.057867	-0.013699	0.161939	0.100360	0.078882	0.128977	1.000000	-0.077550	0.403188	-0.015653	0.088785
x4	-0.014677	-0.003785	0.024160	-0.023959	1.000000	-0.056488	0.078882	-0.016457	0.026715	-0.013482	-0.017934
x5	-0.018918	0.002519	0.032737	0.050603	-0.056488	1.000000	0.128977	-0.030871	0.165318	-0.032760	0.108496
x2	-0.061559	0.000546	1.000000	-0.046554	0.024160	0.032737	0.161939	-0.059700	-0.002764	-0.021703	-0.171750

我们定义和 SeriousDlqin2yrs 之间的相关性低于 0.07 的特征为预测能力较弱或无关特征，因此将 age、DebtRatio、MonthlyIncome、NumberOfOpenCreditLinesAndLoans、NumberRealEstateLoansOrLines 等 5 个属性删除。

12.5.2 逻辑回归分析

下面通过逻辑回归分析预测客户是否违约。

```
from sklearn.cross_validation import train_test_split
from sklearn.linear_model import LogisticRegression as LR
from sklearn import metrics
data7=pd.read_csv('DeleteAbnormalData.csv')
data8=data7[['SeriousDlqin2yrs','RevolvingUtilizationOfUnsecuredLines',
'NumberOfTime30-59DaysPastDueNotWorse','NumberOfTimes90DaysLate',
'NumberOfTime60-89DaysPastDueNotWorse','NumberOfDependents']]
Y=data8['SeriousDlqin2yrs']
X=data8.ix[:,1:]
#为了验证模型的拟合效果,需要先对数据集进行切分,分成训练集和测试集
X_train,X_test,Y_train,Y_test=train_test_split(X,Y,test_size=0.3,random_
state=0)
lr=LR()                        #建立逻辑回归模型
lr.fit(X_train,Y_train)        #训练模型
y_pred=lr.predict(X_test)      #用得到的模型对 30%的测试集进行预测
#用均方误差来评价模型优劣
print("模型预测的均方误差:",metrics.mean_squared_error(Y_test, y_pred))
```

运行上述代码得到的输出结果如下：

```
模型预测的均方误差: 0.058091286307053944
```

从输出的模型预测的均方误差来看，说明该模型的预测效果还是很好的，正确率较高，通过该模型可预测客户是否违约。

第13章

文本情感分析

互联网的快速发展，尤其是 Web 2.0 的出现，促进了互联网由“阅读式互联网”向“交互式互联网”转变。网络不仅成为人们获取信息的重要来源，也成为人们发表自己的观点和分享自己的体验，直接表达喜怒哀乐等各种情感的重要平台，因而在网络中就形成了大量带有主观情感倾向性的文本。这些海量的主观性文本将会对人们的行为产生重要影响，在这些文本中隐含了大量有价值的信息。例如，在购买商品时，消费者希望通过其他用户发表的评论来决定自己的购买意向；同时，许多商家也希望通过用户评论来及时了解产品的优缺点及用户满意度。文本情感分析技术可自动地从海量评论语料中挖掘有用信息，并对这些信息进行组织和分类，直观地展示给用户和商家。此外，通过电影或电视剧的评论分析，可以了解用户对节目的喜怒哀乐，进而制定好的剧情和上线时间；通过大众舆论导向分析，政府部门可以了解公民对热门事件的情感倾向，掌握大众舆论导向，为政府制定相关政策提供支持。

13.1 中文分词方法

众所周知，英文是以词为单位的，词和词之间是靠空格隔开，而中文句子中没有空格作为天然的词分隔符，词的界定缺乏一定的标准，如何判定词边界一直是一个难题。例如，英文句子 I am a student，用中文则为“我是一个学生”。计算机可以很简单地通过空格知道 student 是一个单词，但是不能很容易明白“学”“生”两个字合起来才表示一个词。把中文的汉字序列切分成有意义的词，就是中文分词，也称为切词。

中文分词具有以下几个方面的词认定问题：一是词的界定模糊，中文处于一个不断变化的过程，词也一样，一直有新词源源不断地被创作出来，但新词是否被认同有一个过程，这就造成有些词只被部分人认定成词；二是长词问题，如“中国人民解放军”从功能上看是一个整体，我们可以将其当作一个词，但也可以切分成“中国人民/解放军”，将其看作组合词；三是词的扩展问题，有些词由于自身的特性，可以添加一些量词来进行扩展，如“吃饭”可以说成“吃了一点饭”，“上课”说成“上了节课”，词的形式的多样性使得词的界定比较困难。

中文分词要解决的另一个重要问题是歧义处理，歧义按照类型的不同可以分为两类：语言层次的歧义和机器自动分词局限性产生的歧义。

1. 语言层次的歧义

这种歧义与句子所处的环境有关，除去上下文该句可能会有不同的理解方式，且每种理解方式都是对的。如“苹果不大好吃”可以理解为“苹果不大/好吃”，即苹果虽然个儿不大但味道好；也可理解为“苹果/不大好吃”，即苹果味道不好。这种类型的歧义即使是人，如果不联系上下文也无法做出正确的判断，对于机器来说切分就显得更为困难了。

2. 机器自动分词局限性产生的歧义

不同于人类分词的过程，人类分词是先理解句意，再根据句意以及经验判断来分词；机器则不同，机器很难做到理解这一层次，所以机器都是按某种规则直接分词，这样有时会产生一些错误切分。如“中国古代唐朝服饰”“朝服主要用途还在于朝会”，两者都有“朝服”两个字，但前者并不构成词，机器在切分时很容易错误地将其切分。

中文分词按分词算法设计思想不同，可以分为基于字符串匹配的分词方法、基于统计的分词方法和基于理解的分词方法三大类。

13.1.1 基于字符串匹配的分词方法

基于字符串匹配的分词方法又叫作机械分词方法，它是按照一定的策略将待分析的汉字串与一个“充分大的”机器词典中的词条进行匹配，若在词典中找到某个字符串，则匹配成功，即识别出一个词。按照扫描方向的不同，字符串匹配分词方法可以分为正向匹配和反向匹配；按照不同长度优先匹配的不同，可以分为最大（最长）匹配和最小（最短）匹配；按照是否与词性标注过程相结合，又可以分为单纯分词方法和分词与标注相结合的一体化方法。

1. 正向最大匹配

正向最大匹配算法假设分词词典中最长词条所含的汉字个数是 MaxLen，每次从待切分字串 S 的开始处截取一个长度为 MaxLen 的字串 W，将 W 同词典中长度为 MaxLen 的词条依次相匹配。如果某个词条与其完全匹配，则把 W 作为一个词从 S 中切分出去，然后再从 S 的开始处截取另一个长度为 MaxLen 的字串，重复与词典中词条相匹配的过程，直到待切分字符串为空。如果在词典中找不到长度为 MaxLen 词条与 W 匹配，就从 W 的尾部减去一个字，用剩下的长度为 MaxLen－1 的字符串与词典中长度为 MaxLen－1 词条进行匹配；如果匹配成功，则将该长度为 MaxLen－1 的字串切分出去，否则再从 W 尾部减去一个字，重复匹配过程，直到匹配成功。

假设要进行分词的字串为“研究生命的起源”。假定字典包含的词条如下：

研究

研究生

生命

命
的
起源
假定最大匹配字数设定为 5,正向最大匹配过程如下。
第 1 轮扫描如下。
第 1 次:“研究生命的”,扫描 5 字词典,无匹配。
第 2 次:“研究生命”,扫描 4 字词典,无匹配。
第 3 次:“**研究生**”,扫描 3 字词典,匹配成功。
扫描中止,输出的第 1 个词为“研究生”,去除第 1 个词后开始第 2 轮扫描。
第 2 轮扫描如下。
第 1 次:“命的起源”,扫描 4 字词典,无匹配。
第 2 次:“命的起”,扫描 3 字词典,无匹配。
第 3 次:“命的”,扫描 2 字词典,无匹配。
第 4 次:“**命**”,扫描 1 字词典,匹配成功。
扫描中止,输出的第 2 个词为“命”,去除第 2 个词后开始第 3 轮扫描。
第 3 轮扫描如下。
第 1 次:“的起源”,扫描 3 字词典,无匹配。
第 2 次:“的起”,扫描 2 字词典,无匹配。
第 3 次:“的”,扫描 1 字词典,匹配成功。
扫描中止,输出的第 3 个词为“的”,去除第 3 个词后开始第 4 轮扫描。
第 4 轮扫描如下。
第 1 次:“**起源**”,扫描 2 字词典,匹配成功。
正向最大匹配法,最终切分结果:研究生/命/的/起源。
正向最大匹配流程图如图 13-1 所示。

2. 反向最大匹配

反向即从后往前取词,对“研究生命的起源”进行反向最大匹配分词的过程如下。
第 1 轮扫描如下。
第 1 次:“生命的起源”,扫描 5 字词典,无匹配。
第 2 次:“命的起源”,扫描 4 字词典,无匹配。
第 3 次:“的起源”,扫描 3 字词典,无匹配。
第 4 次:“**起源**”,扫描 2 字词典,匹配成功。
第 2 轮扫描如下。
第 1 次:“研究生命的”,扫描 5 字词典,无匹配。
第 2 次:“究生命的”,扫描 4 字词典,无匹配。
第 3 次:“生命的”,扫描 3 字词典,无匹配。
第 4 次:“命的”,扫描 2 字词典,无匹配。
第 5 次:“**的**”,扫描 1 字词典,匹配成功。

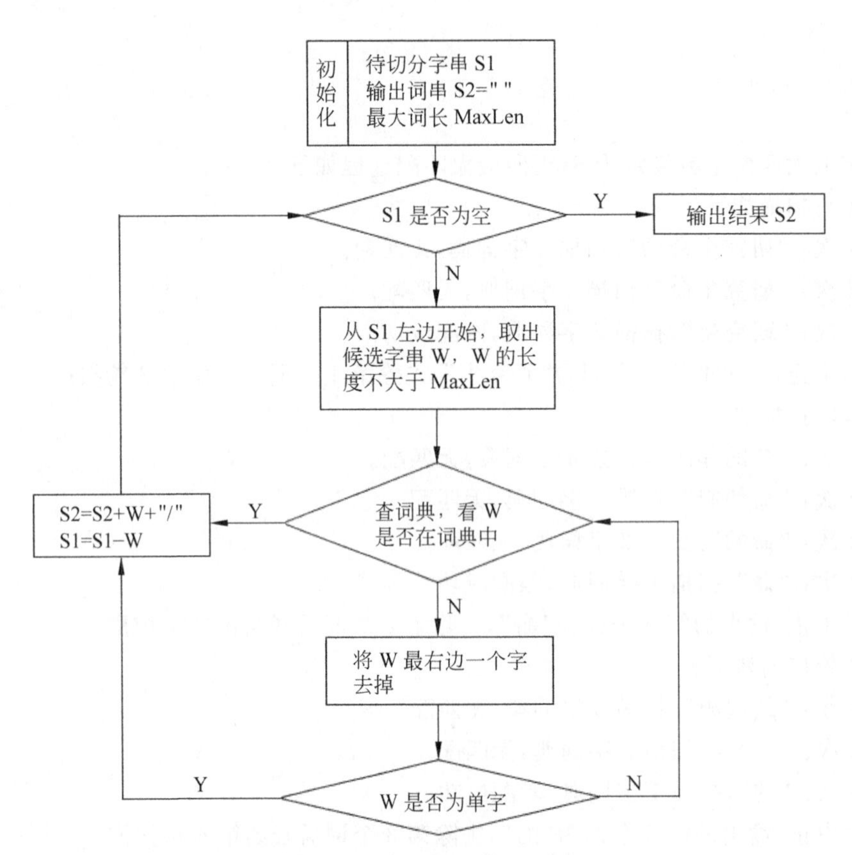

图 13-1　正向最大匹配流程图

第 3 轮扫描如下。

第 1 次：“研究生命”，扫描 4 字词典，无匹配。

第 2 次：“究生命”，扫描 3 字词典，无匹配。

第 3 次：**“生命”**，扫描 2 字词典，匹配成功。

第 4 轮扫描如下。

第 1 次：**“研究”**，扫描 2 字词典，匹配成功。

反向最大匹配法，最终切分结果：研究/生命/的/起源。

两种分词过程总结如下。

正向匹配：从左到右，逐步去掉右边的字进行新一轮匹配。

反向匹配：从右到左，逐步去掉左边的字进行新一轮匹配。

一般说来，反向匹配的切分准确度略高于正向匹配，遇到的歧义现象也较少。统计结果表明，单纯使用正向最大匹配的错误率为 1/169，单纯使用反向最大匹配的错误率为 1/245。

3. 双向最大匹配

双向最大匹配法是将正向最大匹配法得到的分词结果和逆向最大匹配法得到的结果

进行比较，从而决定正确的分词方法。据研究表明，中文中 90.0%左右的句子，正向最大匹配法和逆向最大匹配法分词结果完全相同且正确。只有大约 9.0%的句子两种切分方法得到的结果不一样，但其中必有一个是正确的。只有不到 1.0%的句子，正向最大匹配法和逆向最大匹配法的切分结果虽相同却是错的，或者正向最大匹配法和逆向最大匹配法切分不同但两个都不对。这正是双向最大匹配法在中文信息处理系统中得以广泛使用的原因所在。

通常，如果正向、反向分词结果词数不同，则取分词数量较少的那个。如果分词结果词数相同，分词结果相同，返回任意一个；分词结果不同，返回其中单字较少的那个。

13.1.2　基于统计的分词方法

从形式上看，词是稳定的字的组合，因此在上下文中，如果相连的字在不同的文本中出现的次数越多，就证明这些相连的字很可能就是一个词。因此，可以利用字与字相邻共现的频率或概率来反映成词的可信度。可以对语料中相邻共现的各个字的组合的频度进行统计，当组合频度高于某一个临界值时，便可认为此字组可能会构成一个词。

目前统计分词模型有很多，如互信息、N 元语法模型。

1. 互信息模型

互信息是从概率角度来判断字与字是否构成词，例如给定字符串 xy，其互信息为

$$\mathrm{MI}(xy)=\log_2\frac{P(x,y)}{P(x)P(y)}$$

其中，$P(x,y)$表示 x 与 y 共同出现的概率；$P(x)$、$P(y)$分别表示 x、y 各自出现的概率。一般地，两个字的互信息值越大，那么它们结合成词的概率越大；值越小，则越不可能成词。通过设定一个阈值，大于该阈值则成词，否则就不成词。

互信息既可以从语料库中统计而来，也可以直接从文本中获得，但从文本获取时必须要保证文本主题比较集中，避免文本互信息太过平均。互信息也具有不足之处，首先该模型无法处理三个及以上的字的联系，其次对于那些在阈值附近的互信息，如果简单地按照上面的规则处理必定造成一定的误差。

一种改进策略是引入 t-测试来处理那些在阈值附近的互信息，t-测试是用来衡量哪些字更应该组合成词。对给定的字符串 xyz，y 与 x 和 z 的联系可表示为

$$t_{x,z}(y)=\frac{P(z\mid y)-P(y\mid x)}{\sqrt{\sigma^2(P(z\mid y))+\sigma^2(P(y\mid x))}}$$

其中，$P(y|x)$、$P(z|y)$分别是 y 关于 x、z 关于 y 的条件概率；$\sigma^2(P(y|x))$、$\sigma^2(P(z|y))$是各自的方差。一般地，如果 $t_{x,z}(y)$大于 0，则表示 y 更倾向于与其后继字 z 结合成词；如果 $t_{x,z}(y)$小于 0，则 y 倾向于与其前驱字 x 结合成词。

2. N 元文法模型(N-gram)

N-gram 语言模型是用来计算一个词串或者是一句话 $W=w_1w_2\cdots w_n$ 出现概率的统计模型。N-gram 模型假设某词的出现概率只与该词前面的 $n-1$ 个词有关，即词 w_i 出现

的概率为 $P(w_i|w_{i-n+1}\cdots w_{i-1})$，而整个词串出现的概率为

$$P(W)=P(w_1)P(w_2\mid w_1)P(w_3\mid w_1w_2)\cdots P(w_n\mid w_1\cdots w_{n-1})$$

N-gram 语言模型可以根据 n 的不同取值分为不同的文法模型。当 $n=1$ 时，即出现在第 i 位上的词 w_i 独立于前面出现的词时，称为一元文法模型，也称为一阶马尔可夫链，词串出现的概率表示为

$$P(W)=P(w_1)P(w_2)P(w_3)\cdots P(w_n)$$

当 $n=2$ 时，即出现在第 i 位上的词 w_i 仅与它前面的一个词 w_{i-1} 有关，称为二元文法模型，也称为二阶马尔可夫链，词串出现的概率表示为

$$P(W)=P(w_1)P(w_2\mid w_1)P(w_3\mid w_2)\cdots P(w_n\mid w_{n-1})\qquad \text{(bigram)}$$

当 $n=3$ 时，即出现在第 i 位上的词 w_i 与它前面的两个词 w_{i-1}、w_{i-2} 有关，称为三元文法模型，也称为三阶马尔可夫链，词串出现的概率表示为

$$P(W)=P(w_1)P(w_2\mid w_1)P(w_3\mid w_1w_2)\cdots P(w_n\mid w_{n-2}w_{n-1})\qquad \text{(trigram)}$$

那么，在面对实际问题时，如何选择依赖词的个数？

更大的 n，对下一个词出现的约束信息更多，具有更大的辨别力。

更小的 n，在训练语料库中出现的次数更多，具有更可靠的统计信息，具有更高的可靠性。

理论上，n 越大越好，经验上，trigram 用得最多，尽管如此，原则上能用 bigram 解决，绝不使用 trigram。

N-gram 模型的运用非常广泛，如词性标注、机器翻译和中文分词等。N-gram 分词过程：给定字序列 $C=c_1c_2\cdots c_n$，获取其不同的词序列 $W_1,W_2,\cdots,W_i$ 并计算每个序列 W_i 的$P(W_i)$，$P(W_i)$值越大则代表该词序列出现的概率越高，取 $P(W_i)$最大的词序列作为字序列 C 的分词结果。

对于 N-gram 语言模型，在参数估计方面一般采取最大似然估计。当语料数据足够大时，利用语料数据中词串出现的次数就可以得到条件概率的极大似然估计，如下式：

$$P(w_i\mid w_{i-n+1}\cdots w_{i-1})=\frac{N(w_{i-n+1}\cdots w_{i-1}w_i)}{N(w_{i-n+1}\cdots w_{i-1})}$$

其中，$N(w_{i-n+1}\cdots w_{i-1}w_i)$表示词串 $w_{i-n+1}\cdots w_{i-1}w_i$ 在语料数据中出现的次数。

不同于传统的词典分词，N-gram 分词法是从一个已切分序列集中选出可能性最高的那个序列。

N 元文法模型举例 1：给定句子集

```
"<s>I am Tom </s>
  <s>Tom I am </s>
  <s>I do not like green eggs and ham </s> "
```

部分 bigram 语言模型如下：

$P(\text{I}|\text{<s>})=\frac{2}{3}=0.67$，　$P(\text{Tom}\ |\text{<s>})=\frac{1}{3}=0.33$，　$P(\text{am}\ |\text{I})=\frac{2}{3}=0.67$

N 元文法模型举例 2：假设语料库总共有 13 748 个词，词 w_i 在语料库中出现的次数 $c(w_i)$如表 13-1 所示。

表 13-1　词 w_i 在语料库中出现的次数 $c(w_i)$

I	want	to	eat	Chinese	food
3437	1215	3256	938	213	1506

$w_{i-1}w_i$ 出现的次数 $c(w_{i-1}w_i)$ 如表 13-2 所示。

表 13-2　$w_{i-1}w_i$ 出现的次数 $c(w_{i-1}w_i)$

	I	want	to	eat	Chinese	food
I	8	1087	0	13	0	0
want	3	0	786	0	6	8
to	3	0	10	860	3	0
eat	0	0	2	0	19	2
Chinese	2	0	0	0	0	120
food	19	0	17	0	0	0

利用二元文法模型计算 I want to eat Chinese food 出现的概率：

$P(\text{I want to eat Chinese food})$

$=P(\text{I})\times P(\text{want}|\text{I})\times P(\text{to}|\text{want})\times P(\text{eat}|\text{to})\times P(\text{Chinese}|\text{eat})\times P(\text{food}|\text{Chinese})$

$=0.25\times1087/3437\times786/1215\times860/3256\times19/938\times120/213$

$=0.000154171$

为了避免数据溢出、提高性能，通常会使用取 log 后使用加法运算替代乘法运算。

$\log(P(\text{I})\times P(\text{want}|\text{I})\times P(\text{to}|\text{want})\times P(\text{eat}|\text{to})\times P(\text{Chinese}|\text{eat})\times P(\text{food}|\text{Chinese}))$

$=\log(P(\text{I}))+\log(P(\text{want}|\text{I}))+\log(P(\text{to}|\text{want}))+\log(P(\text{eat}|\text{to}))+\log(P(\text{Chinese}|\text{eat}))+\log(P(\text{food}|\text{Chinese}))$

对比“I want to eat Chinese food.”进行二元分词的 Python 代码如下：

```
import re
sent="I want to eat Chinese food."
lst_sent=sent.split(" ")
lst_sent1=[re.sub('\W', '', i) for i in lst_sent]
bigram=[]
for i in range(len(lst_sent1)-1):
    bigram.append(lst_sent1[i]+" "+lst_sent1[i+1])
print(bigram)
```

代码执行的结果如下：

```
['I want', 'want to', 'to eat', 'eat Chinese', 'Chinese food']
```

下面给出利用 jieba 中文分词系统进行中文分词的例子。jieba 中文分词采用的算法如下。

(1) 基于 Trie 树结构实现高效的词图扫描,生成句子中汉字所有可能成词情况所构成的有向无环图(DAG)。

(2) 采用动态规划查找最大概率路径,找出基于词频的最大切分组合。

jieba 中文分词支持的分词模式有以下三种。

(1) 精确模式。试图将句子最精确地切开,适合文本分析。

(2) 全模式。把句子中所有的可以成词的词语都扫描出来,速度非常快,但是不能解决歧义。

(3) 搜索引擎模式。在精确模式的基础上,对长词再次切分,提高召回率,适合用于搜索引擎分词。

```
>>>import jieba
>>>text="叹气是最浪费时间的事情哭泣是最浪费力气的行径"
>>>cut=jieba.cut(text)     #精确模式,分词返回的结果是一个生成器
>>>cut
<generator object Tokenizer.cut at 0x0000000003160150>
>>>print ('/'.join(cut))
叹气/是/最/浪费时间/的/事情/哭泣/是/最/浪费/力气/的/行径
#全模式,把文本分成尽可能多的词
>>>print('/'.join(jieba.cut(text,cut_all=True)))
叹气/是/最/浪费/浪费时间/费时/费时间/时间/的/事情/哭泣/是/最/浪费/费力/费力气/力气/的/行径
>>>print ('/'.join(jieba.cut_for_search(text)))     #搜索引擎模式
叹气/是/最/浪费/费时/时间/费时间/浪费时间/的/事情/哭泣/是/最/浪费/力气/的/行径
```

jieba.cut()方法接收两个输入参数:第一个参数为需要分词的字符串;第二个参数 cut_all 用来控制是否采用全模式,默认不采用。

jieba.cut_for_search()方法接收一个参数,即需要分词的字符串,该方法适合用于搜索引擎构建倒排索引的分词,粒度比较细。

jieba.cut()以及 jieba.cut_for_search()返回的结果都是一个可迭代的 generator 对象,可以使用 for 循环来获得分词后得到的每一个词语,也可以用 list(jieba.cut(…))转化为 list,例如:

```
>>>words=jieba.cut_for_search(text)
>>>for word in words:
    print(word+"/",end='')

叹气/是/最/浪费/费时/时间/费时间/浪费时间/的/事情/哭泣/是/最/浪费/力气/的/行径/
>>>list(jieba.cut_for_search(text))
['叹气', '是', '最', '浪费', '费时', '时间', '费时间', '浪费时间', '的', '事情', '哭泣', '是', '最', '浪费', '力气', '的', '行径']
```

13.1.3 基于理解的分词方法

基于理解的分词方法是通过让计算机模拟人对句子的理解，达到识别词的效果，其基本思想就是在分词的同时进行句法、语义分析，利用句法信息和语义信息来处理歧义现象。它通常包括三个部分：分词子系统、句法语义子系统、总控部分。在总控部分的协调下，分词子系统可以获得有关词、句子等的句法和语义信息来对分词歧义进行判断。基于理解的分词方法需要使用大量的语言知识和信息。由于汉语语言知识的笼统、复杂性，难以将各种语言信息组织成机器可直接读取的形式，因此目前基于理解的分词系统还处在试验阶段。

13.2 文本的关键词提取

在自然语言处理领域，一个关键的问题是关键词（也称为特征）的提取，关键词提取的好坏将会直接影响算法的效果。常用的关键词提取方法有文档频率、互信息、词频-逆文件频率（TF-IDF）等。

13.2.1 基于文档频率的关键词提取

在文档频率方法中，将包含关键词的文档的数目和所有文档数目的比值作为文档频率。在进行关键词抽取时，首先计算出每一个关键词的文档频率，然后设定合适的阈值，根据阈值去进行关键词选取。如果文档频率低于某一阈值，说明该关键词在文档中占的权重相对较弱，就丢弃；如果文档频率大于某一值，说明该关键词在文档中出现的比较频繁，不具有代表性，也会被丢弃，最后剩下的就是需要的关键词。

该方法比较简单、方便，但没有考虑关键词本身在一个文档中出现的次数。有可能一个关键词文档频率很低，但是该关键词在某一篇文档中出现次数很高，表明该关键词与文档是高度相关的，可这样的关键词按文档频率方法是无法被选取的。

13.2.2 基于互信息的关键词提取

互信息是信息论中描述事件 A 和事件 B 同时出现，发生相关联而提供的信息量。在分类问题中，可以使用互信息衡量某一个特征和特定类别的相关性，互信息越大，说明该特征和该特定类别的相关性越大，反之相关性越小。因此，互信息可以有效地体现特征与文本类别的关联度。

特征词 t 与文本类别 C 之间的互信息定义为

$$\mathrm{MI}(t,C)=\log_2\frac{P(t,C)}{P(t)P(C)}$$

其中，$P(t,C)$表示类别 C 中包含特征词 t 的文本数与总文本数的比率；$P(t)$表示出现特征词 t 的文本数与总文本数的比率；$P(C)$表示属于类别 C 的文本数与总文本数的比率。

13.2.3 基于词频-逆文件频率的关键词提取

基于词频-逆文件频率的关键词提取

词频-逆文件频率(Term Frequency-Inverse Document Frequency,TF-IDF)是一种用于信息检索与数据挖掘的常用加权技术。TF-IDF是一种统计方法,用于评估一个词对于一个文件集或一个语料库中的其中一份文件的重要程度。TF-IDF的基本思想:词语的重要性与它在文件中出现的次数成正比,但同时会随着它在语料库(文件集)中出现的频率成反比下降。也就是说,一个词语 w 在一篇文章 d 中出现的次数越多,并且在其他文章中很少出现,则认为词语 w 具有很好的区分能力,该词语与文章 d 的相关程度就越高,越能够代表该文章,适合用来把文章 d 与其他文章区分开来。

词频(Term Frequency,TF)指的是一个词在文件中出现的频率,是对词数的归一化,以防止它偏向长的文件。之所以这样做,是因为同一个词语在长文件里可能会比在短文件里有更高的词数,而不管该词语重要与否。对于文件 d_j 中的词语 t_i 而言,它的词频 TF_{ij} 可表示为

$$\mathrm{TF}_{ij}=\frac{n_{ij}}{\sum_k n_{kj}}$$

其中,n_{ij} 是该词在文件 d_j 中出现的次数;分母则是文件 d_j 中所有词汇出现的次数之和。

逆文件频率(Inverse Document Frequency,IDF)用来衡量某一词语在文件集中的重要性。某一特定词语的IDF,可以由文件集的总文件数目除以包含该词语的总文件数目,再将得到的商取对数得到。

对文件集 D,设 $|D|$ 表示 D 中的总文件数,$|D_i|$ 表示 D 中含有第 i 种词的总文件数,用 IDF_i 表示第 i 种词在文件集 D 的逆文件频率,则 IDF_i 定义为

$$\mathrm{IDF}_i=\log_2\frac{|D|}{|D_i|+1}$$

利用文件内的较高的词语频率,以及词语在整个文件集合中的较低文件频率,可以得到较高权重的TF-IDF词语,这些词语在该文件中具有较高的重要程度。因此,通过TF-IDF选取重要词语可用于过滤掉常见的词语,得到重要的词语。

TF-IDF算法是建立在这样一个假设之上的:对区别文档最有价值的词语应该是那些在文档中出现频率高,而在整个文档集合的其他文档中出现频率少的词语。另外考虑词语区别不同类别的能力,TF-IDF算法认为一个词语出现的文本频数越小,它区别不同类别文本的能力就越大,因此引入了逆向文件频率IDF的概念,以TF和IDF的乘积作为选取特征词的测度,并用它完成对权值TF的调整,调整权值的目的在于突出重要单词,抑制次要单词。本质上,IDF是一种试图抑制噪声的加权,并且单纯地认为文本频数小的单词就越重要,文本频数大的单词就越无用,显然这并不是完全正确的。IDF的简单结构并不能有效地反映单词的重要程度和特征词的分布情况,使其无法很好地完成对权值调整的功能,所以TF-IDF法的精度并不是很高。

统计一篇文档中 TF-IDF 最高的三个单词，这里要用到自然语言处理工具包 nltk，使用前需要先安装。

```
import nltk       #导入自然语言处理工具包 nltk
import math
import string
from nltk.corpus import stopwords
from nltk.stem.porter import *
#Counter 是一个简单的计数器，例如统计字符出现的个数
from collections import Counter
text1="Being grateful is an important philosophy of life and a great wisdom. It is impossible for anyone to be lucky and successful all the time so long as he lives in the world. smile and so will it when you cry to it. If you are grateful to life, it will bring you shining sunlight."
text2="If you always complain about everything, you may own nothing in the end. When we are successful, we can surely have many reasons for being grateful, but we have only one excuse to show ungratefulness if we fail."
text3="I think we should even be grateful to life whenever we are unsuccessful or unlucky. Only by doing this can we find our weakness and shortcomings when we fail. We can also get relief and warmth when we are unlucky. This can help us find our courage to overcome the difficulties we may face, and receive great impetus to move on. We should treat our frustration and misfortune in our life in the other way just as President Roosevelt did. We should be grateful all the time and keep having a healthy attitude to our life forever, keep having perfect characters and enterprising spirit."
words1=text1.lower()
words1=words1.split()
#将字符串中的非单词字符替换为'',即剔除标点符号
words1=[re.sub('\W', '', i) for i in words1]
filtered1=[w for w in words1 if not w in stopwords.words('english')]
count1=Counter(filtered1)                  #Counter()函数用于统计每个单词出现的次数
words2=text2.lower()
words2=words2.split()
words2=[re.sub('\W', '', i) for i in words2]
filtered2=[w for w in words2 if not w in stopwords.words('english')]
count2=Counter(filtered2)
words3=text3.lower()
words3=words3.split()
words3=[re.sub('\W', '', i) for i in words3]
filtered3=[w for w in words3 if not w in stopwords.words('english')]
count3=Counter(filtered3)
def tf(word, count):                       #获取 word 在文件 count 中的词频
    return count[word]/sum(count.values())
def n_containing(word, count_list):        #获取含有 word 词的总文件数
```

```
    return sum(1 for count in count_list if word in count)
def idf(word, count_list):                  #获取逆文件频率
    return math.log(len(count_list)/(1+n_containing(word, count_list)))
def tfidf(word, count, count_list):     #获取词频-逆文件频率
    return tf(word, count) * idf(word, count_list)
countlist=[count1, count2, count3]
for i, count in enumerate(countlist):
    print("Top words in document {}".format(i+1))
    scores={word: tfidf(word, count, countlist) for word in count}
    sorted_words=sorted(scores.items(), key=lambda x: x[1], reverse=True)
    for word, score in sorted_words[:3]:            #输出文档中TF-IDF最高的三个单词
        print("\tWord: {}, TF-IDF: {}".format(word, round(score, 5)))
```

执行上述代码后可以得到如下结果：

```
Top words in document 1
    Word: important, TF-IDF: 0.01931
    Word: philosophy, TF-IDF: 0.01931
    Word: wisdom, TF-IDF: 0.01931
Top words in document 2
    Word: always, TF-IDF: 0.02534
    Word: complain, TF-IDF: 0.02534
    Word: everything, TF-IDF: 0.02534
Top words in document 3
    Word: find, TF-IDF: 0.01655
    Word: keep, TF-IDF: 0.01655
    Word: think, TF-IDF: 0.00827
```

Python 的机器学习包 Scikit-Learn 也提供了内置的 TF-IDF 实现，实现 TF-IDF 的模型是 TfidfVectorizer()，TfidfVectorizer()的语法格式如下：

```
TfidfVectorizer(decode_error='strict', lowercase=True, stop_words=None,
token_pattern='(?u)\b\w\w+\b', max_df=1.0, min_df=1, max_features=None,
vocabulary=None)
```

作用：TfidfVectorizer()函数将原始文档集合转换为 TF-IDF 特征矩阵，函数的返回值是 TfidfVectorizer 对象。

参数说明如下。

decode_error：有三种取值{'strict','ignore','replace'}，默认为 strict，遇到不能解码的字符将报 UnicodeDecodeError 错误，设为 ignore 时将会忽略解码错误。

lowercase：将所有字符变成小写。

stop_words：设置停用词，设为 english 将使用内置的英语停用词，设为一个 list 可自定义停用词，设为 None 不使用停用词。设为 None 且 max_df∈[0.7,1.0)将自动根据当前的语料库建立停用词表。

token_pattern：表示 token 的正则表达式，需要设置 analyzer=='word'，默认的正则

表达式选择 2 个及以上的字母或数字作为 token，标点符号默认当作 token 分隔符，而不会被当作 token。

max_df：可以设置为范围在[0.0 1.0]的 float，也可以设置为没有范围限制的 int，默认为 1.0。这个参数的作用是作为一个阈值，当构造语料库的关键词集时，如果某个词的 document frequence 大于 max_df，这个词不会被当作关键词。如果这个参数是 float，则表示词出现的次数与语料库文档数的百分比；如果这个参数是 int，则表示词出现的次数。如果参数中已经给定了 vocabulary，则这个参数无效。

min_df：类似于 max_df，不同之处在于如果某个词的 document frequence 小于 min_df，则这个词不会被当作关键词。

max_features：默认为 None，可设为 int，对所有关键词的 term frequency 进行降序排序，只取前 max_features 个作为关键词集。

vocabulary：默认为 None，自动从输入文档中构建关键词集，也可以是一个字典或可迭代对象。

TfidfVectorizer 对象的属性如下。

vocabulary_：字典类型，key 为关键词，value 是特征索引。关键词集被存储为一个数组向量的形式，vocabulary_中的 key 是关键词，value 就是该关键词在数组向量中的索引，使用 get_feature_names()方法可以返回该数组向量。

idf_：逆文件频率向量。

stop_words_：集合类型，仅在没有给出 vocabulary，一般用这个属性来检查停用词是否正确。

```
from sklearn.feature_extraction.text import TfidfVectorizer
text1="I think we should even be grateful to life whenever we are unsuccessful or
unlucky. Only by doing this can we find our weakness and shortcomings when we
fail. We can also get relief and warmth when we are unlucky. "
text2="If you always complain about everything, you may own nothing in the end.
When we are successful, we can surely have many reasons for being grateful, but
we have only one excuse to show ungratefulness if we fail."
text=[text1,text2]
vectorizer=TfidfVectorizer(min_df=1)        #构建模型
tfidf=vectorizer.fit_transform(text)
print(tfidf.shape)
```

运行上述代码得到的输出结果如下：

```
(2, 53)
```

tfidf 的数据形状是一个 2×53 的矩阵，每行表示一个文档，每列表示该文档中的每个词的评分。数字 53 表示语料库里词汇表中一共有 53 个(不同的)词。

```
words=vectorizer.get_feature_names()        #获取文本的关键字
print(words)
```

得到的输出结果如下：

```
['about', 'also', 'always', 'and', 'are', 'be', 'being', 'but', 'by', 'can',
'complain', 'doing', 'end', 'even', 'everything', 'excuse', 'fail', 'find',
'for', 'get', 'grateful', 'have', 'if', 'in', 'life', 'many', 'may', 'nothing',
'one', 'only', 'or', 'our', 'own', 'reasons', 'relief', 'shortcomings', 'should', '
show', 'successful', 'surely', 'the', 'think', 'this', 'to', 'ungratefulness',
'unlucky', 'unsuccessful', 'warmth', 'we', 'weakness', 'when', 'whenever', 'you']
```

上面的输出结果给出了 53 个词的列表。

```
for i in range(len(text)):
    print('----text %d----' %(i))
    for j in range(len(words)):
        print(words[j], tfidf[i,j])
```

运行上述代码得到的输出结果如下：

```
----text 0----
about 0.0
also 0.13694174095259493
always 0.0
……
unsuccessful 0.13694174095259493
warmth 0.13694174095259493
we 0.5846110593393227
weakness 0.13694174095259493
when 0.19487035311310755
whenever 0.13694174095259493
you 0.0
----text 1----
about 0.1496650313022314
also 0.0
always 0.1496650313022314
……
when 0.10648790243088213
whenever 0.0
you 0.2993300626044628
```

上述输出结果的每个文本都包含 53 行。可以看到在文档 1 中，并没有出现 about，所以 about 对应的 TF-IDF 值为 0。

下面给出利用 jieba 系统中的 TF-IDF 实现中文文本的关键词抽取。

```
>>>from jieba import analyse
>>>tfidf=analyse.extract_tags        #引入 TF-IDF 关键词抽取接口
>>>text="进程是计算机中的程序关于某数据集合上的一次运行活动，是系统进行资源分配和
```

调度的基本单位,是操作系统结构的基础。在早期面向进程设计的计算机结构中,进程是程序的基本执行实体;在当代面向线程设计的计算机结构中,进程是线程的容器。程序是指令、数据及其组织形式的描述,进程是程序的实体。"

```
#基于 TF-IDF 算法从 text 文本抽取 10 个关键词并返回关键词权重
>>>keywords=tfidf(text,topK=10,withWeight=True)
Building prefix dict from the default dictionary …
Loading model from cache C:\Users\caojie\AppData\Local\Temp\jieba.cache
Loading model cost 0.995 seconds.
Prefix dict has been built succesfully.
>>>print(keywords)
[('进程', 0.6797314452052083), ('程序', 0.5277345872091667), ('线程',
0.4981153126208333), ('计算机', 0.42529902693), ('面向', 0.31314513554083334),
('结构', 0.3019362256125), ('实体', 0.2815441687195833), ('资源分配', 0.23057217308125),
('设计', 0.230296829615), ('基本', 0.20004821312916665)]
```

13.3　文本情感分析简介

文本情感分析是指用自然语言处理、文本挖掘以及计算机语言学等方法来识别和提取原素材中的主观信息,目的是为了找出文本中作者对某个实体(包括产品、服务、人、组织机构、事件、话题)的评判态度(支持或反对、喜欢或厌恶等)或情感状态(高兴、愤怒、悲伤、恐惧等)。

13.3.1　文本情感分析的层次

文本情感倾向分析可以分成词语情感倾向性分析、句子情感倾向性分析、文档情感倾向性分析、海量信息的整体倾向性预测四个层次。

1. 词语情感倾向性分析

词语情感倾向分析包括对词语极性、强度和上下文模式的分析。目前词语情感倾向分析主要有三种方法。

(1) 由已有的词典或词语知识库生成情感倾向词典。中文词语情感倾向信息的获取可依据 HowNet,该方法通过给定一组已知极性的词语集合作为种子,对于一个情感倾向未知的新词,在词典中找到与该词语义相近并且在种子集合中出现的若干个词,根据这几个种子词的极性,对未知词的情感倾向进行推断。

(2) 无监督机器学习的方法。该方法也是假设已经有一些已知极性的词语作为种子词,对于一个新词,根据词语在语料库中的同现情况判断其联系紧密程度。假设以"真""善""美"作为褒义种子词,"假""恶""丑"作为贬义种子词,则任意其他词语的语义倾向定义为各褒义种子词 PMI(点态互信息量)之和减去各贬义种子词 PMI 之和。语义倾向的正负号就可以表示词语的极性,而绝对值就代表了强度。词语 A 和 B 的 PMI 定义为它们在语料库中的共现概率与 A、B 概率之积的比值,这个值越高,就意味着 A 和 B 的相关性越大。PMI 计算可通过搜索引擎进行，把 A 当作查询内容送给搜索引擎，将返回的含有 A 的页面数与总的索引页面数的比值作为 A 的概率。A 和 B 的共现概率，通过把 A 和 B 同时送给搜索引擎，将返回的含有 A 和 B 的页面数与总的索引页面数的比值作为 A 和 B 的共现概率。

(3) 基于人工标注语料库的学习方法。首先对情感倾向分析语料库进行手工标注，标注的级别有文档级的情感倾向性、短语级的情感倾向性和分句级的情感倾向性。在这些语料的基础上，在大规模语料中利用词语的共现关系、搭配关系或者语义关系，判断其他词语的情感倾向性。

2. 句子情感倾向性分析

词语情感倾向分析的处理对象是单独的词语；而句子情感倾向性分析的处理对象则是在特定上下文中出现的语句，其任务就是对句子中的各种主观性信息进行分析和提取，包括对句子情感倾向的判断，以及从中提取出与情感倾向性论述相关联的各个要素(包括情感倾向性论述的持有者、评价对象、倾向极性、强度，甚至是论述本身的重要性等)。

3. 文档情感倾向性分析

文档级情感分析旨在从整体上判断某个文本的情感倾向性。代表性的工作是 Turney 和 Pang 对电影评论的分类。Turney 的方法是将文档中词的倾向性进行平均，来判断文档的倾向性。这种方法基于情感倾向性词典，不需要人工标注文本情感倾向性的训练语料。Pang 的任务是对电影评论的数据按照倾向性分成两类，它利用人工标注了文本倾向性的训练语料，基于一元分词(把句子分成一个一个的汉字)和二元分词(把句子从头到尾每两个字组成一个词语)等特征训练分类器，通过训练的分类器实现对电影评论的倾向性分类。

随着电子商务的发展，在线商品评论情感等级预测逐渐成为近年来文档级情感分析的热点，旨在自动预测在线评论的情感打分等级(如 1～5 的情感等级)。

4. 海量信息的整体倾向性预测

海量信息的整体倾向性预测的主要任务是对从不同信息源抽取出的、针对某个话题的情感倾向性信息进行集成和分析，进而挖掘出态度的倾向性和走势。

13.3.2 中文文本情感倾向分析

情感分析就是分析一句话说的是主观还是客观描述，分析这句话表达的是积极的情绪还是消极的情绪。下面通过“这手机的画面极好，操作也比较流畅。不过拍照真的太烂了！系统也不好。”来阐述中文文本情感倾向分析。

1. 分析句子中的情感词

要分析一句话是积极的还是消极的，最简单、最基础的方法就是找出句子里面的情感词。积极的情感词如高兴、快乐、兴奋、幸福、激动、赞、好、顺手、开心、满足、喜悦等，消极的情感词如差、烂、坏、堵心、怀疑、惊呆、愤怒等。出现一个积极的情感词，情感分值就加 1；出现一个消极的情感词，情感分值就减 1。

句子中有“好”“流畅”两个积极情感词，“烂”一个消极情感词，其中“好”出现了两次，句子的情感分值就是 1＋1－1＋1＝2。

2. 分析句子中的程度词

“好”“流畅”和“烂”前面都有一个程度修饰词。“极好”就比“较好”或者“好”的情感更强，“太烂”也比“有点烂”情感强得多。所以需要在找到情感词后往前找一下有没有程度修饰词，并给不同的程度修饰词一个权值。例如，有“极”“无比”“太”程度词，就把情感分值乘以 4；有“较”“还算”程度词，就把情感分值乘以 2；有“只算”“仅仅”这些程度词，就乘以 0.5。考虑到程度词，句子的情感分值就是 1×4＋1×2－1×4＋1＝3。

3. 分析句子中的感叹号

可以发现“太烂了”后面有感叹号，感叹号意味着情感强烈。因此，发现感叹号可以为情感值加 2(正面的)或减 2(负面的)。考虑到感叹号，句子的情感分值就变成 4×1＋1×2－1×4－2＋1＝1。

4. 分析句子中的否定词

最后面那个“好”并不是表示“好”，因为前面还有一个“不”字。所以在找到情感词时，需要往前找否定词。例如“不”“不能”“非”“否”这些词，而且还要数这些否定词出现的次数。如果是单数，情感分值就乘以－1；但如果是偶数，那情感就没有反转，保持原来的情感分值。在这句话里面，可以看出“好”前面只有一个“不”，所以“好”的情感值应该反转，乘以－1。这时，这句话的准确情感分值变为 4×1＋1×2－1×4－2＋1×(－1)＝－1。

5. 积极和消极分开来分析

很明显就可以看出，这句话里面有褒有贬，不能仅用一个分值来表示它的情感倾向。此外，权值的设置方式也会影响最终的情感分值。因此，对这句话恰当地处理是给出一个积极分值、一个消极分值，这样消极分值也是正数，无须使用负数。它们同时代表了这句话的情感倾向，这时句子的情感分值就表示：积极分值为 6，消极分值为 7。

6. 以分句的情感为基础进行情感分析

再细分一下，一条评论的情感分值是由不同的分句决定的。因此，要得到一条评论的情感分值，就需要先计算出评论中每个句子的情感分值。前面列举的评论有四个分句，以分句的情感为基础进行情感分析，评论的情感分值结构变为[[4,0],[2,0],[0,6],[0,1]]，列表中的每个子列表中的两个值一个表示分句的积极分值，一个表示分句的消极分值。

13.4 LDA 主题模型

13.4.1 LDA 主题模型介绍

潜在狄利克雷分配模型(Latent Dirichlet Allocation,LDA)是概率生成性模型的一个典型代表,能够发现语料库中潜在的主题信息,也将其称为LDA主题模型。所谓生成模型,就是指一篇文章的每个词可通过“以一定概率选择某个主题,并从这个主题中以一定概率选择某个词语”这样的过程而得到。所谓“主题”就是一个文本所蕴含的中心思想,是文本内容的主体和核心,一个文本可以有一个主体,也可以有多个主题。主题由关键词来体现,可以将主题看作是一种关键词集合,同一个词在不同的主题背景下出现的概率是不同的,如一篇文章出现了某个球星的名字,我们只能说这篇文章有很大概率属于体育的主题,但也有小概率属于娱乐的主题。可以说,LDA用词汇的分布来表达主题,将主题看作是一种词汇分布,用主题的分布来表达文章。LDA把文章看作是由词汇组合而成,LDA通过不同的词汇概率分布来反映不同的主题。一组词汇越能反映主题,这组词汇整体的出现概率越大。

下面举例说明LDA通过词汇的概率分布来反映主题。

假设有词汇集合{乔丹,篮球,足球,奥巴马,克林顿}和两个主题{体育,政治}。LDA认为体育这个主题具有{乔丹:0.3,篮球:0.3,足球:0.3,奥巴马:0.02 克林顿:0.03},其中数字代表词出现的概率;而政治这个主题有{乔丹:0.03,篮球:0.03,足球:0.04,奥巴马:0.3,克林顿:0.3}。

下面举例说明LDA通过主题的分布来表达文章。

假设现在有两篇文章《体育快讯》和《娱乐周报》,有三个主题“体育”“娱乐”“废话”。LDA认为《体育快讯》是这样的——{废话:0.1,体育:0.7,娱乐:0.2},而《娱乐周报》是这样的——{废话:0.2,娱乐:0.7,体育:0.1}。也就是说,一篇文章在讲什么,通过不同的主题比例就可以得出。

总的来说,LDA认为每个主题对应一个词汇分布,而每个文档会对应一个主题分布。一篇文章的生产过程如下。

(1) 确定主题和词汇的分布。

(2) 确定文章和主题的分布。

(3) 随机确定该文章的词汇个数 N。

(4) 如果当前生成的词汇个数小于 N,执行第(5)步,否则执行第(6)步。

(5) 由文档和主题分布随机生成一个主题,通过该主题由主题和词汇分布随机生成一个词,继续执行第(4)步。

(6) 文章生成结束。

只要确定好两个分布(主题与词汇分布,文章与主题分布),然后随机生成文章各个主题比例,再根据各个主题随机生成词,忽略词与词之间的顺序关系,这就是LDA生成一篇文章的过程。

在 LDA 模型中一篇文档生成的方式如下。

(1) 从狄利克雷分布 α 中取样生成文档 i 的主题分布 θ_i。

(2) 从主题的多项式分布 θ_i 中取样生成文档 i 第 j 个词的主题 $z_{i,j}$。

(3) 从狄利克雷分布 β 中取样生成主题 $z_{i,j}$ 的词语分布 $\phi_{i,j}$。

(4) 从词语的多项式分布 $\phi_{i,j}$ 中采样最终生成词语 $w_{i,j}$。

LDA 主题模型是在概率隐性语义索引的基础上扩展得到的三层贝叶斯概率模型。LDA 主题模型包含词语、主题(隐变量)、文档的三层结构。它的主要思想是将文档看作多个隐性主题集合上的概率分布,同时将每个主题看作相关词语集合上的概率分布。因此,文档可以看作是主题的概率分布,主题是词语的概率分布,一篇文档里面的每个词语出现的概率为

$$p(w_n \mid M_m) = \sum_{i \in K} p(w_n \mid i) p(i \mid M_m)$$

它表示词汇 w_n 出现在文档 M_m 中的概率为各个主题 i 中 w_n 出现的概率与文档 M_n 中主题 i 出现的概率的积之和。N 为所有词汇,M 为所有文档,K 为所有主题。这个 LDA 主题模型的概率公式可以用如图 13-2 所示的矩阵表示。

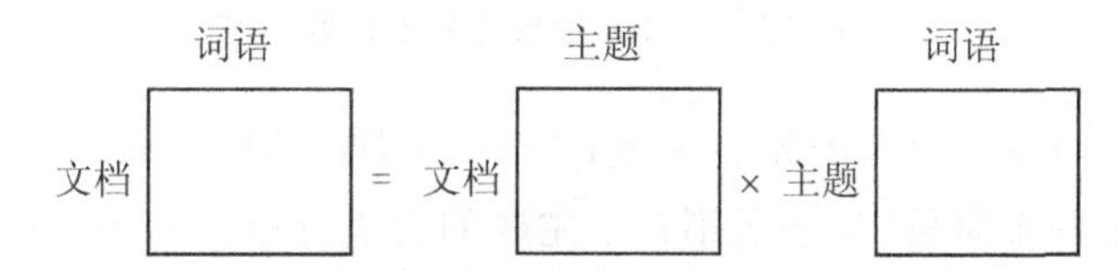

图 13-2　LDA 主题模型的概率公式

其中“文档-词语”矩阵表示文档中每个词语的词频,即出现的概率;“文档-主题”矩阵表示每个文档中每个主题出现的概率;“主题-词语”矩阵表示每个主题中每个词语的出现概率。

给定一系列文档,通过对文档进行分词,计算各个文档中每个词的词频就可以得到左边这边“文档-词语”矩阵。主题模型就是通过对左边这个矩阵进行训练,学习出右边两个矩阵。

有三种方法来生成 M 个包含 N 个单词的文档。

方法一:一元文法模型。

该方法通过对训练语料文档统计学习获得所有单词的概率分布函数,然后根据这个概率分布函数每次生成文档中的一个单词,通过 N 次这样的操作生成一个文档,使用这个方法 M 次,生成 M 个文档。

方法二:一元文法的混合。

一元文法模型方法的缺点就是生成的文本没有主题,过于简单,一元文法的混合方法对其进行了改进,该模型使用下面方法生成一个文档。

这种方法首先选定一个主题 z,主题 z 对应一种单词的概率分布为 $p(w|z)$,每次按这个分布生成一个单词,通过 N 次这样的操作生成一个文档,使用 M 次这个方法生成 M 份不同的文档。该方法的缺点:只允许一个文档只有一个主题,这不太符合常规情况,通常一个文档可能包含多个主题。

方法三：LDA。

LDA 模型生成的文档可以包含多个主题，该模型使用下述方法生成一个文档。

根据主题向量 $\boldsymbol{\theta}$ 的分布函数 $p(\boldsymbol{\theta})$ 生成一个主题向量 $\boldsymbol{\theta}$，向量的每一列表示一个主题在文档出现的概率；然后在生成每个单词的时候，先根据 $\boldsymbol{\theta}$ 中主题 z 的概率分布 $p(z|\boldsymbol{\theta})$，从主题分布向量 $\boldsymbol{\theta}$ 中选择一个主题 z，按主题 z 中的单词概率分布 $p(w|z)$ 生成一个单词。LDA 生成文档的流程如图 13-3 所示。

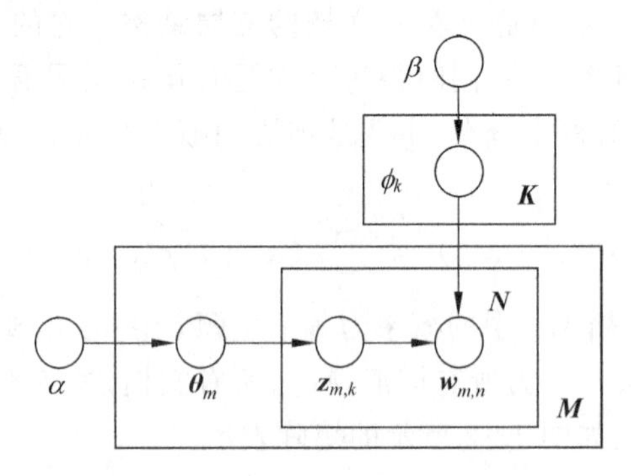

图 13-3　LDA 生成文档的流程

图中，α 表示文档主题分布的先验参数；β 表示主题的词语分布的先验参数；$\boldsymbol{\theta}_m$ 表示第 m 个文档的主题分布向量；ϕ_k 表示第 k 个主题的词语分布；$z_{m,k}$ 表示第 m 个文档的第 k 个主题，$w_{m,n}$ 表示第 m 个文档的第 n 个单词。

LDA 主题模型的建模过程，主要是从训练集当中学习出控制参数 α 和 β。α 是每个文本的主题的多项式分布的狄利克雷先验参数，β 是每个主题的词语的多项式分布的狄利克雷先验参数，参数 α 与 β 的估计可通过 EM 推断和用 Gibbs 抽样得到。

使用 LDA 主题模型生成包含 M 个文档、涵盖 K 个主题的语料库的流程如图 13-4 所示。

(1) 对于 M 个文档中的每个文档，生成“文档-主题”分布。“文档-主题”分布是一个多项式分布，且它的参数变量服从参数为的 α 的狄利克雷先验分布。

(2) 获得每个主题下的“主题-词语”分布。“主题-词语”分布是一个多项式分布，且它的参数变量服从参数为 β 的狄利克雷先验分布。

(3) 根据“文档-主题”“主题-词语”分布，依次生成所有文档中的词语。具体地，首先根据该文档的“文档-主题”分布规律采样一个主题，然后从这个主题对应的“主题-词语”分布规律中采样生成一个词汇，不断重复(3)的生成过程，直到 M 个文档的词汇全部生成。

13.4.2　LDA 主题模型的最大似然参数估计

对一个文档集 $D=[w_1,w_2,\cdots,w_M]$ 建立 LDA 模型的过程与生成 D 的过程是正好是逆向的。生成 D 时，对每一个文档，选择主题，然后为该主题选择词语；而建模 LDA 模型时，对于每一个文档，根据观测到的词语，来估计它的主题的分布，即为该文档建立主题模

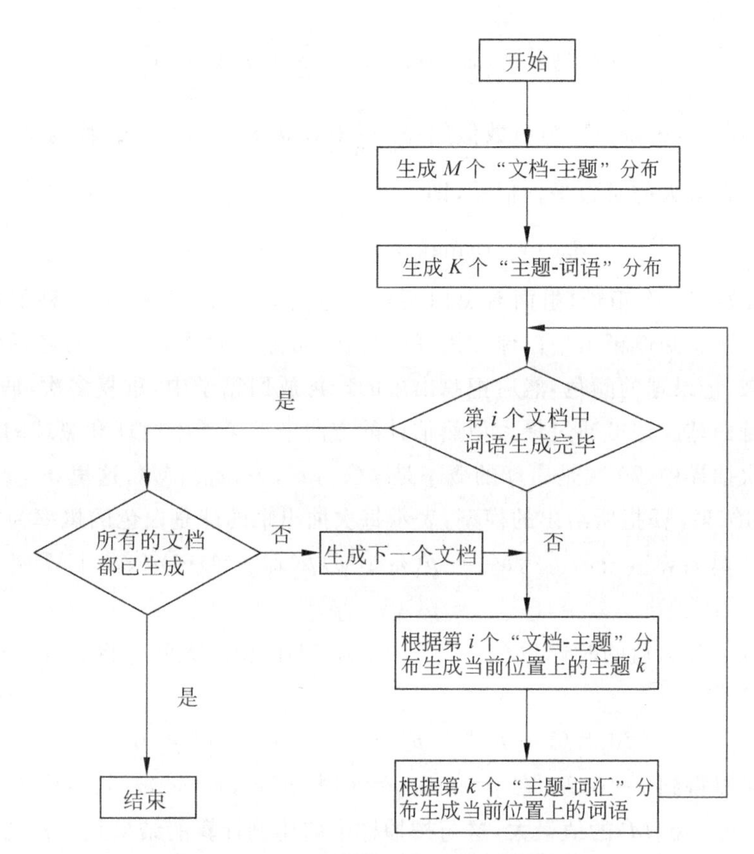

图 13-4　LDA 主题模型生成语料库的流程

型。所以，建模 LDA 模型的目标就是要找到一个主题模型，该主题模型生成所观察到的词语分布的概率最大，这样就成了一个最大似然问题。

最大似然估计就是利用已知的样本结果，反推最有可能(最大概率)导致这样结果的参数值(模型已知，参数未知)。当从模型总体随机抽取 n 组样本观测值后，最合理的参数估计量应该使得从模型中抽取该 n 组样本观测值的概率最大。简单而言，假设要统计全国人口的身高，首先假设这个身高服从正态分布，但是该分布的均值与方差未知。可以通过采样，获取部分人的身高，然后通过最大似然估计来获取上述假设中的正态分布的均值与方差。最大似然估计中采样需满足一个很重要的假设，就是所有的采样都是独立同分布的。下面具体描述最大似然估计。

假设 $x_1,x_2,\cdots,x_n$ 为一个独立同分布的采样，假定其连续型随机变量的概率分布函数或离散型随机变量的概率分布函数为 f，也称 f 为所使用的模型，θ 为模型参数，遵循上述的独立同分布假设。参数为 θ 的模型 f 产生上述采样可表示为

$$f(x_1,x_2,\cdots,x_n \mid \theta) = f(x_1 \mid \theta) \times f(x_2 \mid \theta) \times \cdots \times f(x_n \mid \theta)$$

此时，$x_1,x_2,\cdots,x_n$ 为已知，θ 为未知，参数 θ 的似然函数 $L(\theta|x_1,x_2,\cdots,x_n)$ 定义为

$$L(\theta \mid x_1,x_2,\cdots,x_n) = f(x_1,x_2,\cdots,x_n \mid \theta) = \prod_{i=1}^{n} \ln f(x_i \mid \theta)$$

在实际应用中，通常两边取对数，得到如下公式：

$$\ln L(\theta \mid x_1, x_2, \cdots, x_n) = \sum_{i=1}^{n} \ln f(x_i \mid \theta)$$

其中，$\ln L(\theta|x_1,x_2,\cdots,x_n)$称为对数似然；$\hat{\ell}=\frac{1}{n}\ln L(\theta|x_1,x_2,\cdots,x_n)$称为平均对数似然。最大似然指的是最大的对数平均似然，即

$$\hat{\theta}_{\text{mle}} = \underset{\theta\in\Theta}{\arg\max}\, \hat{\ell}(\theta \mid x_1, x_2, \cdots, x_n)$$

举例：假如有一个箱子，里面有黑白两种颜色的球，总球数未知，两种颜色球的数目比例也未知。要想知道箱子中白球和黑球的比例，可通过每次任意从已经摇匀的箱子中拿一个球出来，记录球的颜色，然后把拿出来的球再放回箱子中，重复多次，假如重复 100 次，若 70 次是白球。这可通过最大似然估计的方法来求箱子中白球和黑球的比例。

在 100 次抽样中，70 次是白球的概率是 $p(x_1,x_2,\cdots,x_{100}|M)$，这里 $x_1,x_2,\cdots,x_{100}$是 100 次抽样的结果，M 指所给出的模型，表示每次抽出来的球是白色的概率为 p。

$$\begin{aligned} p(x_1, x_2, \cdots, x_{100} \mid M) &= p(x_1 \mid M)\, p(x_2 \mid M) \cdots p(x_{100} \mid M) \\ &= p^{70}(1-p)^{30} \end{aligned}$$

那么 p 在取什么值的时候，$p(x_1,x_2,\cdots,x_{100}|M)$的值最大呢？将 $p^{70}(1-p)^{30}$对 p 求导，并让其等于 0。

$$70p^{69}(1-p)^{30} - p^{70} \times 30 \times (1-p)^{29} = 0$$

解方程可以得到 $p=0.7$。在 $p=0$ 和 $p=1$ 时，$p(x_1,x_2,\cdots,x_{100}|M)=0$。当 $p=0.7$ 时，$p(x_1,x_2,\cdots,x_{100}|M)$的值最大，这与按抽样中的比例计算的结果是一样的。

假如有一组连续变量的采样值$(x_1,x_2,\cdots,x_n)$，假设这组数据服从正态分布，标准差 σ 已知。请问这个正态分布的期望值 μ 为多少时，产生这个已有数据的概率最大？

$$p(x_1, x_2, \cdots, x_n \mid M) = ?$$

根据公式 $L(\theta \mid x_1,x_2,\cdots,x_n) = f(x_1,x_2,\cdots,x_n \mid \theta) = \prod_{i=1}^{n} f(x_i \mid \theta)$ 可得

$$L(\theta \mid x_1, x_2, \cdots, x_n) = \left(\frac{1}{\sigma\sqrt{2\pi}}\right)^n \exp\left(-\frac{1}{2\sigma^2}\sum_{i=1}^{n}(x_i-\mu)^2\right)$$

对 μ 求导并让其等于 0，可得

$$\left(\frac{1}{\sigma\sqrt{2\pi}}\right)^n \exp\left(-\frac{1}{2\sigma^2}\sum_{i=1}^{n}(x_i-\mu)^2\right)\frac{\left(\sum_{i=1}^{n}x_i - n\mu\right)}{\sigma^2} = 0$$

求得 μ 的估计值为$\mu=\frac{1}{n}\sum_{i=1}^{n}x_i$。

由上可知最大似然估计的一般求解过程如下。

(1) 写出似然函数。

(2) 对似然函数取对数，并整理。

(3) 求导数。

(4) 解似然方程。

注意：最大似然估计只考虑某个模型能产生某个给定观察序列的概率。

在 LDA 贝叶斯网络结构中，$\boldsymbol{\phi}_k$ 和 $\boldsymbol{\theta}_m$ 都是随机变量，$\boldsymbol{\phi} \sim \text{Dirichlet}(\boldsymbol{\alpha})$，$\boldsymbol{\theta} \sim \text{Dirichlet}(\boldsymbol{\beta})$。LDA 之所以将狄利克雷分布作为先验分布，其最大的原因是多项式分布和狄利克雷分布是一对共轭分布，对计算后验概率有极大便利。狄利克雷分布是 beta 分布在高维度上的推广，狄利克雷分布的密度函数为

$$f(x_1, x_2, \cdots, x_k \mid \alpha_1, \alpha_2, \cdots, \alpha_k) = \frac{\Gamma(\alpha_1 + \alpha_2 +, \cdots, + \alpha_k)}{\Gamma(\alpha_1) \cdots \Gamma(\alpha_k)} \prod_{i=1}^{k} x_i^{\alpha_i - 1}$$

增加了先验概率分布，那么在确定文章与主题分布和主题与词汇分布时，就可由先验概率分布先随机生成确定多项式分布的参数。用一个联合概率分布来描述第 m 篇文章的生成过程如下：

$$p(\boldsymbol{w}_m, \boldsymbol{z}_m, \boldsymbol{\theta}_m, \Phi \mid \boldsymbol{\alpha}, \boldsymbol{\beta}) = \prod_{j=1}^{N} p(w_{m,n} \mid \boldsymbol{\phi}_{zm,n}) p(\boldsymbol{z}_{m,n} \mid \boldsymbol{\theta}_m) p(\boldsymbol{\theta}_m \mid \boldsymbol{\alpha}) p(\Phi \mid \boldsymbol{\beta})$$

为了使用极大似然法求解，必须将隐含变量消除，对于第 m 篇文章，其生成的边缘概率为

$$\begin{aligned}
p(\boldsymbol{w}_m \mid \boldsymbol{\alpha}, \boldsymbol{\beta}) &= \int_{\boldsymbol{\theta}_m} \int_{\Phi} \int_{\boldsymbol{z}_m} \prod_{n}^{N_m} p(w_{m,n} \mid \boldsymbol{\phi}_{zm,n}) p(\boldsymbol{z}_{m,n} \mid \boldsymbol{\theta}_m) p(\boldsymbol{\theta}_m \mid \boldsymbol{\alpha}) p(\Phi \mid \boldsymbol{\beta}) \\
&= \int_{\boldsymbol{\theta}_m} \int_{\Phi} \sum_{\boldsymbol{z}_m} \prod_{n}^{N_m} p(w_{m,n} \mid \boldsymbol{\phi}_{zm,n}) p(\boldsymbol{z}_{m,n} \mid \boldsymbol{\theta}_m) p(\boldsymbol{\theta}_m \mid \boldsymbol{\alpha}) p(\Phi \mid \boldsymbol{\beta}) \\
&= \int_{\boldsymbol{\theta}_m} \int_{\Phi} \sum_{\boldsymbol{z}_{m1}} \sum_{\boldsymbol{z}_{m2}} \cdots \sum_{\boldsymbol{z}_{mNm}} \prod_{n}^{N_m} p(\boldsymbol{w}_{m,n} \mid \boldsymbol{\phi}_{zm,n}) p(\boldsymbol{z}_{m,n} \mid \boldsymbol{\theta}_m) p(\boldsymbol{\theta}_m \mid \boldsymbol{\alpha}) p(\Phi \mid \boldsymbol{\beta}) \\
&= \int_{\boldsymbol{\theta}_m} \int_{\Phi} \prod_{n}^{N_m} \sum_{\boldsymbol{z}_{mn}} p(w_{m,n} \mid \boldsymbol{\phi}_{zm,n}) p(\boldsymbol{z}_{m,n} \mid \boldsymbol{\theta}_m) p(\boldsymbol{\theta}_m \mid \boldsymbol{\alpha}) p(\Phi \mid \boldsymbol{\beta})
\end{aligned}$$

从上式可以看出，边缘概率分布非常复杂，可考虑使用 Gibbs 采样算法近似求解法。

13.5　运用 LDA 模型对电商手机评论进行主题分析

13.5.1　电商手机评论数据的采集

要分析电商平台的手机评论数据，首先需要对评论数据进行采集，这里采用网络爬虫工具进行数据采集。网上比较流行的免费采集器有八爪鱼、狂人等。下面，采用八爪鱼采集器采集手机评论数据。

八爪鱼采集的核心原理：模拟人浏览网页、复制数据的行为，通过记录和模拟人的一系列上网行为，代替人眼浏览网页，代替人手工复制网页数据，从而实现自动化从网页采集数据，然后通过不断重复一系列设定的动作流程，实现全自动采集大量数据。下面给出使用八爪鱼采集小米手机 6 淘宝评论数据的具体步骤。

步骤 1：创建淘宝商品评论采集任务。

(1) 进入八爪鱼采集器主界面，如图 13-5 所示，选择“自定义采集”模式。

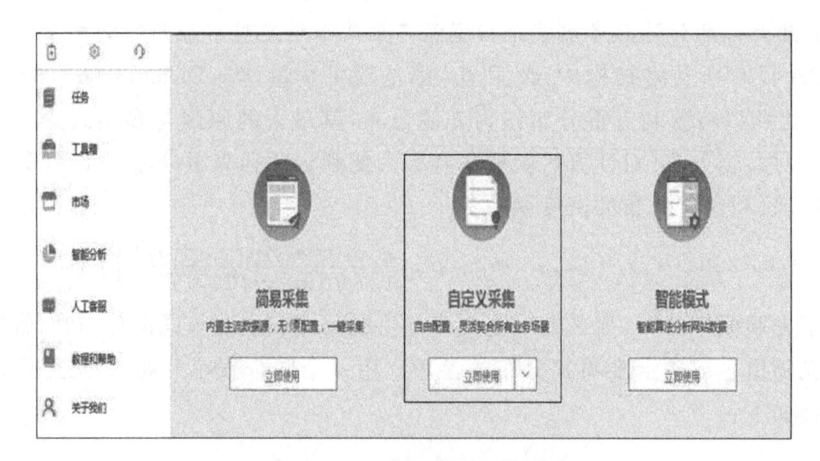

图 13-5 八爪鱼采集器主界面

(2) 将小米手机 6 淘宝评论数据的网址复制、粘贴到网站输入框中,单击“保存网址”按钮,就创建了一个淘宝商品评论采集的任务,如图 13-6 所示。

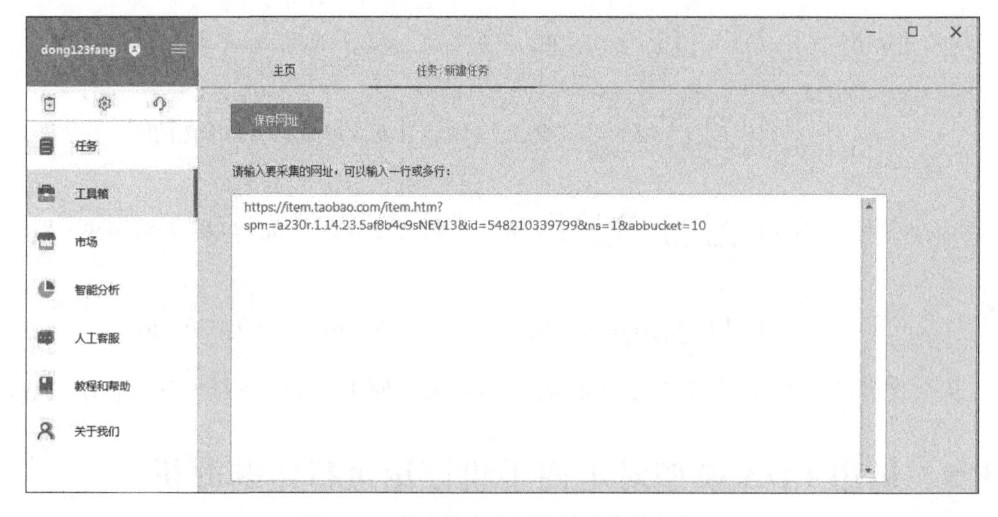

图 13-6 创建淘宝商品评论采集的任务

(3) 淘宝商品评论位于页面中部的累计评价中,所以最好设置一个滚动页面。设置方法为单击右上角“查看采集流程”按钮,然后单击“高级选项”,选中“页面加载完成后向下滚动”复选框,设置结果如图 13-7 所示。

(4) 滚动页面至可以看到“累计评论”选项,单击“累计评论”选项,在右面选择“单击该链接”,并在打开的提示框中选中“Ajax 加载数据”复选框,Ajax 超时选择“2 秒”,如图 13-8 所示。

步骤 2:创建淘宝评论翻页循环。

(1) 将页面下拉到淘宝商品评论底部,找到下一页按钮,单击“下一页”按钮,在右侧操作提示框中,选择“循环点击下一页”选项,如图 13-9 所示。

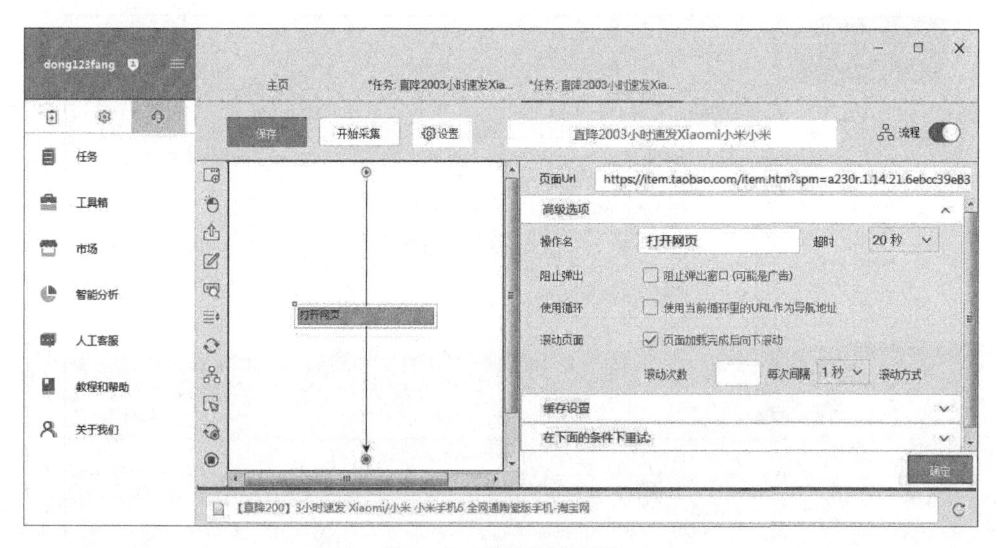

图 13-7　设置滚动页面

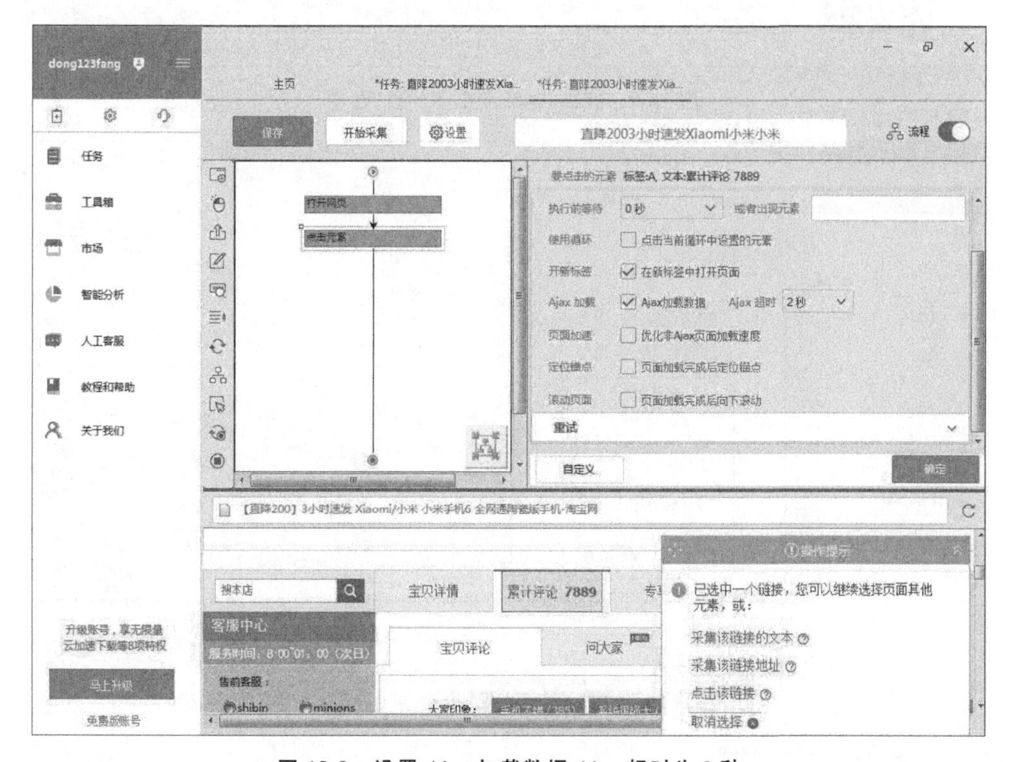

图 13-8　设置 Ajax 加载数据 Ajax 超时为 2 秒

(2) 在右上角的操作提示框中单击“高级选项”，再单击“翻页”按钮，选中“Ajax 加载数据”复选框，Ajax 超时选择“4 秒”。选择“页面加载完成后向下滚动”复选框，如图 13-10 所示，其他参数根据自己实际情况选择。

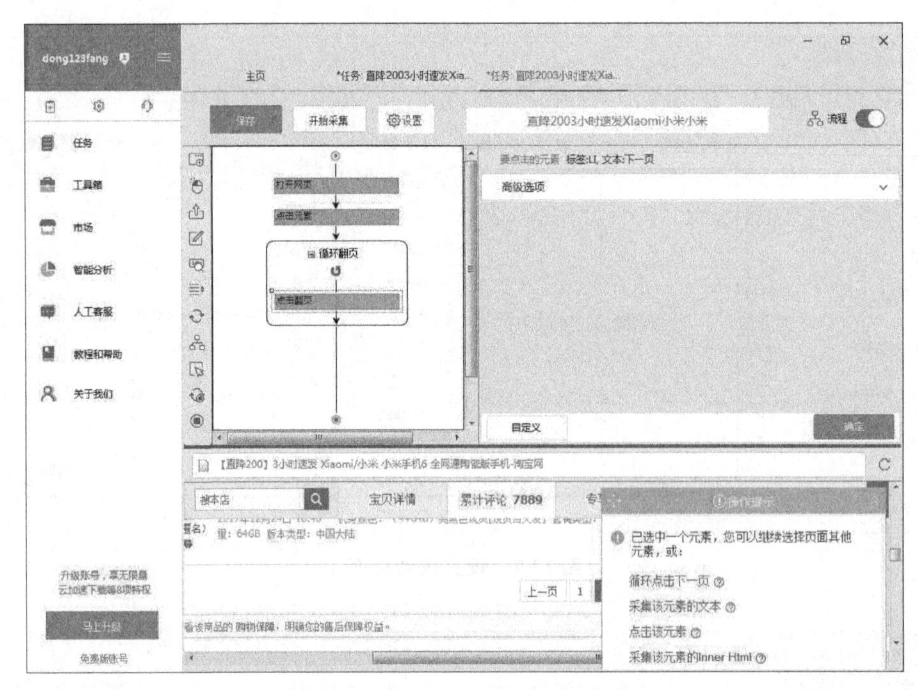

图 13-9 选择“循环点击下一页”选项

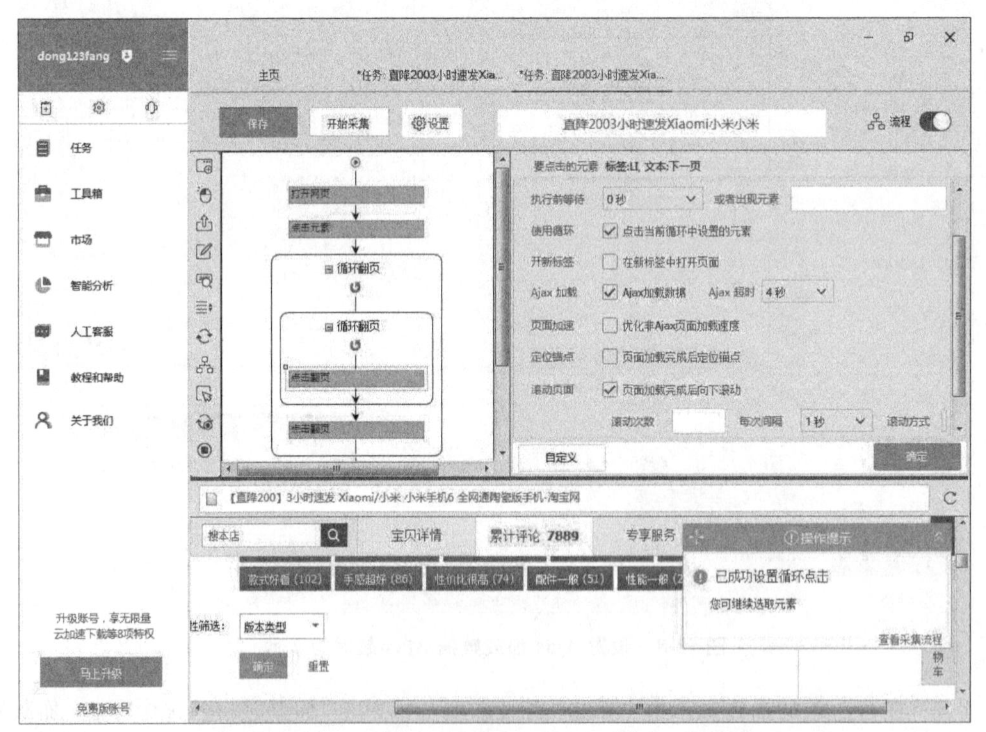

图 13-10 选择“页面加载完成后向下滚动”复选框

步骤 3：淘宝商品评论采集。

(1) 单击要采集的淘宝商品评论内容，选择“选中全部”选项，如图 13-11 所示。

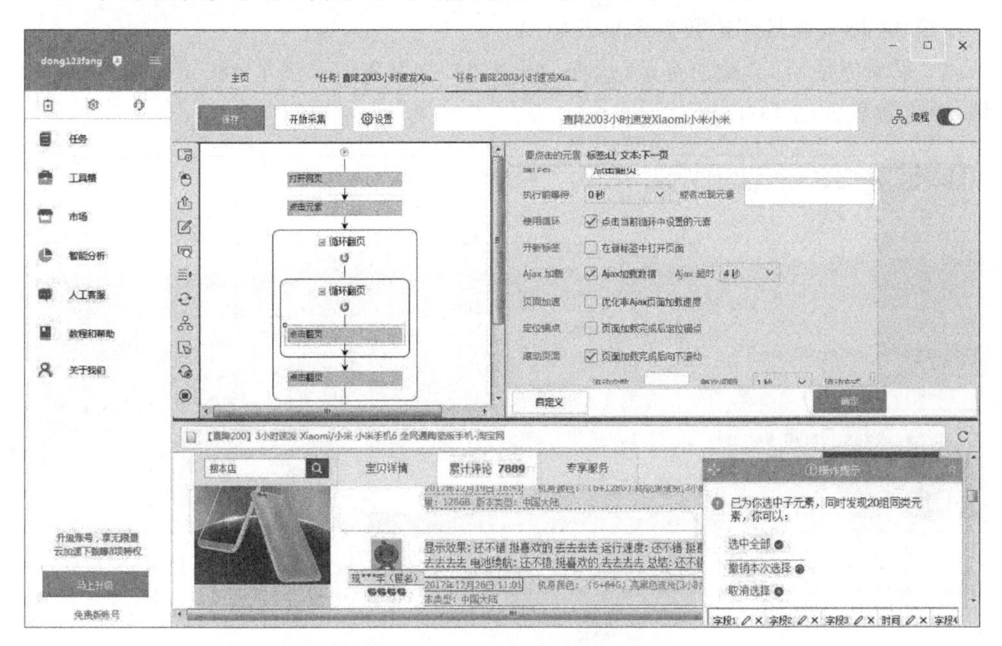

图 13-11　单击“选中全部”选项

(2) 当前页面中所有的淘宝商品的内容将会被选中，单击“采集数据”，如图 13-12 所示。

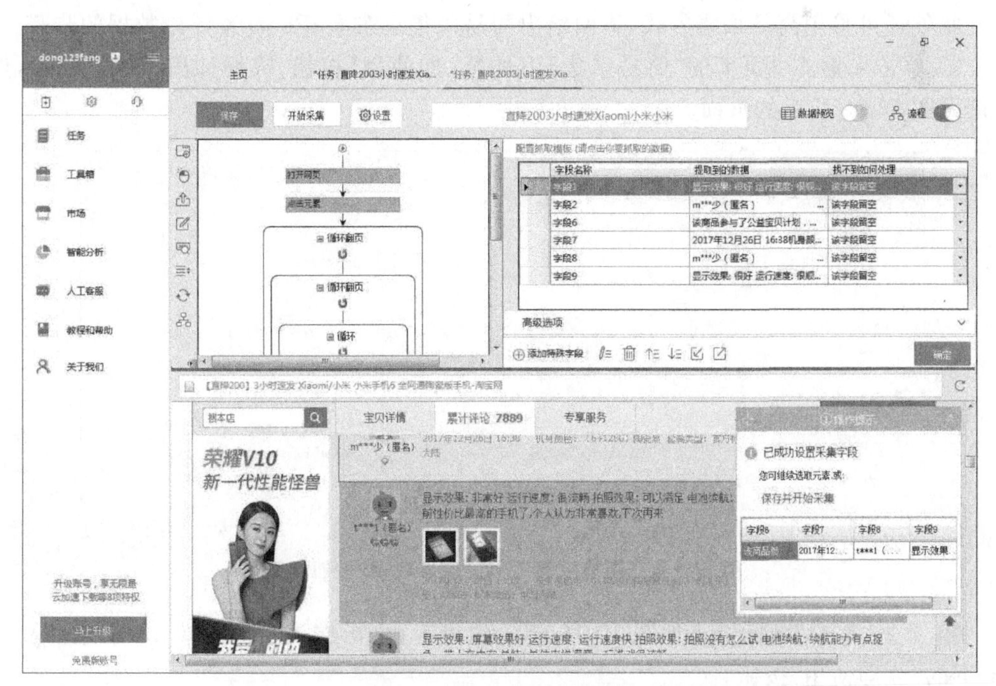

图 13-12　单击“采集数据”

(3) 修改采集任务名、字段名，并单击下方提示中的“保存并开始采集”。

(4) 根据采集的情况选择合适的采集方式，这里选择“启动本地采集”。

步骤 4：淘宝商品评论数据采集及导出。

(1) 采集完成后，会跳出提示，选择导出数据，这里我们采集了 880 条数据，然后停止采集，导出数据如图 13-13 所示。

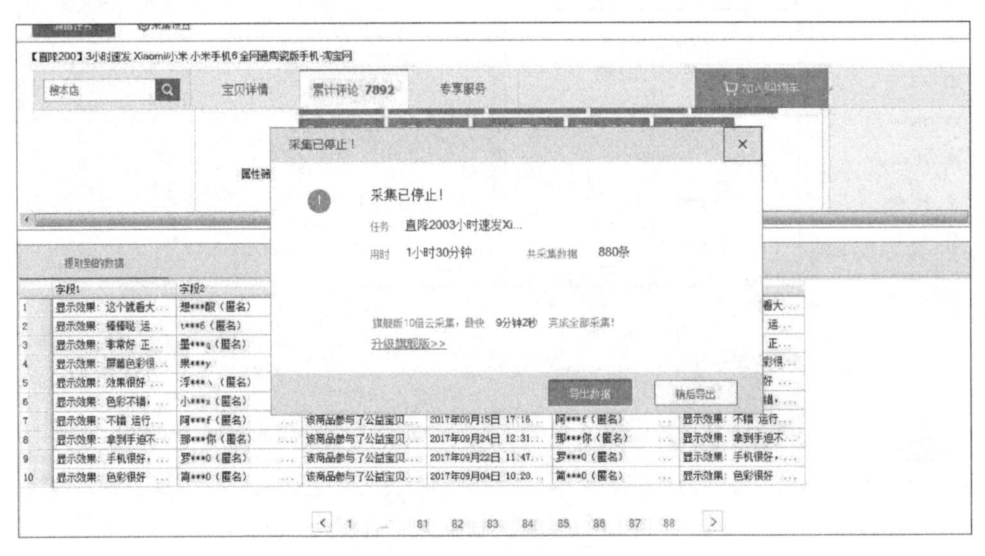

图 13-13 导出数据

(2) 选择合适的导出方式，将采集好的数据导出。

此外还可采用简易采集方式，下面给出简易采集京东上 iPhoneX 评论数据的步骤。

① 单击采集器主页面的“简易采集”下的“立即使用”按钮，界面如图 13-14 所示，然后进入图 13-15 所示的页面。

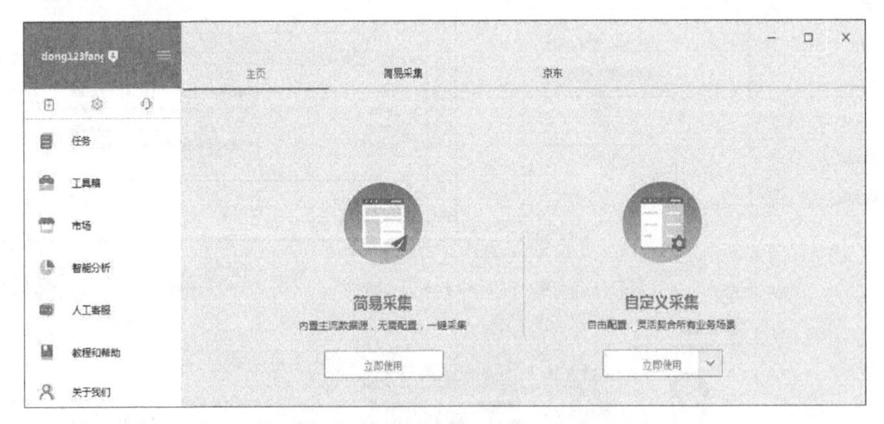

图 13-14 “简易采集”下的“立即使用”按钮界面

② 单击“京东”图标进入如图 13-16 所示的界面，之后在该页面中单击“京东商品评论”下的“立即使用”按钮。

③ 在“商品评论 URL 列表”右边的空白框内填写打算采集的 iPhoneX 商品评论所在

图 13-15　单击“京东”图标进入下一个页面的界面

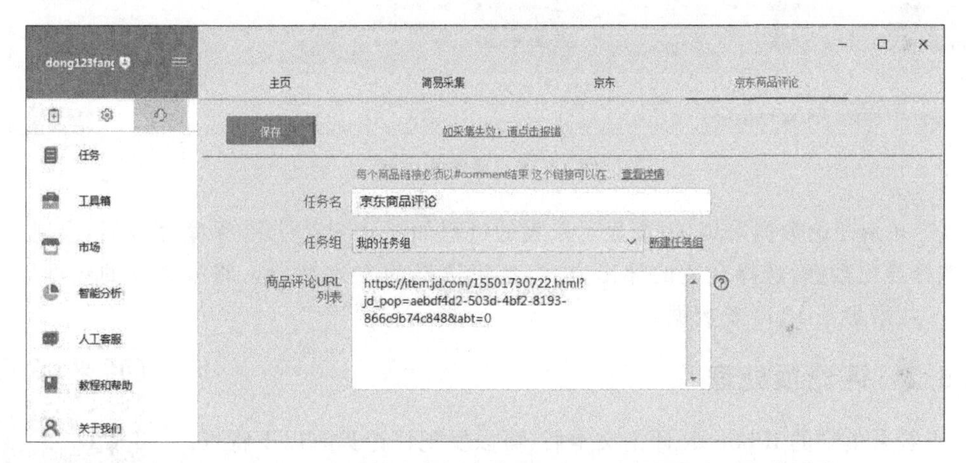

图 13-16　在 URL 右边的空白框内填写 iPhoneX 商品评论所在的网址

的网址，如图 13-16 所示，然后单击“保存”按钮进入如图 13-17 所示的页面。

图 13-17　单击“开始采集”按钮进行商品评论数据采集的界面

④ 单击“开始采集”按钮进行商品评论数据采集，在跳出的页面中单击“启动本地采集”按钮，然后进入图 13-18 所示的页面。

图 13-18　采集的过程

⑤ 开始评论数据采集，下面显示采集的过程如图 13-18 所示，采集完成后，会跳出提示，选择导出数据，选择合适的导出方式，这里选择的方式是 csv，将采集好的数据导出，这里一共采集了 1000 条数据。

13.5.2　评论预处理

评论预处理

查看采集到的 iPhoneX 评论文本后，可以发现评论具有以下特点。

(1) 文本短，很多评论就是一句话。

(2) 情感倾向明显，如“好”“可以”“漂亮”。

(3) 语言不规范，会出现一些网络用词、符号、数字等，如 666、“神器”。

(4) 重复性大，一句话出现多次词语重复，如“很好，很好，很好”。

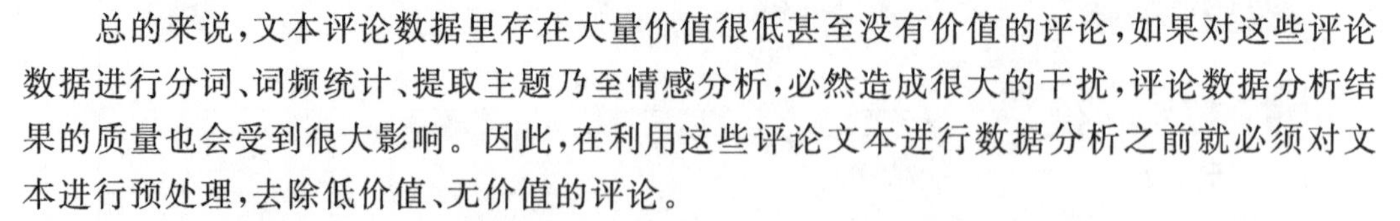

总的来说，文本评论数据里存在大量价值很低甚至没有价值的评论，如果对这些评论数据进行分词、词频统计、提取主题乃至情感分析，必然造成很大的干扰，评论数据分析结果的质量也会受到很大影响。因此，在利用这些评论文本进行数据分析之前就必须对文本进行预处理，去除低价值、无价值的评论。

文本评论数据的预处理主要包括 3 个方面：文本去重、机械压缩去词、短句删除。

1. 文本去重

所谓文本去重，就是去除文本评论数据中重复的部分。之所以要对评论文本集进行文本去重，主要原因：如果用户超过规定的时间仍然没有做出评论，一些电商平台会自动替客户做出评论，当然这种评论的结果大多都会是好评，显然这类数据没有任何分析价值，而且这种评论是大量重复出现的，必须去除；一个人可能购买过多部手机，由于思维的惯性，这个人可能会给出相似甚至重复的评论；商家有时候为了鼓励客户参与评论，会给进行评论的人一些奖励，一些用户图省事，直接复制别人的评论，造成不同人的评论完全重复，这些评论显然只有最早（第一条）的评论才有意义。

许多文本去重算法大多都是先通过计算文本之间的相似度，根据相似的程度进行去重。目前比较流行的去重算法有 SimHash 算法、编辑距离算法和余弦相似度算法。

1) SimHash 算法

传统的 Hash 算法中，Hash 表就是一种以键值（key value）存储数据的结构，我们只要输入待查找的键即 key，即可查找到其对应的值 value。在 Hash 表中，记录在表中的位置和其关键字之间存在一种确定的关系。这样我们就能根据所查记录关键字，得到其在表中的下标位置，从而直接通过下标位置找到该记录。传统的 Hash 算法具有以下特点。

(1) 哈希（Hash）函数是一个映像，即将关键字的集合映射到某个地址集合上。

(2) 由于哈希函数是一个压缩映像，因此，在一般情况下，很容易产生“冲突”现象，即 key1!=key2，而 hash(key1)=hash(key2)。

(3) 只能尽量减少冲突而不能完全避免冲突，这是因为通常关键字集合比较大，其元素包括所有可能的关键字，而地址集合的元素仅为哈希表中的地址值。

因此，在构造 Hash 时，除了需要选择一个“好”（尽可能少产生冲突）的哈希函数之外，还需要找到一种“处理冲突”的方法。

SimHash 算法中，SimHash 是一种局部敏感 Hash。局部敏感 Hash 指的是若 A、B 具有一定的相似性，在 Hash 之后，仍然能保持这种相似性。局部敏感 Hash 算法可以将原始的文本内容映射为数字（即 Hash 签名），而且较为相近的文本内容对应的 Hash 签名也比较相近。SimHash 算法是通过将原始的文本映射为 64 位的二进制数字串，然后通过比较二进制数字串的差异进而来表示原始文本内容的差异。

SimHash 算法的具体步骤如下。

(1) 对文档进行分词，通过 TF-IDF 获取一个文档权重最高的前 20 个词（feature）和权重（weight），即从一个文档获取一个长度为 20 的（feature：weight）的集合。

(2) Hash，对（feature：weight）集合中的词（feature），进行普通的 Hash 之后得到一个 64 位的二进制数。

(3) 加权，将步骤(2)生成的 Hash 结果按照词的权重形成加权数字串，即根据(2)得到的一串二进制数（Hash）中相应位置是 1 是 0，对相应位置取正值 weight 或负值 weight。例如，一个词经过步骤(2)得到(010111:5)，经过步骤(3)之后可以得到权重列表 [-5,5,-5,5,5,5]，总共得到 20 个权重列表。

(4) 合并，对(3)中 20 个权重列表进行列向累加得到一个列表。例如，[-5,5,-5,5,5,5]、[-3,-3,-3,3,-3,3]、[1,-1,-1,1,1,1]进行列向累加得到[-7,1,-9,9,3,9]，这里产生的值和 Hash 函数所用的算法相关。

(5) 降维，对(4)中得到的列表中每个值进行判断，当为负值的时候取 0，正值取 1。例如，[-7,1,-9,9,3,9]得到 010111，这样，就得到一个文档的 SimHash 值了。

(6) 计算相似性。两个 SimHash 取异或，看其中 1 的个数是否超过 3(经验值)，超过

3 则判定为不相似,小于或等于 3 则判定为相似。

SimHash 整个过程的流程如图 13-19 所示。

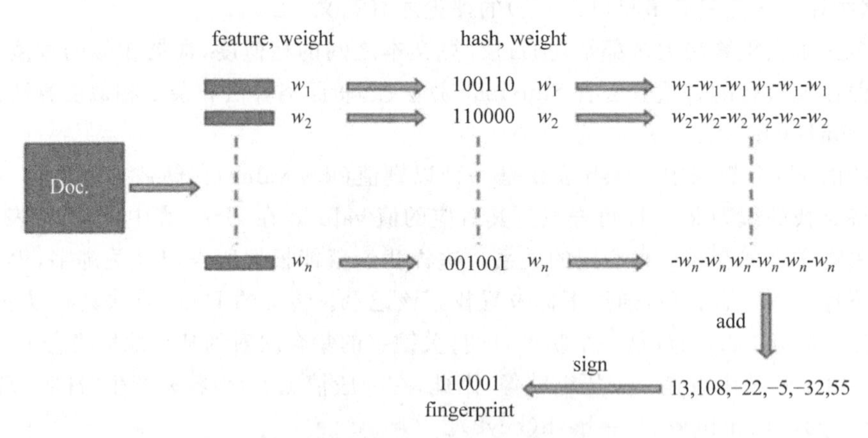

图 13-19 SimHash 整个过程的流程

通过大量测试,SimHash 适用于比较长的文本,如 500 字以上的文本。但如果处理的是商品评论、微博信息,最多也就 100 多个字,使用 SimHash,效果并不理想。

2) 编辑距离算法

编辑距离是指两个字符串之间,由一个转成另一个所需的最少编辑操作次数。编辑操作包括将一个字符替换成另一个字符、插入一个字符、删除一个字符。两个字符串的编辑距离越大,差异就越大;编辑距离越小,差异越小。如果两个字符串完全一样,则编辑距离为 0。

可以通过编辑距离计算两个评论文本之间的相似度,然后根据相似度判断评论文本的重复程度,进而决定是否去重。假设文本 A、B 的编辑距离为 EditDis(A,B),那么文本 A 和 B 之间的相似度 Similarity(A,B)可以利用下式表示,其中 length(A)表示文本 A 的长度:

$$\text{Similarity}(A,B)=1-\text{EditDis}(A,B)/\max(\text{length}(A),\text{length}(B))$$

```
>>>import Levenshtein
>>>texta='艾伦 图灵传'
>>>textb='艾伦·图灵传'
>>>Levenshtein.distance(texta,textb)        #只需一次字符替换就可转成另一个字符串
1
#hamming(str1,str2),求汉明距离,即计算两个等长字串之间对应位置上不同字符的个数
>>>Levenshtein.hamming(texta, textb)
1
>>>Levenshtein.hamming('look', 'book')
1
```

编辑距离去重是通过计算两个文本的编辑距离,然后根据设定的阈值进行是否重复

的判断，如果编辑距离小于设定阈值则进行去除重复处理，该方法针对类似“**牌手机 **GB 大牌子质量高”以及“**牌手机 **GB 大牌子 质量高，很好”的接近重复而又无任何意义的评论文本，去除的效果是很好的。但面对有意义的、相近的评论时，可能也会采取删除操作，这样就会造成错删。例如，“京东的物品发货、送货速度快，用到现在，还没发现有什么问题”以及“京东发货、送货速度快，用到目前，还没发现有什么毛病”，很明显这两句都有意义，这一类的评论数据还挺多，特别是差评，用语不多，用词基本相同，相似性高。

3）余弦相似度算法

余弦相似度又称为余弦相似性，是通过计算两个向量的夹角余弦值来评估它们的相似度。余弦相似度将向量根据坐标值，绘制到向量空间中，求得它们的夹角，并得出夹角对应的余弦值，此余弦值就可以用来表征这两个向量的相似性。夹角越小，余弦值越接近于 1，则越相似。假定 A 和 B 是两个 n 维向量，A 为 $(A_1, A_2, \cdots, A_n)$，B 为 $(B_1, B_2, \cdots, B_n)$，则 A 与 B 的夹角 θ 的余弦 $\cos\theta$ 为

$$\cos\theta = \frac{\sum_{i=1}^{n} A_i \times B_i}{\sqrt{\sum_{i=1}^{n} (A_i)^2} \times \sqrt{\sum_{i=1}^{n} (B_i)^2}}$$

通过词袋模型，可将每个文本看作是词的集合，进而可根据每个文本中不同词出现的次数，将每个文本表示成一个向量。当两个文本向量夹角的余弦等于 1 时，这两个文本完全重复；当夹角的余弦接近于 1 时，两个文本相似；夹角的余弦越小，两个文本越不相关。

句子一：我喜欢看电视，不喜欢看电影。

句子二：我不喜欢看电视，也不喜欢看电影。

利用余弦相似度计算句子一、句子二的相似度的大致流程如下。

第 1 步：对这两个句子进行分词，分词结果如下。

句子一：我/喜欢/看/电视，不/喜欢/看/电影。

句子二：我/不/喜欢/看/电视，也/不/喜欢/看/电影。

第 2 步：列出所有的词，将其组成一个词典。这两个句子一共包含 7 个不同的词，将这 7 个不同的单词构造成一个词典：

```
Dictionary={1: "我",2: "喜欢",3: "看",4: "电视",5: "电影",6: "不",7: "也"}
```

第 3 步：计算词频。

句子一：我 1，喜欢 2，看 2，电视 1，电影 1，不 1，也 0。

句子二：我 1，喜欢 2，看 2，电视 1，电影 1，不 2，也 1。

第 4 步：用每个句子中不同词出现的次数，构造成一个向量来表示句子，即将句子看成由不同词所出现的次数组成的一个向量。由于这个词典一共包含 7 个不同的单词，利用词典的索引号，上面两个句子都可以用一个 7 维向量表示，每个分量是一个整数数字，表示某个单词在句子中出现的次数。

句子一：[1,2,2,1,1,1,0]。

句子二：[1,2,2,1,1,2,1]。

第 5 步：计算夹角余弦。求得两个向量夹角的余弦值为 0.938。余弦值接近 1，表明夹角接近 0°，也就是两个向量很相似，所以，句子一和句子二很相似。

实际使用中，文本长度可能过长，如果采用分词，复杂度较高，这时可以采用 TF-IDF 的方式找出文章若干个关键词，再进行余弦相似性的比较。

4) 对评论文本去重的算法实现

```
>>>import pandas as pd
>>>import re
#读取采集的 iPhoneX 评论数据
>>>Data=pd.read_csv("C:/Users/iPhoneX_comment.csv",sep=",",encoding="utf-8")
>>>Data.head(2)                          #显示前两条记录,结果如图 13-20 所示
>>>Data["页面标题"].value_counts()        #返回包含值和该值出现次数的 Series 对象
Apple 苹果 iPhoneX 手机 银色 64GB 标配【图片 价格 品牌 报价】-京东      1000
Name: 页面标题, dtype: int64
#删除冗余属性,返回一个新对象
>>>iPhoneX_comment_new=Data.drop(labels=["会员","级别","评价星级","时间","点赞数","评论数","追评时间","追评内容","页面网址","页面标题","采集时间"],axis=1)
>>>iPhoneX_comment_new.head(2)           #获取删除冗余属性后的前两条记录评价内容
0  非常快 很好的体验 还好贴心地送来贴膜 手机透明壳壳五星好评
1  运了三天才到~今早着急的我亲自跑去站点取 非常好 颜色也很美 沉甸甸的 很庆幸买了这家虽…
>>>iPhoneX_comment_new.duplicated().sum()  #统计重复的文本数
6
#去除 6 行重复评论
>>>iPhoneX_comment_unique=iPhoneX_comment_new.drop_duplicates()
>>>iPhoneX_comment_unique.shape
(994, 1)
#编译正则表达式对象,用于去除高频无意义的词
>>>strinfo=re.compile("手机|苹果|店家|京东|东西|n")
>>>iPhoneX_comment_useless=iPhoneX_comment_unique["评价内容"].apply(lambda x:strinfo.sub("",x))
```

	会员	级别	评价星级	评价内容	时间	点赞数	评论数	追评时间	追评内容	页面网址	页面标题	采集时间
0	s***e	PLUS会员	star5	非常快 很好的体验 还好贴心地送来贴膜 手机透明壳壳五星好评	2017-11-07 19:50	59	33	NaN	NaN	https://item.jd.com/15501730722.html?jd_pop=10...	Apple 苹果iPhoneX 手机 银色 64GB标配 【图片 价格 品牌 报价】-京东	2018-01-12 11:13:41.6812593
1	j***J	PLUS会员	star5	运了三天才到~今早着急的我亲自跑去站点取 非常好 颜色也很美 沉甸甸的 很庆幸买了这家 虽…	2017-11-08 14:13	77	62	NaN	NaN	https://item.jd.com/15501730722.html?jd_pop=10...	Apple 苹果iPhoneX 手机 银色 64GB标配 【图片 价格 品牌 报价】-京东	2018-01-12 11:13:41.7782648

图 13-20 显示结果

2. 机械压缩去词

1）机械压缩去词的思想

通过对评论文本去重可以删掉许多没意义的重复评论，但经过去重后的评论文本中可能存在连续重复的词汇，例如“好好好好好好好好好好好”“很差很差很差很差很差很差很差很差的拍照”“东西很好，还没用!! 东西很好，还没用!! 东西很好，还没用!!”等，其中的重复词汇是无意义的，是需要删除的，若不处理，会影响评论情感倾向的判断。因此，需要对这类文本进行机械压缩去词处理，也就是说要去掉一些连续重复的表达，例如把“好好好好好好好好好好好”压缩成“好”，把“很差很差很差很差很差很差很差很差的包装”压缩成“很差的包装”，把“东西很好，还没用!! 东西很好，还没用!! 东西很好，还没用!!”压缩成“东西很好，还没用!!”。这样处理后，原来不重复的文本可能变得重复，这是因为原来的两个句子中相同词语重复的次数不同，通过删除重复的词语后两个文本就完全一样了，因而机械压缩去词后有必要再进行一次文本去重操作。另外，机械压缩去词后，把“好好好好好好好好好好好”压缩成“好”，这样的评论显然没有任何意义，可通过短句删除操作进行删除。

2）机械压缩去词处理的语句结构

机械压缩去词要处理的是语句中有连续重复的部分，通常人们制造无意义的连续重复只会在开头或者结尾进行，例如，“好好好好好好好好好好好好好一下买了两部手机”以及“非常满意，好好好好好好好好好好好好好好好好好好好好好好好”等，而中间的连续重复虽然也有，但是非常少见，因此只对开头、结尾连续重复进行机械压缩去词的处理。

3）压缩去词流程

压缩去词可通过建立两个存放字符的列表来完成，按照不同情况，将字符放入列表 list1 或列表 list2 或触发压缩去词判断，若得出重复则压缩去除，这需要设置相关的放置判断及压缩规则，具体规则如下。

(1) 如果读入的当前字符与 list1 的首字符相同，而 list2 还没有放入任何字符，则将这个字符放入 list2 中。因为一般情况下同一个字再次出现时意味着上一个词或是一个语段的结束以及下一个词或是下一个语段的开始，举例如下：

真的开机速度很快，**真**的拍照效果很好。

(2) 如果读入的当前字符与 list1 的首字符相同，而 list2 也有字符，则触发压缩判断，若得出重复，则进行压缩去除，清空第二个列表，举例如下：

重复

十分良心的十分良心的十分良心的手机。

list1　list2

(3) 如果读入的当前字符与 list1 的首字符相同，而 list2 也有字符，则触发压缩判断，若得出不重复，则清空两个列表，把读入的这个字符放入 list1 第一个位置，即判断得出两个词是不相同的，都应保留，举例如下：

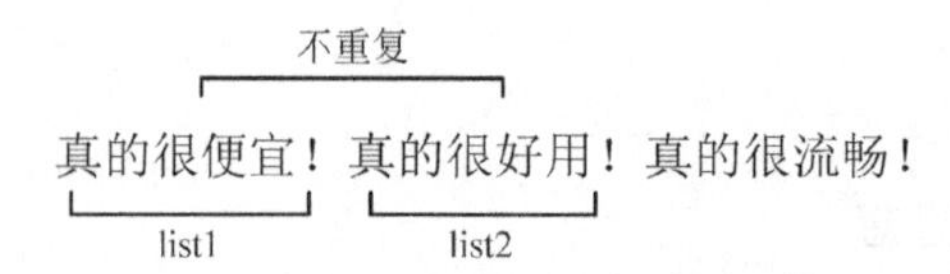

(4) 如果读入的当前字符与list1的首字符不相同，触发压缩判断，如果得出重复，且列表所含国际字符数目大于或等于2，则进行压缩去除，清空两个列表，把读入的这个字符放入list1第一个位置。这样做是为了避免类似“恋恋不舍”这种情况的“恋”被删除，并可顺带压缩去除另一类连续重复，如“很满意！很满意！效果好！”。

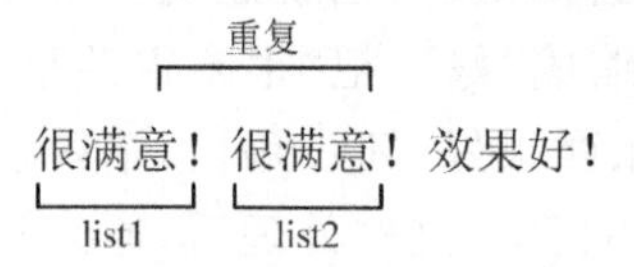

(5) 如果读入的当前字符与list1的首字符不相同，触发压缩判断，若得出不重复，且list2没有放入字符，则继续在list1放入字符。没出现重复字就不会有连续重复语料，list2未启用则继续填入list1，直至出现重复情况为止。

(6) 如果读入的当前字符与list1的首字符不相同，触发压缩判断，若得出不重复，且list2已放入字符，则继续在list2放入字符。

(7) 读完所有字符后，触发压缩判断，对list1以及list2有意义部分进行比较，若得出重复，则进行压缩去除。由于按照上述规则，在读完所有字符后不会再触发压缩判断条件，故为了避免“不错不错”这种情况，补充这一规则。

4) 压缩去词的算法实现

算法中，i表示每次处理的字符单位数，如i=1时，处理一个字重复的情况，如“好好好”的情况；i=2时处理两个字重复的情况，如“很好很好很好”的情况；i=1与i=2共用一种处理方式，在重复数量大于2时才进行压缩去词，这是为了应对出现“依依难舍”，以及“容我考虑考虑”等不好归为冗余的情况，但当出现3次及以上时基本就是冗余了。

i=3、i=4、i=5时用一种处理方式，当重复数量大于1时就进行压缩，这是因为通常3个字以上时重复不再构成成语或其他常用语，基本上就是冗余了。由于大于5个字的重复比较少出现，为减少算法复杂度可以这里只处理到i=5。

```
def condense(str):
    for i in [1, 2]:
        j=0
        while j<len(str)-2*i:
            #判断重复了至少两次
            if str[j:j+i]==str[j+i:j+2*i] and str[j:j+i]==str[j+2*i: j+3*i]:
                k=j+2*i
                while k+i<len(str) and str[j: j+i]==str[k+i: k+2*i]:
                    k+=i
                str=str[: j+i]+str[k+i:]
            j+=1
        i+=1
```

```
    for i in [3, 4, 5]:
        j=0
        while j<len(str)-2*i:
            #判断重复了至少一次
            if str[j: j+i]==str[j+i: j+2*i]:
                k=j+i
                while k+i<len(str) and str[j: j+i]==str[k+i: k+2*i]:
                    k+=i
                str=str[: j+i]+str[k+i:]
            j+=1
        i+=1
    return str
iPhoneX_comment_compress=iPhoneX_comment_useless.astype("str").apply(lambda
x:condense(x))                                          #机械压缩去词
length=iPhoneX_comment_compress.apply(lambda x:len(x)) #统计每条评论的字数
#下面的语句将 iPhoneX_comment_compress 与 length 连接,生成一个新的对象
DataClear=pd.concat([iPhoneX_comment_compress,length],axis=1)
DataClear.columns=["iPhoneX 评论","评论长度"]              #重新命名列名
>>>DataClear.head(5)                                    #获取前 5 条记录
                        iPhoneX 评论  评论长度
0  非常快 很好的体验 还好贴心地送来贴膜 透明壳壳五星好评    28
1  运了三天才到～今早着急的我亲自跑去站点取 非常好  颜色也很美 沉甸甸的 很庆幸买了这
家虽……    169
2  说实话拿到手很惊艳,跟 6sp 比起来,机身更小巧了点,但是屏幕倒大得多,刘海已经不重要
了,屏幕……    117
3  挺好的,就是感觉还有点不适应,慢慢琢磨吧,谁说这家店不好的,我感觉就挺好的,包装啥的
都很好很……    109
4  自营已经抢到了,但一直没发货才买的这家。一开始也有些担心,上海仓发货,我这西南有点
远,第三天……    424
```

3. 短句删除

经过压缩去词处理后,有些句子变得非常短,甚至只有一个字,如好、差。显然这些短的评论缺乏主题太笼统,没有表达出真正有价值的东西。为此,就需要删除掉过短的评论文本,这里设定删除压缩去词后长度小于 6 的文本。通过短句删除能够过滤掉大量的垃圾信息。

```
Conment=DataClear[DataClear["评论长度"]>5]  #删除评论长度小于 6 的评论
```

13.5.3　评论文本分词

中文分词指的是将一个汉字序列切分成一个一个单独的词。分词就是将连续的字序列按照一定的规范重新组合成词序列的过程。分词是分析文本评论的关键步骤,只有分词准确,才能得到正确的词频,也才能通过词频-逆文件频率(TF-IDF)提取到正确的关键

词。如果分词效果不佳，即使后续算法优秀也无法实现理想的效果。例如，在特征选择的过程中，不同的分词效果，将直接影响词语在文本中的重要性，从而影响特征的选择。

下面利用 jieba 分词包对评论文本进行中文分词。

```
import jieba
wordsCut=Conment["iPhoneX 评论"].astype("str").apply(lambda x: list(jieba.cut
(x)))
wordsCut[:10]
```

运行上述代码得到输出：

```
0    [非常, 快,  , 很, 好, 的, 体验,  , 还好, 贴心, 地, 送来, 贴膜, ……
1    [运了, 三天, 才, 到, ~, 今早, 着急, 的, 我, 亲自, 跑, 去, 站点, ……
2    [说实话, 拿到, 手, 很, 惊艳, ,, 跟, 6sp, 比, 起来, ,, 机身, 更……
3    [挺, 好, 的, ,, 就是, 感觉, 还, 有点, 不, 适应, ,, 慢慢, 琢磨, ……
4    [自营, 已经, 抢到, 了, ,, 但, 一直, 没, 发货, 才, 买, 的, 这家, ……
5      [到手, 就, 上, 了, 很, 好, 值得, 信赖, 期待已久, 的, 终于, 到货, 了]
6                 [物流, 速度, 可以, 接受, 。, 非常, 好, ,, 很快, !]
7    [物流, 特快, !, 服务, 很, 周到, 很, 有, 耐心, 一一, 解答, 。, 拿到……
8    [好, 就是, 好, ,, 没, 的, 说, ,, 是, 原装, ,, 查, 了, 保修, ……
9    [比官, 网, 便宜, 三百, 三十多, ,, 昨晚, 六点, 多, 下单, ,, 今天上午……
Name: iPhoneX 评论, dtype: object
```

13.5.4 去除停用词

停用词是一些完全没有用或者没有意义的词，停用词大致可分为如下两类。

(1) 使用十分广泛，甚至是过于频繁的一些单词。例如，英文的 i、is、what，中文的“我”“就”之类词几乎在每个文档上均会出现。

(2) 文本中出现频率很高，但实际意义又不大的词。这一类主要包括语气助词、副词、介词、连词等，通常自身并无明确意义，只有将其放入一个完整的句子中才有一定作用的词语。例如，常见的“的”“在”“和”“接着”等。

```
#加载停用词表,sep 设置为文档内不包含的内容,否则会出错
>>> stopWords  =pd.read_csv("stoplist.txt",sep="fenci",encoding="utf-8",
header=None)
>>>stopWords.head(3)
   0
0  说
1  人
2  元
>>>stopWords=list(stopWords[0])+[" ", ""]  #向 stopWords 里添加空格符
#去除停用词
>>>wordStop=wordsCut.apply(lambda x:[i for i in x if i not in stopWords])
>>>wordStop[:10]       #显示去除停用词后的前 10 个文本
0             [体验, 还好, 贴心, 送来, 贴膜, 透明, 壳, 壳, 五星, 好评]
```

```
1    [运了, 三天, 今早, 着急, 跑, 站点, 取, 颜色, 美, 沉甸甸, 庆幸, 这家,……
2    [说实话, 拿到, 手, 惊艳, 6sp, 机身, 小巧, 点, 屏幕, 倒, 刘海, 屏幕……
3    [感觉, 慢慢, 琢磨, 这家, 店, 不好, 感觉, 包装, 安心, 物流, 慢, 不怪,……
4    [自营, 抢到, 发货, 这家, 担心, 上海, 仓, 发货, 西南, 远, 第三天, 中午……
5                        [到手, 值得, 信赖, 期待已久, 终于, 到货]
6                                  [物流, 速度, 接受, 很快]
7        [物流, 特快, 服务, 周到, 耐心, 解答, 拿到, 心情, 质量, 没得说, 超值]
8                            [原装, 查, 保修, 日期, 配件, 真假]
9    [比官, 网, 便宜, 三百, 三十多, 昨晚, 六点, 下单, 今天上午, 十点, 快递,……
Name: iPhoneX 评论, dtype: object
```

13.5.5 绘制评论文本的词云图

词云图又称为文字云，是对文本数据中出现频率较高的关键词予以视觉上的突出，形成"关键词的渲染"，使人一眼就可以领略文本数据的主要表达意思。从技术上来看，词云是一种数据可视化方法，互联网上有很多现成的工具。

(1) Tagxedo 可以在线制作个性化词云。

(2) Tagul 是一个 Web 服务，同样可以创建华丽的词云。

(3) Tagcrowd 还可以输入 Web 的 URL，直接生成某个网页的词云。

(4) wordcloud 是 Python 的一个第三方模块，使用 wordcloud 下的 WordCloud()函数生成词云。

WordCloud()函数的语法格式如下：

```
WordCloud(font_path=None, width=400, height=200, margin=2, ranks_only=None,
prefer_horizontal=0.9, mask=None, scale=1, color_func=None, max_words=200,
min_font_size=4, stopwords=None, random_state=None, background_color='black',
max_font_size=None, font_step=1, mode='RGB', relative_scaling=0.5, regexp=
None, collocations=True, colormap=None, normalize_plurals=True)
```

作用：WordCloud()函数用来生成一个词云模型。

部分参数的含义如下。

font_path：string，字体路径，需要展现什么字体就把该字体路径＋后缀名写上，如 font_path=r"C:\Windows\Fonts\simhei.ttf"。

width：int(默认为 400)，输出的画布宽度，默认为 400 像素。

height：int(默认为 200)，输出的画布高度，默认为 200 像素。

prefer_horizontal：float (默认为 0.90)，词语水平方向排版出现的频率，默认为 0.9。

mask：设置背景图片。

scale：float(默认为 1)，按照比例放大画布，如设置为 1.5，则长和宽都是原来画布的 1.5 倍。

min_font_size：int(默认为 4)，设置字体最小值。

font_step：int(默认为 1)，字体步长，如果步长大于 1，会加快运算但是可能导致结果出现较大的误差。

max_words：number(默认为 200)，设置最大显示的字数。

stopwords：为 strings 或 None，设置需要屏蔽的词，如果为空，则使用内置的 STOPWORDS。

background_color：颜色值(默认为"black")，设置背景颜色，如 background_color='white'，背景颜色为白色。

max_font_size：为 int 或 None (默认为 None)，设置字体最大值。

mode：string(默认为"RGB")，当参数为"RGBA"并且 background_color 不为空时，背景为透明。

relative_scaling：float (默认为 0.5)，词频和字体大小的关联性。

color_func：callable，默认为 None，生成字体颜色的函数，如果为空，则使用 self.color_func。

regexp：为 string 或 None (optional)，使用正则表达式分隔输入的文本。

collocations：bool，默认为 True，是否包括两个词的搭配。

colormap：为 string 或 matplotlib colormap，默认为"viridis"，给每个单词随机分配颜色，若指定 color_func，则忽略该方法。

WordCloud 模型下的方法如下。

fit_words(frequencies)：根据词频生成词云。

generate(text)：根据文本生成词云。

generate_from_frequencies(frequencies[,…])：根据词频生成词云。

generate_from_text(text)：根据文本生成词云。

recolor([random_state,color_func,colormap])：对现有输出重新着色，重新上色会比重新生成整个词云快很多。

to_array()：转化为 numpy array。

to_file(filename)：输出到文件。

下面给出绘制评论文本的词云图的代码实现。

```
from imageio import imread
from wordcloud import WordCloud,ImageColorGenerator
import matplotlib.pyplot as plt
wordTemp=[]
for i in wordStop.index:
    wordTemp.extend(wordStop.loc[i])
wordStop_df=pd.DataFrame(wordTemp)
wordStop_df.columns=["words"]
result="/".join(wordTemp)
plt.rcParams['figure.figsize']=(10.0, 10.0)
#自定义词云背景图片
image=imread("D:\\Python\\tupian.jpg")
#构建词云模型
wordcloud=WordCloud(background_color="white", mask=image, font_path=r"C:\
```

```
Windows\Fonts\simhei.ttf", max_font_size=200)
wordcloud.generate(result)
image_color=ImageColorGenerator(image)  #从背景图片生成词云图中文字的颜色
wordcloud.recolor(color_func=image_color)
#保存绘制好的词云图,比直接程序显示的图片更清晰
wordcloud.to_file(r"D:\Python\wordcloud.png")
#显示词云图图片
plt.figure("词云图")                      #指定所绘图名称
plt.imshow(wordcloud)                     #以图片的形式显示词云
plt.axis("off")                           #关闭图像坐标系
plt.show()
```

绘制的词云图如图 13-21 所示。

图 13-21 绘制的词云图

13.5.6 评论文本情感倾向分析

评论文本情感倾向分析主要是基于用户评论信息来分析出用户对某个特定事物的观点、看法、情感倾向以及情感色彩。通过对商品评论挖掘,商家可以及时地获取用户的需求和关注点,了解产品的不足之处,以便及时调整销售策略,实现精准营销,节约企业成本。

这里采用最简单的情感分析方法,即基于情感词典的情感分析方法,使用情感词典进行情感分析的主要思路:对文档分词,找出文档中的情感词、否定词以及程度副词,然后判断每个情感词之前是否有否定词及程度副词,将它之前的否定词和程度副词划分为一个组,如果有否定词将情感词的情感权值乘以−11,如果有程度副词就乘以程度副词的程

度值，最后所有组的得分加起来，大于0的归于正向，小于0的归于负向。

本节采用BosonNLP情感词典进行文本情感分析，词典把所有常用词都打上了分数。BosonNLP文件里面每个词后面的数字表示的是该情感词的情感分值，正向情感词的分数都是正数，负向情感词的分数都是负数。

否定词的出现将直接将句子情感转向相反的方向，进行文本情感分析时还需要否定词典，常见的否定词有不、没、无、非、莫、弗、勿、毋、未、否、别、無、休、难道等。

下面给出评论文本情感分析的代码实现。

```
#读取情感字典文件
feeling=pd.read_csv("BosonNLP.txt",sep=" ",encoding="utf-8",header=None)
feeling.columns=["word","score"]    #重新命名列名
print('feeling的前5行:\n',feeling.head(5))
```

运行上述代码得到的输出结果如下：

```
feeling的前5行:
        word      score
0       真无语    -6.704000
1       扰民      -6.497564
2       肺病…     -6.329634
3       吃哑巴亏  -5.771204
4       真伤心    -5.304404
#导入否定词词库,并新增1列为'value',取值全部为-1
notdict=pd.read_csv("not.csv",encoding='utf-8')
notdict['value']=-1
print('notdict的前5行:\n',notdict.head(5))
```

运行上述代码得到的输出结果如下：

```
notdict的前5行:
   term  value
0    不     -1
1    没     -1
2    无     -1
3    非     -1
4    莫     -1
#将wordStop_df、否定词表、词语情感分值表合并
df=pd.merge(wordStop_df,notdict,how='left',left_on='words', right_on='term')
df=pd.merge(df,feeling,how='left',left_on='words',right_on='word')
df.drop(['term','word'],axis=1,inplace=True)
print('df的前5行:\n',df.head(5))
```

运行上述代码得到的输出结果如下：

```
df的前5行:
    words  value    score
```

```
0    体验   NaN  1.691153
1    还好   NaN       NaN
2    贴心   NaN  2.588246
3    送来   NaN  1.606955
4    贴膜   NaN       NaN
#统计每条记录的词语数目,方便后续判断每个词语的句子归属
length=[len(wordStop.iloc[i]) for i in range(wordStop.shape[0])]
#给各词语指定归属标号,即词语所属记录的序号
ID=[]
for i in range(len(length)):
    ID.extend([i] * length[i])
#将 ID 作为 df 的 index
df.index=ID
print('将 ID 作为 df 的 index 后的 df 的前 5 行: \n',df.head(5))
```

运行上述代码得到的输出结果如下：

```
将 ID 作为 df 的 index 后的 df 的前 5 行:
    words  value       score
0    体验   NaN       1.691153
0    还好   NaN       NaN
0    贴心   NaN       2.588246
0    送来   NaN       1.606955
0    贴膜   NaN       NaN
#获取不含有否定词的句子的 ID
noneNotId=list(df.loc[df['value'].isnull(),:].index)
#新建 pandas 对象存放句子的情感分值
dfScore=pd.DataFrame(index=list(set(df.index)),columns=['Score'])
#将没有否定词的句子的所有词的情感分值相加
for i in noneNotId:
    dfScore.loc[i,'Score']=df.loc[i,'score'].sum()
print('dfScore 的前 5 行: \n',dfScore.head(5))
```

运行上述代码得到的输出结果如下：

```
dfScore 的前 5 行:
       Score
0   12.1046
1   10.3568
2   18.5734
3   16.3467
4   63.7637
#取出含有否定词的句子 ID
NotID=list(set(df.loc[df['value'].notnull(),:].index))
#以 value 为基础合并,若 df['value']的数据缺失,则用 df['score']的数据值填充
df['score1']=df['value'].combine_first(df['score'])
```

```
df['score1']=df['score1'].fillna(0)      #用 0 填充 nan 数据
print('以 value 为基础合并后的 df 的前 5 行：\n',df.head(5))
```

运行上述代码得到的输出结果如下：

```
以 value 为基础合并后的 df 的前 5 行：
    words    value    score       score1
0    体验     NaN      1.691153    1.691153
0    还好     NaN      NaN         0.000000
0    贴心     NaN      2.588246    2.588246
0    送来     NaN      1.606955    1.606955
0    贴膜     NaN      NaN         0.000000
NotScore=[]
for i in NotID:
    score=0
    Ser=df.loc[i,'score1']         #取出其中一个有否定词句子的 index 和 score1
    lenNot=Ser.shape[0]            #获取句子包含的总共词语数目
    cirlist=[k for k in range(lenNot)]
    cirlist .reverse()
    #从后往前计算一个句子的情感分值,防止最前面出现否定词无效
    for j in cirlist:
        if  Ser.iloc[j]==-1:       #若句子的最后一个词为否定词,Score 初始化为-1
            if j==(lenNot-1):
                score=-1
            elif (j==0) & (Ser.iloc[j+1]!=-1):
                #在遇见-1 时,前项已经加过,因而应将前项减去再加上(-1*得分)
                score=score-Ser.iloc[j]+(-1* Ser.iloc[j])
            else:
                if (Ser.iloc[j+1]!=-1) & (Ser.iloc[j-1]!=-1):
                    score=score-Ser.iloc[j]+(-1* Ser.iloc[j])
                    #在双重否定的情况下,不需要做操作
                    #本算法不考虑多重否定
        else:
            score+=Ser.iloc[j]
    NotScore.append(score)
dfScore.loc[NotID,'Score']=NotScore
wordStop=wordStop.reset_index(drop=True)
feelScore=pd.concat([dfScore,wordStop],axis=1)
pos=feelScore.loc[feelScore['Score']>0,['Score','iPhoneX 评论']]
print('pos 的前 5 行\n',pos.head(5))
neg=feelScore.loc[feelScore['Score']<0,['Score','iPhoneX 评论']]
print('neg 的前 5 行\n',neg.head(5))
```

运行上述代码得到的输出结果如下：

```
pos 的前 5 行
```

```
       Score                                        iPhoneX 评论
0  12.1046            [体验, 还好, 贴心, 送来, 贴膜, 透明, 壳, 壳, 五星, 好评]
1  10.3568  [运了, 三天, 今早, 着急, 跑, 站点, 取, 颜色, 美, 沉甸甸, 庆幸, 这家,…
2  18.5734  [说实话, 拿到, 手, 惊艳, 6sp, 机身, 小巧, 点, 屏幕, 倒, 刘海, 屏幕…
3  16.3467  [感觉, 慢慢, 琢磨, 这家, 店, 不好, 感觉, 包装, 安心, 物流, 慢, 不怪,…
4  63.7637  [自营, 抢到, 发货, 这家, 担心, 上海, 仓, 发货, 西南, 远, 第三天, 中午…
neg 的前 5 行
         Score                                          iPhoneX 评论
16 -0.0473928                                      [帮别人, 样子, 惊艳]
22   -2.25984  [帮, 朋友, 实体店, 挑三拣四, 想条, 狗, 缠, 回家, 老婆, 商量, 骂, 一顿…
31  -0.669867                           [白色, 很漂亮, 习惯, 大屏幕, 习惯]
75    -5.1017  [真的, 寄过来, 坏, 找, 指定, 售后, 换, 机子, 来回, 车费, 讲, 浪费, …
80   -1.23885  [纠结, 几天, 这家, 三方, 店铺, 收货, 注册, 前, 验证, 国行, 新机, 备份…
```

此外,使用 snownlp 模块可以方便地直接对评论文本进行情感分析,将评论文本分为正面评论文本和负面评论文本,代码实现如下。

```
import pandas as pd
from snownlp import SnowNLP
#读取采集的 iPhoneX 评论数据
Data=pd.read_csv("C:/Users/iPhoneX_comment.csv",usecols=[3],header=0)
Data.duplicated().sum()              #统计重复的文本数
#去除重复行评论
iPhoneX_comment_unique=Data.drop_duplicates()
coms=[]
coms= iPhoneX _ comment _ unique['评价内容'].apply(lambda x: SnowNLP(x).
sentiments)
#情感分析,coms 为 0~1,以 0.5 为分界,大于 0.5 为正面情感
pos_data=iPhoneX_comment_unique[coms>=0.6]        #取 0.6 是为了使情感更强烈
neg_data=iPhoneX_comment_unique[coms<0.4]         #获取负面情感评论文本数据集
print('正面评论文本的前 6 条记录: \n',pos_data[:6])
print('负面评论文本的前 6 条记录: \n',neg_data[:6])
```

运行上述代码得到的输出结果如下。

```
正面评论文本的前 6 条记录:
                                            评价内容
0  非常快 很好的体验 还好贴心地送来贴膜 手机透明壳壳五星好评
1  运了三天才到~今早着急的我亲自跑去站点取 非常好  颜色也很美 沉甸甸的 很庆幸买了这
家 虽…
2  说实话拿到手很惊艳,跟 6sp 比起来,机身更小巧了点,但是屏幕倒大得多,刘海已经不重要
了,屏幕…
3  手机挺好的,就是感觉还有点不适应,慢慢琢磨吧,谁说这家店不好的,我感觉就挺好的,包装
啥的都很…
4  自营已经抢到了,但一直没发货才买的这家。一开始也有些担心,上海仓发货,我这西南有点
远,第三天…
```

5 到手就上了很好值得信赖期待已久的终于到货了

负面评论文本的前 6 条记录:

评价内容

8 好就是好,没的说,是原装,查了保修日期,就是配件不知道真假

9 比官网便宜三百三十多,昨晚六点多下单,今天上午十点京东快递送到,非常满意,官网太慢要退货了……

14 非常好 手机很完美 今年应该是最后一样剁手的东西,完美收官,自营的我是 plus 会员也没抢到……

18 早买早享受,全新国产机器,成都 10 月 28 到 11 月 3 日生产的机器,还买还来这家,就是最近价格不……

22 帮朋友买的,当时去实体店买的时候挑三拣四,买的时候缠着我,回家和老婆所谓的"商量"……

32 这种商家,谁也别买他家商品,手机开机触摸就不好使,第一次跟他家沟通,让我随便找个零售店就可以……

接下来对正面评论文本数据集 pos_data 和负面评论文本数据集 neg_data 进行 jieba 分词和去除停用词,这两个内容已经在前面讲述了,此处不再赘述,最后也能得到正面评论文本情感分词集和负面评论文本情感分词集。

13.5.7 评论文本的 LDA 主题分析

评论文本的 LDA 主题分析

评论文本的正面评价和负面评价混淆在一起,直接进行 LDA 主题分析可能会在一个主题下生成一些令人迷惑的词语,因此,应分别对正面评价和负面评价两类文本进行 LDA 主题分析。

下面使用 Python 开源的第三方 Gensim 库完成 LDA 主题分析。Gensim 用于从原始的非结构化的文本中,无监督地学习到文本隐层的主题向量表达,它支持包括 TF-IDF、LSA、LDA 和 word2vec 在内的多种主题模型算法。Gensim 的基本概念如下。

(1) 语料(Corpus):一组原始文本的集合,这个集合是 Gensim 的输入,Gensim 会从这个语料中推断出它的结构、主题等。在 Gensim 中,Corpus 通常是一个可迭代的对象(比如列表)。

(2) 向量(Vector):由一组文本特征构成的列表,是一段文本在 Gensim 中的内部表达。

(3) 稀疏向量(Sparse Vector):通常,可以略去向量中多余的 0 元素。此时,向量中的每一个元素是一个(key,value)的元组。

(4) 模型(Model):一个抽象的术语。定义了两个向量空间的变换(即从文本的一种向量表达变换为另一种向量表达)。

下面给出评论文本的 LDA 主题分析的代码实现。

```
from gensim import corpora, models
pos=feelScore.loc[feelScore['Score']>0,'iPhoneX 评论']
neg=feelScore.loc[feelScore['Score']<0,'iPhoneX 评论']
```

```
#负面主题分析
neg_dict=corpora.Dictionary(neg)                         #建立负面词典
neg_corpus=[neg_dict.doc2bow(i) for i in neg]            #建立负面语料库
#构建 LDA 模型
neg_lda=models.LdaModel(neg_corpus, num_topics=3, id2word=neg_dict)
print("\n 负面评价")
for i in range(3):
    print("主题%d : " %i)
    print(neg_lda.print_topic(i))                        #输出主题
#正面主题分析
pos_dict=corpora.Dictionary(pos)
pos_corpus=[pos_dict.doc2bow(i) for i in pos]
pos_lda=models.LdaModel(pos_corpus, num_topics=3, id2word=pos_dict)
print("\n 正面评价")
for i in range(3):
    print("主题%d: " %i)
    print(pos_lda.print_topic(i))                        #输出主题
```

运行上述代码得到的输出结果如下：

```
负面评价
主题 0 :
0.019*"发现"+0.013*"贵"+0.011*"客服"+0.010*"重启"+0.010*"暂时"+0.010*"降
价"+0.010*"习惯"+0.009*"太"+0.009*"发货"+0.009*"适配"
主题 1 :
0.017*"舒服"+0.017*"毛病"+0.016*"屏幕"+0.014*"物流"+0.011*"感觉"+0.011*
"不错"+0.008*"x"+0.008*"发货"+0.008*"帮"+0.008*"朋友"
主题 2 :
0.015*"慢"+0.014*"发现"+0.012*"找"+0.012*"真的"+0.011*"充电"+0.011*"充电
器"+0.011*"换"+0.011*"坏"+0.011*"快递"+0.009*"发货"
正面评价
主题 0 :
0.040*"不错"+0.020*"正品"+0.013*"发货"+0.013*"收到"+0.009*"满意"+0.009*
"价格"+0.008*"喜欢"+0.007*"感觉"+0.007*"便宜"+0.007*"包装"
主题 1 :
0.020*"发货"+0.018*"不错"+0.013*"快递"+0.012*"物流"+0.010*"很快"+0.010*
"速度"+0.010*"慢"+0.009*"价格"+0.008*"正品"+0.007*"喜欢"
主题 2 :
0.033*"正品"+0.028*"不错"+0.020*"发货"+0.017*"速度"+0.015*"收到"+0.015*
"很快"+0.013*"物流"+0.013*"国行"+0.010*"满意"+0.008*"快递"
```

经过 LDA 主题分析后，正面评价和负面评价评论文本分别被聚成 3 个主题，每个主题下显示 10 个最有可能出现的词语以及相应的概率。根据对 iPhoneX 好评的 3 个潜在主题的特征词提取，主题 0 中的高频特征词有“不错”“正品”“发货”“收到”“满意”“价格”“喜欢”等，主要反映京东上的 iPhoneX 质量不错，是正品，值得购买；主题 1 中的高频特征词有“发货”“不错”“快递”“物流”“很快”“速度”等，主要反映京东的发货，物流速度快；主题 2 中的高频特征词有“正品”“不错”“发货”“速度”“收到”“很快”等，主要反映京东上的 iPhoneX 是正品，质量有保证。

根据对 iPhoneX 差评的 3 个潜在主题的特征词提取，主题 0 中的高频特征词有“发现”“贵”“客服”“重启”等，主要反映 iPhoneX 贵、客服服务不好等；主题 1 中的高频特征词有“舒服”“毛病”“屏幕”等，主要反映 iPhoneX 存在一些毛病，尤其屏幕；主题 2 中的高频特征词有“慢”“发现”“找”“真的”“充电”“充电器”等，主要反映 iPhoneX 充电器充电慢。

从正面评价的主题及其中的高频特征词可以看出，京东 iPhoneX 的优势有以下几个方面：质量不错、正品保障、发货速度快、物流速度快。

从负面评价的主题及其中的高频特征词可以看出，用户对京东上出售的 iPhoneX 抱怨点主要体现在以下几个方面：价格高、屏幕有毛病、充电速度慢等。

因此，用户在京东上购买 iPhoneX 的原因可以总结为以下几个方面：iPhoneX 质量高、是正品、发货速度快。

根据对京东平台上 iPhoneX 的用户评价进行 LDA 主题分析的结果，对京东 iPhoneX 的出售提出以下建议。

(1) 在保证 iPhoneX 高质量的基础上，降低 iPhoneX 的价格，提高充电速度。

(2) 在保证京东商品是正品、发货速度快、物流速度快的基础上，提高客服水平，物流过程中设法保护好手机屏幕。

参 考 文 献

[1] 韦力元.基于BP神经网络的信用卡消费行为风险评估[D].成都：西南财经大学，2007.
[2] 张良均，王路，谭立云，等.Python数据分析与数据挖掘[M].北京：机械工业出版社，2017.
[3] 梁勇.Python语言程序设计[M].李娜，译.北京：机械工业出版社，2016.
[4] 董付国.Python可以这样学[M].北京：清华大学出版社，2017.
[5] 江红，余青松.Python程序设计与算法基础教程[M].北京：清华大学出版社，2017.
[6] 严蔚敏，李冬梅，吴伟民.数据结构(C语言版)[M].北京：人民邮电出版社，2015.
[7] Pang-Ting Tan，Michael Steinbach，Vipin Kumar.数据挖掘导论(完整版)[M].范明，范宏建，等译.北京：人民邮电出版社，2017.
[8] Fabio Nelli.Python数据分析实战[M].杜春晓，译.北京：人民邮电出版社，2017.
[9] Sebastian Raschka.Python机器学习[M].高明，徐莹，陶虎成，译.北京：机械工业出版社，2017.
[10] 周志华.机器学习[M].北京：清华大学出版社，2016.
[11] 张啸宇，李静.Python数据分析从入门到精通[M].北京：电子工业出版社，2018.

参考文献